Modern Mathematical
STATISTICS

新装改訂版

現代数理統計学

竹村彰通

学術図書出版社

新版へのまえがき

本書は 1991 年に出版されて以来 30 年近くにわたって多くの方に利用していただいた．統計的決定論の観点から整理された数理統計学の基礎理論の枠組みに大きな変化はないものの，いわゆるビッグデータ時代となり，統計学の応用はますます広がり，その基礎としての数理統計学の重要性も増していると思われる．この間のコンピュータの発展により，統計学はその理論面より計算面の発展が著しいが，さまざまな手法やアルゴリズムの性能評価のためにも，数理統計学の基礎理論の枠組みは重要である．

残念ながら初版の出版社である創文社が今年その活動を終えた．本書に対しては読者からの要望も聞こえてきており，幸い学術図書出版社から新版を出版していただけることとなった．統計学に関する書物は現在でも多数出版されている．それらの多くは統計計算のためのソフトウェアやパッケージの使い方を説明しているものである．一方で，数理統計学の理論を体系的に説明した中級レベルの教科書はそれほど多くないため，この新版の刊行も意味があると思われる．

新版でも初版の本文の記述はあまり変えていないが，新たに 40 題の練習問題を作り読者の学習の便宜をはかった．私自身は統計学に関する検定試験である「統計検定®」にその創設当時からかかわってきた．統計検定® 1 級の数理の問題は，数理統計学の学習の目標として適切なものである．そこで，この新版では，統計検定® 1 級の数理の受験準備の観点から，練習問題を増やしそれらの解答の整理をおこなった．追加した問題は，主に統計検定® 1 級数理の過去問題の類題である．また解答を本書のサポートサイト

https://www.gakujutsu.co.jp/text/isbn978-4-7806-0860-1/

に順次公開する．

なお，新版の出版については学術図書出版社の貝沼稔夫氏に大変お世話になった．ここに感謝の意を表する．

2020 年 8 月

竹村 彰通

まえがき

本書は統計学の入門的な講義を聞いたあとで，さらに統計学の数理的な基礎をより深く学ぶための数理統計学の教科書であり，主に学部上級から大学院初級までの学生を対象としている．また利用者として統計学を使っている研究者が統計的手法の基礎理論を自習する場合にも役立つことをめざしている．そのために，基礎的な概念や定義について単に数学的な定義を与えるだけでなく言葉で丁寧に説明するようにつとめた．また本文中でやや技術的になる部分はその旨を明記し，時間的余裕のない読者が主要な部分のみを読み進められるように配慮した．

統計学の入門的な教科書は需要もあり数多く出版されているが，より上級のレベルの教科書は少ないのが現状である．しかしながら現代ではコンピュータの発達とともに統計的手法が文科系・理科系をとわず様々な分野で応用されており，入門的な教科書のレベルを越えた統計学の理解が求められるようになってきている．本書は数理統計学の標準的な理論をできるだけわかりやすく説明しており，このようなニーズに答えられるものになっていると思う．

本書では数値例を用いた説明や演習問題を省いている．これは統計学の教科書としては必ずしも望ましいことではないが，そのような「ワークブック」的な教科書は他にも出版されているので，それらを併用しながら本書を読んでいただきたい．また，現在では統計的手法の応用は大量のデータをコンピュータを用いて分析することが普通になってきており，手計算でも検算できるような数値例はあまり現実的ではない．このことも本書で数値例等を省いた理由である．

本書は東京大学経済学部での「数理統計」の講義の内容が基礎となっており，谷道生，寺谷淳のお二人にとっていただいた講義ノートが本書のもととなった．また，原稿は上野哲幸，紙屋英彦のお二人に非常に丁寧に見ていただき，多くの誤りや改善点を指摘していただいた．また，創文社の小山光夫氏には数式の多い本書の刊行にあたってご尽力いただいた．以上の方々にこの場をかりて感謝の意を表したい．

1991年9月

竹村 彰通

目　次

記号表

$A^\top$, $x^\top$	行列 A, (列) ベクトル x の転置
A^c	事象 A の補集合
$P(A)$, $P_\theta(A)$	事象 A の確率 (θ は真のパラメータ)
$E[X]$, $E_\theta[X]$	確率変数 X の期待値，あるいは確率ベクトル X の期待値ベクトル
$\mathrm{Var}[X]$, $\mathrm{Var}_\theta[X]$	確率変数 X の分散，あるいは確率ベクトル X の分散共分散行列
$\mathrm{Cov}[X, Y]$	確率変数 X と Y の間の共分散
$\mathrm{N}(\mu, \sigma^2)$	平均 μ, 分散 σ^2 の正規分布
$\mathrm{N}_p(\mu, \Sigma)$	平均ベクトル μ, 分散共分散行列 Σ の多変量正規分布 (p 変量)
$\mathrm{U}[a, b]$	区間 $[a, b]$ 上の一様分布
$\mathrm{Ga}(\nu, \alpha)$	パラメータ (ν, α) のガンマ分布
$\mathrm{Be}(a, b)$	パラメータ (a, b) のベータ分布
$\chi^2(f)$	自由度 f のカイ二乗分布
$\mathrm{Bin}(n, p)$	成功確率 p の 2 項分布
$\mathrm{Mn}(n, p_1, \ldots, p_k)$	k 個のカテゴリーの確率がそれぞれ $p_1, \ldots, p_k$ の多項分布
$\mathrm{Po}(\lambda)$	期待値パラメータ λ のポアソン分布
$\mathrm{NB}(r, p)$	パラメータ r, p の負の 2 項分布．p は成功確率．
z_α	標準正規分布の上側 α 点 (上側 100α パーセント点)
$z_{\alpha/2}$	標準正規分布の両側 α 点
$t_\alpha(f)$	自由度 f の t 分布の上側 α 点
$\chi^2_\alpha(f)$	自由度 f のカイ二乗分布の上側 α 点
$F_\alpha(l, m)$	自由度 (l, m) の F 分布の上側 α 点
$\phi(x)$, $\Phi(x)$	(主に) 標準正規分布の密度関数及び累積分布関数
$\phi(t) = E\left[e^{itX}\right]$	特性関数
$X \sim F$	X は分布 F に従う
$i.i.d.$,	独立同一分布
$\xrightarrow{p}$, plim	確率収束
$\xrightarrow{d}$	分布収束
$\mathbb{R}^n$	n 次元ユークリッド空間

Chapter 1

前置きと準備

この章では数理統計学の位置づけ及び次章以降の準備的な事項について述べる．

1.1 数理統計学の位置づけ

統計学はデータ解析のための方法を研究する学問である．データにはさまざまなものがある．社会科学においては社会生活にともなっていわば自然に発生するデータや，より意識的に調査により得られるデータがある．自然科学においては実験や観測から得られるデータがある．これらの個々のデータは性格も異なるし，その解析も場合に応じて適切なものが選択されなければならない．しかしながらどのようなデータでも，とくにいったん数字を用いて表の形に表されてしまえば，ある程度共通の方法により処理することができる．このいわば共通の部分が統計的方法の対象となる．このために統計学は社会科学，自然科学を問わず多くの分野で広く用いられる手法である．

ところで調査や実験によって得られたデータを整理しその解釈を助けるような統計的手法は「**記述統計**」(descriptive statistics) とよばれる．ヒストグラムをえがいたり，観測値の平均や標準偏差を計算することは基礎的な記述統計的方法の応用である．次節にこれらの基礎的な記述統計の手法を簡単にまとめておいた．ところで，データに誤差が多く含まれており，データを単に整理するだけでは明確な結論が出にくい場合がある．このような場合に用いられるのが「**統計的推測**」(statistical inference) の手法である．例えば新しい薬の効果を確かめようとする場合を考えてみよう．薬の効果は人によってさまざまだから，新しい薬の効果といってもデータを単に得るだけでは一概に結論を得ることは難しいであろう．実際薬の効果といってもそれはすべての人に効果がある必要は必ずしもなくて，いわば「統計的」に効果があればよいわけである．このようにデータが誤差あるいは確率的な変動を多く含む場合にはデータの背後にデータの発生の仕方に関する確率的なモデルを想定し，データから確率モデルの推定や検定をおこなう．これが推測統計あるいは統計的推測の考え方である．統計的推測は確率的な変動を多く含むデータが得られ，かつデータのモデル化が容易な分野では非常に有効な方法となる．現在では統計的推測の手法が広く用いられその有効性が認識されており，統計学といえば統計的推測の方法論を含めて理解されているといってもよいと思われる．

しかしながら，統計的推測の考え方は必ずしも直観的に理解しやすい考え方とはいえない．また，確率を用いるので確率論を中心とするやや高度な数学的な道具が不可欠となる．このようなことから統計学は難しいものと一般にはとらえられがちである．統計的推測のこのような難しさはある程度避けがたい面がある．「データに語らせる」という立場の記述統計と異なり，統計的推測の手法は確率モデルを想定することによりいわばデータ以上のことをいおうとする手法である．従って統計的推測の手法を用いるには，統計的推測の数学的な論理の構造について正確に理解している必要がある．さらに実際の応用にあたっては，背後に想定した確率モデルが与えられたデータと矛盾しないか，そしてもし確率モデルとデータにある程度の乖離がある場合には結論にどの程度妥当性があるか，などについて十分な注意が必要である．

統計的推測の論理を数学的に整理したものが**数理統計学** (mathematical statistics) である．数理統計学では想定した確率モデルが正しいものと仮定して，与えられた確率モデルに対してどのように推測をおこなうべきかを論じる．この意味で数理統計学は最適性理論とよばれる．数理統計学においては論理が数学的に抽象化されており，具体的なデータ解析からかなりかけ離れている面は否定できない．それだけに，数理統計学は具体性がなく理解しにくいと考えられるかもしれない．しかしながら数学的理論であるが故に，数理統計学自身はいわば机の上で学ぶことのできる学問である．統計学がますます多くの分野で用いられる可能性があることを考えれば，机の上で学べる形に理論が整理されていることは欠点ではなくむしろ長所であると考えられる．

以上のような視点から本書では数理統計学をそのものとして展開している．分野によって用いられるより特殊な手法や数理統計学の実際の応用上の問題点などについてはほかの書物を参照されたい．

1.2　記述統計の復習

ここでは記述統計の基本的な概念について，この本で用いられる記法を示す意味もあるので，簡単に復習しておこう．いま連続データを考え，観測値を $x_1, \ldots, x_n$ とする．例えば $x_1, \ldots, x_n$ は n 人から測った身長の値である．n を**標本の大きさ** (sample size) という．実数軸を適当な区間にわけ，各区間に落ちる観測値の数を数え，それを棒グラフで表したものが**ヒストグラム**である．**標本平均** (mean, average) は

$$\bar{x} = \frac{x_1 + \cdots + x_n}{n} = \frac{1}{n}\sum_{i=1}^{n} x_i \tag{1.1}$$

で定義される．標本平均は算術平均 (arithmetic average) ともよばれる．標本平均の値はヒストグラムの中央付近にくるのでヒストグラムの「**位置** (location)」を示す．位置の指標としては標本平均のほかに中央値やモードなどが考えられる．次に**標本分散** (variance) は

$$s^2 = \frac{1}{n}\sum_{i=1}^{n}(x_i - \bar{x})^2 \tag{1.2}$$

で与えられる．標本分散の平方根 ($s = \sqrt{s^2}$) が **標本標準偏差** (standard deviation) である．ただし (1.2) 式で n で割るかわりに $n-1$ で割り

$$s^2 = \frac{1}{n-1}\sum_{i=1}^{n}(x_i - \bar{x})^2 \tag{1.3}$$

とすることもある．$n-1$ で割ったことを明確にするためには「不偏分散」とよぶことがある (4.3 節参照)．(1.2) 式からもわかるように標準偏差は各観測値の「偏差」(標本平均からの差) に基づいて定義されており，標本平均のまわりの散らばりの大きさを表す．

次に，一人の人から身長と体重を同時に測る場合のように観測値の組が得られる場合を考えよう．例えば $(x_1, y_1), \ldots, (x_n, y_n)$ を n 人の身長と体重とする．x 及び y を**変数**あるいは**変量**とよぶ．またこの場合の個々の人のよう

に，観測の対象となるものを**個体**とよぶ．より一般には各個体から p 個の変量 $(x_{i1},\ldots,x_{ip}), i=1,\ldots,n$ を観測することが考えられる．観測値の組を多変量の観測値あるいは観測ベクトルとよぶ．多変量の観測値の記述においては，変量間の**相関係数** (correlation coefficient) が重要である．いま 2 変量の場合を考え観測ベクトルを (x_i, y_i) とする．ここで x と y の間の標本相関係数 r_{xy} を

$$r_{xy} = \frac{\sum_{i=1}^{n}(x_i-\bar{x})(y_i-\bar{y})}{\sqrt{\sum_{i=1}^{n}(x_i-\bar{x})^2\sum_{i=1}^{n}(y_i-\bar{y})^2}} \tag{1.4}$$

と定義する．r_{xy} は x と y の直線的な相関関係の強さを表す指標である．また

$$s_{xy} = \frac{1}{n}\sum_{i=1}^{n}(x_i-\bar{x})(y_i-\bar{y}) \tag{1.5}$$

を x と y の**共分散** (covariance) という．分散と同様に $n-1$ で割ることもある．いま $x_i = y_i, i=1,\ldots,n$ の場合を考えれば s_{xx} は x の標本分散に一致することに注意する．また共分散の記法を用いれば

$$r_{xy} = \frac{s_{xy}}{\sqrt{s_{xx}s_{yy}}} = \frac{s_{xy}}{s_x s_y} \tag{1.6}$$

と表すことができる．ただし s_x, s_y は x 及び y の標本標準偏差である．コーシー・シュバルツの不等式を用いれば容易に

$$-1 \le r_{xy} \le 1 \tag{1.7}$$

となることを示すことができる．また等号条件は**すべての観測ベクトルが直線上にのること**，すなわち

$$\begin{aligned} r=1 \quad &\Longleftrightarrow \quad x_i = a+by_i,\ b>0,\ i=1,\ldots,n \\ r=-1 \quad &\Longleftrightarrow \quad x_i = a+by_i,\ b<0,\ i=1,\ldots,n \end{aligned} \tag{1.8}$$

で与えられる．ただし $\Longleftrightarrow$ は同値の意味である．

3 次元以上の観測ベクトルの場合には，変数間の相関係数及び共分散を行列の形に表すと便利である．いま変数 x_i と変数 x_j の間の相関係数を r_{ij} とし共分散を s_{ij} と表そう．ただし $r_{ii}=1$ であり，s_{ii} は x_i の標本分散である．ここで r_{ij} を (i,j) 要素とする行列を R と表し**標本相関係数行列** (sample correlation matrix) という．また，s_{ij} を (i,j) 要素とする行列を S と表し**標本分散共分散**

行列 (sample variance covariance matrix) という.

$$R = \begin{pmatrix} 1 & r_{12} & \dots & r_{1p} \\ r_{21} & 1 & \dots & r_{2p} \\ \vdots & \vdots & \ddots & \vdots \\ r_{p1} & r_{p2} & \dots & 1 \end{pmatrix} \qquad S = \begin{pmatrix} s_{11} & s_{12} & \dots & s_{1p} \\ s_{21} & s_{22} & \dots & s_{2p} \\ \vdots & \vdots & \ddots & \vdots \\ s_{p1} & s_{p2} & \dots & s_{pp} \end{pmatrix} \tag{1.9}$$

共分散及び相関係数の定義により R 及び S は対称行列となっている.

Chapter 2

確率と 1 次元の確率変数

統計的推測では観測値を確率変数の実現値として扱う．この章では確率と 1 次元の確率変数について整理する．ただし，組合せ確率論や主要な分布など，ほかの統計学の入門的な教科書にも論じられている点については省略したり記述を簡潔にしている．また，測度論に基づいた確率論を厳密な形で展開することもしない．ただし，次章以降で数理統計学の諸定理を述べるにあたって，それらを厳密な形で述べるために測度論的な確率論が必要な場合もあるので，そのつど必要に応じて測度論的な考え方について説明を加える．測度論に基づいた確率論の参考書として，伊藤清『確率論』をあげておく．

2.1　確率と確率変数

「あたりくじを引く」といった不確実な事象 A の確率を $P(A)$ で表す．この記法を使えば，例えばゆがみのないコインを投げるとして

$$P(\text{表が出る}) = \frac{1}{2} \tag{2.1}$$

などと表すことができる．この例で変数 X を

$$X = \begin{cases} 1, & \text{表が出たとき} \\ 0, & \text{裏が出たとき} \end{cases}$$

と定義すれば (2.1) 式は

$$P(X = 1) = \frac{1}{2} \tag{2.2}$$

と表すことができる．この X のように確率的に変動する変数を**確率変数** (random variable) とよぶ．確率変数が実際にとる値を**実現値**という．記法上確率変数と

実現値をアルファベットの大文字と小文字で区別する．上の例では

$$P(X = x) = \frac{1}{2}, \quad x = 0, 1 \tag{2.3}$$

となる．この記法はあまりわかりやすいものではないが，用法として定着しているのでこのまま用いることにしよう．またこの章では X の実現値は実数であるとする．この場合 X を実確率変数あるいは1次元の確率変数という．記述統計における多変量の観測値にあたる多次元の確率変数については次章で扱う．

確率変数にはさまざまのものがあるが，代表的なものとして離散確率変数と(絶対)連続確率変数がある．前者は整数値などのとびとびの値をとる確率変数であり，後者は実数値を連続的にとる確率変数である．上の例の X は離散確率変数である．他方 X を「明日の最高気温」とすれば X は連続的な値をとり得るから連続確率変数である．数学的により厳密に定義すれば，X が離散確率変数であるとは X のとり得る値が有限個あるいは可算無限個の場合をいい，X が連続確率変数であるとは以下で定義する密度関数を持つ場合をいう．

離散確率変数の場合，(2.3) 式のように各 x での確率を考え，さらにこれを x の関数とみたものを確率変数 X の**確率関数** (probability function) という．すなわち

$$p(x) = P(X = x) \tag{2.4}$$

が確率関数である．上の例の場合 $p(0) = p(1) = 1/2$ でありその他の x については $p(x) = 0$ である．確率関数は明らかに次の性質を持つ．

$$\begin{aligned} & p(x) \geq 0\ , \quad \forall x \\ & \sum_x p(x) = 1 \end{aligned} \tag{2.5}$$

ただし，ここで $\sum_x$ は X のとり得るすべての値についての和である．

確率関数の累積和をとったものが**累積分布関数** (cumulative distribution function) あるいは**分布関数** (distribution function) である．すなわち

$$F(x) = P(X \leq x) = \sum_{y \leq x} p(y) \tag{2.6}$$

を x の関数とみたものを (累積) 分布関数という．離散分布の場合，累積分布関数は $p(x) > 0$ となる点 x において $p(x)$ だけ増加しほかの点では平らな関数で

ある．(2.6) 式の定義において不等式が等号を含むことに注意しよう．このために累積分布関数は「右連続」となる．すなわち x_n を単調に減少して x に収束する数列とすると $\lim_{x_n \to x+} F(x_n) = F(x)$ である．ここで $x+$ という記法は x の $+$ の側から単調に減少して x に収束することを強調するために用いられる記法である．また点 x で右連続であることを $F(x+) = F(x)$ とも表す．図 2.1 に (2.3) 式の X の累積分布関数を示す．

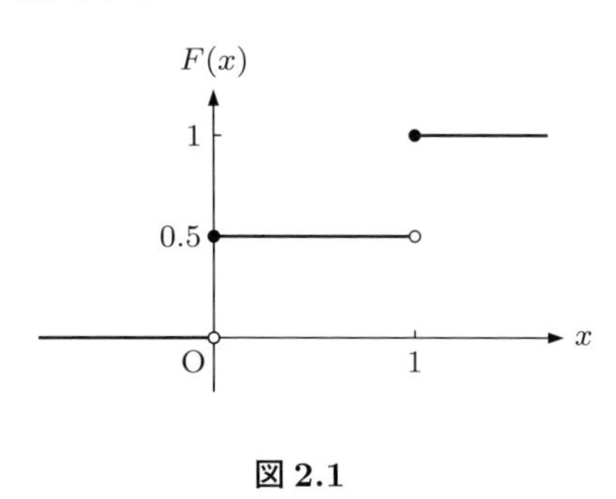

図 2.1

累積分布関数から確率関数を求めるには

$$p(x) = F(x) - \lim_{x_n \to x-} F(x_n) = F(x) - F(x-)$$

と差をとればよいことがわかる．$x-$ の意味は x の $-$ の側から単調に増加して収束することを意味している．

次に連続な確率変数を考えよう．連続確率変数の例としてルーレットを回してルーレットの針の止まる位置を考えてみよう．ここでは全円周の長さを 1 として，円周の適当な固定した点からルーレットの針までの時計回りの距離を X とすれば，X は 0 と 1 の間の値をとる確率変数である (図 2.2 参照)．公正なルーレットを考えれば X は 0 と 1 の間のどの値も同様に確からしくとるものと考えられる．この X の分布を 0 と 1 の間の**一様分布**という．ところでこの X について特定の実現値の確率 $P(X = x)$ を考えることができるだろうか．一様分布の場合には X が任意の区間 (a, b) に落ちる確率は区間の長さ $b - a$ に一致する．従って任意に小さい正の数 ε に対して

$$P(x - \varepsilon \leq X \leq x + \varepsilon) = 2\varepsilon$$

となる．ここで $\varepsilon \to 0$ とすれば $P(X = x) = 0$ となることがわかる．つまりど

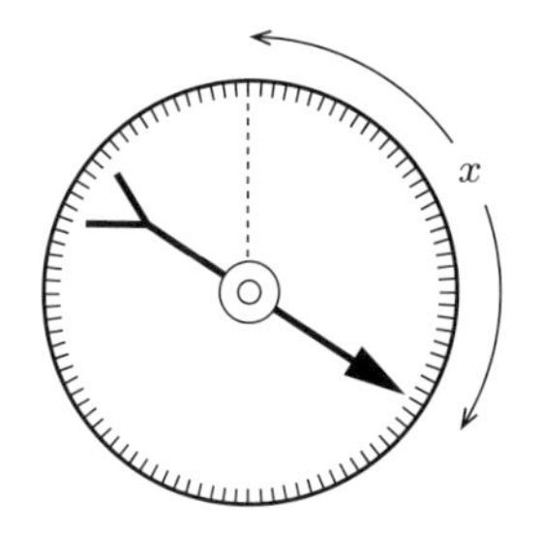

図 2.2

んな実数 x を考えても X が x に一致する確率は 0 でなければならない．このことは矛盾のように感じられるが，x が実数であり無限の精度を持っていることを考えれば納得できる．例えば $X = 0.1$ ということは $X = 0.100000000\ldots$ のように無限の精度で 0.1 に一致するということであり，$P(X = 0.100000000\ldots) = 0$ はルーレットの針が全円周の 1/10 の点で完全にぴったり止まる確率は 0 であることを示している．

このように連続確率変数においては特定の点の確率を考えることは意味がないが，それではいろいろな点の出やすさ (確からしさ) をどのように考えたらよいであろうか．この確からしさを表す関数が**確率密度関数** (probability density function) $f(x)$ であり次のように定義される．

$$f(x) = \lim_{\varepsilon \to 0} \frac{P(x \leq X \leq x + \varepsilon)}{\varepsilon} \tag{2.7}$$

確率密度は確率ではないが，定義からわかるように確率に比例したものであり，点 x の確からしさを表す関数となっている．(2.7) 式ではすべての x で右辺の極限が存在するということを仮定していることに注意しよう．このように X が (絶対) 連続な確率変数というときには密度関数の存在を前提としているわけである．また (2.7) 式では x を含む微小区間を閉区間 $[x, x + \varepsilon]$ にとっているが，特定の点の確率は 0 であるから区間を開区間 $(x, x + \varepsilon)$ にとってもよいことに注意する．なお，より厳密に測度論を用いれば，(2.7) 式の極限は "ほとんどすべての x について" 存在すればよく，例外的な点では極限が存在しなかったり，微小区間のとり方によったりすることもある．

連続分布においても累積分布関数 $F(x) = P(X \leq x)$ は自明に定義できる．そして $F(x)$ は x の関数として連続関数になる．累積分布関数を用いて (2.7) 式

を書き換えれば

$$f(x) = \lim_{\varepsilon \to 0} \frac{F(x+\varepsilon) - F(x)}{\varepsilon} = F'(x) \tag{2.8}$$

となり，$f(x)$ は累積分布関数 $F(x)$ を微分して得られることがわかる．そこで微分と積分の関係を用いれば $a \leq b$ として

$$P(a < X \leq b) = F(b) - F(a) = \int_a^b f(x)\,dx \tag{2.9}$$

となる．従って X が区間 $(a, b]$ に落ちる確率は，区間 $(a, b]$ で $f(x)$ と x 軸にはさまれた部分の面積として表される (図 2.3).

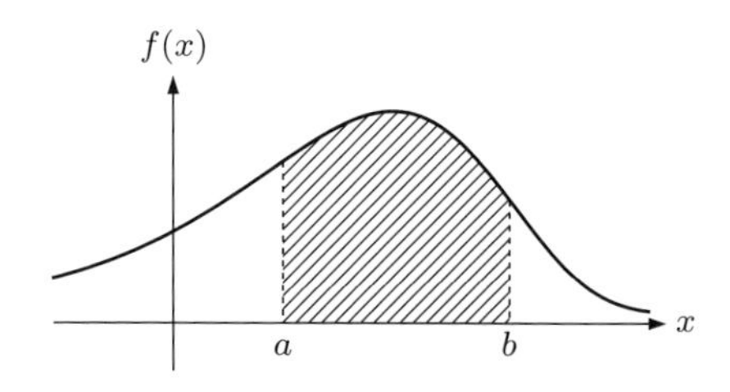

図 2.3

また (2.9) 式で $a = -\infty, b = \infty$ とおけば

$$\int_{-\infty}^{\infty} f(x)\,dx = 1$$

となり，$f(x)$ の全積分は1とならなければならないことがわかる．0と1の間の一様分布について考えると，$F(x) = x$, $(0 \leq x \leq 1)$, であるから $f(x) = F'(x) = 1$, $(0 \leq x \leq 1)$ となる．密度が一定であることが「同様に確からしい」という直観的な理解に対応しているわけである．なお，0と1の間の一様分布の累積分布関数は $x \leq 0$ のとき $F(x) = 0$, $x \geq 1$ のとき $F(x) = 1$ であるから，$x = 0$ あるいは $x = 1$ で微分できず，これらの点は例外的な点である．

ところで密度関数 $f(x)$ が特定の関数 $h(x)$ に比例しており

$$f(x) = c \times h(x) \tag{2.10}$$

となることが知られているとしよう．このとき c は $f(x)$ の全積分が1という条件から決められることがわかる．すなわち $1 = c \times \displaystyle\int_{-\infty}^{\infty} h(x)\,dx$ より c は

$$c = \frac{1}{\displaystyle\int_{-\infty}^{\infty} h(x)\,dx} \tag{2.11}$$

で与えられる．このような c (あるいは $1/c$) を密度関数の**基準化定数** (normalizing constant) あるいは正規化定数とよんでいる．例えば区間 $[a,b]$ 上の一様分布の密度関数 $f_{a,b}(x)$ を考えよう．このとき $[0,1]$ 上の一様分布と同様に $f_{a,b}$ は $[a,b]$ で一定値 c をとり $[a,b]$ の外では 0 となる関数のはずである．このとき c は $1/(b-a)$ でなければならない．

以上のように離散確率変数と連続確率変数では分布を扱うのに和と積分，差分と微分のような技術的な違いがある．しかしこれは単に技術的な違いであって本質的には異なるものではない．とくに累積分布関数はどちらの場合にも同様に定義できるので便利である．確率変数 X の累積分布関数が $F(x)$ であるときしばしば $\boldsymbol{X}$ **は分布** $\boldsymbol{F}$ **に従う** (X is distributed according to F) といい

$$X \sim F$$

と表すことが多い．

さらに離散分布と絶対連続分布のいずれにも分類できない分布についても累積分布関数は $F(x) = P(X \leq x)$ で定義され，確率の連続性の公理より F は右連続であることが示される．

2.2 確率変数の期待値と分布の特性値

確率変数 X の分布の性質を調べるときには確率変数の期待値やその他の特性値を用いるのが便利である．まず確率変数の**期待値** (expected value) を定義しよう．X が離散あるいは連続であることに応じて X の期待値 $\mu = E[X]$ は次のように定義される．

$$E[X] = \begin{cases} \displaystyle\sum_x xp(x) \\ \displaystyle\int xf(x)\,dx \end{cases} \tag{2.12}$$

連続分布の場合の積分において積分範囲を省略しているが，以下積分範囲を省略した場合は $-\infty$ から ∞ までの定積分を意味するものとする．離散分布の期待

値の定義は記述統計の場合の標本平均に対応するものであり，容易に理解できるであろう．連続分布の場合は積分を和で近似してみれば離散分布の場合と本質的に同じ定義であることがわかる．いずれの場合にも期待値は分布の位置を表す指標である．期待値は**平均** (mean) あるいは平均値ともよばれるが，標本平均ではなく確率分布の期待値であることを明確にするためには**母平均** (population mean) とよぶ (4 章参照)．また期待値のように分布の位置を表す母数を**位置母数** (location parameter) という．

次に **(母) 分散** (population variance) を定義する．確率変数 X の分散 $\sigma^2 = \mathrm{Var}[X]$ は離散分布あるいは連続分布に応じて

$$\mathrm{Var}[X] = \begin{cases} \displaystyle\sum_x (x-\mu)^2 p(x) \\ \displaystyle\int (x-\mu)^2 f(x)\,dx \end{cases} \tag{2.13}$$

で定義される．ただし $\mu = E[X]$ である．分散の平方根 $\sigma = \sqrt{\sigma^2}$ を **(母) 標準偏差** (population standard deviation) という．記述統計の場合と同様に，標準偏差は確率変数 X の母平均 μ のまわりの散らばりの大きさを表す指標である．散らばりの大きさを表す母数を**尺度母数** (scale parameter) という．

さて一般に $g(X)$ を X の関数として $g(X)$ の期待値を

$$E[g(X)] = \begin{cases} \displaystyle\sum_x g(x)p(x) \\ \displaystyle\int g(x)f(x)\,dx \end{cases} \tag{2.14}$$

と記すことにする．例えば $g(X) = (X-\mu)^2$ とおけば $\mathrm{Var}[X] = E[(X-\mu)^2] = E[g(X)]$ と表すことができる．$g(X)$ を X の巾乗としたとき $E[g(X)]$ を**モーメント (積率**, moment) という．原点まわりの k 次のモーメント $(k = 0, 1, 2, \ldots)$ は

$$\mu'_k = E\left[X^k\right] \tag{2.15}$$

で定義される．また平均まわりの k 次のモーメント $(k = 0, 1, 2, \ldots)$ は

$$\mu_k = E\left[(X-\mu)^k\right] \tag{2.16}$$

で定義される．

以上のように期待値を表す記号 $E[\cdot]$ を定義すれば離散・連続の区別なく一般の関数の期待値を表すことができて便利である．$E[\cdot]$ を**期待値記号** (expectation operator) とよぶことにする．期待値記号を用いた計算においては，次のような期待値記号の線形性を用いて計算を簡略化できる．

$$E[ag(X)+bh(X)] = aE[g(X)] + bE[h(X)] \tag{2.17}$$

ただし a, b は定数であり $g(X), h(X)$ は X の関数である．例えば分散については

$$\begin{aligned}\sigma^2 &= E[(X-\mu)^2] = E[X^2 - 2\mu X + \mu^2] = E[X^2] - 2\mu E[X] + \mu^2 \\ &= E[X^2] - \mu^2 \end{aligned} \tag{2.18}$$

が成り立つ．この式は次のようにみると覚えやすい：

分散 = (2 乗の平均) − (平均の 2 乗)

また容易に示されるように，a, b を定数とするとき

$$\mathrm{Var}[a+bX] = b^2 \mathrm{Var}[X] \tag{2.19}$$

が成り立つ．

ここで $g(x)$ が 0 か 1 の値のみをとる場合を考えよう．いま $g(x) = 1$ となる x の集合を $A = \{x \mid g(x) = 1\}$ とする．一般に集合 B の**定義関数**あるいは**指示関数** (indicator function) は

$$I_B(x) = \begin{cases} 1, & \text{if} \quad x \in B \\ 0, & \text{otherwise} \end{cases} \tag{2.20}$$

と定義される．従って $g(x) = I_A(x)$ である．例えば

$$g(x) = \begin{cases} 1, & \text{if} \quad x \le c \\ 0, & \text{otherwise} \end{cases}$$

と定義すれば

$$g(x) = I_{(-\infty, c]}(x) \tag{2.21}$$

と書ける．さて容易にわかるように，集合 A の定義関数の期待値は X が A に属する確率に一致する．すなわち

$$E[I_A(X)] = P(X \in A) \tag{2.22}$$

である．例えば $E[I_{(-\infty,c]}(X)] = F(c)$ である．

ところで (2.14) 式のような記法を定義するとき，この定義の整合性を確かめなければならない．すなわち $Y = g(X)$ を新たな確率変数として Y の分布に基づき (2.12) 式で $E[Y]$ を定義したものが (2.14) 式に一致することを示す必要がある．この整合性の一般的な証明は測度論を必要とする．ただし X が離散確率変数の場合には証明は容易である (問 2.2)．また X が連続確率変数で g が 1 対 1 変換の場合は次章の問 3.4 を参照されたい．

次に期待値の存在・非存在の問題についてふれておく．確率変数 X が離散でかつ X のとり得る値が有限個である場合を除いて，期待値は無限級数あるいは積分を含むから級数あるいは積分の収束の問題が生じる．有名な例はペテルスブルグのパラドックスとよばれる次のような例である．いま確率変数 X のとり得る値を $2^k, k = 1, 2, \ldots$ とし

$$P(X = 2^k) = \frac{1}{2^k}$$

としよう．より具体的には，ゆがみのないコインを投げて k 回目にはじめて表がでたら 2^k 円もらえるようなくじの結果が X であると考えればよい．X の期待値を計算すると

$$E[X] = \sum_{k=1}^{\infty} 2^k \frac{1}{2^k} = 1 + 1 + \cdots = \infty$$

となる．期待値をこのくじから平均的に期待される収益と考えると，それが ∞ となるのは矛盾であると思われるのでパラドックスとよばれるわけである．期待値が ∞ となる場合は注意深い議論が必要となる．そこで通常 $E[g(X)]$ と書くときには，g の絶対値の期待値 (の無限級数や積分) が収束する場合

$$E[|g(X)|] < \infty \tag{2.23}$$

を考えている．この場合 $g(X)$ の期待値が存在する，あるいは，有限であるという．ここで g の絶対値を考えているのは正の方向にも負の方向にも発散しないようにするためである．

期待値のほかにも分布の特徴を表す特性値は考えられる．ここではパーセント点を考えよう．標本のパーセント点の定義にはさまざまなものが用いられて

いるが，以下では累積分布関数の逆関数として定義する．累積分布関数の逆関数については他書では正確な記述を与えていないことが多いので，やや煩雑となるが詳しく述べることとする．以下の記述はやや技術的なので読者は直観的な理解にとどめて次節にすすんでもよい．

1次元の分布の**パーセント点**あるいは**パーセンタイル** (percentile) の概念は概念としては自明なものであろう．例えば成績の分布において上から10パーセンタイルの点数とは，その点数以上の成績の受験生の割合が10パーセントとなるような点数のことである．50パーセンタイルは**中位数** (**中央値**，**メディアン**) に一致する．以下ではパーセント点は下から数えることとし，例えば上から数えた10パーセント点を単に90パーセント点ということにする．上から数えたパーセント点と下から数えたパーセント点を明確に区別するためには，**上側 100α パーセント点**，**下側 100α パーセント点**，という．あるいはより簡単に**上側 α 点**，**下側 α 点**という．

$$P(X \le -x) = P(X \ge x), \quad \forall x \tag{2.24}$$

となる場合には，X の分布は原点に関して対称であるという．例えば密度関数が偶関数であれば，分布は原点に関して対称である．このとき，上側 α 点と下側 α 点は符号のみが異なるだけであり，上側 α 点を**両側 2α 点**とよぶことが多い．

パーセント点の定義は自明のものに思えるが，離散的な場合で確率が“割り切れない”場合には，一意性のためにやや恣意的な定義を必要とすることに注意しよう．例えば中位数の場合でも偶数個の数の“真ん中”はないので，真ん中の2つの数の算術平均として定義するのが普通である．もう1つの例として100人の受験生の点数の下側25パーセント点を考えてみよう．この場合下から25番目の受験生の成績が下側25パーセント点になるように思われるが，しかし下から25番目の受験生は上から数えれば76人目にあたるから上から考えれば上側76パーセント点ということになり，この考え方には一貫性がない．100個の数の中位数が50番目と51番目の値の算術平均として定義されることと整合的に考えれば，25パーセント点は25番目の値と26番目の値の算術平均と定義しよう．このように定義すれば下から数えても上から数えても同じ定義となる．以上のように下側 100α パーセント点と上側 $100(1-\alpha)$ パーセント点の定義を一致させるためにはやや注意深い定義が必要になる．

以上の予備的な考察に基づき1次元の確率分布のパーセント点を定義しよう．

累積分布関数 F が連続かつ狭義に単調増加の場合は簡単である．この場合 F の逆関数 $F^{-1}(u), 0 < u < 1$, が一意に定まり，$x_u = F^{-1}(u)$ は $P(X \le x_u) = u$, $P(X \ge x_u) = 1 - u$ を満たす．従って x_u は F の下側 u 点である．F^{-1} を**分位点関数** (quantile function) という．

問題は F に不連続点があったりまた F に平坦な部分があったりして F^{-1} が自明には定義できない場合である．上の議論に基づいて確率分布を下側確率で考えた場合と上側確率で考えた場合にわけ，F^{-1} の2つの可能な定義を与えよう．まず下側確率に対応して ${F_L}^{-1}(u)$ を以下のように定義する．

$$
\begin{aligned}
{F_L}^{-1}(u) &= \inf\{x \mid F(x) \ge u\} \\
&= \min\{x \mid F(x) \ge u\}
\end{aligned}
\tag{2.25}
$$

すなわち $x_L = {F_L}^{-1}(u)$ はそれ以下に u 以上の確率を含むような点の集合の最小値である．(2.25) 式において下限が最小値と一致することは F の右連続性を用いて次のように証明すればよい．$x_0 = \inf\{x \mid F(x) \ge u\}$ とし $x_n \in \{x \mid F(x) \ge u\} \to x_0+$ とする．F の右連続性から $F(x_0) = \lim_{n\to\infty} F(x_n)$ である．ところで各 n について $F(x_n) \ge u$ であるから $F(x_0) \ge u$ である．すなわち，$x_0 \in \{x \mid F(x) \ge u\}$ であり x_0 が集合 $\{x \mid F(x) \ge u\}$ の最小値であることがわかる．次に ${F_L}^{-1}$ は左連続である．すなわち $u_n \to u-$ とするとき $\lim_{n\to\infty} {F_L}^{-1}(u_n) = {F_L}^{-1}(u)$ である．このことは次のように証明される．$x_n = {F_L}^{-1}(u_n), x = {F_L}^{-1}(u)$ とおく．明らかに x_n は単調非減少数列であるから $x^* = \lim_{n\to\infty} x_n$ が存在する．任意の n に対して $x_n \le x$ であるから $x^* \le x$ である．一方 (2.25) 式で下限と最小値が一致することが示されたから各 n について $F(x_n) \ge u_n$ である．さて $x^* \ge x_n$ より $F(x^*) \ge F(x_n)$ であるが，ここで $n \to \infty$ とすれば $F(x^*) \ge u$ を得る．従って $x = {F_L}^{-1}(u)$ の定義より $x^* \ge x$ となる．以上より $\lim_{n\to\infty} x_n = x^* = x$ を得る．従って ${F_L}^{-1}$ は左連続である．

次に上側確率に対応して ${F_R}^{-1}$ を

$$
\begin{aligned}
{F_R}^{-1} &= \sup\{x \mid P(X \ge x) \ge 1 - u\} \\
&= \max\{x \mid P(X \ge x) \ge 1 - u\}
\end{aligned}
\tag{2.26}
$$

と定義する．すなわち $x_R = {F_R}^{-1}$ はそれ以上に $1 - u$ 以上の確率を含むような点の集合の最大値である．${F_L}^{-1}$ と ${F_R}^{-1}$ は対称的に定義されているから ${F_R}^{-1}$ が右連続であることもわかる．

さて

$$
{F_R}^{-1}(u) \geq {F_L}^{-1}(u)
$$

である．なぜなら，$x_L = {F_L}^{-1}$ は任意の $\varepsilon > 0$ に対して $F(x_L - \varepsilon) < u$ となるから，$P(X \geq x_L - \varepsilon) \geq P(X > x_L - \varepsilon) = 1 - F(x_L - \varepsilon) > 1 - u$ である．従って $x_L - \varepsilon \leq x_R$ が成り立つ．ここで $\varepsilon > 0$ は任意であったから $x_L \leq x_R$ となる．以上を明確にするために ${F_L}^{-1}$ と ${F_R}^{-1}$ を図 2.4 に示しておいた．

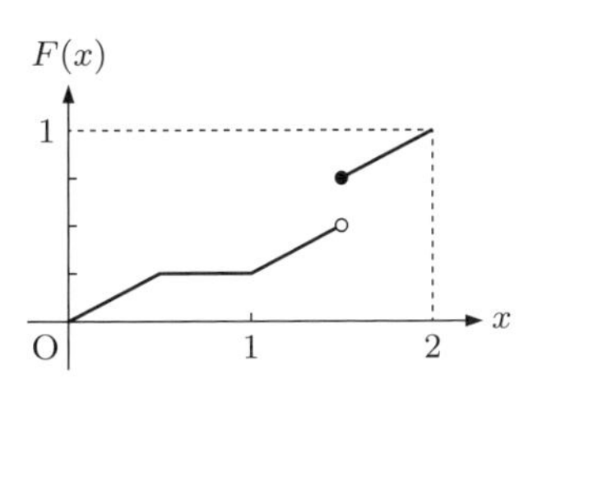

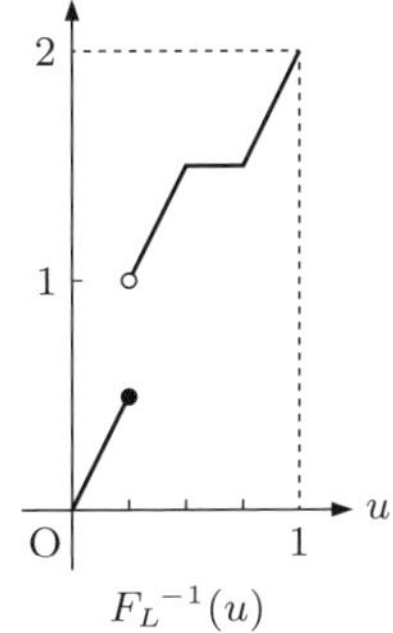

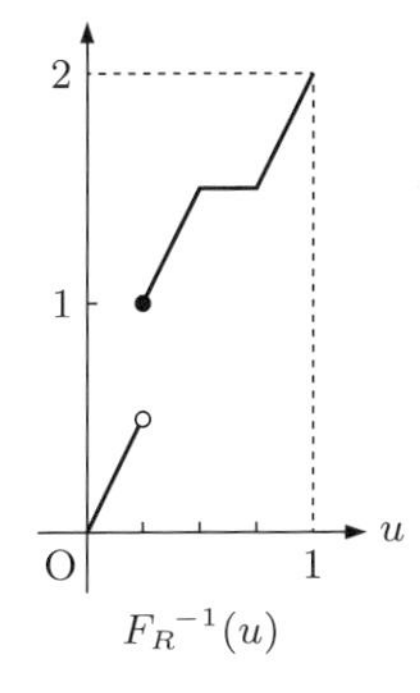

図 2.4

いま，$I_u = \{x \mid P(X \leq x) \geq u, P(X \geq x) \geq 1 - u\}$ とおくと，I_u は区間となり $I_u = [{F_L}^{-1}(u), {F_R}^{-1}(u)] = [x_L, x_R]$ となることを証明できる (問 2.4)．従って $x_L = x_R$ ということは，x 以下に u 以上の確率を含み x 以上に $1-u$ 以上の確率を含む点が $x = x_L = x_R$ の 1 点に定まることを示している．また $x_L < x_R$ ということは，x 以下に u 以上の確率を含み x 以上に $1-u$ 以上の確率を含む点 x の集合が区間をなしており，その区間の最小値が x_L，最大値が x_R で与えられることを示している．この場合には下側 u 点としてこの区間の中点をとることが自然な定義であろう．

以上の議論から累積分布関数 F を持つ分布の**下側 $\boldsymbol{\alpha}$ 点** $x(\alpha)$ を

$$
x(\alpha) = \frac{{F_L}^{-1}(\alpha) + {F_R}^{-1}(\alpha)}{2}, \quad 0 < \alpha < 1 \tag{2.27}
$$

と定義することにする．再度繰り返せば $x(\alpha)$ は，$x(\alpha)$ 以下に確率 α 以上，$x(\alpha)$

以上に確率 $1-\alpha$ 以上を含む．このような点が一意に決まらない場合には $x(\alpha)$ はそのような点のなす区間の中点である．

ここで ${F_L}^{-1}$ の性質について補足しておく．${F_L}^{-1}$ の定義より

$$x \geq {F_L}^{-1}(u) \iff F(x) \geq u \tag{2.28}$$

である．ここで U を 0 と 1 の間の一様分布に従う確率変数とし (2.28) 式が成り立つ確率を評価すれば

$$P({F_L}^{-1}(U) \leq x) = P(U \leq F(x)) = F(x) \tag{2.29}$$

となる．従って ${F_L}^{-1}(U)$ は分布 F に従う．このことは一様分布に従う確率変数を ${F_L}^{-1}$ で変換することにより F に従う確率変数が得られることを示している．

以上で1次元確率分布のパーセント点を定義したが，標本の場合には 4.7 節で述べる経験分布関数を用いれば標本のパーセント点が定義できる．そして以上の定義が上の予備的な考察でとりあげた問題点を解決するものであることが容易にわかる．累積分布関数の逆関数としては ${F_L}^{-1}$ あるいは ${F_R}^{-1}$ のいずれを用いてもよい．これらは左連続か右連続かの違いがあるだけでそれ以外には本質的な差はなく，必要に応じてどちらを用いてもよい．例えば問 2.5，問 2.6 を参照のこと．

α が 0 または 1 に収束するときの $x(\alpha)$ の $\pm\infty$ への発散の速さ，あるいは逆にいえば $x \to \pm\infty$ のときの $F(x)$ の 0 あるいは 1 への収束の速さを，**分布 F のスソの重さ**という言葉で表すことが多い．“裾” と漢字で表すこともある．x が ∞ に近づいても $F(x)$ がなかなか 1 に近づかない場合は分布の右スソに大きな確率が残っていることを示すので右スソが重たい (あるいは長い) といわれる．左スソに関しても同様な言い方をする．

期待値や標準偏差は積分で定義されるために分布のスソの大きさの影響を受けやすい．極端な場合には期待値や標準偏差が存在しない場合もあり，その場合には位置及び散らばりの指標としては意味をなさない．例えば 4.3 節で定義するコーシー分布などがその例である．そこで分布のスソにあまり影響を受けないより “頑健な” 指標として中央値 $x(0.5)$ 及び **4 分位範囲** (inter-quartile range)

$$Q = x(0.75) - x(0.25) \tag{2.30}$$

が用いられることがある．

2.3　母関数

確率分布及びそのモーメントを調べるのに母関数を用いることが便利なことが多い．母関数として用いられるものには確率母関数，積率母関数，特性関数の3つがあるが，これらは概念的には同じものである．このなかで特性関数は応用上最も一般性を持つものであるが，その定義に複素積分を必要とするので数学的にはややとっつきにくい．ここでは確率母関数，積率母関数，特性関数の順に説明する．特性関数の性質については，完全な証明を与えることはこの本の範囲を越えるので確率論の教科書にゆずり，直観的な議論を与えることとする．また特性関数については確率変数と分布の収束の項 (4.5 節) で再びふれる．

確率母関数 (probability generating function) は主に非負の整数値をとる離散確率変数の分布を調べるのに用いられる．$|s| \le 1$ とし s を変数とする確率母関数を

$$G(s) = E\left[s^X\right] = \sum_{x=0}^{\infty} s^x p(x) \tag{2.31}$$

と定義する．$G(1) = 1$ である．(2.31) 式の収束は $p(x) \ge 0$, $\sum p(x) = 1$ より $|s| \le 1$ の範囲で保証される．

母関数を用いることの理論的な根拠は，母関数ともとの確率分布が 1 対 1 に対応しており，従ってもとの確率分布を調べることとその母関数を調べることが同値となる，という点にある．(2.31) 式に即して説明すれば次のようになる．非負整数上の確率分布 $p(x)$ が与えられれば (2.31) 式により確率母関数 $G(s)$ が定義される．逆に $G(s)$ が与えられれば $G(s)$ を k 回微分し $s=0$ とおくことにより $G^{(k)}(0)/k! = p(k)$ となるから $G(s)$ から $p(k), k = 0, 1, 2, \ldots$ が再現できる．従って非負整数上の確率分布とその確率母関数は 1 対 1 に対応していることがわかる．

ところで $G(s)$ より $p(k)$ を求めるには，$G(s)$ を微分するよりも，次のように複素平面での積分を考えたほうが一般性がある．この考え方は特性関数に通じるものであるからここで説明しよう．いま s を絶対値が 1 の複素数とする．すなわち

$$s = e^{it} = \cos t + i \sin t, \quad 0 \le t < 2\pi$$

とおく．$\phi(t) = G(e^{it})$ は以下で述べる特性関数である．ここで非負整数 k に対して

$$\int_{-\pi}^{\pi} e^{-ikt} G(e^{it})\, dt \tag{2.32}$$

を考えよう．任意の整数 h について

$$\int_{-\pi}^{\pi} e^{iht}\, dt = \int_{-\pi}^{\pi} \cos ht\, dt + i \int_{-\pi}^{\pi} \sin ht\, dt = \begin{cases} 0, & \text{if} \ \ h \neq 0 \\ 2\pi, & \text{if} \ \ h = 0 \end{cases} \tag{2.33}$$

となることが容易にわかるので

$$\frac{1}{2\pi} \int_{-\pi}^{\pi} e^{-ikt} G(e^{it})\, dt = \frac{1}{2\pi} \sum_{j=0}^{\infty} \left(\int_{-\pi}^{\pi} e^{(j-k)it}\, dt \right) p(j) = p(k) \tag{2.34}$$

となる．(2.34) 式における項別積分は $G(e^{it})$ が一様収束しまた積分範囲が有界であることから保証される．(2.34) 式のように，母関数からもとの確率分布を求める公式を母関数の**逆転公式** (inversion formula) という．逆転公式により確率分布と母関数の1対1対応が保証される．この意味で逆転公式は理論的な重要性を持っており必ずしも数値計算上の実用性は重要な論点ではない．とくに積率母関数や特性関数においては逆転公式自体が複雑であり，逆転公式の存在そのものが重要であるといってもよい．

確率母関数はモーメントを求めるためにも用いることができる．いま $G(s)$ を s で微分すると $|s| < 1$ の範囲において項別微分が可能であるから

$$G'(s) = \sum_{x=0}^{\infty} x s^{x-1} p(x), \quad |s| < 1 \tag{2.35}$$

と表すことができる．ここで $E[X]$ が存在するならば (2.35) 式において $s = 1$ とおくことができて

$$G'(1) = \sum_{x=0}^{\infty} x p(x) = E[X] \tag{2.36}$$

となることが示される．同様に X の k 次までのモーメントが存在するならば

$$G^{(k)}(1) = E[X(X-1)\cdots(X-k+1)] \tag{2.37}$$

となることが示される．(2.37) 式のような形のモーメントを**階乗モーメント** (factorial moment) とよぶ．

確率母関数において $s = e^{\theta}$ (θ は実数) とおいたものが**積率母関数** (moment generating function) であり

$$\phi(\theta) = E\left[e^{\theta X}\right] \tag{2.38}$$

で定義される．ただし，確率母関数はもっぱら非負整数上の分布について用いられるのに対して，積率母関数は一般の (連続) 確率変数について用いられる．積率母関数において $\theta \leq 0$ とおくと $s = e^{\theta} \leq 1$ であるから確率母関数と同等となる．積率母関数はその名の示すようにモーメントを計算するのに便利な母関数である．積分と微分が交換できるという条件のもとで

$$\left.\frac{d^k \phi(\theta)}{d\theta^k}\right|_{\theta=0} = E\left[X^k e^{\theta X}\right]\Big|_{\theta=0} = E\left[X^k\right] = \mu'_k \tag{2.39}$$

であり，$\phi(\theta)$ の 0 における (高次の) 微係数が X の原点まわりのモーメントを表す．平均 μ まわりのモーメントを求めるには，$e^{-\mu\theta}\phi(\theta) = E\left[e^{\theta(X-\mu)}\right]$ に注意すれば，$\phi(\theta)$ のかわりに $\phi(\theta)e^{-\theta\mu}$ を積率母関数として用いればよい．

積率母関数について問題なのは (2.38) 式の積分の存在である．$\theta > 0$ とすれば任意の正の数 k に対し $\lim_{x\to\infty} x^k/e^{\theta x} = 0$ であるから，$\theta > 0$ に対して積率母関数が存在すればすべての正数 k について $\sum_{x\geq 0} x^k p(x)$ あるいは $\int_{x\geq 0} x^k f(x)\,dx$ が収束しなければならない．同様に $\theta < 0$ について積率母関数が存在すれば $\sum_{x\leq 0} |x|^k p(x)$ あるいは $\int_{x\leq 0} |x|^k f(x)\,dx$ がすべての正数 k に対して存在しなければならない．実際積率母関数が有用なのは 0 を内点として含むある区間 $(-a, b)$ で積率母関数が存在する場合で，そのときはすべての次数のモーメントが存在し，また (2.39) 式の微分と積分の交換が保証される．またこの場合原点のまわりで

$$\begin{aligned}\phi(\theta) = E\left[e^{\theta X}\right] &= E\left[1 + \theta X + \frac{\theta^2 X^2}{2!} + \cdots\right] \\ &= 1 + \theta\mu'_1 + \frac{\theta^2}{2!}\mu'_2 + \cdots = \sum_{k=0}^{\infty} \frac{\theta^k}{k!}\mu'_k\end{aligned} \tag{2.40}$$

の形の無限級数表現が可能であることが知られている．積率母関数に関する逆転公式は特性関数の逆転公式と同じものであり，特性関数の項で述べる．積率母関数についても，積率母関数が存在すれば積率母関数は分布を一意的に決め

るという点が重要である．

以上で述べたように積率母関数には積分の存在の問題があり，例えば平均や分散の存在しない分布には用いることができない．これに対して特性関数はすべての分布に関して存在するので最も一般的であるといえる．特性関数は積率母関数において θ を純虚数 it とおくもので

$$\phi(t) = E\left[e^{itX}\right] = E[\cos(tX) + i\sin(tX)] \tag{2.41}$$

で定義される．(2.41) 式において複素関数の積分は，定義上は実数部分 $E[\cos(tX)]$ と虚数部分 $E[\sin(tX)]$ の積分を別々におこない結果を複素数として表したものであるが，実際上の計算においてはしばしば e^{itX} を実数値関数の場合と同様に操作してゆけばよい．従って特性関数の定義における複素積分はとっつきにくいと思われるかもしれないが，実際の応用に関してはきわめて実用的である．$\left|e^{itX}\right| = 1$ であるから特性関数は任意の分布についてまたすべての実数値 t について存在する．このことが特性関数の利点である．X の k 次のモーメントが存在すれば微分と積分の交換が保証されて (2.39) 式と同様の操作により

$$\mu'_k = E\left[X^k\right] = i^{-k}\phi^{(k)}(0) \tag{2.42}$$

となることが示される．

次に特性関数の逆転公式について簡単にふれよう．ここでは確率母関数に関して述べたことをもとにして，密度関数に関する逆転公式に関して直観的な議論をおこなう．ただし以下の議論はやや技術的であるので，読者は以下の議論を省略して次節にすすんでもよい．上にも述べたように確率母関数は通常非負整数上の分布を扱うために用いられる．しかし s を $s = e^{it}$ の形の絶対値1の複素数とすれば負の整数を含んだ整数全体上の分布に対し

$$G(e^{it}) = \sum_{x=-\infty}^{\infty} e^{itx} p(x) \tag{2.43}$$

は t に関し一様収束し $s = e^{it}$ において確率母関数が存在する．逆転公式は k が負の場合にでも (2.34) 式で与えられることは明らかである．ところで実数軸上の連続な確率変数 X とその分布関数 F 及び密度関数 f が与えられたときに，X を h 刻みで離散化して

$$
\begin{aligned}
p(hk) &= P(hk < X \le h(k+1)) = F(h(k+1)) - F(hk) \\
&\doteq f(hk)h, \quad k = \ldots, -1, 0, 1, \ldots
\end{aligned} \tag{2.44}
$$

とおこう．ただし $\doteq$ は近似的に等しいことを表す．$p_h(k) = p(hk)$ とおけば $p_h(k)$ は整数上の確率関数となる．$p_h(k)$ の確率母関数を $s = e^{it}$ で評価したものは $G_h(e^{it}) = \sum_{k=-\infty}^{\infty} e^{itk} p_h(k)$ であり，逆転公式により

$$
p_h(k) = \frac{1}{2\pi} \int_{-\pi}^{\pi} e^{-itk} G_h(e^{it})\, dt
$$

となる．ここで $u = t/h$ とおき $\widetilde{G}_h(u) = G_h(e^{it}) = G_h(e^{iuh})$ と書こう．h が十分小さければ

$$
\begin{aligned}
\widetilde{G}_h(u) &= \sum_{k=-\infty}^{\infty} e^{iuhk} p_h(k) \\
&\doteq \sum_{k=-\infty}^{\infty} e^{iuhk} f(hk)h \\
&\doteq \int_{-\infty}^{\infty} e^{iux} f(x)\, dx = \phi(u)
\end{aligned} \tag{2.45}
$$

となり $\widetilde{G}_h(u)$ は近似的に F の特性関数 $\phi(u)$ と等しくなる．最後の近似式は積分の和による近似である．もちろん適当な正則条件のもとで $h \to 0$ の極限において近似式は等式となる．ここで逆転公式を考えれば，やはり h が十分小さいとして

$$
\begin{aligned}
f(hk)h \doteq p_h(k) &= \frac{1}{2\pi} \int_{-\pi}^{\pi} e^{-itk} G_h(e^{it})\, dt \\
&= \frac{h}{2\pi} \int_{-\pi/h}^{\pi/h} e^{-iuhk} \widetilde{G}_h(u)\, du
\end{aligned} \tag{2.46}
$$

となる．この両辺を h で除し $x = hk$ とおけば

$$
f(x) \doteq \frac{1}{2\pi} \int_{-\pi/h}^{\pi/h} e^{-iux} \widetilde{G}_h(u)\, du \doteq \frac{1}{2\pi} \int_{-\infty}^{\infty} e^{-iux} \phi(u)\, du
$$

となることがわかる．

以上は近似的な議論であったが，密度関数 f を持つ連続分布の特性関数 $\phi(t)$ に関して

$$\int_{-\infty}^{\infty} |\phi(t)|\, dt < \infty \tag{2.47}$$

という条件が成り立てば

$$f(x) = \frac{1}{2\pi} \int_{-\infty}^{\infty} e^{-itx} \phi(t)\, dt \tag{2.48}$$

となることが知られている．これが密度関数に関する逆転公式である．

以上で整数上の離散分布に関する逆転公式 (2.34) 及び密度関数に関する逆転公式 (2.48) を論じた．より一般の分布に関する逆転公式を述べることはここでは省略する．詳しくは確率論の教科書を参照されたい．何度も述べているように，一般の分布に対して逆転公式が存在しそのため特性関数と分布関数は1対1に対応する．このことから特性関数を用いて分布に関してさまざまな性質を証明することができる．

特性関数は以上で述べたほかにもいろいろな有用な性質を持っている．これらのうち特性関数と分布のたたみこみとの関係については3.3節で述べる．また特性関数の重要な性質として分布の収束と特性関数の関係については4.5節でふれる．

2.4　主な1次元分布

この節では主な1次元分布の性質について調べよう．まず非負整数上の主な離散分布として，2項分布，ポアソン分布，負の2項分布，超幾何分布について述べる．これらについては他書でもよく論じられているので記述は簡潔なものとする．また以下の説明で確率変数の独立性など次章の内容を一部用いるので，わかりにくい場合には次章も参照されたい．

2項分布

2項分布はコイン投げや壺からの復元抽出 (4.1節参照) に関連した分布で，非常に基本的な分布である．確率 p で表が出るようなコインを n 回投げることを考える．確率変数 X_i を i 回目に表が出たら $X_i = 1$，さもなければ $X_i = 0$ と定義する．コイン投げは互いに独立であるとする．コイン投げのように結果が2通りしかないような確率的な**試行** (trial) を**ベルヌーイ試行** (Bernoulli trial)

という．また X_i のように 0 か 1 のみをとる確率変数を**ベルヌーイ変数**という．ベルヌーイ試行においては "表" を "成功"，"裏" を "失敗" とよぶことも多い．表の出る確率 p は**成功確率**ともよばれる．

ここで確率変数 X を

$$X = X_1 + \cdots + X_n$$

と定義する．X は n 回コインを投げたときの表の回数を表す．X の分布をパラメータ n, p の 2 項分布といい $\mathrm{Bin}(n, p)$ と書くことにする．$\mathrm{Bin}(n, p)$ の確率関数はよく知られているように

$$p(k) = \binom{n}{k} p^k (1-p)^{n-k} \tag{2.49}$$

で与えられる．ただし $\binom{n}{k} = {}_n\mathrm{C}_k$ は 2 項係数である．$p^k(1-p)^{n-k}$ は n 回コインを投げて表が k 回，裏が $(n-k)$ 回出る任意の特定の結果の系列が得られる確率であり，$\binom{n}{k}$ は n 回のうち表が k 回であるような組合せの数である．これらをかけあわせれば表が k 回出る確率が得られるわけである．

次に X の確率母関数を求め，確率母関数から X の期待値と分散を求めよう．X の確率母関数は 2 項定理により

$$\begin{aligned} G(s) &= \sum_{x=0}^{n} s^x \binom{n}{x} p^x (1-p)^{n-x} = \sum_{x=0}^{n} \binom{n}{x} (sp)^x (1-p)^{n-x} \\ &= (ps + 1 - p)^n = (1 + p(s-1))^n \end{aligned} \tag{2.50}$$

で与えられる．これより $G'(1) = E[X] = np, G''(1) = E[X(X-1)] = n(n-1)p^2$ が得られる．

$$\begin{aligned} \mathrm{Var}[X] &= E[X^2] - E[X]^2 \\ &= E[X(X-1)] + E[X] - E[X]^2 \end{aligned} \tag{2.51}$$

を用いれば，2 項分布の平均と分散が

$$E[X] = np, \quad \mathrm{Var}[X] = np(1-p) \tag{2.52}$$

で与えられることがわかる．

2 項分布は単一の分布ではなく，特定の n と p に対応する分布の集合である．このような意味で 2 項分布は**分布族** (family of distributions) をなしていると

いう．以下で述べる種々の分布はすべてこの意味で分布族である．分布族において個々の分布を指定するものを分布族の**パラメータ** (parameter) あるいは分布族の**母数**という．パラメータという用語と母数という用語は全く同じ意味で使われる．

ポアソン分布

ポアソン分布は2項分布から，n を大とし p を小としたときの極限として得られるものである．ただし平均成功回数 $\lambda = np$ は一定であるとする．ポアソン分布は一日の事故数の分布などによく用いられるが，これは次のように説明できる．いまある都市に n 人の人が住んでいるとする．これらの人々の任意の一人が一日のうちに事故にあう確率を p とし，この p の値は各人に共通であるとしよう．p が小さければ特定の人が事故にあう確率は小さいが，n 人をあわせれば一日の事故数 X の期待値は $\lambda = np$ となり，無視できない大きさとなる．各人の事故が互いに独立に起きるとすれば X の分布は2項分布 $\mathrm{Bin}(n, p)$ であるが，$\lambda = np$ を固定しておいて $n \to \infty$ となるときの2項確率 $P(X = k)$ の極限を求めよう．2項分布の確率関数に $p = \lambda/n$ を代入すれば

$$\begin{aligned} P(X = k) &= \frac{n(n-1)\cdots(n-k+1)}{k!}\left(\frac{\lambda}{n}\right)^k\left(1-\frac{\lambda}{n}\right)^{n-k} \\ &= \frac{\lambda^k}{k!}\left(1-\frac{1}{n}\right)\cdots\left(1-\frac{k-1}{n}\right)\left(1-\frac{\lambda}{n}\right)^n\left(1-\frac{\lambda}{n}\right)^{-k} \qquad (2.53) \\ &\to \frac{\lambda^k}{k!}e^{-\lambda} \end{aligned}$$

となる．ただしここで任意の y について $\left(1+\dfrac{y}{n}\right)^n \to e^y$ となることを用いた．ところで

$$e^{\lambda} = 1 + \lambda + \frac{\lambda^2}{2!} + \cdots = \sum_{k=0}^{\infty}\frac{\lambda^k}{k!}$$

より $1 = \displaystyle\sum_{k=0}^{\infty}\frac{\lambda^k}{k!}e^{-\lambda}$ であるから，(2.53) 式の右辺は非負整数上の確率分布を与えることがわかる．(2.53) 式の右辺を確率関数

$$p(k) = P(X = k) = \frac{\lambda^k}{k!}e^{-\lambda} \qquad (2.54)$$

とする分布をパラメータ λ のポアソン分布といい $\mathrm{Po}(\lambda)$ で表すことにする．容

易にわかるように $\mathrm{Po}(\lambda)$ の期待値は λ であるから λ を平均パラメータともいう．また以上で説明したような2項分布のポアソン分布への収束を“**小数法則**”(law of small numbers) とよぶことがある．

ポアソン分布の確率母関数は

$$G(s) = E\left[s^X\right] = \sum_{k=0}^{\infty} \frac{(s\lambda)^k}{k!} e^{-\lambda} = e^{\lambda(s-1)} \tag{2.55}$$

となる．これからポアソン分布の期待値と分散について

$$E[X] = \mathrm{Var}[X] = \lambda \tag{2.56}$$

であることが容易に示される (問 2.7).

負の2項分布

負の2項分布は2項分布と同様コイン投げに関連して定義される分布である．表の出る確率を p とし，確率変数 X を r 回表が出るまでの裏の回数としよう．ここで $X = k$ となる確率を考えてみよう．$X = k$ とは r 回目の表までに k 回の裏が出たということであるから，r 回目の表が出たときには計 $r + k$ 回コインを投げたことになる．このうち $r + k - 1$ 回まで裏が k 回出ており，最後の $r + k$ 回目で表が出たことになる．従ってこのような確率は $r + k - 1$ 回までで裏が k 回出る確率と $r + k$ 回目の表の確率 p の積で与えられるから

$$P(X = k) = \binom{r+k-1}{k}(1-p)^k p^{r-1} \times p = \binom{r+k-1}{k}(1-p)^k p^r \tag{2.57}$$

と表される．このような確率関数を持つ分布をパラメータ r, p の負の2項分布といい $\mathrm{NB}(r, p)$ と書くことにする．ところで (2.57) 式の和が1となることを確認しておこう．いま $0 < p \leq 1, q = 1 - p$ として $p^{-r} = (1-q)^{-r}$ を q の無限級数にテーラー展開すると

$$(1-q)^{-r} = 1 + rq + \frac{r(r+1)}{2!}q^2 + \cdots = \sum_{k=0}^{\infty} \binom{r+k-1}{k} q^k \tag{2.58}$$

となる．(2.58) 式の両辺に p^r をかければ，確かに (2.57) 式の和が1となることがわかる．(2.57) 式において，ガンマ関数を用いると，$r(r+1)\cdots(r+k-1) = \Gamma(r+k)/\Gamma(r)$ と書けることから

$$P(X = k) = \frac{\Gamma(r+k)}{\Gamma(r)\,k!}(1-p)^k p^r \tag{2.59}$$

と表すことも多い．ガンマ関数については以下のガンマ分布の項を参照されたい．

$r = 1$ のときは確率関数は非常に簡単な形となり

$$P(X = k) = p(1-p)^k \tag{2.60}$$

となる．確率関数が幾何級数となることから，この分布を**幾何分布** (geometric distribution) という．幾何分布は最初に表が出るまでの裏の回数の分布である．また (2.58) 式のテーラー展開では r は整数である必要はなく任意の正の実数でよい．この場合はコイン投げの意味づけは与えられないがやはり負の2項分布とよぶ．

(2.58) 式の関係を用いれば確率母関数は容易に

$$G(s) = E\left[s^X\right] = \left(\frac{p}{1-qs}\right)^r = \left(1-(s-1)\frac{q}{p}\right)^{-r} \tag{2.61}$$

で与えられる (問 2.8)．これを微分することにより負の2項分布の平均と分散は

$$E[X] = \frac{r(1-p)}{p}, \quad \mathrm{Var}[X] = \frac{r(1-p)}{p^2} \tag{2.62}$$

で与えられることがわかる．

超幾何分布

離散分布の最後として超幾何分布をとりあげる．超幾何分布は壺からの玉のとり出しというモデルで考えるとわかりやすい．いま壺に M 個の赤玉と $N-M$ 個の白玉の計 N 個の玉がはいっているとする．この壺から無作為に n 個の玉をとり出したときの赤玉の個数を X とする．そこで $X = k$ となる確率を考えてみよう．N 個の玉から n 個の玉をとり出すやり方の総数は $\binom{N}{n}$ あり，これらのとり出し方はすべて同様に確からしい．ところで k 個の赤玉がとり出されるには M 個の赤玉のなかから k 個がとられ，$N-M$ 個の白玉のなかから $n-k$ 個がとり出されなければならないから，このようなとり出し方の総数は $\binom{M}{k} \times \binom{N-M}{n-k}$ ある．ただし k の満たすべき範囲として赤玉と白玉のそれぞれの総数を考えれば $k \leq M$ 及び $n-k \leq N-M$ という制約がある．また $0 \leq k \leq n$ は当然である．結局 X の確率関数は

$$P(X=k) = \frac{\binom{M}{k}\binom{N-M}{n-k}}{\binom{N}{n}}, \tag{2.63}$$

$$\max\{0, n+M-N\} \le k \le \min\{n, M\}$$

で与えられる．

(2.63) 式の和が 1 となることを確かめるには，$(1+x)^N = (1+x)^M(1+x)^{N-M}$ の両辺で x^n の係数を比較すればよい．確率母関数は簡単ではないので平均及び分散の計算はやや面倒である．いま $p = M/N, q = 1-p$ とおけば

$$E[X] = np, \quad \mathrm{Var}[X] = \frac{N-n}{N-1}npq \tag{2.64}$$

で与えられる．超幾何分布の期待値と分散の導出については 4.8 節で詳しく説明する．

なお (2.63) 式で 2 項係数を書き下して整理すると

$$P(X=k) = \frac{M!\,(N-M)!\,n!\,(N-n)!}{N!\,k!\,(M-k)!\,(n-k)!\,(N-M-n+k)!}$$

と書け，この確率が M と n を入れかえても変わらないことがみてとれる．この理由は次のように説明できる．最初に壺にはいっている N 個の玉はすべて白色で区別がないとし，そこから M 個を無作為に抜き出してそれらの玉に赤い色をつけ壺に戻す．そして再度 n 個を無作為にとり出してそれらの玉に丸印をつけて壺に戻す．そうすると X は壺のなかで赤色かつ丸印がついた玉の数となる．以上の操作で，丸印をつける操作を最初に，色をつける操作をその後におこなっても，状況は同じである．このことから M と n には対称性があることがわかる．

以上で主な離散分布について論じたので次に主な連続分布について論じる．ここでは一様分布，正規分布，ガンマ分布，及びベータ分布について論じる．

一様分布

一様分布についてはこの章の冒頭で連続分布の概念を説明する際にすでにふれたがここでもう一度整理しておこう．区間 $[a,b]$ 上の一様分布 (uniform distribution) を $\mathrm{U}[a,b]$ と表す．$\mathrm{U}[a,b]$ の密度関数と累積分布関数はそれぞれ

$$f(x) = \begin{cases} \dfrac{1}{b-a}, & \text{if} \quad a \le x \le b \\ 0, & \text{otherwise} \end{cases}$$

$$F(x) = \begin{cases} 0, & \text{if} \quad x < a \\ \dfrac{x-a}{b-a}, & \text{if} \quad a \le x \le b \\ 1, & \text{if} \quad x > b \end{cases} \tag{2.65}$$

で与えられる．ただし a と b は密度関数の例外的な点であり，$f(a), f(b)$ は任意の値でよい．一様分布の平均と分散は簡単な積分により

$$E[X] = \frac{a+b}{2}, \quad \mathrm{Var}[X] = \frac{(b-a)^2}{12} \tag{2.66}$$

と求められる．

正規分布

正規分布 (normal distribution, Gaussian distribution) は統計学にとって最も重要な分布である．正規分布は平均 μ と分散 σ^2 の2つのパラメータを持った分布族であるが，そのなかで基準となる標準正規分布の密度関数は

$$f(x) = \phi(x) = \frac{1}{\sqrt{2\pi}} e^{-x^2/2} \tag{2.67}$$

で与えられる．標準正規分布の密度関数は統計学において多用されるために，しばしば $\phi(x)$ という特定の記法によって表すことが多い．この密度関数のグラフの形は指数関数 $\exp(-x^2/2)$ の部分によって与えられ，原点について対称ないわゆる "釣り鐘型 (クリスマスのベル型)" の密度関数である．$1/\sqrt{2\pi}$ の部分は基準化定数であるが，この値が基準化定数であることを示すには多重積分が必要であるので3.2節を参照されたい．標準正規分布の累積分布関数は

$$\Phi(x) = \int_{-\infty}^{x} \phi(u)\, du \tag{2.68}$$

のようにしばしば $\Phi(x)$ で表される．Φ は初等関数ではなくその評価には無限級数による表現を必要とする．実用上は Φ の値は正規分布表の形でほとんどの統計学の教科書に与えられているのでそれを利用すればよい．

標準正規分布から位置母数と尺度母数を変換して得られるものが一般の正規分布である．いま X を標準正規分布に従う確率変数とし，新しい確率変数を

$Y = a + bX,\ b > 0,$ で定義しよう．このとき Y の累積分布関数 $F_Y(y)$ は

$$F_Y(y) = P(a + bX \leq y) = P\Bigl(X \leq \frac{y-a}{b}\Bigr) = \Phi\Bigl(\frac{y-a}{b}\Bigr)$$

となる．これを y で微分することにより Y の密度関数 $f_Y(y)$ は

$$f_Y(y) = \frac{1}{b}\phi\Bigl(\frac{y-a}{b}\Bigr) = \frac{1}{\sqrt{2\pi}b}\exp\Bigl(-\frac{(y-a)^2}{2b^2}\Bigr)$$

で表される．もちろん Y の密度関数は 3.2 節におけるヤコビアンの考え方を用いれば ϕ より直接求めることもできる．

次に Y の積率母関数を求めよう．密度関数 $\phi(x)$ との混乱を避けるために，積率母関数を $\widetilde{\phi}$ で表せば

$$\begin{aligned}\widetilde{\phi}(\theta) &= E\bigl[e^{\theta Y}\bigr] = E\bigl[e^{a\theta + b\theta X}\bigr] = e^{a\theta}E\bigl[e^{b\theta X}\bigr] \\ &= e^{a\theta}\int_{-\infty}^{\infty}\frac{1}{\sqrt{2\pi}}\exp\Bigl(-\frac{(x-b\theta)^2}{2} + \frac{b^2\theta^2}{2}\Bigr)dx \\ &= \exp\Bigl(a\theta + \frac{b^2\theta^2}{2}\Bigr)\end{aligned} \tag{2.69}$$

となる．また積分は θ の全域で収束している．$\widetilde{\phi}$ を θ で微分して $\theta = 0$ とおくことにより Y の平均と分散が

$$E[Y] = \mu = a, \quad \mathrm{Var}[Y] = \sigma^2 = b^2 \tag{2.70}$$

で与えられることがわかる．あらためて $a = \mu, b^2 = \sigma^2$ と書くことにより Y の密度関数が

$$f(y) = \frac{1}{\sqrt{2\pi}\sigma}\exp\Bigl(-\frac{(y-\mu)^2}{2\sigma^2}\Bigr) \tag{2.71}$$

であることがわかる．(2.71) 式の密度関数を持つ分布を平均 μ，分散 σ^2 の正規分布といい $\mathrm{N}(\mu, \sigma^2)$ で表す．また標準正規分布の平均が 0，分散が 1 であることも示された．正規分布の平均と分散を密度関数より直接計算することは問とする (問 2.9)．

Y が $\mathrm{N}(\mu, \sigma^2)$ に従うとき，上と逆の変換をおこない

$$X = \frac{Y-\mu}{\sigma}$$

とおけば，X は標準正規分布に従う．このような変換を**標準化**あるいは**基準化** (standardization) という．

ガンマ分布とベータ分布

最後に，ガンマ分布とベータ分布についてまとめて論じる．ガンマ分布はカイ二乗分布の形で用いられることが多く，ベータ分布は F 分布の形で用いられることが多い．これらの意味づけについては4章で論じるが，ここではやや頭ごなしにガンマ分布とベータ分布の定義を与えよう．

正の実数 a に対して**ガンマ関数** $\Gamma(a)$ は積分

$$\Gamma(a) = \int_0^\infty x^{a-1} e^{-x}\, dx \tag{2.72}$$

で定義される．容易にわかるように $\Gamma(1) = 1$ である．$(e^{-x})' = -e^{-x}$ の関係を用いて部分積分をおこなえば

$$\int_0^\infty x^a e^{-x}\, dx = -x^a e^{-x}\Big|_0^\infty + a\int_0^\infty x^{a-1} e^{-x}\, dx$$

となり，右辺第1項は0であるから

$$\Gamma(a+1) = a\Gamma(a) \tag{2.73}$$

という漸化式が成り立つ．とくに n を正整数とすれば $\Gamma(n) = (n-1)!$ となり，ガンマ関数が階乗の一般化になっていることがわかる．また，負の2項分布の説明において $\Gamma(a+k)/\Gamma(a) = a(a+1)\cdots(a+k-1)$ の関係を用いたがこれは (2.73) 式より容易に証明される．

ガンマ分布は

$$f(x) = \frac{1}{\Gamma(\nu)} x^{\nu-1} e^{-x}, \quad x > 0 \tag{2.74}$$

を密度関数とする正の実数上の分布である．尺度母数 $\alpha > 0$ を導入して，(2.74) 式の密度を持つ確率変数 X に対し $Y = \alpha X$ とおけば Y の密度関数は

$$f(y) = \frac{1}{\alpha^\nu \Gamma(\nu)} y^{\nu-1} e^{-y/\alpha}, \quad y > 0 \tag{2.75}$$

で (3.2節参照) 表される．(2.75) 式の密度関数を持つ分布を形状母数 ν，尺度母数 α のガンマ分布といい，$\mathrm{Ga}(\nu, \alpha)$ で表すことにする．ガンマ分布の積率母関数は変数変換により容易に

$$\phi(\theta) = E\left[e^{\theta Y}\right] = E\left[e^{\theta\alpha X}\right] = E\left[e^{aX}\right]$$
$$= \int_0^\infty \frac{1}{\Gamma(\nu)} x^{\nu-1} e^{-x(1-a)}\, dx = (1-a)^{-\nu} \tag{2.76}$$
$$= (1-\theta\alpha)^{-\nu}$$

と表される．ただし計算の途中で $a = \theta\alpha$ とおいた．また積分が収束する範囲は $\theta < 1/\alpha$ となる範囲である．ガンマ分布の平均と分散は

$$E[Y] = \nu\alpha, \quad \mathrm{Var}[Y] = \nu\alpha^2 \tag{2.77}$$

で与えられる．

形状母数 ν が $\nu = 1$ のときには，ガンマ分布の密度関数は

$$f(x) = \frac{1}{\alpha} e^{-x/\alpha}, \quad x > 0 \tag{2.78}$$

と簡明になる．この密度関数を持つ分布を**指数分布** (exponential distribution) といい $\mathrm{Ex}(\alpha)$ で表す．指数分布の累積分布関数は

$$F(x) = 1 - e^{-x/\alpha} \tag{2.79}$$

となる．

ベータ分布は 0 と 1 の間の連続分布であり，その密度関数が $a > 0, b > 0$ をパラメータとして

$$f(x) = cx^{a-1}(1-x)^{b-1}, \quad 0 < x < 1 \tag{2.80}$$

で与えられるものである．この密度関数を持つ分布をパラメータ a, b のベータ分布といい，$\mathrm{Be}(a, b)$ と表すことにする．基準化定数 c の逆数は**ベータ関数**とよばれ

$$\frac{1}{c} = B(a, b) = \int_0^1 x^{a-1}(1-x)^{b-1}\, dx$$

で定義される値である．ベータ関数はガンマ関数を用いて

$$B(a, b) = \frac{\Gamma(a)\Gamma(b)}{\Gamma(a+b)} \tag{2.81}$$

であることが知られている (3.2 節参照)．ベータ分布の積率母関数は簡単な形では書けないが，その平均と分散は

$$E[X] = \frac{a}{a+b}, \quad \mathrm{Var}[X] = \frac{ab}{(a+b)^2(a+b+1)} \tag{2.82}$$

で与えられる (問 2.10).

以上で主な1次元分布について説明してきたが，異なる分布を組みあわせて新しい分布を作る方法として**混合** (mixture) がある．F_1, F_2 を異なる累積分布関数とし，$0 \le p \le 1$ として

$$F(x) = pF_1(x) + (1-p)F_2(x) \tag{2.83}$$

とすれば $F(x)$ も累積分布関数となる．F からの観測値は，まず成功確率 p のコインを投げて表が出たら F_1 から，裏が出たら F_2 から観測値を得ればよい．3個以上の分布の混合も同様に定義される．特に $F(x,\theta)$ をパラメータ θ を持つ累積分布関数の集合 (分布族) とし，θ がある密度関数 $g(\theta)$ を持つとすれば

$$F(x) = \int_{-\infty}^{\infty} F(x,\theta)g(\theta)\,d\theta \tag{2.84}$$

は無限個の分布の連続的な混合である．

問

2.1　平均まわりの k 次のモーメントを原点まわりのモーメントを用いて表せ．また原点まわりの k 次のモーメントを平均まわりのモーメントと $\mu = E[X]$ を用いて表せ．

2.2　X を離散確率変数とし $Y = g(X)$ とおく．Y の確率関数 $p_Y(y)$ を用いて定義した Y の期待値 $E[Y] = \sum yp_Y(y)$ が (2.14) 式の $E[g(X)]$ に一致することを示せ．

2.3　$k\ (>0)$ 次のモーメントが存在すれば $0<h<k$ となる h について h 次のモーメントは存在することを示せ．

2.4　$I_u = \{x \mid P(X \le x) \ge u, P(X \ge x) \ge 1-u\}$ とおくとき，I_u は閉区間となり $[x_L, x_R]$ に一致することを示せ．

2.5　U を0と1の間の一様分布に従う確率変数とする．F を1次元の分布の累積分布関数とし ${F_L}^{-1}$ 及び ${F_R}^{-1}$ を左連続及び右連続な F の逆関数とする．$X_R = {F_R}^{-1}(U)$ も分布 F に従うことを示せ．また $X_L = {F_L}^{-1}(U)$ とおくとき確率1で $X_R = X_L$ となることを示せ．このような確率変数の変換を**確率積分変換** (integral probability transformation) とよぶことがある．

2.6

$$F({F_L}^{-1}(u)) \ge u, \quad F({F_R}^{-1}(u)) \ge u \tag{2.85}$$

を示せ．また $F(x-) = P(X < x)$ とおくとき

$$F({F_L}^{-1}(u)-) \le u, \quad F({F_R}^{-1}(u)-) \le u \tag{2.86}$$

を示せ．これより F が連続ならば，$X \sim F$ のとき

$$F(X) \sim \mathrm{U}[0,1] \tag{2.87}$$

を示せ．また，X が離散分布の場合には (2.85) 式及び (2.86) 式で等号が必ずしも成り立たないことを例を用いて示せ．

2.7　パラメータ λ のポアソン分布の平均と分散を求めよ．またこれを 2 項分布の平均と分散と比較し小数法則との関連をチェックせよ．

2.8　負の 2 項分布の確率母関数，期待値，及び分散を求めよ．

2.9　標準正規分布の密度関数を $\phi(x)$ とするとき

$$\int_{-\infty}^{\infty} x\phi(x)\,dx = 0, \quad \int_{-\infty}^{\infty} x^2\phi(x)\,dx = 1$$

を示せ．これを用いて $\mathrm{N}(\mu,\sigma^2)$ の平均と分散が μ, σ^2 であることを確認せよ．［ヒント：分散に関しては $\phi'(x) = -x\phi(x)$ を用いて部分積分をおこなえ．］

2.10　ガンマ関数の漸化式 ((2.73) 式) 及び (2.81) 式を用いてベータ分布 $\mathrm{Be}(a,b)$ の平均と分散を求めよ．

2.11　正の整数上の確率変数 X の確率関数が

$$p(x) = c(\theta)\frac{\theta^x}{x}, \quad x = 1, 2, \ldots, \quad 0 < \theta < 1$$

と表されるとき，この分布を対数級数分布という．対数関数のテーラー展開を参照して，基準化定数 $c(\theta)$ を求めよ．また積率母関数 $G(s) = E_\theta\left[s^X\right]$，期待値 $E_\theta[X]$ 及び分散 $\mathrm{Var}_\theta[X]$ を求めよ．

2.12　X が正規分布 $\mathrm{N}(\mu,\sigma^2)$ に従うとき $Y = e^X$ の分布をパラメータ (μ,σ^2) の対数正規分布という．対数正規分布の密度関数，期待値，分散を求めよ．

2.13　パラメータが λ のポアソン分布の期待値と分散はともに λ であるが，非負整数上の確率変数 Y について $\mathrm{Var}[Y] > E[Y]$ となるとき，ポアソン分布と比較して Y の分布は「過分散」であるとよばれる．X をポアソン分布 $\mathrm{Po}(\lambda)$ に従う確率変数とし，Y は λ を密度関数 $g(\lambda)$ によって混合した分布で得られるとする．すなわち

$$P(Y = y) = \int_0^{\infty} \frac{\lambda^y}{y!}e^{-\lambda}g(\lambda)\,d\lambda$$

とする．条件つき期待値の分散と条件つき分散の期待値に関する (3.57) 式を参考にして，Y の分布が過分散であることを示せ．

2.14　問 2.13 と同様の考察を 2 項分布についておこなう．Y を $\{0, 1, \ldots, n\}$ 上の確率変数とし $E[Y]/n = p$ とおく．$\mathrm{Var}[Y] > np(1-p)$ のとき，2 項分布と比較して過分散であるという．2 項分布の成功確率を混合した分布は 2 項分布と比較して過分散であることを示せ．

Chapter 3

多次元の確率変数

前章では実数軸上の 1 次元の確率変数を考えてきたが，この章では複数の確率変数を同時に考えた多次元の確率変数を論じる．確率変数の独立性なども定義する．

3.1 確率ベクトルの同時分布

X, Y を 2 つの確率変数とする．ここでは X と Y を同時に考えて，2 次元平面 $\mathbb{R}^2$ の点 (X, Y) が確率的に実現するものと考えよう．このとき (X, Y) の組を 2 次元の確率変数あるいは**確率ベクトル**とよび (X, Y) の $\mathbb{R}^2$ での分布を**同時分布**とよぶ．より一般に n 個の確率変数の組 $(X_1, \ldots, X_n) \in \mathbb{R}^n$ の同時分布を考えることができる．しかしながら，多次元分布の種々の概念は 2 次元の場合によってほとんど説明することができるので，ここでは記法の簡便のために主に 2 次元の場合を論じる．読者は多次元への一般化について考えながら読みすすんでいただきたい．また記法について注意しておくと，ベクトルは通常は (X, Y) のように単に要素を並べて記述するが，行列論の記法を用いるときには列ベクトル $\begin{pmatrix} X \\ Y \end{pmatrix}$ としてベクトルを表すものとする．

まず X, Y がともに離散的な確率変数である場合を考えよう．1 次元の場合と同様に

$$p(x, y) = P(X = x, Y = y) \tag{3.1}$$

を (**同時**) **確率関数** (joint probability function) という．$P(X = x, Y = y)$ は $X = x$ かつ $Y = y$ となる確率を表す．このように「かつ」を表すのに単にコン

マを用いる場合があることに注意する．(X,Y) の累積分布関数も 1 次元の場合と同様に

$$F(x,y) = P(X \leq x, Y \leq y) \tag{3.2}$$

で定義される．

多次元分布に関して重要な概念は**周辺分布** (marginal distribution) の概念と**条件つき分布** (conditional distribution) の概念である．周辺分布とは例えば Y の値を無視して X を 1 次元の確率変数としてながめた場合の X の分布である．いま $X=x$ となる確率は，Y に関して確率の和をとることにより

$$p_X(x) = P(X=x) = \sum_y P(X=x, Y=y) = \sum_y p(x,y) \tag{3.3}$$

となることがわかる．$p_X(x)$ を X の周辺確率関数という．次に $X=x$ が観測されたときの Y の条件つき分布について考えよう．条件つき確率の定義から $X=x$ が与えられたとき $Y=y$ となる条件つき確率は

$$p_{Y|X}(y) = P(Y=y \,|\, X=x) = \frac{P(X=x, Y=y)}{P(X=x)} = \frac{p(x,y)}{p_X(x)} \tag{3.4}$$

で与えられる．(3.4) 式を $X=x$ が与えられたときの Y の条件つき確率関数 (conditional probability function of Y given $X=x$) という．$p_X(x)=0$ となる x については条件つき確率は定義されないが，$p_X(x)=0$ ならば $p(x,y)=0$ なので，(3.4) 式の両辺に $p_X(x)$ をかけた

$$p(x,y) = p_X(x) p_{Y|X}(y) \tag{3.5}$$

の式は条件つき確率が未定義でも $0=0$ の形で成り立つことに注意する．

X と Y が **(互いに) 独立** (mutually independent) であるとは，事象の独立性の定義にならって，

$$p(x,y) = p_X(x) p_Y(y) \tag{3.6}$$

がすべての x,y について成り立つことをいう．(3.4), (3.5) 式より容易にわかるように，X と Y が (互いに) 独立であるための必要十分条件は条件つき確率関数が条件 x に依存しないことである．

考えている確率変数がすべて離散的な場合には以上のように周辺分布や条件つき分布の定義は容易である．次に X,Y とも連続な確率変数の場合について述べよう．連続分布においては微小な $\Delta x, \Delta y$ に対して，X が $[x, x+\Delta x]$ に落ち

かつ Y が $[y, y+\Delta y]$ に落ちる確率は微小な長方形の面積 $\Delta x \Delta y$ に比例的であることから，2次元の**同時密度関数** (joint density function) を

$$f(x,y) = \lim_{\Delta x \to 0,\, \Delta y \to 0} \frac{P(X \in [x, x+\Delta x], Y \in [y, y+\Delta y])}{\Delta x \Delta y} \tag{3.7}$$

で定義する．1次元の場合と同様に同時密度関数は点 (x,y) における (X,Y) の出やすさを示す関数であり点 (x,y) における (X,Y) の分布の確率の "濃さ" を表すと考えればよい．

標本との対比では次のように考えるとわかりやすい．$(x_1, y_1), \ldots, (x_n, y_n)$ の n 点を xy 平面の散布図に打点したとする．n が大きいとき，散布図には点の密集した色の濃い部分と点がまばらで色の薄い部分ができるであろう．このような散布図における点の濃さは頻度に比例するものであり，確率分布で考えれば確率の濃さに対応するものである．このように考えれば密度関数という言葉自体も容易に理解できるであろう．

ところで1次元の場合と同様，累積分布関数

$$F(x,y) = P(X \le x, Y \le y) \tag{3.8}$$

は自明に定義できる．ここで累積分布関数と同時密度関数の関係を考えよう．平面の上に図示してみると足し引きしてみれば容易にわかるように

$$\begin{aligned} &P(x < X \le x+\Delta x, y < Y \le y+\Delta y) \\ &\quad = F(x+\Delta x, y+\Delta y) - F(x, y+\Delta y) - F(x+\Delta x, y) + F(x,y) \end{aligned} \tag{3.9}$$

が成り立つ (問 3.1)．ここで (3.9) 式を (3.7) 式に代入し

$$\lim_{\Delta x \to 0} \frac{F(x+\Delta x, y) - F(x,y)}{\Delta x} = \frac{\partial F(x,y)}{\partial x}$$

となることなどを用いて整理すれば

$$f(x,y) = \frac{\partial^2 F(x,y)}{\partial x \partial y} \tag{3.10}$$

となることがわかる．これを積分すれば

$$
\begin{aligned}
P(a \le X \le b,\, c \le Y \le d) &= F(b,d) - F(a,d) - F(b,c) + F(a,c) \\
&= \int_a^b \left(\frac{\partial}{\partial x} F(x,d) - \frac{\partial}{\partial x} F(x,c) \right) dx \\
&= \int_a^b \left(\int_c^d \frac{\partial^2}{\partial x \partial y} F(x,y)\, dy \right) dx \\
&= \int_a^b \int_c^d f(x,y)\, dy dx
\end{aligned}
\tag{3.11}
$$

となる．(3.10) 式及び (3.11) 式が同時密度関数と累積分布関数の関係を与える．

次に周辺分布について考えよう．X のみを考えた場合の 1 次元の累積分布関数 $F_X(x)$ は

$$
\begin{aligned}
F_X(x) = P(X \le x) = P(X \le x, Y < \infty) &= F(x, \infty) \\
&= \int_{-\infty}^{x} \left(\int_{-\infty}^{\infty} f(u,y)\, dy \right) du
\end{aligned}
$$

と表される．これを x で微分すれば X の**周辺密度関数** $f_X(x)$ が

$$
f_X(x) = \int_{-\infty}^{\infty} f(x,y)\, dy \tag{3.12}
$$

と表されることがわかる．このように周辺分布の密度関数は，同時密度関数を関心のない変数に関して積分することにより得られる．

次に条件つき密度関数について考えよう．離散分布の場合にならって $X = x$ が観測されたときの Y の**条件つき密度関数** $f_{Y|X}(y)$ は

$$
f_{Y|X}(y) = f_{Y|X=x}(y) = \frac{f(x,y)}{f_X(x)} \tag{3.13}
$$

で定義される．図形的には同時密度関数を表す曲面 $z = f(x,y)$ を x 軸に直交する平面で切ったときの断面が $f_{Y|X}(y)$ の形となる (図 3.1)．この条件つき密度関数の定義は直観的には明らかに正しいものであるが，測度論的には実はより注意深い議論が必要である．それは連続分布について最初に述べたように X が連続な確率変数ならば任意の x について $X = x$ という事象の確率は 0 であるから，条件つき密度関数がどのような意味で定義できるかが明らかではないからである．ただしここでは (3.13) 式を条件つき密度関数の定義として認めることにしよう．

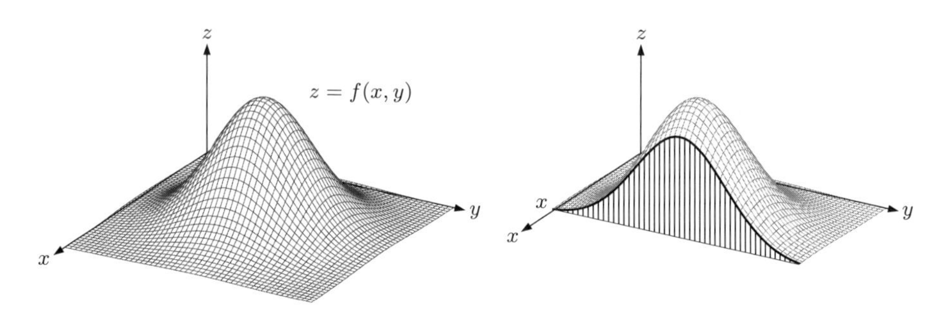

図 3.1

次に X と Y が (**互いに**) **独立**であるとは同時密度が周辺密度の積となること

$$f(x,y) = f_X(x) f_Y(y) \tag{3.14}$$

であることと定義しよう．離散分布の場合と同様に，独立性のための必要十分条件は条件つき密度関数 (3.13) が条件 x に依存しないことである．

ここまでの説明は 2 次元の場合であったが，n 次元の場合も考え方は同様である．連続分布の場合で結果を述べると，$X_1, \ldots, X_n$ を連続確率変数として，その累積分布関数を

$$F(x_1, \ldots, x_n) = P(X_1 \leq x_1, \ldots, X_n \leq x_n) \tag{3.15}$$

で，また同時密度関数 $f(x_1, \ldots, x_n)$ を

$$f(x_1, \ldots, x_n) = \frac{\partial^n F(x_1, \ldots, x_n)}{\partial x_1 \cdots \partial x_n} \tag{3.16}$$

で定義する．

離散分布の場合でも連続分布の場合でも累積分布関数を用いれば独立性を整合的に定義できる．$X_1, \ldots, X_n$ の累積分布関数を $F(x_1, \ldots, x_n)$，それぞれの 1 次元の累積分布関数を $F_{X_i}(x_i)$ とおく．$X_1, \ldots, X_n$ が互いに独立であるとは任意の $x_1, \ldots, x_n$ について

$$F(x_1, \ldots, x_n) = F_{X_1}(x_1) \cdots F_{X_n}(x_n) \tag{3.17}$$

が成り立つことをいう．離散分布，連続分布のそれぞれの場合に (3.17) 式による定義が (3.6) 式及び (3.14) 式の定義と同値であることを示すことは問とする (問 3.2).

独立性の概念を拡張したものとして条件つき独立性の概念がある．ここでは X, Y, Z の 3 個の連続確率変数を用いて条件つき独立性を説明する．$Z = z$ が与えられたときの X と Y の条件つきの 2 変数の同時分布を考えよう．この条件つき分布において X と Y が独立であるときに $Z = z$ が与えられたもとで X と Y は条件つき独立であるという．$f(x, y, z)$ を同時密度関数，$f_Z(z)$ を Z の周辺密度関数，$f_{X,Z}(x, z)$ を (X, Z) の周辺密度関数，などとする．$Z = z$ が与えられたときの条件つき密度関数を $f_{X,Y|Z}(x, y) = f_{X,Y|Z=z}(x, y) = f(x, y, z)/f_Z(z)$ などと書く．ここで，Z が与えられたときに X と Y が**条件つき独立** (conditionally independent) であることを，すべての x, y, z について

$$f_{X,Y|Z=z}(x, y) = f_{X|Z=z}(x) f_{Y|Z=z}(y) \tag{3.18}$$

が成り立つことで定義する．この定義では，与える z の値も任意でなければならないことに注意する．(3.4), (3.6) 式について述べたことと同様に，条件つき独立性についても，(3.18) 式の条件つき独立性が成り立つことと，Z に加えて Y を条件づけても X の条件つき密度が変化しないこと，すなわち

$$f_{X|Y,Z}(x) = f_{X|Z}(x) \tag{3.19}$$

とは同値である (問 3.16).

3.2　変数の変換とヤコビアン

多次元の連続確率変数を扱う際に重要なテクニックは確率変数の変換とそれにともなう密度関数の変換である．これは解析学で扱われる多重積分における変数変換の直接の応用であり，解析学の知識を前提とすれば説明の必要もあまりないが，統計学での応用上の重要性からここで結果を整理しておく．

$X = (X_1, \ldots, X_n)$ を n 次元の確率ベクトルとしその同時密度関数を $f_X(x)$ とする．いま変数変換 $Y = g(X)$ によって X から新しい確率ベクトル Y を定義しよう．ここで関数 g は n 次元空間 $\mathbb{R}^n$ から $\mathbb{R}^n$ への連続微分可能な関数であるとする．すなわち

$$g(x) = \begin{pmatrix} g_1(x) \\ \vdots \\ g_n(x) \end{pmatrix}$$

であり，各 g_i は連続微分可能な実数値関数とする．さらに $g(x)$ は 1 対 1 の関数であり連続微分可能な逆関数 $x = g^{-1}(y)$ を持つとする．

ここでの問題は X の密度関数からどのようにして Y の密度関数を求めるかという問題である．Y の密度関数を求めるためには X から Y の変数変換のヤコビアンが必要となる．x の各要素を y の各要素で偏微分した偏微分係数を要素とする行列 J を**ヤコビ行列**という．すなわち

$$x = g^{-1}(y) = h(y) = \begin{pmatrix} h_1(y) \\ \vdots \\ h_n(y) \end{pmatrix}$$

とすれば

$$J = J(\partial x/\partial y) = \left(\frac{\partial x_i}{\partial y_j}\right) = \begin{pmatrix} \dfrac{\partial h_1(y)}{\partial y_1} & \cdots & \dfrac{\partial h_1(y)}{\partial y_n} \\ \vdots & \ddots & \vdots \\ \dfrac{\partial h_n(y)}{\partial y_1} & \cdots & \dfrac{\partial h_n(y)}{\partial y_n} \end{pmatrix} \tag{3.20}$$

である．以下では一般的な記法ではないが，x の要素を y の要素で偏微分したことを明確にするために $J(\partial x/\partial y)$ という記法を用いることとする．J の行列式 $\det J$ は**ヤコビアン**とよばれる．さて，以上の設定のもとでヤコビアンの絶対値を用いれば，$Y = g(X)$ の密度関数 $f_Y(y)$ は次のように表される．

$$f_Y(y) = f_X(g^{-1}(y))\,|\det J(\partial x/\partial y)| \tag{3.21}$$

実際 A を $\mathbb{R}^n$ の (ボレル) 部分集合とし $B = g^{-1}(A) = \{x \mid g(x) \in A\}$ とおけば，多重積分の変数変換の公式により

$$P(Y \in A) = P(X \in B) = \int_B f_X(x)\,dx = \int_A f_X(g^{-1}(y))\,|\det J(\partial x/\partial y)|\,dy$$

であるから (3.21) 式が Y の密度関数であることがわかる．(3.21) 式において $x = g^{-1}(y)$ であるから (3.21) 式を

$$f_Y(y) = f_X(x)\,|\partial x/\partial y| \tag{3.22}$$

と書いておくと覚えやすい．すなわち Y の密度関数は，X の密度関数 $f_X(x)$ にヤコビアンの絶対値 $|\det J|$ をかけたものである．ただし $x = g^{-1}(y)$ の関係を代入して結果は y について表すものとする．一変量で g が単調増加の場合には

$\partial x, \partial y$ をそれぞれ dx, dy と書いて (3.22) 式の両辺に dy をかけると

$$f_Y(y)\,dy = f_X(x)\,dx$$

と書ける．この式の両辺を確率要素とよぶことがある．密度関数は確率を長さで微分したものであったから，密度関数に長さ dx, dy をかけると微小な区間の確率になるため，このようによぶ．

ヤコビアンは X から Y への変換にともなうスケールの変化を調整するはたらきをしている．1 変量の場合には $J = dx/dy$ はスカラーである．1 つの具体例として正規分布に関して論じた一変量の線形変換 $Y = a + bX$ を考える．この場合 $J = dx/dy = 1/b$ となるから，X の密度関数を $f_X(x)$ とすれば Y の密度関数は

$$f_Y(y) = f_X\left(\frac{y-a}{b}\right)\frac{1}{|b|} \tag{3.23}$$

で与えられることがわかる．また x, y が n 次元ベクトルであり，$g(y)$ がアフィン変換 $y = a + Bx$ (B は $n \times n$ 正則行列) の場合には

$$J(\partial x/\partial y) = B^{-1}, \quad \det J(\partial x/\partial y) = \det B^{-1} = \frac{1}{\det B} \tag{3.24}$$

となることが容易に示される (問 3.15).

ヤコビアンを用いるときに次の 3 つの事柄に注意すると計算が容易になることがある．1 つは X あるいは Y の要素の順番の変更はヤコビアンの符号のみを変化させるだけだから，ヤコビアンの絶対値は不変であるという点である．次に転置行列の行列式はもとの行列の行列式に等しいことから

$$\det J = \det J^\top$$

が成り立つ．これはヤコビ行列 J の定義において x と y のどちらを行にとりどちらを列にとるかはヤコビアンに影響しないことを示している．最後は $g^{-1}(g(x)) = x$ の関係を偏微分して得られる $I = J(\partial x/\partial y)J(\partial y/\partial x)$ の関係である．ただし I は単位行列を表す．これより $J(\partial x/\partial y) = J(\partial y/\partial x)^{-1}$ となり，

$$|\det J(\partial x/\partial y)| = \frac{1}{|\det J(\partial y/\partial x)|} \tag{3.25}$$

を得る．従ってヤコビアンに関する限りは，$y = g(x)$ の関係をそのまま偏微分し，ヤコビアンを求め，その逆数を用いることができる．しかしながら最後の

結果は $x=g^{-1}(y)$ を代入して y を用いて表す必要があることに注意しなければならない．

ヤコビアンを用いる具体例としてここでは，確率変数のたたみこみの公式，正規分布の基準化定数が $1/\sqrt{2\pi}$ に一致すること，及び (2.81) 式のベータ関数とガンマ関数の関係を示そう．

X と Y を互いに独立な確率変数とするとき，$Z=X+Y$ の分布を X の分布と Y の分布の**たたみこみ** (convolution) という．X,Y それぞれの密度関数 f,g が与えられたとき，Z の密度関数 h を f と g で表すことを考えよう．いま興味のあるのは変数 Z であるが，ヤコビアンを用いるために仮の変数 $W=X$ を考えよう．このとき変換は

$$\begin{pmatrix} W \\ Z \end{pmatrix} = \begin{pmatrix} 1 & 0 \\ 1 & 1 \end{pmatrix} \begin{pmatrix} X \\ Y \end{pmatrix}$$

となる．変換を逆に解けば $X=W, Y=Z-W$ となる．ヤコビアンは (3.25) 式より

$$\det J = \frac{1}{\det \begin{pmatrix} 1 & 0 \\ 1 & 1 \end{pmatrix}} = 1$$

となるから (W,Z) の同時密度関数は $f(w)g(z-w)$ となる．ここで w について積分すれば Z の周辺密度関数は

$$h(z) = \int_{-\infty}^{\infty} f(w)g(z-w)\,dw \tag{3.26}$$

で与えられる．(3.26) 式が密度関数のたたみこみの公式である．以上では議論を明確にするために X をわざわざ W とおいたが，もちろん W と書かずに X と書いてもよい．ただし偏微分を求める際にどの変数が固定されているかなどについて混乱しないよう注意する必要がある．

ヤコビアンを用いる2つ目の例として正規分布の基準化定数をとりあげよう．いま $\dfrac{1}{c} = \displaystyle\int_{-\infty}^{\infty} e^{-x^2/2}\,dx$ とおく．X,Y を互いに独立で密度関数 $ce^{-x^2/2}$ に従う確率変数とする．ここで (X,Y) を極座標表示して

$$X = r\cos\theta, \quad Y = r\sin\theta \tag{3.27}$$

と表す．ここで r, θ の同時密度関数を求める．(3.27) 式はすでに逆変換 $(x, y) = g^{-1}(r, \theta)$ の形で表されていることに注意しよう．(3.27) 式を偏微分すると

$$J = \begin{pmatrix} \partial x/\partial r & \partial x/\partial \theta \\ \partial y/\partial r & \partial y/\partial \theta \end{pmatrix} = \begin{pmatrix} \cos\theta & -r\sin\theta \\ \sin\theta & r\cos\theta \end{pmatrix}$$

となるから，ヤコビアンの絶対値は

$$|\det J| = r\cos^2\theta + r\sin^2\theta = r \tag{3.28}$$

で与えられる．(3.27), (3.28) 式を (X, Y) の同時密度 $c^2\exp(-(x^2+y^2)/2)$ に代入すれば r, θ の同時密度が

$$f(r, \theta) = c^2 r \exp\left(-\frac{r^2}{2}\right), \quad r > 0,\ 0 \le \theta < 2\pi \tag{3.29}$$

で与えられる．これを r, θ について積分すれば容易に

$$\begin{aligned} 1 &= c^2 \int_0^\infty \int_0^{2\pi} r\exp\left(-\frac{r^2}{2}\right) d\theta dr = 2\pi c^2 \int_0^\infty r\exp\left(-\frac{r^2}{2}\right) dr \\ &= 2\pi c^2 \left[-\exp\left(-\frac{r^2}{2}\right)\right]_0^\infty = 2\pi c^2 \end{aligned}$$

となる．従って

$$c = \frac{1}{\sqrt{2\pi}} \tag{3.30}$$

となり，標準正規分布の基準化定数が $1/\sqrt{2\pi}$ で与えられることが示された．ちなみに (3.29) 式は r と θ が互いに独立であり，θ の分布は区間 $[0, 2\pi)$ 上の一様分布 $\mathrm{U}[0, 2\pi]$ であることを示している (問 3.3).

ヤコビアンを用いた最後の例としてガンマ分布とベータ分布の関連を論じよう．$X \sim \mathrm{Ga}(a, 1), Y \sim \mathrm{Ga}(b, 1)$ とし X と Y は互いに独立であるとする．ここで $U = X/(X+Y), V = X+Y$ という変換を考える．逆変換は $X = UV, Y = V(1-U)$ である．ヤコビアンは

$$\det J = \det\begin{pmatrix} \partial x/\partial u & \partial x/\partial v \\ \partial y/\partial u & \partial y/\partial v \end{pmatrix} = \det\begin{pmatrix} v & u \\ -v & (1-u) \end{pmatrix} = v$$

となる．これらを用いて U, V の同時密度関数を整理すると

$$f(u, v) = \frac{1}{\Gamma(a)\Gamma(b)} v^{a+b-1} e^{-v} \times u^{a-1}(1-u)^{b-1}, \quad v > 0,\ 0 < u < 1$$

と書ける．この密度関数の形はガンマ分布の密度関数とベータ分布の密度関数の積になっている．従って U と V は互いに独立であり，V に関する関数形から V は $\mathrm{Ga}(a+b,1)$ に従い，U は $\mathrm{Be}(a,b)$ に従うことがわかる．そこで基準化定数を調整すれば

$$f(u,v) = \frac{1}{\Gamma(a+b)} v^{a+b-1} e^{-v} \times \frac{\Gamma(a+b)}{\Gamma(a)\Gamma(b)} u^{a-1}(1-u)^{b-1},$$

$$v > 0,\ 0 < u < 1$$

と表されることがわかる．これより (2.81) 式の関係 $B(a,b) = \dfrac{\Gamma(a)\Gamma(b)}{\Gamma(a+b)}$ が確認された．

3.3　多次元分布の期待値

多次元確率変数の期待値は1次元確率変数の期待値と同様に定義される．ここでは多次元確率変数の期待値の応用として，分散に関する諸公式，多次元確率変数の母関数，条件つき期待値と確率変数間の回帰分析，などを扱う．

前節と同様に記法の簡便のため主に2次元確率変数 (X,Y) に関する期待値を考える．(x,y) の実数値関数を $g(x,y)$ とする．このとき $g(X,Y)$ の期待値を

$$E[g(X,Y)] = \begin{cases} \displaystyle\sum_{x,y} g(x,y)p(x,y), & X,Y \text{ が離散の場合} \\ \displaystyle\iint g(x,y)f(x,y)\,dxdy, & X,Y \text{ が連続の場合} \end{cases} \tag{3.31}$$

と定義する．この定義は1変数の場合の定義の直接の一般化であり，(2.17) 式の期待値の線形性は明らかにこの場合にも適用できる．

ところで，厳密にはこの定義が1変数の場合の定義と整合的であることをチェックする必要がある．例えば $g(x,y) = x$ であるときに $E[g(X,Y)] = E[X]$ が X のみを考えた1変量の場合の期待値と一致するかを確かめてみよう．$x = g(x,y)$ とすれば連続変数の場合には

$$\begin{aligned} E[g(X,Y)] &= \int_{-\infty}^{\infty} \left(\int_{-\infty}^{\infty} x f(x,y)\,dy \right) dx \\ &= \int_{-\infty}^{\infty} x f_X(x)\,dx = E[X] \end{aligned}$$

となる．右辺の $E[X]$ は X の周辺分布に関する期待値である．従ってこの場合は整合的である．より一般に新しい確率変数 Z を $Z = g(X, Y)$ により定義するとき，Z の周辺分布に関する $E[Z]$ と $E[g(X, Y)]$ が一致することを確かめる必要がある．このことの厳密な証明には，測度論が必要となる．

多次元確率変数の期待値で重要なものに 2 つの変数間の共分散と相関係数がある．2 つの確率変数 X と Y の**共分散**は

$$\mathrm{Cov}[X, Y] = \sigma_{XY} = E[(X - \mu_X)(Y - \mu_Y)] \tag{3.32}$$

で定義される．ここで $\mu_X = E[X], \mu_Y = E[Y]$ である．共分散の定義より $X = Y$ の場合には $\mathrm{Cov}[X, X] = \sigma_{XX}$ は X の分散に一致する．さらに X と Y の**相関係数**は

$$\mathrm{Corr}[X, Y] = \rho_{XY} = \frac{\sigma_{XY}}{\sigma_X \sigma_Y} \tag{3.33}$$

で定義される．ここで σ_X, σ_Y はそれぞれ X 及び Y の標準偏差である．これらはもちろん概念的には記述統計における共分散や相関係数と同じものである．また和あるいは積分に関するコーシー・シュバルツの不等式を用いることにより容易に $-1 \leq \rho_{XY} \leq 1$ となることを示すことができる．等号条件は

$$\begin{aligned} \rho_{XY} = 1 \quad &\Longleftrightarrow Y = a + bX,\ b > 0 \\ \rho_{XY} = -1 \ &\Longleftrightarrow Y = a + bX,\ b < 0 \end{aligned}$$

で与えられる．

X と Y が互いに独立のときには

$$E[XY] = E[X]\,E[Y] \tag{3.34}$$

が成り立つ．例えば連続変数の場合には

$$\begin{aligned} E[XY] &= \iint xyf(x, y)\,dxdy = \iint xyf_X(x)f_Y(y)\,dxdy \\ &= \int xf_X(x)\,dx \int yf_Y(y)\,dy = E[X]\,E[Y] \end{aligned}$$

である．より一般に X と Y が互いに独立ならば任意の 1 変数関数 $g(X)$, $h(Y)$ について $E[g(X)h(Y)] = E[g(X)]\,E[h(Y)]$ が成り立つ．もちろんこの場合は，X と Y の独立性より $g(X)$ と $h(Y)$ も互いに独立となり $X' = g(X)$ と $Y' = h(Y)$ に (3.34) 式を適用すると考えてもよい．

独立性と無相関性の間には次の関係が成り立つ．期待値記号の線形性より

$$\begin{aligned}\mathrm{Cov}[X,Y] &= E[(X-\mu_X)(Y-\mu_Y)]\\ &= E[XY-\mu_X Y - X\mu_Y + \mu_X\mu_Y] \\ &= E[XY]-\mu_X\mu_Y = E[XY]-E[X]\,E[Y]\end{aligned} \tag{3.35}$$

と書ける．従って X と Y が互いに独立ならば X と Y は無相関 ($\mathrm{Corr}[X,Y]=0$) である．逆は必ずしも成り立たず，X と Y が無相関であっても X と Y は独立とは限らないことに注意しなければならない．

共分散の 1 つの応用として**確率変数の和の分散の公式**が重要である．X,Y を (必ずしも互いに独立でない) 確率変数とし $Z=X+Y$ の分散を求めよう．もちろん期待値については $E[X+Y]=E[X]+E[Y]=\mu_X+\mu_Y$ が成り立つ．$X+Y$ の分散は

$$\begin{aligned}\mathrm{Var}[X+Y] &= E[(Z-E[Z])^2] = E[((X-\mu_X)+(Y-\mu_Y))^2]\\ &= E[(X-\mu_X)^2]+E[(Y-\mu_Y)^2]+2E[(X-\mu_X)(Y-\mu_Y)] \\ &= \mathrm{Var}[X]+\mathrm{Var}[Y]+2\mathrm{Cov}[X,Y]\end{aligned} \tag{3.36}$$

で与えられる．これを一般化して $X_1,\ldots,X_n$ を n 個の確率変数とし，それらの一次結合を $Z=a_1X_1+\cdots+a_nX_n$ とするとき

$$\mathrm{Var}[Z]=\sum_{i=1}^{n} a_i{}^2\mathrm{Var}[X_i]+2\sum_{i<j} a_i a_j \mathrm{Cov}[X_i,X_j] \tag{3.37}$$

が成り立つ (問 3.5)．ここで $a_1,\ldots,a_n$ は定数である．とくに $X_1,\ldots,X_n$ が互いに独立で $1=a_1=\cdots=a_n$ のときには

$$\mathrm{Var}[X_1+\cdots+X_n]=\sum_{i=1}^{n}\mathrm{Var}[X_i] \tag{3.38}$$

が成り立つ．(3.38) 式は統計的推測にとって基本的な事実であり非常に重要な結果である．

(3.38) 式のように複数の期待値を同時に考える場合にはベクトル記法を用いると便利である．$X=(X_1,\ldots,X_n)^\top$ を n 次元確率 (列) ベクトルとする．ここで確率ベクトルの**期待値ベクトル**を

$$E[X] = \mu = \begin{pmatrix} E[X_1] \\ \vdots \\ E[X_n] \end{pmatrix} \tag{3.39}$$

と定義する．すなわち期待値ベクトルとは，要素ごとの期待値を同じ形のベクトルとしたものである．このような期待値記号の記法の便利な点は，期待値記号の線形性がベクトル記法と整合的であるということである．例えば，a を定数ベクトル，B を定数行列とすると期待値記号の線形性により

$$E[a + BX] = a + BE[X] \tag{3.40}$$

が成り立つ (問 3.6)．また，確率ベクトルの期待値を一般化して $n \times m$ 行列 $U = (u_{ij})$ の要素 u_{ij} がすべて確率変数である場合にも要素ごとに期待値をとり $E[U] = (E[u_{ij}])$ と定義する．

$X = (X_1, \ldots, X_n)^\top$ の要素の分散及び要素間の共分散 $\sigma_{ij} = \mathrm{Cov}[X_i, X_j]$ を (i, j) 要素とする $n \times n$ 対称行列

$$\mathrm{Var}[X] = \Sigma = (\sigma_{ij}) \tag{3.41}$$

を確率ベクトル X の**分散共分散行列** (variance covariance matrix) という．ただし対角要素 σ_{ii} は X_i の分散である．ところで行列の期待値の記法を用いると，$\mu = E[X]$ として

$$\mathrm{Var}[X] = E\left[(X - \mu)(X - \mu)^\top\right] \tag{3.42}$$

となることがわかる．また a を定数ベクトル，B を定数行列とすると

$$\mathrm{Var}[a + BX] = B\mathrm{Var}[X]\, B^\top \tag{3.43}$$

となる (問 3.7)．また X と Y を互いに独立な n 次元確率ベクトルとすると分散共分散行列について

$$\mathrm{Var}[X + Y] = \mathrm{Var}[X] + \mathrm{Var}[Y] \tag{3.44}$$

となることも示される．

(3.43) 式の特殊ケースとして $a = 0, B = (a_1, \ldots, a_n)$ とおくと (3.37) 式が得られる．線形代数の用語を用いれば分散共分散行列 $\Sigma = \mathrm{Var}[X]$ は非負定値対称行列である．まず $\sigma_{ij} = \sigma_{ji}$ であるから Σ は対称行列である．次に a を n 次元の列ベクトルとして 2 次形式 $a^\top \Sigma a$ を考えれば，(3.37) 式にあるように

$$a^\top \Sigma a = \mathrm{Var}[Z] \quad (Z = a_1 X_1 + \cdots + a_n X_n)$$

となる．分散は非負であるから

$$a^\top \Sigma a \geq 0 \tag{3.45}$$

である．従って Σ は非負定値行列である．通常は分散は正であるから $a \neq 0$ ならば $a^\top \Sigma a > 0$ である．この場合 Σ は正定値行列となる．

以下では共分散の記法も多次元ベクトル間の場合に一般化して

$$\mathrm{Cov}[X, Y] = E\big[(X - E[X])(Y - E[Y])^\top\big] \tag{3.46}$$

と表すことにする．

次に多次元確率ベクトルの母関数について述べる．2.3 節で述べたように各種の母関数は単に母関数の変数が異なるだけであるからここでは特性関数についてだけ述べる．n 次元の確率ベクトル $X = (X_1, \ldots, X_n)^\top$ の特性関数は，$t^\top = (t_1, \cdots, t_n)$ として

$$\phi(t_1, \ldots, t_n) = E\big[e^{i(t_1 X_1 + \cdots + t_n X_n)}\big] = E\Big[e^{it^\top X}\Big] \tag{3.47}$$

で定義される．詳しいことは省略するが 1 変量の場合と同様に逆転公式が存在し，n 次元の確率分布と特性関数が 1 対 1 の対応をすることを示すことができる．$t_1, \ldots, t_n$ のいくつかを 0 とおけば周辺分布の特性関数が得られる．例えば $t_{h+1} = \cdots = t_n = 0$ とおけば

$$\phi(t_1, \ldots, t_h, 0, \ldots, 0) = E\big[e^{i(t_1 X_1 + \cdots + t_h X_h)}\big] \tag{3.48}$$

となり，これは $(X_1, \ldots, X_h)$ の周辺分布の特性関数となる．

母関数を用いて確率変数の分布を調べる場合に分布のたたみこみと母関数の関係が非常に有用である．確率変数 X,Y は互いに独立とし，これらのたたみこみ $Z = X + Y$ を考える．X の特性関数を $\phi_X(t)$，Y の特性関数を $\phi_Y(t)$ とすれば，

$$\phi_Z(t) = E\big[e^{itZ}\big] = E\big[e^{itX}\big]\,E\big[e^{itY}\big] = \phi_X(t)\phi_Y(t) \tag{3.49}$$

となる．従って分布のたたみこみの特性関数はそれぞれの特性関数の積で表される．$\theta = it$ あるいは $s = e^{it}$ とおけば積率母関数や確率母関数に関しても同様な結果が成り立つことは明らかであろう．

(3.49) 式の応用として，主な 1 次元分布のたたみこみの性質を示すことができる．2 項分布については $X \sim \mathrm{Bin}(n,p)$，$Y \sim \mathrm{Bin}(m,p)$ で X と Y が互いに独立のとき $Z = X + Y$ は $Z \sim \mathrm{Bin}(n+m,p)$ となる．分布のたたみこみを $*$ で表せば

$$\mathrm{Bin}(n,p) * \mathrm{Bin}(m,p) = \mathrm{Bin}(n+m,p) \tag{3.50}$$

と簡潔に表すことができる．このことはもとのベルヌーイ試行に戻って考えても明らかであるが，確率母関数を用いると容易に示される．Z の確率母関数は

$$G_Z(s) = G_X(s)G_Y(s) = (ps+1-p)^n(ps+1-p)^m = (ps+1-p)^{n+m}$$

となり，右辺は $\mathrm{Bin}(n+m,p)$ の確率母関数であるから，Z の分布が $\mathrm{Bin}(n+m,p)$ であることがわかる．この議論において，確率母関数によって分布が決まるという基本的な結果を用いている点に注意されたい．同様に，ポアソン分布などについても次のたたみこみの結果がなりたつ．

$$\begin{aligned} &\mathrm{Po}(\lambda) * \mathrm{Po}(\kappa) = \mathrm{Po}(\lambda+\kappa) \\ &\mathrm{N}(\mu_1,{\sigma_1}^2) * \mathrm{N}(\mu_2,{\sigma_2}^2) = \mathrm{N}(\mu_1+\mu_2,{\sigma_1}^2+{\sigma_2}^2) \\ &\mathrm{NB}(r_1,p) * \mathrm{NB}(r_2,p) = \mathrm{NB}(r_1+r_2,p) \\ &\mathrm{Ga}(\nu_1,\alpha) * \mathrm{Ga}(\nu_2,\alpha) = \mathrm{Ga}(\nu_1+\nu_2,\alpha) \end{aligned} \tag{3.51}$$

であることを示すことができる (問 3.8).

この節の最後の話題として，条件つき期待値と確率変数間の“回帰分析”について述べる．この話題はやや高度であるので，読者は以下をとばして次節へすすんでもよい．ただし (3.52) 式の条件つき期待値の定義を理解することは重要である．(X,Y) を 2 次元連続確率変数とし，その同時密度関数を $f(x,y)$，$X=x$ を与えたときの Y の条件つき密度関数を $f_{Y|X}(y) = f(x,y)/f_X(x)$ とする．ここで $X=x$ を与えたときの Y の**条件つき期待値** (conditional expectation of Y given $X=x$) を「条件つき分布の期待値」すなわち

$$E[Y\,|\,X] = E[Y\,|\,X=x] = \int_{-\infty}^{\infty} y f_{Y|X=x}(y)\,dy \tag{3.52}$$

で定義する．条件つき期待値の存在については，確率論の結果より $E[Y]$ が存在するならば (ほとんどすべての x に対して) $E[Y\,|\,X=x]$ が存在することが知られている．より一般に関数 $g(X,Y)$ の $X=x$ を与えたときの条件つき期待値を

$$E[g(X,Y)\,|\,X] = E[g(X,Y)\,|\,X=x] \\ = \int_{-\infty}^{\infty} g(x,y) f_{Y|X=x}(y)\,dy \tag{3.53}$$

で定義する.

条件つき期待値 $E[Y\,|\,X=x]$ を考えるときは，まず x を固定したものとして考えるが，次の段階として x が変化するにつれて条件つき期待値 $E[Y\,|\,X=x]$ がどのように変化するかを考えることができる．すなわち $E[Y\,|\,X=x]$ を x の関数 $h(x)=E[Y\,|\,X=x]$ とみることになる．さらには X の分布を考えて，$h(X)=E[Y\,|\,X]$ を確率変数と考えることができる．このような観点から条件つき期待値を考える際には，条件つき期待値の以下の性質が重要である．$E[h(X)]$ を $E^X[E[Y\,|\,X]]$ あるいは $E[E[Y\,|\,X]]$ と書くことにする．ここで

$$E^X[E[Y\,|\,X]] = E[Y] \tag{3.54}$$

が成立する．すなわち $h(X)=E[Y\,|\,X]$ の X の周辺分布に関する期待値は Y の期待値に等しい．この式を**期待値の繰り返しの公式**あるいは**全確率の公式**とよぶことがある．以上で E^X という記法は X の周辺分布に関する期待値という意味を明確にするために用いている．条件つき期待値の定義を用いれば (3.54) 式は次のように容易に証明される.

$$E[Y] = \iint yf(x,y)\,dydx = \int\left(\int y\frac{f(x,y)}{f_X(x)}\,dy\right)f_X(x)\,dx \\ = \int E[Y\,|\,X=x]\,f_X(x)\,dx$$

(3.54) 式を一般化して任意の関数 $g(x,y)$ について

$$E^X[E[g(X,Y)\,|\,X]] = E[g(X,Y)] \tag{3.55}$$

となることが全く同様に示される (問 3.9).

条件つき期待値は条件つき分布の期待値であるが，同様に条件つき分布の分散を考えることもできる．条件つき分布の分散

$$\mathrm{Var}[Y\,|\,X] = E[(Y-E[Y\,|\,X])^2\,|\,X] \tag{3.56}$$

を X を与えたときの Y の**条件つき分散** (conditional variance) という.

条件つき期待値と同様，$\mathrm{Var}[Y\,|\,X]$ も X の関数としてみることができる．いま $h(X) = E[Y\,|\,X], k(X) = \mathrm{Var}[Y\,|\,X]$ とおく．また

$$\mathrm{Var}[h(X)] = E[h(X)^2] - E[h(X)]^2$$

を $h(X)$ の分散とおく．このとき，期待値の繰り返しの公式に類似して，次の等式がなりたつ．

$$\begin{aligned} \mathrm{Var}[Y] &= E[k(X)] + \mathrm{Var}[h(X)] \\ &= E[\mathrm{Var}[Y\,|\,X]] + \mathrm{Var}[E[Y\,|\,X]] \end{aligned} \tag{3.57}$$

つまり Y の分散は「Y の条件つき分散の期待値」と「Y の条件つき期待値の分散」の和に分解できる．(3.57) 式の証明は期待値の繰り返しの公式を用いて次のように与えられる．$E[Y] = E^X[h(X)] = \mu$ とおくと

$$\begin{aligned} \mathrm{Var}[Y] = E[(Y-\mu)^2] &= E^X[E[((Y-h(X)) + (h(X)-\mu))^2\,|\,X]] \\ &= E^X[E[(Y-h(X))^2\,|\,X]] + E^X[(h(X)-\mu)^2] \\ &\qquad + 2E^X[E[(Y-h(X))(h(X)-\mu)\,|\,X]] \\ &= E^X[\mathrm{Var}[Y\,|\,X]] + \mathrm{Var}[E[Y\,|\,X]] \\ &\qquad + 2E^X[(h(X)-\mu)E[Y-h(X)\,|\,X]] \\ &= E^X[\mathrm{Var}[Y\,|\,X]] + \mathrm{Var}[E[Y\,|\,X]] \end{aligned}$$

となり (3.57) 式が示された．ただし最後の等式において $E[Y - E[Y\,|\,X]\,|\,X] = 0$ を用いた．(3.57) 式の意味はわかりにくいかもしれないが，(3.57) 式のような分散の分解は分散分析の考え方と本質的に同じものである．例えば問 10.9 を参照されたい．また混合分布の分散の計算にも (3.57) 式が現れる．問 2.13，問 2.14 を参照されたい．

ここまでは X をスカラーと考えてきたが次にこれをやや一般化して $X = (X_1, \ldots, X_n)$ とし $n+1$ 次元確率変数 $(X_1, \ldots, X_n, Y)$ を考えよう．ここで最後の確率変数は "目的変数" として特別扱いするために X_{n+1} のかわりに Y と書くことにする．さて，X の実数値関数 $g(X)$ を用いて Y を予測する問題を考える．すなわち，$g(X)$ をうまく選んで，$g(X)$ が Y の近くにくるようにしたいとする．X も Y も確率変数であるから "近さ" は平均的な意味で考えなければならない．ここでは近さの尺度として**平均二乗予測誤差** (Mean Square

Prediction Error)

$$MSPE = E[(Y - g(X))^2] \tag{3.58}$$

を用いることにする．ここでの目的は平均二乗予測誤差 $MSPE$ を最小にするような $g(X)$ を求めることに帰着する．実は $MSPE$ を最小にする $g(X)$ は X を与えたときの Y の条件つき期待値に一致し，その $MSPE$ の最小値は条件つき分散の期待値に一致する．すなわち $g^*(x) = E[Y \,|\, X = x]$ とおくとき任意の $g(x)$ について

$$E^X[\mathrm{Var}[Y \,|\, X]] = E[(Y - g^*(X))^2] \le E[(Y - g(X))^2] \tag{3.59}$$

となる．これを証明するために，まず任意の確率変数 Z について $E[(Z-c)^2]$ を最小にする定数は $c = E[Z]$ で与えられることに注意しよう (問 3.10)．従って任意に固定された $X = x$ について

$$E[(Y - E[Y \,|\, X = x])^2 | X = x] \le E[(Y - g(x))^2 | X = x]$$

が成り立つ．このことと期待値の繰り返しの公式を用いれば

$$\begin{aligned} E[(Y - g^*(X))^2] &= E^X[E[(Y - E[Y \,|\, X])^2 \,|\, X]] \\ &\le E^X[E[(Y - g(X))^2 \,|\, X]] = E[(Y - g(X))^2] \end{aligned} \tag{3.60}$$

となり (3.59) 式が示された．

以上のように条件つき期待値は最適な予測量を与えるものであるが，しばしばより簡便な予測量として線形な予測量が用いられる．すなわち $a, b_1, \ldots, b_n$ を実定数として X の線形関数

$$g(X) = a + b_1 X_1 + \cdots + b_n X_n \tag{3.61}$$

のうちで平均二乗予測誤差を最小にする関数を求めようとするものである．このような関数を**最良線形予測量** (best linear predictor) とよぶ．最良線形予測量を求めることは，記述統計において最小二乗法によって回帰式を求めることに対応している．従って確率変数間の最良線形予測量を求めることを確率変数間の**線形回帰分析**といい，用語も最小二乗法の用語を用いることが多い．最良線形予測量の具体的な形も，最小二乗法の結果と対応するものである．

まず $b_1, \ldots, b_n$ を任意に与えたもとで

$$E[(Y - a - b_1 X_1 - \cdots - b_n X_n)^2] \tag{3.62}$$

を a について最小化すれば上に述べた注意により

$$a = E[Y] - b_1 E[X_1] - \cdots - b_n E[X_n] \tag{3.63}$$

となることがわかる．これを (3.62) 式に代入すれば最小にすべき関数が

$$\mathrm{Var}[Y] - 2\sum_{i=1}^{n} b_i \mathrm{Cov}[Y, X_i] + \sum_{i,j}^{n} b_i b_j \mathrm{Cov}[X_i, X_j] \tag{3.64}$$

で与えられることがわかる．(3.64) 式を b_i について偏微分して 0 とおけば

$$\mathrm{Cov}[Y, X_i] = \sum_{j=1}^{n} b_j \mathrm{Cov}[X_i, X_j], \quad i = 1, \ldots, n \tag{3.65}$$

となる (問 3.11)．ここで Σ_{XX} を $(X_1, \ldots, X_n)$ の分散共分散行列とおき，さらに

$$\sigma_{XY} = \begin{pmatrix} \mathrm{Cov}[Y, X_1] \\ \vdots \\ \mathrm{Cov}[Y, X_n] \end{pmatrix}, \quad b = \begin{pmatrix} b_1 \\ \vdots \\ b_n \end{pmatrix}$$

とおいて (3.65) 式をまとめて行列表示すれば

$$\sigma_{XY} = \Sigma_{XX} b \tag{3.66}$$

と表すことができる．従って Σ_{XX} が正則であれば

$$b = {\Sigma_{XX}}^{-1} \sigma_{XY} \tag{3.67}$$

となる．そして a はこの b を用いて (3.63) 式で表される．以上で最良線形予測量が求められた．以上の結果が重回帰分析に対応していることも明らかであろう．

条件つき期待値はあらゆる X の関数のなかで最良な予測量を与えるから一般に最良線形予測量よりもよい予測量である．しかし条件つき期待値が線形となり，結果的に最良線形予測量に一致する場合もある．最も重要な場合は $(X_1, \ldots, X_n, Y)$ が後述する多変量正規分布に従う場合である ((3.78) 式の条件つき期待値を参照)．多変量正規分布は多くの問題で仮定され，この場合には線形予測量だけを考察すればよい．また線形予測量の簡便さから，必ずしも多変量正規分布を仮定しない場合でも線形予測量のみを考えることが多い．この最も顕著な例は広義定常時系列における予測理論である．

3.4　主な多次元分布

この節では主な多次元分布として，多項分布及び多変量正規分布をとりあげそれらの性質について述べる．

多項分布

多次元の離散分布の代表的なものが2項分布を多次元に拡張した多項分布 (multinomial distribution) である．2項分布はベルヌーイ変数の和であるが，ベルヌーイ変数を多次元に拡張することを考えよう．ベルヌーイ試行では“成功”と“失敗”の2つの結果しかなかったが，k 通りの結果が得られるような試行を考えよう．例えば1から k まで番号のついた k 個の面を持つサイコロを考えることができる．あるいは1から k までの番号のついた k 個の箱があり，1個のボールを投げるといずれかの箱にはいるものとしよう．サイコロの目 i が出る確率，あるいはボールが i 番目の箱にはいる確率を p_i とする．$p_i \geq 0, p_1 + \cdots + p_k = 1$ である．このような試行を**多次元ベルヌーイ試行**とよぶことにする．

さて，独立な多次元ベルヌーイ試行を n 回繰り返したとき，結果 i の起こった回数を Y_i と表す．例えばボールを n 回投げたとき i 番目の箱にはいったボールの数が Y_i である．ここで確率ベクトル Y を $Y = (Y_1, \ldots, Y_k)$ とおく．Y の分布をパラメータ $n, p_1, \ldots, p_k$ の多項分布という．ここでは多項分布を $\mathrm{Mn}(n, p_1, \ldots, p_k)$ と表すことにする．ただしパラメータ $p_1, \ldots, p_k$ のうちの1つ例えば $p_k = 1 - p_1 - \cdots - p_{k-1}$ はほかのパラメータから決まるから，多項分布のパラメータとして $n, p_1, \ldots, p_{k-1}$ ということもある．2項分布を導いたときと同様に多項係数を用いれば

$$
\begin{aligned}
P(Y = y) &= P(Y_1 = y_1, \ldots, Y_k = y_k) \\
&= \frac{n!}{y_1! \cdots y_k!} {p_1}^{y_1} \cdots {p_k}^{y_k}, \quad (n = y_1 + \cdots + y_k)
\end{aligned}
\tag{3.68}
$$

となることを示すことができる (問 3.12)．ここで多項係数 $n!/(y_1! \cdots y_k!)$ は，例えば n 個の (区別できる) ボールのうち y_i 個を箱 i $(i = 1, \ldots, k)$ に入れる入れ方の総数を表す．

多項分布の周辺分布は次のような意味でやはり多項分布である．いま $Y_1, \ldots, Y_k$ を m 個のグループに統合して

$$Z_1 = Y_1 + \cdots + Y_{i_1} \ , \ldots, \ Z_m = Y_{k-i_m+1} + \cdots + Y_k$$

とおく．これに対応して

$$q_1 = p_1 + \cdots + p_{i_1} \ , \ldots, \ q_m = p_{k-i_m+1} + \cdots + p_k$$

とおく．このことは最初の i_1 個の箱をまとめて 1 つの箱とし，次の i_2 個の箱をまとめて 1 つの箱とする，$\cdots$，ということを表している．多項分布の意味を考えれば明らかに Z は多項分布 $\mathrm{Mn}(n, q_1, \ldots, q_m)$ に従うことがわかる．とくに $Z_1 = Y_1, Z_2 = Y_2 + \cdots + Y_k$ とおくと $Z_1 = Y_1$ は 2 項分布 $\mathrm{Bin}(n, p_1)$ に従う．

次に多項分布の条件つき分布について考えよう．周辺分布と同じ設定のもとで条件つき分布も多項分布となる．ここでは簡単のために $m = 2$ とおき，$Z_1 = Y_1 + \cdots + Y_h, Z_2 = Y_{h+1} + \cdots + Y_k$ とおく．$Z_1 = z_1, Z_2 = z_2$ が与えられたときの $Y = (Y_{(1)}, Y_{(2)})$ の条件つき分布を考えよう．ただし $Y_{(1)} = (Y_1, \ldots, Y_h), Y_{(2)} = (Y_{h+1}, \ldots, Y_k)$ とおいた．条件つき確率関数を書き下してみるとただちに明らかになるように，$Z = (Z_1, Z_2)$ が与えられた条件のもとで，$Y_{(1)}$ と $Y_{(2)}$ は互いに独立であり，それぞれの分布は

$$\begin{aligned} &Y_{(1)} \,|\, Z \sim \mathrm{Mn}(z_1, p_1/q_1, \ldots, p_h/q_1), \qquad q_1 = p_1 + \cdots + p_h \\ &Y_{(2)} \,|\, Z \sim \mathrm{Mn}(z_2, p_{h+1}/q_2, \ldots, p_k/q_2), \quad q_2 = p_{h+1} + \cdots + p_k \end{aligned} \tag{3.69}$$

となることがわかる (問 3.13)．このように周辺分布，条件つき分布がともに多項分布に従うことは多項分布の便利な点である．

多項分布の期待値については，まず個々の要素の周辺分布が 2 項分布であることから

$$E[Y_i] = np_i, \quad \mathrm{Var}[Y_i] = np_i(1 - p_i) \tag{3.70}$$

となる．Y_i と Y_j の共分散については

$$\begin{aligned} n(p_i + p_j)(1 - p_i - p_j) &= \mathrm{Var}[Y_i + Y_j] \\ &= \mathrm{Var}[Y_i] + \mathrm{Var}[Y_j] + 2\mathrm{Cov}[Y_i, Y_j] \end{aligned}$$

の関係を用いれば

$$\mathrm{Cov}[Y_i, Y_j] = -np_ip_j \tag{3.71}$$

となることがわかる．条件つき期待値については，条件つき分布が多項分布に従うから周辺分布に関する期待値を応用すればよい．

多変量正規分布

次に多次元連続分布の代表的な分布として多変量正規分布 (multivariate normal distribution) について述べる．$X_1, \ldots, X_n$ を互いに独立に1次元標準正規分布に従う確率変数とし $X = (X_1, \ldots, X_n)^\top$ とおく．このとき X の分布を**標準多変量正規分布**とよぶ．標準多変量正規分布の密度関数は独立性より

$$f(x) = \prod_{i=1}^{n} \frac{1}{\sqrt{2\pi}} e^{-{x_i}^2/2} = \frac{1}{(2\pi)^{n/2}} e^{-x^\top x/2} \tag{3.72}$$

で与えられる．一般の多変量正規分布は標準多変量正規分布から線形変換 (アフィン変換) によって得られる．すなわち，X が標準多変量正規分布に従うとき，a を定数ベクトル，B を定数行列として，$Y = a + BX$ とおく．$E[Y] = a$, $\mathrm{Var}[Y] = BB^\top$ であるから，あらためて $\mu = a, \Sigma = BB^\top$ とおく．Y の分布を平均ベクトル μ，分散共分散行列 Σ の多変量正規分布といい $\mathrm{N}(\mu, \Sigma)$ と表す．あるいは次元を明示して $\mathrm{N}_n(\mu, \Sigma)$ と表す．以下では B が $n \times n$ の正則行列である場合を考える．

(3.24) 式よりヤコビアンは $\det J(\partial x/\partial y) = 1/\det B$ である．$\Sigma = BB^\top$ の行列式を考えれば $\det \Sigma = (\det B)^2$ より，ヤコビアンの絶対値は $1/(\det \Sigma)^{1/2}$ で与えられることがわかる．これらを代入すれば Y の密度関数は

$$\begin{aligned} f_Y(y) &= \frac{1}{(2\pi)^{n/2}(\det \Sigma)^{1/2}} \exp\Big(-\frac{1}{2}(B^{-1}(y-\mu))^\top (B^{-1}(y-\mu))\Big) \\ &= \frac{1}{(2\pi)^{n/2}(\det \Sigma)^{1/2}} \exp\Big(-\frac{1}{2}(y-\mu)^\top \Sigma^{-1}(y-\mu)\Big) \end{aligned} \tag{3.73}$$

で与えられることがわかる．これが $\mathrm{N}_n(\mu, \Sigma)$ の密度関数である．

とくに2次元の場合に

$$\mu = \begin{pmatrix} \mu_1 \\ \mu_2 \end{pmatrix}, \quad \Sigma = \begin{pmatrix} {\sigma_1}^2 & \rho\sigma_1\sigma_2 \\ \rho\sigma_1\sigma_2 & {\sigma_2}^2 \end{pmatrix}$$

とすると，2変量正規分布の密度関数は

$$f(y_1, y_2) = \frac{1}{2\pi\sigma_1\sigma_2\sqrt{1-\rho^2}} \exp\left(-\frac{1}{2(1-\rho^2)}\left(\frac{(y_1-\mu_1)^2}{{\sigma_1}^2} - \frac{2\rho(y_1-\mu_1)(y_2-\mu_2)}{\sigma_1\sigma_2} + \frac{(y_2-\mu_2)^2}{{\sigma_2}^2}\right)\right) \tag{3.74}$$

で与えられる．

多変量正規分布の積率母関数は一変量の場合と同様に計算すると

$$\phi(\theta) = E\left[e^{\theta^\top Y}\right] = \exp\left(\theta^\top \mu + \frac{\theta^\top \Sigma \theta}{2}\right) \tag{3.75}$$

と求められる (問 3.14)．また $Z = a + BY$ のようにアフィン変換すると Z の積率母関数は

$$E\left[e^{\theta^\top (a+BY)}\right] = \exp\left(\theta^\top (a + B\mu) + \frac{\theta^\top B\Sigma B^\top \theta}{2}\right)$$

となり，$Z \sim \mathrm{N}(a + B\mu, B\Sigma B^\top)$ であることもわかる．

多変量正規分布の周辺分布はやはり多変量正規分布である．これを示すには積率母関数を用いればよい．いま $Y = (Y_{(1)}, Y_{(2)})$ と分割し $Y_{(1)} = (Y_1, \ldots, Y_h)$ の周辺分布を考えよう．記法の簡便のため $Y_{(1)}, Y_{(2)}$ を単に Y_1, Y_2 と表すことにする．Y の分割に応じて μ, Σ, θ を

$$\mu = \begin{pmatrix} \mu_1 \\ \mu_2 \end{pmatrix}, \quad \Sigma = \begin{pmatrix} \Sigma_{11} & \Sigma_{12} \\ \Sigma_{21} & \Sigma_{22} \end{pmatrix}, \quad \theta = \begin{pmatrix} \theta_1 \\ \theta_2 \end{pmatrix} \tag{3.76}$$

と分割する．(3.75) 式において $\theta_{h+1} = \cdots = \theta_n = 0$ とおけば Y_1 の周辺分布の積率母関数が $\exp({\theta_1}^\top \mu_1 + {\theta_1}^\top \Sigma_{11}\theta_1/2)$ で与えられることがわかる．従って積率母関数の形から $Y_1 \sim \mathrm{N}(\mu_1, \Sigma_{11})$ となることがわかる．

また，Y_1 と Y_2 の同時分布において $\Sigma_{12} = 0$ すなわち Y_1 の任意の要素と Y_2 の任意の要素が無相関であるとする．このとき積率母関数は

$$\phi(\theta) = \exp\left({\theta_1}^\top \mu_1 + \frac{{\theta_1}^\top \Sigma_{11}\theta_1}{2}\right) \exp\left({\theta_2}^\top \mu_2 + \frac{{\theta_2}^\top \Sigma_{22}\theta_2}{2}\right) \tag{3.77}$$

の形に分解されるから Y_1 と Y_2 は互いに独立となることがわかる．すなわち多変量正規分布においては無相関ならば独立である．一般に独立ならば無相関であるから，多変量正規分布の場合には独立性と無相関性が同値であることがわかる．

次に Y_1 が与えられたときの Y_2 の条件つき分布についてふれよう．結果を先に述べると $Y_1 = y_1$ が与えられたときの Y_2 の条件つき分布は次の多変量正規分布となることを示すことができる．

$$Y_2 \,|\, Y_1 = y_1 \sim \mathrm{N}(\mu_2 + \Sigma_{21}{\Sigma_{11}}^{-1}(y_1 - \mu_1), \Sigma_{22} - \Sigma_{21}{\Sigma_{11}}^{-1}\Sigma_{12}) \tag{3.78}$$

とくに上でもふれたように条件つき期待値が y_1 の線形関数であることがわかる((3.67) 式を参照)．(3.78) 式は密度関数の比を展開して示すのが通常であるが，以下のように議論することもできる．まず $Y - \mu$ を考えることによって $\mu = 0$ としても一般性を失わない．ここで $Z = Y_2 - \Sigma_{21}{\Sigma_{11}}^{-1}Y_1$ とおくと，(Y_1, Z) は多変量正規分布に従う．ここで $\mathrm{Cov}[Z, Y_1]$ を計算すると

$$\begin{aligned}
\mathrm{Cov}[Z, Y_1] &= \mathrm{Cov}\left[Y_2 - \Sigma_{21}{\Sigma_{11}}^{-1}Y_1, Y_1\right] \\
&= \mathrm{Cov}[Y_2, Y_1] - \Sigma_{21}{\Sigma_{11}}^{-1}\mathrm{Cov}[Y_1, Y_1] \\
&= \Sigma_{21} - \Sigma_{21}{\Sigma_{11}}^{-1}\Sigma_{11} = \Sigma_{21} - \Sigma_{21} = 0
\end{aligned}$$

となり，Z と Y_1 は無相関である．従って Z と Y_1 は独立であり $Y_1 = y_1$ を与えたときの Z の条件つき分布は Z の周辺分布に等しい．$E[Z] = 0$ であり，$\mathrm{Var}[Z]$ は

$$\begin{aligned}
\mathrm{Var}[Z] &= \mathrm{Var}\left[Y_2 - \Sigma_{21}{\Sigma_{11}}^{-1}Y_1\right] \\
&= \Sigma_{22} - 2\Sigma_{21}{\Sigma_{11}}^{-1}\Sigma_{12} + \Sigma_{21}{\Sigma_{11}}^{-1}\Sigma_{12} \qquad (3.79) \\
&= \Sigma_{22} - \Sigma_{21}{\Sigma_{11}}^{-1}\Sigma_{12}
\end{aligned}$$

であるから $Z \sim \mathrm{N}(0, \Sigma_{22} - \Sigma_{21}{\Sigma_{11}}^{-1}\Sigma_{12})$ である．再度条件つき分布に戻って考えると，$Y_1 = y_1$ を与えたときの Y_2 の条件つき分布は $Z + \Sigma_{21}{\Sigma_{11}}^{-1}y_1$ の条件つき分布と等しいから (3.78) 式が示された．多変量正規分布のこのほかの性質については 13.2 節を参照のこと．

問

3.1　(3.9) 式を証明せよ．また (3.9) 式を n 次元の場合に一般化せよ．

3.2　(3.17) 式による確率変数の独立性の定義が離散分布，連続分布のそれぞれの場合に (3.6) 式及び (3.14) 式の定義に帰着することを確かめよ．

3.3　(3.29) 式から r と θ は互いに独立であり θ が 0 と 2π の間の一様分布に従うことを示せ．また r^2 が指数分布 Ex(2) に従うことを示せ．

3.4　X を 1 次元連続確率変数とし $f_X(x)$ を X の密度関数とする．g を連続微分可能な狭義の単調増加関数とする．$Y = g(X)$ とおき Y の密度関数を $f_Y(y)$ とおく．(2.14) 式の $E[g(X)]$ は $E[Y] = \int y f_Y(y)\,dy$ に一致することを示せ．

3.5　(3.37) 式を示せ．

3.6　(3.40) 式を示せ．

3.7　(3.42) 式及び (3.43) 式を示せ．

3.8　母関数を用いてたたみこみに関する (3.51) 式の結果を確かめよ．

3.9　(3.55) 式を示せ．

3.10　確率変数 Z について $E\big[(Z-c)^2\big]$ を最小にする定数 c は $c = E[Z]$ で与えられることを示せ．

3.11　(3.64), (3.65) 式を示せ．

3.12　多項係数が $n!/(y_1!\cdots y_k!)$ の形に表せることを説明し，多項分布の確率関数を導け．

3.13　(3.69) 式を示せ．

3.14　多変量正規分布の積率母関数を求めよ．

3.15　$y = a + Bx$ で B が $n \times n$ の正則行列のとき $J(\partial x/\partial y) = B^{-1}$ となることを示せ．

3.16　(3.19) 式と (3.18) 式の同値性を示せ．

3.17　(3.18) 式の条件つき独立性が成り立つことと，x, z のみの関数 $g(x,z)$ と y, z のみの関数 $h(y,z)$ を用いて $f(x,y,z) = g(x,z)h(y,z)$ と書けることが同値であることを示せ．

3.18　$X_1, \ldots, X_n, Y_1, \ldots, Y_n \in \{0,1\}$ を独立なベルヌーイ試行とし $X_1, \ldots, X_n$ の成功確率を p_1, $Y_1, \ldots, Y_n$ の成功確率を p_2 とする．また

$$X = X_1 + \cdots + X_n, \quad Y = Y_1 + \cdots + Y_n, \quad Z = X_1Y_1 + \cdots + X_nY_n$$

とおく．$(Z, X-Z, Y-Z, n-X-Y+Z)$ が 4 項分布に従うことを示せ．また X, Y を与えたときの Z の条件つき分布が超幾何分布となることを示せ．

3.19　X, Y を互いに独立に 0 と 1 の間の一様分布に従う確率変数とする．$U = XY,\ V = X/Y$ と変換したときの (U, V) の同時密度関数を求めよ．また V の周辺

密度関数を求めよ．

3.20　確率変数 Z について $E[|Z-c|]$ を最小にする定数 c は Z の分布のメディアンであることを示せ．

3.21　平均 0 の多変量正規分布 $\mathrm{N}_p(0,\Sigma)$ に従う確率ベクトルを $X=(X_1,\ldots,X_p)$ とし X の要素の 4 次のモーメントを考える．添え字 i,j,k,l の重なりの有無にかかわらず

$$E[X_iX_jX_kX_l]=\sigma_{ij}\sigma_{kl}+\sigma_{ik}\sigma_{jl}+\sigma_{il}\sigma_{jk}$$

であることを示せ．

Chapter 4
統計量と標本分布

この章では t 分布や F 分布など標本分布とよばれる分布の導出を中心に論じる.

4.1 母集団と標本

統計学の基本的な概念として**母集団**と**標本**の区別があげられる. 簡単な例として, 10 歳の男児の身長の分布を調べる場合を考えよう. すべての 10 歳の男児を調べるには大変な労力が必要なため, 通常一部の男児を選び出して身長を調べることになる. ここで 10 歳の男児の全体が母集団であり選び出されて実際の調査の対象となる男児が標本である. 個々の男児は母集団を構成する**個体**である. またこの場合各男児について注目しているのは身長であるが, このように各個体に関して注目している値を**特性値**という. 母集団から標本を抜き出すことを**標本抽出**といい, 標本を調査することにより母集団について何らかの結論を導くことを**統計的推測**という. これらを概念的に図示したものが図 4.1 である. 以上のような母集団と標本の概念は統計学の入門的な教科書に必ず説明されているので, より詳しくは他書を参照されたい.

母集団からの標本抽出を簡明に表す数学的モデルが**壺のモデル** (urn model) である. いま母集団を構成するすべての 10 歳の男児の身長を一枚一枚のカードに書き大きな壺に入れて, この壺からカードを抜き出すと考えよう. カードの抜き出し方のなかで最も基本的なものが**単純無作為抽出** (simple random sampling) である. 単純無作為抽出は, 壺のカードをよくかきまぜてからカードをとり出すことにあたる. ただし単純無作為抽出にも**復元抽出** (with replacement) と**非**

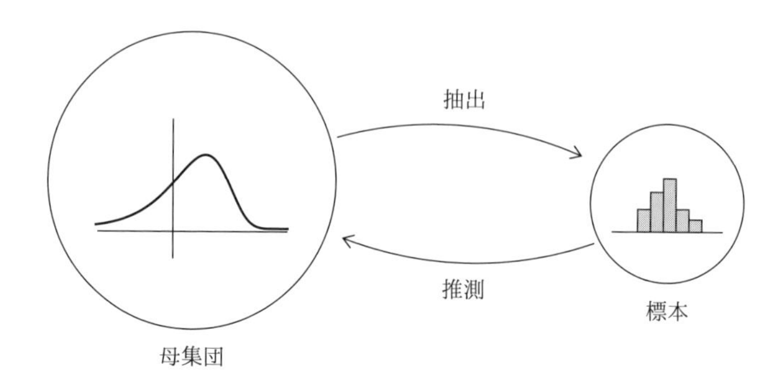

図 4.1

復元抽出 (without replacement) の2つを区別しなければならない．いまカードを1枚ずつ順番にとり出すと考える．非復元抽出とは，いったん抜き出したカードはとり出したままもとに戻さずに次のカードをとり出す抽出方法であり，復元抽出とはいったん抜き出したカードを再び壺に戻しカードをよくかきまぜてから次の1枚を抜く抽出方法である．復元抽出と非復元抽出のうち，復元抽出のほうが数学的には簡明なのでここでは復元抽出を論じる．非復元抽出については4.8節で詳しく説明する．

壺のなかのカードの数を**母集団の大きさ** (population size) といい N で表すことにする．また抽出されたカードの数は**標本の大きさ**でありこれまで通り n で表す．壺のなかのカードに書かれた (すなわち母集団を構成する各個体の) 特性値の値を $a_1, \ldots, a_N$ としよう．そして標本として抽出された特性値の値を $X_1, \ldots, X_n$ とする．$X_1, \ldots, X_n$ は標本抽出にともなう確率変数である．標本の大きさ n は標本抽出に先だって決められた定数であるとする．$a_1, \ldots, a_N$ の N 個の数の分布を**母集団分布** (population distribution) という．すなわち

$$F_a(x) = \frac{1}{N}(a_j \le x \text{ となる } j \text{ の個数}) \tag{4.1}$$

とおけば，$F_a(x)$ が母集団分布の累積分布関数である．

復元抽出においては明らかに $X_1, \ldots, X_n$ は互いに独立な確率変数であり，$a_1, \ldots, a_N$ がすべて異なる値であるときは，

$$P(X_i = a_j) = \frac{1}{N}, \quad j = 1, \ldots, N \tag{4.2}$$

である．すなわち，各 X_i は同一の分布に従い $a_1, \ldots, a_N$ の N 個の値のいずれ

かを同様に確からしく確率 $1/N$ でとる．$a_1, \ldots, a_N$ のなかに同じ値がある場合を含めて，X_i の累積分布関数は F_a に一致することが容易にわかる (4.7 節の経験分布関数に関する議論を参照)．このことから母集団分布とは，その母集団から 1 個の観測値 X_1 を無作為に抽出したときの X_1 の分布と解釈することもできる．

F_a は，ここまでで考えてきたように N が有限の場合には離散分布の累積分布関数であるが，$N \to \infty$ とした極限では，F_a が連続分布である場合も考えることができる．この場合 X_i は連続な確率変数となる．$N = \infty$ の場合の母集団を**無限母集団** (infinite population) という．これに対して N が有限の場合を**有限母集団** (finite population) という．

以上から，母集団から復元単純無作為抽出によって大きさ n の標本を (復元) 抽出することは，ある確率分布 F から互いに独立な n 個の確率変数 $X_1, \ldots, X_n$ を観測することと同値であることがわかる．無限母集団の場合を含め，F を母集団分布という．$X_1, \ldots, X_n$ が互いに独立に分布 F に従うとき $X_1, \ldots, X_n$ は**独立同一分布** (Independently and Identically Distributed) であるという．このことを記法として

$$\begin{aligned} &X_1, \ldots, X_n \sim F,\ i.i.d., \\ &X_1, \ldots, X_n,\ i.i.d.,\ \sim F \end{aligned} \tag{4.3}$$

などと表す．母集団と標本の考え方の類推から，$X_1, \ldots, X_n$ を母集団分布 F からの大きさ n の無作為標本であるといい表すこともある．F が連続分布で密度関数 f を持つ場合には $X_1, \ldots, X_n$ の同時密度関数 f_n は

$$f_n(x_1, \ldots, x_n) = f(x_1) \cdots f(x_n) \tag{4.4}$$

である．

母集団と標本で本質的に同じ概念が用いられる場合，“母”，“標本” という語を頭につけて，区別を明確にする．例えば母集団分布の期待値 $E[X] = \int x f(x)\, dx$ を母平均とよび $\bar{X} = \dfrac{1}{n} \sum_{i=1}^{n} X_i$ を標本平均とよぶ．

さて統計的推測においては母集団分布 F が特定の分布族に属すると仮定することが多い．例えば男児の身長の分布は正規分布に近いことが経験的に知られ

ているので，このような場合母集団分布として正規分布族 $\mathrm{N}(\mu, \sigma^2)$ を用いるのが普通である．このように特定の分布族を仮定すること，あるいは想定された分布族，を**統計的モデル** (statistical model) という．

4.2　統計量と標本分布

母集団から抽出された標本 $X_1, \ldots, X_n$ はいわゆる生データとしてそのままの形で用いられることは少なく，標本平均や分散を求めるなど何らかの統計処理をほどこされた形で用いられることが普通である．$X = (X_1, \ldots, X_n)$ の実数値関数

$$T(X) = T(X_1, \ldots, X_n) \ \in \mathbb{R} \tag{4.5}$$

を $X = (X_1, \ldots, X_n)$ に基づく**統計量** (statistic) という．例えば

$$\bar{X} = \frac{1}{n}\sum_{i=1}^{n} X_i, \quad s^2 = \frac{1}{n}\sum_{i=1}^{n}(X_i - \bar{X})^2$$

などは確かに統計量となっている．$X_1, \ldots, X_n$ が確率変数であるから確率変数の関数である統計量も確率変数である．また k 個の統計量を同時に考えるときは $T = (T_1, \ldots, T_k)$ を ***k* 次元統計量** (k-dimensional statistic) という．例えば $T = (\bar{X}, s^2)$ は2次元の統計量である．なお，統計学を英語では statistics と複数形で表すので，statistic (統計量) との区別に気をつける．

統計量の分布を**標本分布** (sampling distribution) とよぶ．数学的な観点からは統計量の分布をとくに一般の確率変数の分布と区別する必要はないが，母集団と標本という統計的な概念を強調するために標本分布という用語を用いている．母集団からの標本抽出において $X_1, \ldots, X_n$ が確率変数であるのは，標本抽出が無作為に確率的におこなわれるからである．従って統計量が確率変数であるのも，標本抽出といういわば人為的な無作為化に基づくものであると考えられる．標本抽出という作業 (sampling) に基づく分布という意味で統計量の分布を標本分布とよぶわけである．違う言い方をすると，統計量の標本分布とは標本抽出を仮想的に繰り返したときに $T(X)$ が従う分布であり，以下で説明する経験分布と混同しないように注意する必要がある．図4.1で抽出が繰り返され，標本が何回も実現し，標本ごとに統計量の値が定まるとイメージすればよい．

X_i が連続確率変数であるとすると $X_1, \ldots, X_n$ の同時密度関数は (4.4) 式で与

えられる．いま $T(x_1,\ldots,x_n) \le t$ となるような $(x_1,\ldots,x_n)$ の集合を $A \subset \mathbb{R}^n$ とおくと $T \le t$ となる確率は

$$F_T(t) = P(T \le t) = \int_A f(x_1)\cdots f(x_n)\,dx_1\cdots dx_n \tag{4.6}$$

で与えられる．(4.6) 式は T の累積分布関数を与える．これを t で微分することによって T の密度関数がえられる．しかしながら一般にこのような多重積分を評価するのは困難である．このような多重積分が比較的明示的におこなえる場合として $f(x)$ が正規分布の密度関数である場合があげられる．数理統計学の理論のなかで正規分布の果たす役割は非常に大きいものがあるが，その理由は母集団分布として正規分布以外の分布を仮定すると各種の統計量の分布が明示的に求められないという，やや消極的な面があることは否めない．

正規分布以外の母集団分布を仮定した場合には標本分布が明示的に求められないことが多いので，標本の大きさ n を $n \to \infty$ としたときの近似理論を用いる．このような $n \to \infty$ の場合の近似理論を**漸近理論** (asymptotic theory) という．漸近理論の理論的な基礎は中心極限定理とよばれる定理であり，母集団分布に正規分布以外を仮定しても，$n \to \infty$ のときには正規分布に基づく標本分布論が近似的に成り立つことが示される．

以下では正規分布に基づく標本分布論，非心分布論，漸近理論，順序統計量，有限母集団からの抽出，の話題について順次説明する．また漸近理論の準備として確率論におけるいくつかの極限定理について結果を整理する．

4.3　正規分布のもとでの標本分布論

この節では $X_1,\ldots,X_n \sim \mathrm{N}(\mu,\sigma^2)$, *i.i.d.*, という設定のもとでの標本分布論を論じる．具体的には t 分布，F 分布などの導出を中心とする．統計量のなかでも最も基本的なものが標本平均及び標本分散である．とくに正規分布の仮定のもとでは 6 章で解説するようにこれらは十分統計量をなすから，これらの 2 つの統計量のみを考察すればよいことが示される．

標本平均の標本分布は簡明である．3.3 節で述べたように正規分布のたたみこみはやはり正規分布であるから，帰納法を用いれば正規分布の n 重のたたみこみもやはり正規分布であることがわかる．また，期待値の線形性や分散に関す

る公式を用いれば $E[\bar{X}] = \mu, \mathrm{Var}[\bar{X}] = \sigma^2/n$ となることがわかるから，結局

$$\bar{X} \sim \mathrm{N}\left(\mu, \frac{\sigma^2}{n}\right) \tag{4.7}$$

が成り立つ．

標本分散の標本分布はカイ二乗分布とよばれる分布の定数倍となる．そこでまずカイ二乗分布の定義を与えよう．いま $X_1, \ldots, X_\nu \sim \mathrm{N}(0,1), i.i.d.$, とし

$$Y = {X_1}^2 + \cdots + {X_\nu}^2$$

とおくとき Y の分布を**自由度** (degrees of freedom) ν の**カイ二乗分布** (chi-square distribution) という．以下では自由度 ν のカイ二乗分布を $\chi^2(\nu)$ と表すことにする．

自由度 ν のカイ二乗分布は実はガンマ分布の特殊な場合 $\mathrm{Ga}(\nu/2, 2)$ に一致する．すなわち Y が自由度 ν のカイ二乗分布に従うとき Y の密度関数は

$$f(y) = \frac{1}{2^{\nu/2}\Gamma(\nu/2)} y^{\nu/2-1} e^{-y/2}, \quad y > 0 \tag{4.8}$$

で与えられる．

これを示す最も簡単な方法は積率母関数を用いることであるが積率母関数を用いる証明は問とし (問 4.1)，ここでは密度関数を用いた証明を示す．ガンマ分布の密度関数のたたみこみは (3.51) 式で示されているように形状母数が足されたガンマ分布である．このたたみこみの結果を用いれば，$\nu = 1$ の場合に $Y = {X_1}^2$ の密度関数が $\mathrm{Ga}(1/2, 2)$ の密度関数に一致することを示せばよい．一般の自由度についてはたたみこみを用いて数学的帰納法によって証明される．

そこで $Y = {X_1}^2$ の密度関数を導こう．$Y \le y \iff -\sqrt{y} \le X_1 \le \sqrt{y}$ に注意すれば

$$P(Y \le y) = \int_{-\sqrt{y}}^{\sqrt{y}} \phi(x)\,dx = 2\int_0^{\sqrt{y}} \phi(x)\,dx$$

となる．ただし $\phi(x)$ は標準正規分布の密度関数である．これを y で微分すれば，合成関数の微分の公式により，Y の密度関数は

$$f_Y(y) = \frac{1}{\sqrt{y}}\phi(\sqrt{y}) = \frac{1}{2^{1/2}\sqrt{\pi}} y^{1/2-1} e^{-y/2} \tag{4.9}$$

で与えられる．(4.9) 式の基準化定数を除いた部分は $\mathrm{Ga}(1/2, 2)$ の密度関数に一致している．従って $Y = {X_1}^2$ の分布が $\mathrm{Ga}(1/2, 2)$ であることが確かめられ

た．また副産物として $\Gamma(1/2)=\sqrt{\pi}$ であることも (4.9) 式より従う．

さて，標本分散の標本分布に戻ろう．正規分布の仮定のもとで $\bar{X}$ と $s^2=\sum_{i=1}^{n}(X_i-\bar{X})^2/n$ について次の事実が成り立つ．

1)　$\bar{X}$ と s^2 は互いに独立である．

2)　ns^2/σ^2 は自由度 $n-1$ のカイ二乗分布に従う．

この 2 つの事実は互いに密接に関連しており同時に証明することができる．まず X_i のかわりに $Z_i=(X_i-\mu)/\sigma$ と基準化した確率変数 Z_i に関し 1)，2) を証明すれば，簡単な線形変換によって，X_i に関しても 1)，2) が成立することに注意しよう．従ってはじめから $\mu=0,\sigma^2=1$ とおいて一般性を失わない．

$n\times n$ の直交行列は

$$G^\top G=GG^\top=I_n \tag{4.10}$$

を満たす行列である．ここで I_n は $n\times n$ の単位行列である．(4.10) 式より G が直交行列であることは，G の各列が正規直交ベクトルをなすことと同値である．同様に G の各行が正規直交ベクトルなすこととも同値である．いま n 次元の確率ベクトルを $X=(X_1,\ldots,X_n)^\top$ とすれば X は標準多変量正規分布 $\mathrm{N}_n(0,I_n)$ に従う．G を $n\times n$ の直交行列とし変数変換

$$Y=GX$$

を考えよう．逆変換は $X=G^\top Y$ である．

$$1=\det I_n=\det(G^\top G)=\det G^\top\det G=(\det G)^2$$

より $\det G=\det G^\top=\pm1$ を得る．(3.19) 式より線形変換 $X=G^\top Y$ のヤコビアンの絶対値は $|\det J(\partial x/\partial y)|=\left|\det G^\top\right|=1$ である．また $X^\top X=Y^\top GG^\top Y=Y^\top Y$ である．従って $X=G^\top Y$ を X の密度関数に代入すれば Y の密度関数が

$$f_Y(y)=\frac{1}{(2\pi)^{n/2}}\exp\left(-\frac{y^\top y}{2}\right) \tag{4.11}$$

となり Y も標準多変量正規分布に従う．すなわち Y の要素が互いに独立に標準正規分布に従っていることがわかる．さてここで G としてその 1 行目の要素がすべて等しく

$$\left(\frac{1}{\sqrt{n}},\ldots,\frac{1}{\sqrt{n}}\right) \tag{4.12}$$

となっているものを考えよう．G の2行目から n 行目までは G が直交行列となるように適当にうめればよい．すなわち (4.12) 式の g_1 に対して $g_1, \ldots, g_n$ が $\mathbb{R}^n$ の正規直交底をなすように $g_2, \ldots, g_n$ を適当に選び，これらを G の各行とすればよい．

G の1つの具体的なとり方として次のような選び方が知られている．G の2行目を $(1, -1, 0, \ldots, 0)/\sqrt{2}$ とし，3行目を $(1, 1, -2, 0, \ldots, 0)/\sqrt{6}$ とする．以下同様に第 k 行 $(k = 2, \ldots, n)$ を

$$(\underbrace{1, \ldots, 1}_{k-1\,\text{個}}, -k+1, 0, \ldots, 0)/\sqrt{k(k-1)} \tag{4.13}$$

とおく．容易に確かめられるように，このとき G の各行は正規直交ベクトル系をなし G は直交行列となる (問 4.2)．この G を用いた変換は Helmert 変換とよばれる．

G は直交行列であるから

$$\sum_{i=1}^n {X_i}^2 = X^\top X = (GX)^\top GX = Y^\top Y = \sum_{i=1}^n Y_i^2$$

となる．また G の第1行の選び方により $Y_1 = \sqrt{n}\bar{X}$ である．これより平均からの偏差の平方和につき

$$\sum_{i=1}^n (X_i - \bar{X})^2 = \sum_{i=1}^n {X_i}^2 - n\bar{X}^2 = \sum_{i=1}^n Y_i^2 - {Y_1}^2 = \sum_{i=2}^n Y_i^2 \tag{4.14}$$

が成り立つ．従って $ns^2 = \sum_{i=1}^n (X_i - \bar{X})^2 = \sum_{i=2}^n Y_i^2$ は自由度 $n-1$ のカイ二乗分布に従う．また，$Y_2, \ldots, Y_n$ は $Y_1 = \sqrt{n}\bar{X}$ と互いに独立であるから，$ns^2 = \sum_{i=2}^n Y_i^2$ も $\bar{X}$ と独立である．以上で $\bar{X}$ と s^2 が互いに独立であり，$\sigma^2 \neq 1$ の場合を含めて考えれば，$ns^2/\sigma^2 = \sum_{i=1}^n (X_i - \bar{X})^2/\sigma^2$ が自由度 $n-1$ のカイ二乗分布に従うことが示された．

次に正規分布の平均の検定 (10章参照) に用いられる t 分布を定義し，その密度関数を導出しよう．U と V を互いに独立な確率変数とし $U \sim \mathrm{N}(0, 1)$, $V \sim \chi^2(m)$ とする．このとき

$$T = \frac{U}{\sqrt{V/m}} \tag{4.15}$$

の分布を**自由度 $\boldsymbol{m}$ の $\boldsymbol{t}$ 分布** (t distribution with m degrees of freedom) という．t 分布は次の t 統計量の分布である．$X_1, \ldots, X_n$ を正規分布 $\mathrm{N}(\mu, \sigma^2)$ からの無作為標本とする．このとき

$$T = \frac{\sqrt{n}(\bar{X} - \mu)}{s} \qquad \left(s^2 = \frac{1}{n-1} \sum_{i=1}^{n} (X_i - \bar{X})^2 \right) \tag{4.16}$$

を **$\boldsymbol{t}$ 統計量**という．t 統計量は **$\boldsymbol{t}$ 比**，**$\boldsymbol{t}$ 値** (t-ratio, t-value) ともよばれる．(4.16) 式を変形して

$$T = \frac{\dfrac{\bar{X} - \mu}{\sigma/\sqrt{n}}}{\sqrt{s^2/\sigma^2}} \tag{4.17}$$

のように書き，$U = (\bar{X} - \mu)/(\sigma/\sqrt{n})$, $V = (n-1)s^2/\sigma^2$ とおけば，t 統計量の分布が自由度 $n-1$ の t 分布であることがわかる．(4.16) 式では s^2 として平均からの偏差の平方和を $n-1$ で除したもの (不偏分散) を用いている．s^2 として n で除したものを用いる場合には分子の $\sqrt{n}$ を $\sqrt{n-1}$ で置き換えればよい (問 4.3)．t 統計量を用いる際には s^2 として不偏分散を用いることが多いので，ここでも不偏分散を用いることとする．

さて変数変換により t 分布の密度関数を求めよう．U と V の同時密度関数は

$$f(u, v) = \frac{1}{\sqrt{2\pi}} e^{-u^2/2} \frac{v^{m/2-1} e^{-v/2}}{2^{m/2} \Gamma(m/2)}$$

である．ここで

$$T = \frac{U}{\sqrt{V/m}}, \quad V = V$$

と変数変換する．逆変換は

$$U = T\sqrt{V/m}, \quad V = V$$

である．従ってヤコビ行列は

$$\begin{pmatrix} \partial u/\partial t & \partial u/\partial v \\ \partial v/\partial t & \partial v/\partial v \end{pmatrix} = \begin{pmatrix} \sqrt{v/m} & * \\ 0 & 1 \end{pmatrix} \tag{4.18}$$

となる．ただし右辺の行列の (1,2) 要素は，(2,1) 要素が 0 であるために，行列式の評価に不必要なので明示的に評価していない．(4.18) 式よりヤコビアンの絶対値は $\sqrt{v/m}$ で与えられる．以上より T, V の同時密度関数は

$$f(t,v) = \frac{1}{\sqrt{2\pi}} e^{-t^2 v/(2m)} \frac{\sqrt{v/m} v^{m/2-1} e^{-v/2}}{2^{m/2}\Gamma(m/2)}$$
$$= \frac{v^{(m+1)/2-1} e^{-v(1+t^2/m)/2}}{2^{m/2}\Gamma(m/2)\sqrt{2\pi m}}$$

となる．これを v に関して 0 から ∞ まで積分すれば，

$$\int_0^\infty v^{(m+1)/2-1} e^{-v(1+t^2/m)/2}\, dv = 2^{(m+1)/2}\Gamma\left(\frac{m+1}{2}\right)\left(1+\frac{t^2}{m}\right)^{-(m+1)/2} \tag{4.19}$$

となることから (問 4.4)，自由度 m の t 分布の密度関数が

$$f_T(t) = \int_0^\infty f(t,v)\, dv = \frac{\Gamma\left(\frac{m+1}{2}\right)}{\sqrt{\pi m}\Gamma\left(\frac{m}{2}\right)}\left(1+\frac{t^2}{m}\right)^{-(m+1)/2} \tag{4.20}$$

で与えられることがわかる．

t 分布の密度関数は標準正規分布の密度関数に似て，原点に関して対称な釣り鐘型の密度関数である．とくに $m \to \infty$ のとき t 分布の密度関数は標準正規分布の密度関数に収束する (問 4.5)．また t 分布の累積分布関数も正規分布の累積分布関数に収束する (次々節参照)．t 分布の密度関数の不定積分を明示的に求めることはできないので，t 分布の確率を求めるときには数表を用いることになる．t 分布の数表は多くの統計学の教科書に与えられている．上に述べたことにより，t 分布表において自由度が ∞ の部分は標準正規分布表と一致している．

自由度 1 の t 分布をとくに**コーシー分布** (Cauchy distribution) という．コーシー分布の密度関数は (4.20) 式より

$$f(t) = \frac{1}{\pi(1+t^2)} \tag{4.21}$$

と簡明な形になる．

$$\int_{-\infty}^\infty |t| f(t)\, dt = \infty, \quad \int_{-\infty}^\infty t^2 f(t)\, dt = \infty$$

となることから，コーシー分布は有限の期待値と分散を持たない．コーシー分布はスソの重い分布の例として用いられることが多い．コーシー分布の性質については問 4.10 を参照のこと．

正規分布に基づく標本分布の最後のものとして F 分布の密度関数を導出する．いま U, V が互いに独立な確率変数で $U \sim \chi^2(l)$, $V \sim \chi^2(m)$ とする．このとき

$$Y = \frac{U/l}{V/m} \tag{4.22}$$

の分布を**自由度 (l, m) の F 分布** (F distribution) という．l を第 1 自由度あるいは分子の自由度，m を第 2 自由度あるいは分母の自由度とよぶ．Y の定義において，分母分子を自由度で割っているために密度関数が見にくくなる．そこでまず $\widetilde{Y} = U/V$ の密度関数を求めよう．いま

$$Z = \frac{\widetilde{Y}}{1+\widetilde{Y}} = \frac{U}{U+V} = \frac{U/2}{U/2+V/2}$$

と変換すると $U/2 \sim \mathrm{Ga}(l/2, 1), V/2 \sim \mathrm{Ga}(m/2, 1)$ であるから，3.2 節の結果より Z はベータ分布 $\mathrm{Be}(l/2, m/2)$ に従い，その密度関数は

$$f(z) = \frac{1}{B(l/2, m/2)} z^{l/2-1}(1-z)^{m/2-1}$$

と表される．ヤコビアンは $J = dz/d\widetilde{y} = (1+\widetilde{y})^{-2}$ であるから，これらを代入することにより $\widetilde{Y}$ の密度関数が

$$f(\widetilde{y}) = \frac{1}{B(l/2, m/2)} \frac{\widetilde{y}^{l/2-1}}{(1+\widetilde{y})^{(l+m)/2}} \tag{4.23}$$

で与えられることがわかる．このことから $Y = \widetilde{Y}m/l$ の密度関数が

$$f_Y(y) = \frac{l^{l/2}m^{m/2}}{B(l/2, m/2)} \frac{y^{l/2-1}}{(m+ly)^{(l+m)/2}} \tag{4.24}$$

で与えられる．(4.24) 式が自由度 (l, m) の F 分布の密度関数である．

F 分布の定義から，Y が自由度 (l, m) の F 分布に従うとき $1/Y$ は自由度 (m, l) の F 分布に従う．このことは F 分布の数表を用いるときに注意すべき点である．t 分布と F 分布の関係についてはそれぞれの定義から，T が自由度 m の t 分布に従うとき，T^2 は自由度 $(1, m)$ の F 分布に従うことがわかる．また F 分布とカイ二乗分布の関係については，分母の自由度 m が $m \to \infty$ のとき lY の密度関数及び分布関数がそれぞれ自由度 l のカイ二乗分布の密度関数及び分布関数に収束する (問 4.6).

4.4 非心分布論

前節の t 分布，カイ二乗分布，F 分布は平均が 0 の正規変量について定義された分布である．これらを平均が 0 でない場合の正規変量に一般化したのが，非

心 t 分布などの**非心分布** (noncentral distribution) である．非心分布の定義自体は簡明であるが，それらの密度関数は無限級数を含みやや複雑となる．読者は以下の記述において，密度関数の導出の部分は省いて次節にすすんでもよい．

非心 t 分布は次のように定義される．U と V を互いに独立な確率変数とし，$U \sim \mathrm{N}(\lambda, 1)$, $V \sim \chi^2(m)$ とする．このとき $T = U/\sqrt{V/m}$ の分布を自由度 m，非心度 λ の**非心 t 分布** (noncentral t distribution with m degrees of freedom and noncentrality parameter λ) という．また非心度 λ の非心 t 分布を $t(m, \lambda)$ と表すことにする．

(4.16) 式と同様の記法を用い，ただしここでは $T = \sqrt{n}\bar{X}/s$ と定義すれば，T は自由度 $n-1$，非心度 $\lambda = \sqrt{n}\mu/\sigma$ の非心 t 分布に従う．このことは $\mu \neq 0$ の場合にも，$\bar{X}$ と s^2 が独立であり $(n-1)s^2/\sigma^2$ が $\chi^2(n-1)$ に従うことからわかる．

また非心度 λ が一定で自由度 m が $m \to \infty$ のときには非心 t 分布の密度関数及び累積分布関数は正規分布 $\mathrm{N}(\lambda, 1)$ の密度関数及び累積分布関数に収束することが示される．

次に非心カイ二乗分布の定義を与えよう．いま $X_i \sim \mathrm{N}(\mu_i, 1), i = 1, \ldots, m$ としこれらは互いに独立とする．$Y = {X_1}^2 + \cdots + {X_m}^2$, $\lambda = {\mu_1}^2 + \cdots + {\mu_m}^2$ とおく．Y の分布を自由度 m，非心度 λ の**非心カイ二乗分布** (noncentral chi-square distribution) といい，$\chi^2(m, \lambda)$ で表す．以下で示すように，Y の分布は非心度 $\lambda = \sum_{i=1}^{m} {\mu_i}^2$ (及び自由度 m) のみに依存するから λ が一定ならば個々の μ_i はどのような値でもよい．前節の直交変換を用いた議論を一般化すれば，

$$\sum_{i=1}^{m} (X_i - \bar{X})^2 \sim \chi^2\left(m-1, \sum_{i=1}^{m} (\mu_i - \bar{\mu})^2\right) \tag{4.25}$$

となることを示すことができる (問 4.7)．ただし $\bar{\mu} = \sum_{i=1}^{m} \mu_i/m$ である．

最後に非心 F 分布を定義する．いま U と V を互いに独立な確率変数で $U \sim \chi^2(l, \lambda), V \sim \chi^2(m)$ とおく．このとき $Y = (U/l)/(V/m)$ の分布を自由度 (l, m)，非心度 λ の**非心 F 分布** (noncentral F distribution) といい，$F(l, m, \lambda)$ と表す．通常の F 分布との相違は分子の U が非心カイ二乗分布に従うことである．

さて，以上で3つの非心分布を定義したのでここではこれらの密度関数を導

いておこう．

まず非心 t 分布の密度関数は以下のように表される．前節と同様に議論すれば，非心 t 分布の場合には T と V の同時密度関数が

$$f(t,v) = \frac{1}{\sqrt{2\pi}} e^{-(t\sqrt{v/m}-\lambda)^2/2} \frac{\sqrt{v/m}v^{m/2-1}e^{-v/2}}{2^{m/2}\Gamma(m/2)}$$
$$= \frac{v^{(m+1)/2-1}e^{-\frac{v}{2}(1+t^2/m)}e^{-\lambda^2/2}e^{t\lambda\sqrt{v/m}}}{2^{m/2}\Gamma(m/2)\sqrt{2\pi m}}$$

となる．ここで

$$e^{t\lambda\sqrt{v/m}} = \sum_{j=0}^{\infty} \frac{t^j \lambda^j v^{j/2}}{j!\, m^{j/2}}$$

と無限級数に展開し，V について項別積分をおこなえば非心 t 分布の密度関数が

$$f(t) = \frac{e^{-\lambda^2/2}}{\sqrt{\pi m}\Gamma\left(\frac{m}{2}\right)} \sum_{j=0}^{\infty} \frac{\Gamma\left(\frac{m+1+j}{2}\right) 2^{j/2}\lambda^j t^j}{\left(1+\frac{t^2}{m}\right)^{(m+1+j)/2} j!\, m^{j/2}} \tag{4.26}$$

となることがわかる (問 4.8).

次に非心カイ二乗分布の密度関数を求める．この場合は積率母関数を用いるのが簡明である．$Y = {X_1}^2 + \cdots + {X_m}^2$ の積率母関数は

$$E\left[e^{\theta Y}\right] = \prod_{i=1}^{m} E\left[e^{\theta {X_i}^2}\right] = \prod_{i=1}^{m} \int \frac{1}{\sqrt{2\pi}} \exp\left(-\frac{(x-\mu_i)^2}{2} + \theta x^2\right) dx$$
$$= \exp\left(-\frac{1}{2}\sum_{i=1}^{m} {\mu_i}^2 + \frac{1}{2(1-2\theta)}\sum_{i=1}^{m} {\mu_i}^2\right)$$
$$\times \prod_{i=1}^{m} \int \frac{1}{\sqrt{2\pi}} \exp\left(-\frac{1-2\theta}{2}\left(x - \frac{\mu_i}{1-2\theta}\right)^2\right) dx$$
$$= (1-2\theta)^{-m/2} \exp\left(-\frac{\lambda}{2} + \frac{\lambda}{2(1-2\theta)}\right) \tag{4.27}$$

と表される．ここでさらに

$$\exp\left(\frac{\lambda}{2(1-2\theta)}\right) = \sum_{j=0}^{\infty} \frac{(\lambda/2)^j}{j!}(1-2\theta)^{-j}$$

と無限級数に展開すれば，Y の積率母関数は

$$E\left[e^{\theta Y}\right] = \sum_{j=0}^{\infty} \frac{(\lambda/2)^j}{j!} e^{-\lambda/2}(1-2\theta)^{-m/2-j} \tag{4.28}$$

と表される．ところで $(1-2\theta)^{-m/2-j}$ が自由度 $m+2j$ のカイ二乗分布の積率母関数であることに注意すれば，積率母関数の一意性により，非心カイ二乗分布の密度関数が

$$f(y)=\sum_{j=0}^{\infty}p_{\lambda/2}(j)g_{m+2j}(y),\quad p_{\lambda/2}(j)=\frac{(\lambda/2)^j}{j!}e^{-\lambda/2} \tag{4.29}$$

と表されることがわかる．ただし $g_k(y)=\dfrac{y^{k/2-1}e^{-y/2}}{\Gamma(k/2)2^{k/2}}$ は $\chi^2(k)$ の密度関数である．また $p_{\lambda/2}(j)$ がポアソン分布 $\mathrm{Po}(\lambda/2)$ の確率関数となっていることにも注意する．

最後に非心 F 分布の密度関数を求めよう．(4.29) 式で求めた非心カイ二乗分布の密度を用いて前節と同様の議論をすれば，まず $\widetilde{Y}=U/V$ の密度関数が

$$f(\widetilde{y})=\sum_{j=0}^{\infty}p_{\lambda/2}(j)\frac{1}{B(l/2+j,m/2)}\widetilde{y}^{\,l/2+j-1}(1+\widetilde{y})^{-(l+m)/2-j} \tag{4.30}$$

となることがわかる．これより非心 F 分布の密度関数は

$$f(y)=\sum_{j=0}^{\infty}p_{\lambda/2}(j)\frac{l^{l/2+j}}{B(l/2+j,m/2)m^{l/2+j}}y^{l/2+j-1}(1+ly/m)^{-(l+m)/2-j} \tag{4.31}$$

となる．

4.5　確率論のいくつかの基本的な極限定理

この節で扱う確率論の基本的な極限定理は標本平均に関する大数の法則と中心極限定理の2つである．これらの話題はやや高度な話題であり記述がわかりにくいかもしれない．また一部の技術的な事項を巻末の補論で補うことにする．

$X_1,\ldots,X_n$ が互いに独立に分布関数 F に従うとする．$E[X_i]=\mu,\mathrm{Var}[X_i]=\sigma^2$ は存在するものとする．$n\to\infty$ のとき，標本平均 $\bar{X}_n$ が母平均 μ に収束すること

$$\bar{X}\to E[X]=\mu,\quad (n\to\infty) \tag{4.32}$$

を主張するのが**大数の法則** (law of large numbers) である．また**中心極限定理** (central limit theorem) は $E[\bar{X}_n]=\mu,\mathrm{Var}[\bar{X}_n]=\sigma^2/n$ を用いて標本平均を $Z_n=\sqrt{n}(\bar{X}_n-\mu)/\sigma$ と基準化するとき，Z_n の累積分布関数が標準正規分布の

累積分布関数 Φ に収束すること，すなわち任意の x に対し

$$P\left(\frac{\sqrt{n}(\bar{X}_n - \mu)}{\sigma} \leq x\right) \to \Phi(x) \quad (n \to \infty) \tag{4.33}$$

が成立することを主張するものである．

明らかに，中心極限定理のほうが $\bar{X}_n$ の挙動について大数の法則よりも詳しい結果を与えており，証明も困難である．以下では大数の法則について大数の弱法則とよばれる定理を証明する．中心極限定理については，完全な証明を与えることは本書の範囲を越えるが，特性関数との関連についてやや詳しく説明する．

大数の法則の証明の準備としてマルコフの不等式とチェビシェフの不等式を証明する．$X \geq 0$ を非負の確率変数とし $E[X] < \infty$ とする．このとき任意の $c > 0$ に対して

$$P(X \geq c) \leq \frac{E[X]}{c} \tag{4.34}$$

が成立する．この不等式を**マルコフの不等式** (Markov's inequality) という．いま Y を

$$Y = \begin{cases} 0, & \text{if} \quad X < c \\ c, & \text{if} \quad X \geq c \end{cases}$$

と定義しよう．このとき常に $Y \leq X$ である．従って $E[Y] \leq E[X]$ となる．ところで $E[Y] = 0 \times P(Y = 0) + c \times P(Y = c) = cP(X \geq c)$ であるから $cP(X \geq c) \leq E[X]$ となる．c で両辺を割れば (4.34) 式を得る．

マルコフの不等式は非負の確率変数に関するものであったが，チェビシェフの不等式は非負の確率変数に限らない．$E[X] = \mu, \mathrm{Var}[X] = \sigma^2$ がいずれも有限な確率変数 X を考える．このとき任意の $c > 0$ に対して

$$P(|X - \mu| \geq c) \leq \frac{\sigma^2}{c^2} \tag{4.35}$$

が成立する．この不等式を**チェビシェフの不等式** (Chebyshev's inequality) という．(4.35) 式は $Y = (X - \mu)^2$ とおき Y にマルコフの不等式を適用すれば $P(Y \geq c^2) \leq E[Y]/c^2 = \sigma^2/c^2$ を得る．ここで $Y \geq c^2 \iff |X - \mu| \geq c$ であるから $P(Y \geq c^2) = P(|X - \mu| \geq c)$ となり (4.35) 式が成立することがわかる．

チェビシェフの不等式を用いれば，次の形の大数の法則を容易に証明できる．$\varepsilon > 0$ を任意に与えた正の定数とする．$E[\bar{X}_n] = \mu, \mathrm{Var}[\bar{X}_n] = \sigma^2/n$ であるから $\bar{X}$ に (4.35) 式を応用すれば

$$P(|\bar{X}_n - \mu| \geq \varepsilon) \leq \frac{\sigma^2}{n\varepsilon^2}$$

となる．ここで $n \to \infty$ とおけば右辺は 0 に収束するから

$$\forall \varepsilon > 0, \quad \lim_{n\to\infty} P(|\bar{X}_n - \mu| \geq \varepsilon) = 0 \tag{4.36}$$

となる．(4.36) 式は，μ のまわりにどんなに小さい区間 $(\mu - \varepsilon, \mu + \varepsilon)$ をとっても，n を大きくすることによって $\bar{X}$ がこの区間の外に出る確率をいくらでも小さくできることを示している．(4.36) 式を**大数の弱法則** (weak law of large numbers) という．

一般に確率変数の列 $X_n, n = 1, 2, \ldots,$ が確率変数 X に**確率収束する** (converges in probability) とは

$$\forall \varepsilon > 0, \quad \lim_{n\to\infty} P(|X_n - X| \geq \varepsilon) = 0 \tag{4.37}$$

となることをいう．X_n が X に確率収束することを

$$X_n \xrightarrow{p} X, \quad \operatorname*{plim}_{n\to\infty} X_n = X \tag{4.38}$$

などと表す．(4.37) 式では X は確率変数でよいが，応用上は X として定数を考えることが多い．定数も確率変数の特殊の場合であるから (4.37) 式の定義はこの場合を含むことに注意しよう．確率収束という用語を用いれば，大数の弱法則は「標本平均が母平均に確率収束する」ことを示している．

次に (4.33) 式の中心極限定理について説明する．一般に確率変数 Z_n の分布 F_n が特定の連続分布 F に**分布収束する** (converges in distribution) とは，任意の x について

$$\lim_{n\to\infty} F_n(x) = F(x) \tag{4.39}$$

となることをいう．分布収束を**弱収束** (weak convergence) あるいは**法則収束** (convergence in law) ともよぶ．記法としては

$$F_n \xrightarrow{d} F, \quad Z_n \xrightarrow{d} F \tag{4.40}$$

などと表す．この場合 F を Z_n の**漸近分布** (asymptotic distribution) あるいは**極限分布** (limiting distribution) とよぶ．また「Z_n は漸近的に分布 F に従う」という表現も用いられる．ここでは簡単のため漸近分布 F として連続分布のみを考えることとする．中心極限定理は正規化された標本平均 $Z_n = \sqrt{n}(\bar{X} - \mu)/\sigma$ の分布が標準正規分布に分布収束することを主張している．

中心極限定理は特性関数に関する連続定理とよばれる次の定理を前提とすれば容易に証明される．

定理 4.1 (特性関数の連続定理)　X_n, X の分布関数をそれぞれ F_n, F とし特性関数を $\phi_n(t), \phi(t)$ とする．F_n が F に分布収束するための必要十分条件は，各 t について $\lim_{n\to\infty} \phi_n(t) = \phi(t)$ となることである．

すでに述べたように特性関数は分布関数と 1 対 1 に対応している．特性関数の連続定理は，収束に関しても特性関数の各点収束と分布収束が 1 対 1 に対応していることを示している．

ここでは特性関数の連続定理を前提として中心極限定理の証明の概略を示そう．確率変数の位置尺度変換により $\mu = 0, \sigma^2 = 1$ とおいて一般性を失わない．このとき $Z_n = \sqrt{n}\bar{X}_n$ の特性関数は

$$\phi_n(t) = E\left[e^{itZ_n}\right] = \prod_{j=1}^{n} E\left[e^{itX_j/\sqrt{n}}\right] = \phi\left(\frac{t}{\sqrt{n}}\right)^n \tag{4.41}$$

で与えられる．ただし $\phi(t) = E\left[e^{itX_j}\right]$ は X_j の特性関数である．$E[X_j] = 0, \mathrm{Var}[X_j] = 1$ より $\phi(t)$ は 2 回連続微分可能で

$$\phi(t) = 1 - \frac{t^2}{2} + t^2 R(t)$$

とテーラー展開できることが示される．ただし $t \to 0$ のとき $R(t) \to 0$ である．これを (4.41) 式に代入すれば

$$\phi_n(t) = \left(1 - \frac{t^2}{2n} + \frac{t^2}{n} R\left(\frac{t}{\sqrt{n}}\right)\right)^n$$

と書ける．ここで (t を固定して) $n \to \infty$ とすれば指数関数の性質により

$$\lim_{n\to\infty} \phi_n(t) = \lim_{n\to\infty} \left(1 - \frac{t^2}{2n} + \frac{t^2}{n} R\left(\frac{t}{\sqrt{n}}\right)\right)^n = e^{-t^2/2}$$

となる．右辺は標準正規分布の特性関数であるから，連続定理により Z_n の分布が標準正規分布に分布収束することが示された．

以上，確率論におけるいくつかの基本的な極限定理について整理してきた．これらの結果を応用すれば正規分布以外の母集団分布のもとでの標本分布論の漸近理論は簡潔にまとめることができる．

4.6　標本平均の分布の漸近理論

$X_1, \ldots, X_n$ を母集団分布 F からの無作為標本とする．ここでは F が正規分布以外の一般の分布の場合の標本平均 $\bar{X}_n$ の標本分布について，$n \to \infty$ のときの漸近理論を整理しよう．

$\bar{X}_n$ そのものについては前節の中心極限定理がそのまま適用できる．中心極限定理により，$\mu = E[X_i], \sigma^2 = \mathrm{Var}[X_i]$ とすれば，n が大きいとき $\bar{X}_n$ は近似的に正規分布 $\mathrm{N}(\mu, \sigma^2/n)$ に従う．このことを

$$\bar{X}_n \mathrel{\dot{\sim}} \mathrm{N}\left(\mu, \frac{\sigma^2}{n}\right) \tag{4.42}$$

と表すことにする．$\sim$ の上に・をつけることにより“近似的に分布する”という意味を表すこととする．(4.42) 式において $n \to \infty$ とすると，分散が 0 に収束してしまうので，中心極限定理の表現の仕方としては不適当であるが，簡潔で便利な記法である．

中心極限定理の 1 つの典型的な応用は 2 項分布の正規近似である．$X_1, \ldots, X_n$ を成功確率 p の独立なベルヌーイ変数とすると n 回の試行中の成功の比率 r は $r = \bar{X}_n$ と表せるから中心極限定理を用いることができる．$E[r] = p, \mathrm{Var}[r] = p(1-p)/n$ であるから

$$r \mathrel{\dot{\sim}} \mathrm{N}\left(p, \frac{p(1-p)}{n}\right) \tag{4.43}$$

となる．(4.43) 式を用いれば，r が特定の区間に落ちる確率の近似値を正規分布表から求めることができる．具体例は統計学の入門的な教科書に説明されているのでここでは省略する．

次に t 統計量と同様の統計量について漸近理論を整理しよう．いま σ^2 に確率収束する確率変数 ${W_n}^2$

$$W_n{}^2 \xrightarrow{p} \sigma^2$$

があったとする．このとき $W_n \xrightarrow{p} \sigma$ である (補論 (A.6) 式参照)．いま

$$T_n = \frac{\sqrt{n}(\bar{X}_n - \mu)}{\sqrt{W_n{}^2}} = \frac{\sqrt{n}(\bar{X}_n - \mu)/\sigma}{W_n/\sigma}$$

の形の統計量を考えよう．分母の W_n/σ は 1 に確率収束するから T_n の分布は分子の漸近分布すなわち標準正規分布に分布収束することがわかる (補論 (A.10) 式参照).

このことの直接の応用として必ずしも正規分布でない分布のもとでの t 統計量の漸近分布を考えよう．いま $X_1, \ldots, X_n \sim F, i.i.d.$, としこれらの観測値に基づく (4.16) 式の t 統計量を考える．ただし X_i の 4 次のモーメントが存在すると仮定する．$s^2 = \sum_{i=1}^{n}(X_i - \bar{X}_n)^2/(n-1)$ が σ^2 に確率収束することを示せば，$n \to \infty$ のとき t 統計量の分布が標準正規分布に分布収束することがわかる．さて

$$s^2 = \frac{n}{n-1}\frac{1}{n}\sum_{i=1}^{n}(X_i - \mu)^2 - \frac{n}{n-1}(\bar{X}_n - \mu)^2$$

と表すことができる．右辺第 1 項には $(X_i - \mu)^2, i = 1, \ldots, n$ の n 個の確率変数の標本平均が現れているが，この部分に大数の法則を応用することにより第 1 項は σ^2 に確率収束することがわかる．また右辺第 2 項は $\bar{X}_n$ が μ に確率収束することから 0 に確率収束する．従って

$$s^2 \xrightarrow{p} \sigma^2$$

が示された．以上により t 統計量の分布は，母集団分布が正規分布であるか否かにかかわらず正規分布に分布収束することがわかった．以上の結果は応用上は大変重要な結果である．なぜならば X_i の分布が正規分布でなかったとしても，n が大きいときには t 検定などの正規分布を仮定した手法を用いて，近似的に正しい結論が得られるからである．統計学においては母集団分布として便宜上正規分布を仮定することが多いのであるが，その仮定は n が大きいときにはある程度正当化され得るわけである.

4.7 順序統計量と経験分布関数

前節までの標本分布論は標本平均の標本分布論が中心であったが，ここでは中位数などのパーセント点あるいは順序統計量に関連した標本分布論について整理する．また経験分布関数についても説明する．

$X_1, \ldots, X_n \sim F, i.i.d.$, とするとき，これらの確率変数の値を小さい順に並べかえたものを

$$X_{(1)} \leq X_{(2)} \leq \cdots \leq X_{(n)} \tag{4.44}$$

と表し，**順序統計量** (order statistic) という．第 i 順序統計量 $X_{(i)}$ は $X_1, \ldots, X_n$ のなかで小さいほうから i 番目の値である．

ここでは F を密度関数 f を持つ連続分布として，$X_{(i)}$ の累積分布関数及び密度関数を求めよう．いま $X_{(i)} \leq x$ となる事象を考える．この事象は，$X_1, \ldots, X_n$ のなかで x 以下となるものの個数が i 個以上であるという事象と同値である．従って，事象 B_k を

$$B_k = \{X_1, \ldots, X_n \text{ のうち } k \text{ 個が } x \text{ 以下}\}$$

とおくと，

$$P(X_{(i)} \leq x) = \sum_{k=i}^{n} P(B_k) \tag{4.45}$$

と書ける．ところでそれぞれの X_j は，確率 $F(x)$ で $X_j \leq x$ となり確率 $1-F(x)$ で $X_j > x$ となるから，X_j が x 以下かどうかということは成功確率 $p = F(x)$ のベルヌーイ試行と考えることができる．従って B_k の確率は

$$P(B_k) = \binom{n}{k} p^k (1-p)^{n-k}, \quad p = F(x)$$

と表される．これを (4.45) 式に代入すれば $X_{(i)}$ の累積分布関数が

$$F_{X_{(i)}}(x) = \sum_{k=i}^{n} \binom{n}{k} p^k (1-p)^{n-k}, \quad p = F(x) \tag{4.46}$$

となることがわかる．次に (4.46) 式を x で微分することにより $X_{(i)}$ の密度関数を求めよう．$p(k, m)$ を $\mathrm{Bin}(m, p)$ の確率関数とすれば

$$\frac{d}{dp}\binom{n}{k}p^k(1-p)^{n-k} = \frac{n!}{(k-1)!\,(n-k)!}p^{k-1}(1-p)^{n-k} - \frac{n!}{k!\,(n-k-1)!}p^k(1-p)^{n-k-1}$$
$$= n\,(p(k-1,n-1) - p(k,n-1))$$

となる．従って合成関数の微分の公式を用いれば $X_{(i)}$ の密度関数は

$$f_{X_{(i)}}(x) = \frac{d}{dx}F_{X_{(i)}}(x) = nf(x)\sum_{k=i}^{n}(p(k-1,n-1) - p(k,n-1))$$
$$= nf(x)p(i-1,n-1) \tag{4.47}$$
$$= \frac{n!}{(i-1)!\,(n-i)!}f(x)F(x)^{i-1}(1-F(x))^{n-i}$$

となることが示される．ただし (4.47) 式を導く際に $p(n,n-1)=0$ を用いた．

とくに最小値 $\min_i X_i = X_{(1)}$ 及び最大値 $\max_i X_i = X_{(n)}$ の分布関数及び密度関数は簡明で

$$P\Big(\max_i X_i \le x\Big) = F(x)^n, \quad f_{\max_i X_i}(x) = nf(x)F(x)^{n-1} \tag{4.48}$$

及び

$$P\Big(\min_i X_i \le x\Big) = 1-(1-F(x))^n, \quad f_{\min_i X_i}(x) = nf(x)(1-F(x))^{n-1} \tag{4.49}$$

で与えられる．$\max_i X_i$ については

$$\max_i X_i \le x \iff X_i \le x, \quad i=1,\dots,n$$

となることから，その累積分布関数が (4.48) 式で与えられることは明らかである．同様に $\min_i X_i$ については

$$\min_i X_i > x \iff X_i > x, \quad i=1,\dots,n$$

となることに注意すれば (4.49) 式を得る．

母集団分布 F が 0 と 1 の間の一様分布 $\mathrm{U}[0,1]$ であるときは順序統計量の分布は簡明になる．$F(x)=x, f(x)=1$ を (4.47) 式に代入すれば第 i 順序統計量

の密度関数が

$$f_{X_{(i)}}(x) = \frac{n!}{(i-1)!\,(n-i)!}x^{i-1}(1-x)^{n-i} = \frac{x^{i-1}(1-x)^{n-i}}{B(i,n-i+1)} \tag{4.50}$$

となりベータ分布となっていることがわかる．

ここまでは単一の順序統計量について考えたが，$i<j$ として2つの順序統計量の同時密度関数についても以上のような考察をすすめていくと，$X_{(i)}, X_{(j)}$ の同時密度関数が

$$\begin{aligned} f_{ij}(x,y) = {} & \frac{n!}{(i-1)!\,(j-i-1)!\,(n-j)!}f(x)f(y) \\ & \times F(x)^{i-1}(F(y)-F(x))^{j-i-1}(1-F(y))^{n-j} \end{aligned} \tag{4.51}$$

で与えられることが確かめられる (問 4.9)．とくに最小値と最大値の同時密度関数は

$$f_{1,n}(x,y) = n(n-1)f(x)f(y)(F(y)-F(x))^{n-2} \tag{4.52}$$

で与えられる．(4.52) 式は，$x<y$ として

$$x < \min_i X_i,\ \max_i X_i \le y \iff x < X_i \le y, \quad i=1,\ldots,n$$

に注意すれば

$$\begin{aligned} F_{1,n}(x,y) &= P\Big(\max_i X_i \le y\Big) - P\Big(x < \min_i X_i,\ \max_i X_i \le y\Big) \\ &= F(y)^n - (F(y)-F(x))^n \end{aligned}$$

となることからも容易に導出できる．

順序統計量と密接に関連した概念として**経験分布** (empirical distribution) 及び**経験分布関数** (empirical distribution function) の概念がある．特定の値 x での経験分布関数の値 $F_n(x)$ は，x 以下となる観測値の割合

$$F_n(x) = \frac{1}{n}(X_i \le x \text{ となる } i \text{ の数}) \tag{4.53}$$

で定義される．$x_1,\ldots,x_n$ がすべて異なる値のときは，$F_n(x)$ は各 x_i で $1/n$ だけジャンプしほかの x については平らな階段関数である．ただし (4.53) 式は $x_1,\ldots,x_n$ のなかに等しい値があってもよい．

いま $X_1,\ldots,X_n$ の実現値 $x_1,\ldots,x_n$ を固定して考えると，$F_n(x)$ は1つの固定した累積分布関数である．その分布は各 x_i に確率 $1/n$ を持つような離散確

率分布である．$x_1, \ldots, x_n$ のなかに等しい値があっても，同じ値をとる X_i の個数だけ確率 $1/n$ が足されると理解すればよい．壺のモデルを用いて考えると，$X_1, \ldots, X_n$ の実現値 $x_1, \ldots, x_n$ をそれぞれ記した n 枚のカードがはいった壺を考えることができる．この壺から無作為に1枚のカードを抜き出したときのカードの値の分布が F_n である．このように F_n に従う確率変数を観測するということは，すでに得られた標本から再び標本抽出をおこなうことになる．このことを**標本からのリサンプリング** (resampling from sample) とよんでいる．なお，経験分布は実現した特定の標本 $x_1, \ldots, x_n$ の分布であり，仮想的に標本をとり直すことにともなう標本分布 (4.2 節) とは異なる概念であることに注意が必要である．すでに得られた標本 $x_1, \ldots, x_n$ の経験分布 F_n から，リサンプリングを繰り返し，仮想的な標本の取り直しを F_n からおこなう方法を**ブートストラップ法** (bootstrap method) とよぶ．通常，ブートストラップ法では，F_n から復元抽出で同じサイズ n のブートストラップ標本 $\widetilde{X}_1, \ldots, \widetilde{X}_n$ を抽出することを，多数回繰り返す．標本サイズ n が大きく，経験分布 F_n が未知の母集団分布 F のよい近似になっていれば，ブートストラップ法によって，F からの標本抽出を近似できると考えられる．

経験分布の観点からすると，標本平均や標本分散などの標本の特性値は，F_n を確率分布とする母集団の特性値とみなすことができる．例えば標本平均 $\bar{X}$ は F_n に従う確率変数の期待値である．実際 $Y \sim F_n$ とすれば

$$E[Y] = \sum_{i=1}^{n} p(Y = x_i)x_i = \frac{1}{n}\sum_{i=1}^{n} x_i = \bar{x}$$

となり $E[Y]$ は $\bar{x}$ に一致している．標本分散などについても同様である．この見方に立てば，標本の特性値と母集団の特性値を形式上区別する必要がなくなるので有用である．

ここでもとに戻って，再び $X_1, \ldots, X_n$ を確率変数と考えて，その経験分布関数の標本分布を求めよう．$I_{(-\infty,x]}(t)$ を区間 $(-\infty, x]$ の定義関数とすれば

$$F_n(x) = \frac{1}{n}\sum_{i=1}^{n} I_{(-\infty,x]}(X_i) \tag{4.54}$$

と表すことができる．固定した x に対し $F_n(x)$ を確率変数と考えると，$I_{(-\infty,x]}(X_i)$ は成功確率 $F(x)$ のベルヌーイ変数とみなせるから

$$nF_n(x) \sim \mathrm{Bin}(n, F(x)) \tag{4.55}$$

である．

4.8　有限母集団からの非復元抽出

この章の冒頭では，母集団からの無作為復元抽出の考え方から出発して，標本分布の考え方を説明した．復元抽出の場合には，*i.i.d.* 確率変数が観測されるから，その意味では有限母集団と無限母集団を区別する必要はない．しかしながら，有限母集団からの非復元抽出については *i.i.d.* 確率変数という枠組みとは区別して論じなければならない．この章では，有限母集団からの非復元抽出について簡単に説明する．より詳しくは標本調査法の教科書 (例えば津村・築林 (1986)) を参照されたい．

4.1 節と同様の設定で，大きさ N の有限母集団を考え，各個体の特性値を $a_1, \ldots, a_N$ とする．また $X_i, i = 1, \ldots, n$ を標本として抽出された観測値とする．非復元無作為抽出とは，任意の互いに異なる $i_1, \ldots, i_n$ について

$$P(X_1 = a_{i_1}, \ldots, X_n = a_{i_n}) = \frac{1}{N(N-1)\cdots(N-n+1)} \tag{4.56}$$

となるような標本抽出法である．$i_1, \ldots, i_n$ のなかに同じものがあれば確率は 0 である．(4.56) 式は次のように考えればよい．最初の観測値 X_1 が a_{i_1} に一致する確率は $1/N$ であり，X_1 が抜き出された後で X_2 が a_{i_2} に一致する確率は $1/(N-1)$ である．以下同様に $X_1, \ldots, X_{k-1}$ が抜き出された後で X_k が a_{i_k} に一致する確率は $1/(N-k+1)$ となる．これらの確率をかけあわせたものが (4.56) 式である．なお (4.56) 式は $a_1, \ldots, a_N$ のなかに同じ値がある場合でも成り立つ．

ところで，無作為非復元抽出では以上のように $X_1, \ldots, X_n$ を 1 個ずつ順に抜き出すと考えず，n 個の個体を一度に抜き出すと考えることもできる．この場合 $X_1, \ldots, X_n$ の順序を考えることは意味がないが，とり出された値の集合 $\{X_1, \ldots, X_n\}$ を考えることはできる．このように集合として考えれば，無作為非復元抽出は

$$P(\{X_1, \ldots, X_n\} = \{a_{i_1}, \ldots, a_{i_n}\}) = 1\Big/\binom{N}{n} \tag{4.57}$$

となり，N 個から n 個をとり出す組合せがすべて同様に確からしいことがわか

る．以上で，$a_1, \dots, a_N$ に等しい値がある場合を考慮すると，「集合」は正確には要素の重複を許した「多重集合」である．

このように一度にとり出した標本から，あらためて1個ずつ順に無作為に抜き出せば，母集団から1個ずつ順に抽出したときと同じ状況となる．とくに i 番目の観測値 X_i の周辺分布は X_1 の周辺分布と同じであり，(X_i, X_j) の2次元の同時分布は (X_1, X_2) の同時分布と同じであることがわかる．

ここで，有限母集団の母平均と母分散を定義しよう．有限母集団の母平均と母分散は

$$\mu = \bar{a} = \frac{1}{N}\sum_{i=1}^{N} a_i, \quad \sigma^2 = \frac{1}{N}\sum_{i=1}^{N}(a_i - \mu)^2 \tag{4.58}$$

で定義する．これは有限母集団から1個の観測値 X_1 を無作為抽出したときの期待値と分散 $E[X_1], \mathrm{Var}[X_1]$ に一致しており，無限母集団の場合と整合的な定義である．

ここで標本平均 $\bar{X} = \dfrac{1}{n}\sum_{i=1}^{n} X_i$ の期待値と分散を評価しよう．結果を先に述べると

$$E[\bar{X}] = \mu, \quad \mathrm{Var}[\bar{X}] = \frac{N-n}{N-1}\frac{\sigma^2}{n} \tag{4.59}$$

となることが示される．復元抽出と異なるのは，分散にかかっている

$$\frac{N-n}{N-1} \tag{4.60}$$

の項だけである．この項を**有限修正** (finite correction) という．

以下 (4.59) 式を証明する．まず $E[\bar{X}]$ については容易に

$$E[\bar{X}] = \frac{1}{n}\sum_{i=1}^{n} E[X_i] = \frac{1}{n} n\mu = \mu \tag{4.61}$$

となることがわかる．次に $\mathrm{Var}[\bar{X}]$ を求めよう．分散の公式より

$$\begin{aligned}\mathrm{Var}[\bar{X}] &= \frac{1}{n^2}\mathrm{Var}\left[\sum_{i=1}^{n} X_i\right] = \frac{1}{n^2}\left(\sum_{i=1}^{n}\mathrm{Var}[X_i] + \sum_{i \neq j}\mathrm{Cov}[X_i, X_j]\right) \\ &= \frac{1}{n^2}(n\mathrm{Var}[X_1] + n(n-1)\mathrm{Cov}[X_1, X_2])\end{aligned}$$

となる．$\mathrm{Var}[X_1] = \sigma^2$ であるから，問題は $\mathrm{Cov}[X_1, X_2]$ を求めることである．さて任意の $i \neq j$ について $P(X_1 = a_i, X_2 = a_j) = 1/(N(N-1))$ であることに注意すれば $\mathrm{Cov}[X_1, X_2]$ は以下のように計算される．

$$
\begin{aligned}
\mathrm{Cov}[X_1, X_2] &= E[X_1 X_2] - E[X_1]\,E[X_2] \\
&= \frac{1}{N(N-1)} \sum_{i \neq j}^{N} a_i a_j - \left(\frac{1}{N} \sum_{i=1}^{N} a_i \right)^2 \\
&= \frac{\left(\sum_{i=1}^{N} a_i \right)^2 - \sum_{i=1}^{N} {a_i}^2}{N(N-1)} - \left(\frac{1}{N} \sum_{i=1}^{N} a_i \right)^2 \\
&= \frac{\left(\sum_{i=1}^{N} a_i \right)^2}{N^2(N-1)} - \frac{\sum_{i=1}^{N} {a_i}^2}{N(N-1)} = -\frac{1}{N(N-1)} \left(\sum_{i=1}^{N} {a_i}^2 - \frac{1}{N} \left(\sum_{i=1}^{N} a_i \right)^2 \right) \\
&= -\frac{1}{N(N-1)} \sum_{i=1}^{N} (a_i - \bar{a})^2 = -\frac{\sigma^2}{N-1} \qquad (4.62)
\end{aligned}
$$

従って $\mathrm{Var}[\bar{X}]$ は

$$
\mathrm{Var}[\bar{X}] = \frac{1}{n}\sigma^2 - \frac{n-1}{n(N-1)}\sigma^2 = \frac{\sigma^2}{n} \frac{N-n}{N-1}
$$

となり (4.59) 式が確かめられた.

有限修正の応用として，超幾何分布の分散 ((2.64) 式) を求めよう．いま $a_1 = \cdots = a_M = 1,\ a_{M+1} = \cdots = a_N = 0$ とおく．この有限母集団から非復元無作為抽出で大きさ n の標本を抜き出したときの $X = X_1 + \cdots + X_n = n\bar{X}$ の分布が超幾何分布である．この場合，無作為に抜き出された1個の観測値 X_1 は成功確率 $p = M/N$ のベルヌーイ変数であるから，$\mu = p, \sigma^2 = p(1-p)$ である．従って超幾何分布の期待値と分散は

$$
E[X] = np, \quad \mathrm{Var}[X] = \frac{N-n}{N-1} np(1-p) \qquad (4.63)
$$

となり，(2.64) 式が確かめられた.

問

4.1　$X_1, \ldots, X_n \sim \mathrm{N}(0,1)$, *i.i.d.*, とする．$Y = {X_1}^2 + \cdots + {X_n}^2$ とおくとき Y の積率母関数が $E\left[e^{\theta Y}\right] = (1-2\theta)^{-n/2}$ で与えられることを示せ．またこのことから Y の分布がガンマ分布 $\mathrm{Ga}(n/2, 2)$ であることを確かめよ.

4.2　G の第1行を (4.12) 式，その他の行を (4.13) 式のようにさだめるとき，G は直

交行列となることを示せ．

4.3　$s^2 = \sum_{i=1}^{n}(X_i - \bar{X})^2/n$ とするとき t 統計量が $t = \sqrt{n-1}(\bar{X} - \mu)/s$ と書けることを示せ．

4.4　(4.19) 式を確かめよ．

4.5　自由度 m が $m \to \infty$ のとき，t 分布の密度関数が正規分布の密度関数に収束することを示せ．ただしスターリングの公式 $\frac{\Gamma(a+1)}{\sqrt{2\pi a}a^a e^{-a}} \to 1 \quad (a \to \infty)$ を用いてよい．

4.6　Y が自由度 (l, m) の F 分布に従うとする．分母の自由度 m が $m \to \infty$ のとき，lY の密度関数が自由度 l のカイ二乗分布の密度関数に収束することを示せ．

4.7　(4.25) 式を示せ．

4.8　(4.26) 式を示せ．

4.9　(4.51) 式を示せ．

4.10　コーシー分布が有限の期待値と分散を持たないことを示せ．$U \sim \mathrm{U}[0,1]$ とするとき，$X = \tan\left(\pi\left(U - \frac{1}{2}\right)\right)$ がコーシー分布に従うことを示せ．またコーシー分布の累積分布関数が

$$F(x) = \frac{1}{2} + \frac{1}{\pi}\tan^{-1}(x)$$

となることを示せ．

4.11　サイズ N の有限母集団 $\{a_1, \ldots, a_N\}$ からの非復元無作為抽出による観測を $X_1, X_2, \ldots$ と表す．$X_1 + \cdots + X_N = a_1 + \cdots + a_N$ が定数であり $\mathrm{Var}[X_1 + \cdots + X_N] = 0$ であることを使って，$\mathrm{Cov}[X_1, X_2] = -\sigma^2/(N-1)$ であることを示せ．ただし $\sigma^2 = \mathrm{Var}[X_1]$ である．

4.12　(4.13) 式及び問 4.2 で扱った Helmert 変換に関連して以下の問に答えよ．$X_1, \ldots, X_n$ を互いに独立に標準正規分布に従う確率変数とし，$W_i = \sum_{j=1}^{n-i+1} X_j$，$i = 1, \ldots, n$ とおく．

(1)　$(W_1, \ldots, W_n)$ の分散共分散行列を求めよ．

(2)　$1 \leq k < n$ として $(W_1, \ldots, W_k)$ の分散共分散行列の逆行列を求めよ．

(3)　$(W_1, \ldots, W_k)$ を与えたときの W_{k+1} の条件つき分布，及び，W_k を与えたときの W_{k+1} の条件つき分布を求め，両者が一致することを示せ．

(4)　W_k を与えたときの W_{k+1} の条件つき分布の残差 $W_{k+1} - E[W_{k+1} \mid W_k]$ を $X_1, \ldots, X_n$ の一次結合で表したときの係数ベクトルが Helmert 変換の行列 G の

$n-k+1$ 行目と比例的であることを示せ.

4.13　4.7 節の標本からのリサンプリング，あるいはブートストラップ法を考える. $x_1,\ldots,x_n$ はすべて異なる値として，$x_1,\ldots,x_n$ の経験分布 F_n からの大きさ n の *i.i.d.* 標本を $\widetilde{X}_1,\ldots,\widetilde{X}_n$ とする. $\widetilde{X}_1,\ldots,\widetilde{X}_n$ のなかの異なる値の数 S_n の分布を考える.

(1)　(特定の) x_1 が $\{\widetilde{X}_1,\ldots,\widetilde{X}_n\}$ のなかに現れない確率が $(1-1/n)^n$ と表されることを示せ.

(2)　x_1 と x_2 の両方とも $\{\widetilde{X}_1,\ldots,\widetilde{X}_n\}$ のなかに現れない確率が $(1-2/n)^n$ と表されることを示せ.

(3)　I_i, $i=1,\ldots,n$, を x_i が $\{\widetilde{X}_1,\ldots,\widetilde{X}_n\}$ に現れなければ 1，現れれば 0 をとる定義関数とすると，$S_n = n-(I_1+\cdots+I_n)$ と書ける. S_n/n の期待値と分散を求めよ.

(4)　$n\to\infty$ のときの S_n/n の確率収束先を求めよ.

4.14　一様分布からの順序統計量 $X_{(i)}$ の平均と分散，及び $X_{(i)}$ と $X_{(j)}$ の共分散を求めよ.

Chapter 5

統計的決定理論の枠組み

この章では統計的決定理論の諸概念や用語を導入する．統計的決定理論は推定・検定などの統計的推測を統一的に論じるためにワルド (1950) が導入した考え方である．統計的決定理論自体はかなり抽象的な理論でありややとっつきにくいと感じられるかもしれないが，後に推定や検定を論じる際に統計的決定理論を用いることで，より見通しのよい記述ができる．

5.1　用語と定義

前章で論じたように統計的推測は標本 $X = (X_1, \ldots, X_n)$ に基づいておこなわれる．以下では記法の簡便のため大きさ n の標本を単に X と書く．X の実現値の属する集合を**標本空間** (sample space) といい $\mathscr{X}$ と表す．n 次元の確率変数 $X = (X_1, \ldots, X_n)$ の場合には標本空間 $\mathscr{X}$ は n 次元のユークリッド空間 $\mathbb{R}^n$ ととればよい．標本空間として何を考えるかはどの確率変数に注目するかにも依存する．例えば $X_1, \ldots, X_n$ を n 個のベルヌーイ変数とすれば標本空間は $\mathbb{R}^n$ ととればよいが，成功総数 $Y = X_1 + \cdots + X_n$ に注目すれば標本空間は 1 次元空間 $\mathbb{R}$ である．

前章で述べたように，統計的推測においては $X \in \mathscr{X}$ の従う分布族，すなわち統計的モデル，を想定する．例えば $X_1, \ldots, X_n$ が互いに独立に正規分布 $\mathrm{N}(\mu, \sigma^2)$ に従うと仮定すれば分布族は $\{\mathrm{N}(\mu, \sigma^2) \mid -\infty < \mu < \infty,\ 0 < \sigma^2 < \infty\}$ である．考えている分布族の分布を P_θ で表そう．ここで θ は分布族の**母数**あるいは**パラメータ** (parameter) である．また θ のとり得る値の集合を Θ で表し**母数空間** (parameter space) とよぶ．正規分布を例にとれば θ は 2 次元のパラメー

タ $\theta = (\mu, \sigma^2)$ であり，母数空間は

$$\Theta = \{(\mu, \sigma^2) \mid -\infty < \mu < \infty,\ 0 < \sigma^2 < \infty\}$$

である．n が所与の2項分布 $\mathrm{Bin}(n, p)$ の場合には $\theta = p$ であり Θ は区間 $[0, 1]$ である．

母数の値は未知であり，その意味で**未知母数** (unknown parameter) とよぶ．ただし $X_1, \ldots, X_n$ は分布族のどれかの分布 P_{θ_0} に一致している．θ_0 を θ の**真の値** (true parameter) という．以上の記法を用いて分布族は $\{P_\theta \mid \theta \in \Theta\}$ と表される．

母数空間はどの母数を未知と考えているかに依存することに注意する必要がある．例えば正規分布の場合，簡便のために母分散 σ^2 の値が既知あるいは所与と仮定する場合がある．このとき考えている分布族の母数は母平均 μ のみとなり，母数空間は $\Theta = \{\mu \mid -\infty < \mu < \infty\}$ である．この場合の μ を未知母数とよび σ^2 を**既知母数** (known parameter) とよんで区別する．

統計的な手法を用いて未知母数について何らかの判断をおこなう者を以下では**統計家** (statistician) とよぶことにしよう．データに基づいて統計家のおこなう判断あるいは行動を**決定** (decision) d とよぶことにする．そして統計家のとり得る決定 d の集合を**決定空間** (decision space) とよび D と表す．例えば点推定の問題においては統計家は未知母数 θ の値をあてようとする．この場合統計家の決定とは母数空間の元を選ぶことにあたるから決定空間は母数空間に一致し ($D = \Theta$)，決定 d は Θ の元 $d \in \Theta$ となる．検定の場合には，以下の8章で詳しく述べるように，統計家のとり得る決定は「棄却」及び「受容」の2通りのいずれかである．従って $D = \{\text{棄却}, \text{受容}\}$ となる．棄却を1，受容を0で表せば $D = \{0, 1\}$ となり D は0と1からなる2点集合である．

ここまでで導入した標本空間，母数空間及び決定空間は統計的推測の手続きを形式化したものでありいわば自明な定義であるが，次に考える**損失関数** (loss function) はこれらよりずっと踏み込んだものであり，統計的推測の問題を数学的な最適化問題に帰着させるために必要な概念である．

損失関数 $L(\theta, d) \geq 0$ は母数 θ と決定 d の2つの変数の非負の関数である．損失関数の値 $L = L(\theta, d)$ は，真のパラメータが θ であり統計家が特定の d という決定をとったときに，統計家の被る損失の大きさを表すものである．例えば

点推定では**二乗誤差**

$$L(\theta, d) = (\theta - d)^2 \tag{5.1}$$

が損失関数として用いられることが多い．未知の θ をあてようとするとき，推定値 d が θ から離れれば離れるほど統計家の被る損失は大きくなると考えられるからその点では二乗誤差はもっともらしい．ただし，d が θ から離れるに応じて損失が距離の二乗に比例するという想定は必ずしも説得的ではない．例えばほかの可能性として絶対誤差 $L(\theta, d) = |\theta - d|$ なども考えられる．二乗誤差が用いられるのはもっぱら数学的な取扱いやすさのためである．ただし二乗誤差のもとで導かれる結論の多くは，ほかの損失関数のもとでも成立することが多い．

検定問題においては **0-1 損失**という損失関数が簡明でわかりやすい．検定問題では母数空間 Θ が互いに排反な 2 つの部分集合の和として

$$\Theta = \Theta_0 \cup \Theta_1, \quad \Theta_0 \cap \Theta_1 = \emptyset \text{ (空集合)}$$

と表されていると仮定する．決定空間はすでに述べたように $D = \{0, 1\}$ である．真のパラメータが Θ_0 に属するとき正しい決定は $d = 0$ であり，真のパラメータが Θ_1 に属するとき正しい決定は $d = 1$ であると考える．その他の場合には誤った決定をしたものと考える．正しい決定をした場合には損失は 0 であり，誤った決定をした場合には 1 の損失を被るとするのが 0-1 損失である．すなわち

$$\begin{aligned} L(\theta, 0) &= \begin{cases} 0, & \text{if} \quad \theta \in \Theta_0 \\ 1, & \text{if} \quad \theta \in \Theta_1 \end{cases} \\ L(\theta, 1) = 1 - L(\theta, 0) &= \begin{cases} 1, & \text{if} \quad \theta \in \Theta_0 \\ 0, & \text{if} \quad \theta \in \Theta_1 \end{cases} \end{aligned} \tag{5.2}$$

である．

損失関数を導入することにより統計的推測の問題を統一的に定式化することができる．すなわち推定・検定を問わず統計的推測の目的は，大ざっぱにいえば，統計家にとって (平均的に) 損失の少ない決定をおこなうことである．

ところで統計家は通常決定 d を観測値 X に基づいて選ぶ．すなわち d は X の関数 $d = \delta(X)$ である．$\mathscr{X}$ から D への関数 δ を**決定関数** (decision function)

あるいは**決定方式** (decision procedure) という．すなわち決定関数とはすべての実現値 x に対してとるべき決定 $d = \delta(x)$ を指定する関数である．例えば正規分布の母平均を標本平均 $\bar{x}$ で推定するときは $\delta(x) = \bar{x}$ が決定関数となる．以下では，決定関数と決定方式の2つの用語が用いられているが，これらは全く同じ意味で用いることとする．

決定関数は統計量の1つである．従って決定関数の値 $\delta(X)$ は確率変数であり，決定関数の値を用いて評価した損失関数の値 $L(\theta, \delta(X))$ も確率変数となる．すなわち損失関数の値を小さくするといっても，θ が未知であり確率的に変動する標本 X のみに依存して決定 d を選ぶ限り，損失関数の値も確率的に変動せざるを得ない．そこで平均的な損失を考えよう．損失関数の期待値を**リスク関数** (risk function) という．すなわちリスク関数 $R(\theta, \delta)$ とは次式で定義される母数 θ と決定関数 δ の2つの変数を持つ関数である．

$$R(\theta, \delta) = E_\theta[L(\theta, \delta(X))] \tag{5.3}$$

ここで，期待値は X の確率分布 P_θ に関するものである．また同じ θ が L のなかにも現れていることに注意されたい．

二乗誤差を用いた点推定の問題では

$$R(\theta, \delta) = E_\theta[(\theta - \delta(X))^2] \tag{5.4}$$

となる．(5.4) 式を**平均二乗誤差** (Mean Square Error, MSE) とよぶ．0-1 損失を用いた検定問題においては $L(\theta, \delta(X))$ は0か1の2つの値しかとらないから L の期待値は $E[L] = 0 \times P(L = 0) + 1 \times P(L = 1) = P(L = 1)$ となる．(5.2) 式より $L = 1$ となるのは誤った決定をした場合であるから，リスク関数は

$$R(\theta, \delta) = P(\text{誤った決定}) = \begin{cases} P_\theta(\delta(X) = 1), & \text{if} \quad \theta \in \Theta_0 \\ P_\theta(\delta(X) = 0), & \text{if} \quad \theta \in \Theta_1 \end{cases}$$

で与えられる．

統計的決定理論では決定関数の善し悪しをリスクの大小で比較する．すなわちリスクの小さい決定関数が望ましい決定関数である．そしてリスクを最小にする決定関数を求めることが統計的決定理論の目的となる．また，リスク関数の意味で望ましい決定方式を求める問題を**統計的決定問題** (statistical decision problem) という.

ところで先にすすむ前に，統計的推測の問題をリスク関数を用いて議論することの問題点についてふれておこう．まず決定方式をリスク関数で評価するということは，その決定方式を繰り返し用いたときの平均的な損失によって評価するということである．これは平均的な損失が小さければ，個々の推測の問題においても損失の小さいことが期待できると考えているわけであるが，平均的なよさは必ずしも個々の問題でのよさを保証するものではない．比喩を用いて説明すると，多くの人に効果のある薬はよい薬であると考えられるが，特定の個人にとっては効果がなかったり害があることもあり得るわけである．次により技術的な問題点としてリスク関数は損失関数の選び方や母集団分布の想定に依存するという点があげられる．例えば正規分布の仮定のもとで平均二乗誤差を基準として望ましい推定方式が，ほかの分布やほかの損失関数のもとでも望ましいという保証はない．この問題は**頑健性** (ロバストネス，robustness) の問題とよばれている．頑健性についてはノンパラメトリック法の章 (12 章) でより詳しく論じる.

5.2 許容性

統計的決定問題において，リスク関数を用いて決定方式を評価するとしても，それで問題が簡単に解決するわけではない．いま 2 つの決定方式 δ_1, δ_2 についてリスク関数 $R(\theta, \delta_i), i = 1, 2,$ を θ の関数と考えてみよう (図 5.1 参照)．図 5.1 においては，θ が図の A の領域にあるときは δ_1 のリスクが δ_2 のリスクより小さく，δ_1 のほうが望ましい決定方式であることがわかる．しかし，θ が B の領域にあるときには逆になっている．従って δ_1 と δ_2 のどちらが望ましいかについて一意的に結論をくだすことはできない．この例からわかるようにリスク関数を最小にする決定方式を求めようとしても，すべての θ について同時に (“一様に”) リスクを最小化する決定方式は一般には存在しないのである.

このような場合の考え方として

i) リスク関数を比較するために新たな基準を導入する

ii) 考察の対象とする決定関数のクラスを制限しその制限したクラスのなかでリスクを一様に最小化する決定方式を求める

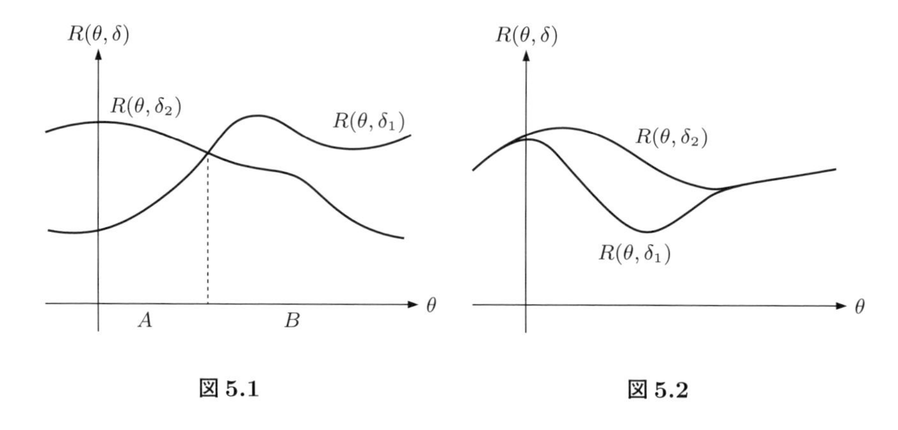

図 5.1　　**図 5.2**

という2つの方向が考えられる．i) については以下でミニマックス基準，ベイズ基準について説明する．また ii) については推定論における不偏推定量，検定論におけるネイマン・ピアソンの補題などが重要である．統計学の伝統的な立場は ii) の考え方に基づいており，この本も大部分は ii) の考え方に基づいた説明をしている．i) の考え方については 5.3 節及び 14 章で補足的に説明する．

リスク関数を用いて2つの決定関数を明確に比較できるのはすべての θ について同時に不等式が成立する場合である．いま2つの決定方式 δ_1, δ_2 について「δ_1 が δ_2 よりよい」，あるいは，「δ_1 が δ_2 を優越する」とは

$$\begin{aligned} R(\theta,\delta_1) &\le R(\theta,\delta_2), \quad \forall\theta \\ R(\theta_0,\delta_1) &< R(\theta_0,\delta_2), \quad \exists\theta_0 \end{aligned} \tag{5.5}$$

が成立することである (図 5.2 参照)．δ_1 が δ_2 よりよいことを $\delta_1 \succ \delta_2$ と表すことにする．(5.5) 式では少なくとも一カ所 ($\theta = \theta_0$) で強い不等式が成り立つことを要求しているが，この要求をはずしてすべての θ で等号を許した場合には，「δ_1 は δ_2 よりよいか同等」といい $\delta_1 \succeq \delta_2$ と表すことにする．すなわち

$$\delta_1 \succeq \delta_2 \iff R(\theta,\delta_1) \le R(\theta,\delta_2), \quad \forall\theta \tag{5.6}$$

である．さてある決定関数 δ に対してそれよりよい決定関数 δ^* が存在するならば，δ を用いることは不合理である．このような場合 δ は**非許容的** (inadmissible) であるという．そして δ が非許容的でないとき δ は**許容的** (admissible) であるという．すなわち δ が許容的であるとは，$\delta^* \succ \delta$ となる δ^* が存在しないこと

をいう．許容性の定義はいろいろな形で表すことができる．例えば問 5.1 を参照されたい．ある決定関数 δ が許容的とすれば，特定の点 θ_0 で δ よりリスクの小さい決定関数 $\widetilde{\delta}$ は，必ずほかのある点 θ_1 で δ よりリスクが大きくならなければならない (問 5.2)．この意味で許容性は経済学でいうパレート最適性と同じ概念であることがわかる．

許容性の概念は最適性の基準としては非常に弱いものである．すなわち明らかに不合理な決定関数でも許容的である場合がある．簡単な例として正規分布 $\mathrm{N}(\theta, 1)$ から 1 個の観測値を得て θ を推定する問題を考えよう．ここで δ_0 を $\delta_0(X) \equiv 0$ とする．すなわち δ_0 はデータを無視して推定値を恒等的に 0 とするものであり，明らかに不合理な推定量である．ところが δ_0 は許容的である．このことは次のように証明される．

δ_0 の平均二乗誤差は

$$R(\theta, \delta_0) = E[(\theta - 0)^2] = \theta^2$$

で与えられる．このリスク関数は $\theta = 0$ では当然のことながら 0 となっている．さていま δ_0 が非許容的と仮定してみよう．そうすると δ_0 を優越する決定関数 δ^* が存在する．従ってすべての θ に対して $R(\theta, \delta^*) \leq R(\theta, \delta_0)$ が成り立つが，とくに $\theta = 0$ を考えれば

$$R(0, \delta^*) = E_{\theta=0}[\delta^*(X)^2] = 0$$

が成り立たなければならない．しかし $\delta^*(X)^2 \geq 0$ であるから $P_{\theta=0}(\delta^*(X) = 0) = 1$ とならなければならない．$\theta = 0$ のもとで X の密度関数は実数軸全体で正であるから，(ほとんど) すべての x について $\delta^*(x) = 0$ とならなければならない．従って δ^* は (ほとんどいたるところ) $\delta_0 \equiv 0$ に一致する．これは δ_0 が非許容的であることと矛盾する．従って δ_0 は許容的である．以上では標本の大きさを 1 としたが，標本の大きさが n でも議論は同様である．また以上の説明で「ほとんど」「ほとんどいたるところ」は測度論の用語であり厳密な表現のために必要である．

以上のように許容的であること自体は合理的な推定量であることを保証するものではない．しかし逆にいえば非許容的な推定量は決定理論の観点からすれば不合理である．従って直観的に合理的と考えられる決定関数は許容的である

ことが予想される．このことはほとんどの場合について正しいが，個々の決定関数の許容性を証明することは必ずしもやさしくない．また直観的に合理的と考えられる推定量が非許容的である場合もある例として“スタインのパラドックス”とよばれる現象がある．スタインのパラドックスについては7.4節で簡単にふれている．

5.3　ミニマックス基準とベイズ基準

許容性の観点では，互いに優劣のつけられない決定関数が通常存在する．そこで新たな基準を導入して決定関数を比較することが考えられる．ここではミニマックス基準とベイズ基準について説明しよう．この節の内容は14章まで必要としないので，読者はこの節をとばして次章へすすんでもよい．

ミニマックス基準 (minimax criterion) はリスク関数の最大値を用いて決定関数を比較しようという考え方である．特定の決定関数 δ についてそのリスクの最大値 $\overline{R}(\delta) = \sup_{\theta} R(\theta, \delta)$ を考えよう．2つの決定関数 δ_1, δ_2 についてリスクの最大値 $\overline{R}(\delta_1), \overline{R}(\delta_2)$ の小さいほうをより望ましいと考えるのがミニマックス基準の考え方である (図5.3参照)．リスクの最大値は最悪の場合のリスクであるから，この考え方は最悪の場合を重視したいわば保守的な考え方である．ミニマックス基準によれば最も望ましい決定関数はリスクの最大値を最小にする決定関数である．δ^* が**ミニマックス決定関数** (minimax decision function) であるとは，任意の決定関数 δ について

$$\overline{R}(\delta^*) \le \overline{R}(\delta), \quad \forall \delta \tag{5.7}$$

が成立することをいう．与えられた統計的決定問題に対してミニマックス決定関数を求める問題は必ずしもやさしくない．

ミニマックス基準はリスクの最大値に注目するものであるが，**ベイズ基準** (Bayes criterion) は平均的なリスクに注目するものである．例えば，2項分布の成功確率の場合を考え Θ を区間 $[0,1]$ とする．このときリスク関数 $R(\theta, \delta)$ のこの区間での平均値 $\int_0^1 R(\theta, \delta)\, d\theta$ はリスク関数と θ 軸で囲む部分の面積となっている．図5.3のミニマックス基準では δ_2 のほうが望ましいが，図5.4のベイ

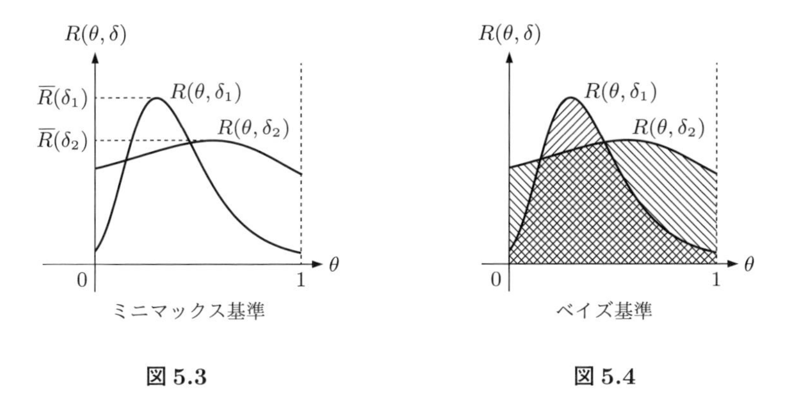

図 5.3　　**図 5.4**

ズ基準では δ_1 のほうが望ましい決定関数となっている．

上の例では θ については $[0,1]$ 上の一様な重みを用いて $R(\theta,\delta)$ を平均したが，より一般の重みを用いて $R(\theta,\delta)$ を加重平均することも考えられる．そこで，π を母数空間 Θ 上の確率分布とし，この確率分布を用いてリスク関数を (加重) 平均することを考える．すなわち，決定関数 δ のリスク関数 $R(\theta,\delta)$ を π を用いて θ に関して平均したもの

$$r(\pi,\delta)=\int_\Theta R(\theta,\delta)\,\pi(d\theta) \tag{5.8}$$

に注目する．$\int R(\theta,\delta)\,\pi(d\theta)$ という記法は測度論で用いられる記法であり，期待値記号と同様に，π が離散分布であっても連続分布であっても，π のもとでの θ に関する期待値を表すものとして用いられる．π を**事前分布** (prior distribution) とよび，$r(\pi,\delta)$ を事前分布 π のもとでの**ベイズリスク** (Bayes risk) とよぶ．ベイズ基準では特定の事前分布 π を固定し，決定関数を π のもとでのベイズリスクで比較する．この基準のもとでは 2 つの決定関数 δ_1,δ_2 についてベイズリスク $r(\pi,\delta_1),r(\pi,\delta_2)$ の小さいほうをより望ましいと考える．従って最も望ましい決定関数は $r(\pi,\delta)$ を最小化する δ_π

$$r(\pi,\delta_\pi)\le r(\pi,\delta),\quad \forall\delta \tag{5.9}$$

である．(5.9) 式を満たす δ_π を事前分布 π に対する**ベイズ決定関数** (Bayes decision function) とよぶ．

ベイズ基準を用いるときに問題となるのは事前分布の選び方である．ベイズ

決定関数はもちろん事前分布に依存するから，事前分布の選び方により統計的推測の結論が変わってくる．事前分布をどう選ぶかについてはさまざまの議論があり明確な結論はないと思われる．他方ベイズ基準の1つの利点はベイズ決定関数が容易に求められることである．ベイズ推測について詳しくは14章で説明している．

本章では統計的決定理論の諸概念についてやや抽象的に論じてきた．これらの諸概念は以下の推定論，検定論，ベイズ法の各章で応用される．しかし，許容性やミニマックス性に関する結果を導くのはかなり難しいことが多く，以下では十分に論じることができない．そこでここでは最も簡単な例を用いてこれらの概念を例示しよう．また，以下の例を用いて確率化決定関数及びリスクセットの概念も導入する．

まず標本空間は $\mathscr{X} = \{0,1\}$ とする．すなわちベルヌーイ確率変数 X を1個だけ観測する場合を考えよう．次に母数空間 Θ は θ_0, θ_1 の2点からなる2点集合

$$\Theta = \{\theta_0, \theta_1\}, \quad \theta_0 < \theta_1$$

とする．すなわち成功確率は θ_0 か θ_1 のいずれかであることがわかっているとする．さらに決定空間 D は母数空間 Θ に一致しているとする．すなわち1個のベルヌーイ変数に基づいて θ_0 と θ_1 のいずれが正しい成功確率かをあてることを考える．最後に損失関数としては0-1損失関数

$$L(\theta, d) = \begin{cases} 0, & \text{if} \quad \theta = d \\ 1, & \text{otherwise} \end{cases}$$

を仮定する．すなわち損失は正しくあてられれば0，はずれれば1とする．この例は非常に簡単な例であるが，いろいろな概念を確認するのに有益な例である．

さて決定関数は $\mathscr{X}$ から D への関数であるが，この場合 $\mathscr{X}$ も D も2点集合であるから関数は $2 \times 2 = 4$ 通りしかない．すなわち可能な決定関数は

$$d_0(x) \equiv \theta_0, \quad d_1(x) \equiv \theta_1$$
$$d^*(x) = \theta_x, \quad d_*(x) = \theta_{1-x}$$

である．d_0 及び d_1 はデータを無視して θ_0 あるいは θ_1 と推定する決定方式であ

る．d^* は $X=1$ のとき θ_1，$X=0$ のとき θ_0 と推定する方式であり，d_* はその逆である．$\theta_0<\theta_1$ と仮定しているから d^* は自然な推定方式であるが，d_* は明らかに不合理な推定方式である．それぞれのリスク関数を求めれば

$$
\begin{aligned}
R(\theta,d_0) &= \begin{cases} 0, & \text{if} \ \ \theta=\theta_0 \\ 1, & \text{if} \ \ \theta=\theta_1 \end{cases} \\
R(\theta,d_1) &= 1-R(\theta,d_0) \\
R(\theta,d^*) &= \begin{cases} \theta_0, & \text{if} \ \ \theta=\theta_0 \\ 1-\theta_1, & \text{if} \ \ \theta=\theta_1 \end{cases} \\
R(\theta,d_*) &= 1-R(\theta,d^*)
\end{aligned}
\tag{5.10}
$$

で与えられることがわかる．ここでそれぞれの決定方式について $(R(\theta_0,\delta), R(\theta_1,\delta))$ を 2 次元平面の単位正方形 $[0,1]\times[0,1]$ に打点してみよう．点 $R(\delta)=(R(\theta_0,\delta),R(\theta_1,\delta))$ を δ の**リスク点** (risk point) とよぶことにする．具体的な図示のためにここでは $\theta_0=1/2, \theta_1=2/3$ としよう．コインで考えればゆがみがないか表の出る確率が 2/3 かのいずれかである場合を考えている．図 5.5 の A, B, C, D はそれぞれ d_0,d_1,d^*,d_* に対応する点である．(5.10) 式より A と B は点 (1/2, 1/2) に関して対称な位置にある．C と D に関しても同様である．

ところで図 5.5 の A と C を結ぶ線分を考えてみよう．この線分上の点は実は d_0 と d^* を確率的に選ぶ "確率化決定関数" に対応している．すなわち，(データとは無関係に) 確率 α で d_0 を適用し確率 $1-\alpha$ で d^* を適用するような決定方式を d_α としよう．このように決定関数を確率的に選んで適用する決定方式を**確率化決定方式** (randomized decision procedure) という．これに対してこれまで考えてきた決定方式を**非確率化決定方式** (nonrandomized decision procedure) という．d_α のリスク関数は容易にわかるように

$$R(\theta,d_\alpha)=\alpha R(\theta,d_0)+(1-\alpha)R(\theta,d^*) \tag{5.11}$$

で与えられるから (問 5.3)，d_α のリスク点は線分 AC を $1-\alpha:\alpha$ に内分する点となる．従って線分 AC はこのような確率化決定方式の全体に対応している．同様の考察により平行四辺形 ACBD の各辺及び内部は d_0,d_1,d^*,d_* の 4 つの

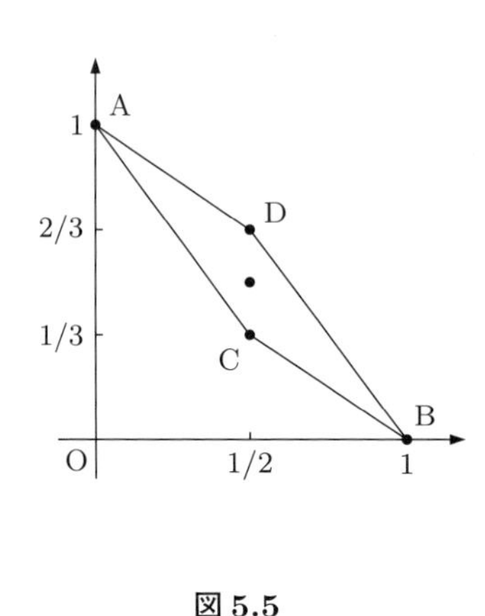

図 5.5

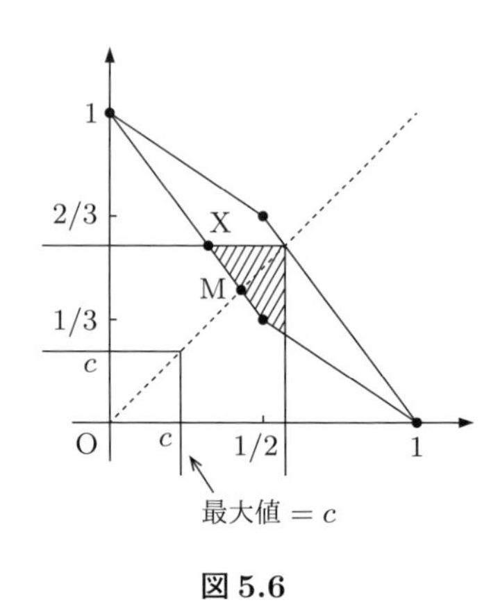

図 5.6

“非確率化決定方式” を適当な重みで確率化した確率化決定方式に対応することがわかる．確率化決定方式まで考慮したほうが厳密な議論がおこなえるので以下では確率化決定方式まで考慮することとする．図 5.5 の平行四辺形 ACBD の辺及び内部 S は可能な決定方式に対応するリスク点の集合

$$S = \{\, (R(\theta_0, \delta), R(\theta_1, \delta)) \mid \delta \text{ は可能な決定方式} \}$$

であり，**リスクセット** (risk set) とよばれる．

さてこのリスクセットを用いて許容性及びミニマックス性を考えてみよう．いまある決定方式 δ が非許容的であるとする．このとき δ のリスク点 $R(\delta)$ の左下にほかの決定方式 $\widetilde{\delta}$ のリスク点 $R(\widetilde{\delta})$ があるはずである．なぜなら左の方向は θ_0 の場合のリスクが減少する方向であり，下の方向は θ_1 の場合のリスクが減少する方向だからである．逆にいえば，もし $R(\delta)$ の左下にリスクセットの点が存在しないならば δ は許容的である．従って許容的な決定方式の集合は図 5.5 の辺 AC 及び辺 BC に対応する決定方式であることがわかる．すなわち d_0 と d^* を組みあわせた確率化決定方式，及び d_1 と d^* を組みあわせた確率化決定方式，の全体が許容的な決定方式に対応している．とくに直観的に不合理な決定方式 d_* は非許容的であることがわかる．

次にミニマックス性を考えてみよう．リスクの最大値が一定すなわち $\max\{\, R(\theta_0, \delta), R(\theta_1, \delta)\} = c$ となる点の集合は図 5.6 にあるように (c, c) を右上の頂点として左及び下にのびる線分の上にある．この線分の左下の点はリス

クの最大値が c 以下となる．従って X というような点をとると，X よりもリスクの最大値の小さな決定関数が存在することがわかる (図 5.6 の斜線部)．このことより容易に，ミニマックス決定方式は原点を通る 45 度線と S の交点のうち，原点に最も近い点 M で与えられることがわかる．図の例では M の座標は $(3/7, 3/7)$ で与えられ，ミニマックス決定方式は d^* を確率 $1-\alpha = 6/7$ で用い d_0 を確率 $\alpha = 1/7$ で選ぶ確率化決定方式に対応している (問 5.4).

以上では Θ が 2 点集合の簡単な場合を考えたが以上の議論は Θ が有限個の元のみからなる有限集合 $\Theta = \{\theta_1, \ldots, \theta_k\}$ の場合に容易に一般化できる．標本空間 $\mathscr{X}$ は無限集合でもよい．決定関数 δ についてそのリスク関数の値を列挙し k 次元空間 $\mathbb{R}^k$ の点と考えたもの

$$R(\delta) = (R(\theta_1, \delta), \ldots, R(\theta_k, \delta)) \in \mathbb{R}^k$$

を δ の**リスク点**とよびリスク点の集合を**リスクセット** S とよぶ．確率化決定方式を含めればリスクセット S は凸集合となる (問 5.5).

問

5.1　δ が許容的となるための必要十分条件は任意の $\widetilde{\delta}$ について $R(\theta, \widetilde{\delta}) \le R(\theta, \delta), \forall \theta \Rightarrow R(\theta, \widetilde{\delta}) = R(\theta, \delta), \forall \theta$ で与えられることを示せ．

5.2　δ が許容的とする．ある θ_0 について $R(\theta_0, \delta) > R(\theta_0, \widetilde{\delta})$ ならば θ_1 が存在して $R(\theta_1, \delta) < R(\theta_1, \widetilde{\delta})$ となることを示せ．

5.3　(5.11) 式を示せ．

5.4　図 5.6 において点 M の座標及びミニマックス決定方式を求めよ．

5.5　母数空間 Θ が有限集合のときリスク集合が凸集合となることを示せ．

5.6　$X \in \{0, 1\}$ をベルヌーイ変数とし，$p = P(X = 1)$ の値として p_1, p_2, p_3 $(0 < p_1 < p_2 < p_3 < 1)$ を考える．$\Theta = \{p_1, p_2, p_3\}$ である．損失関数としては 0-1 損失

$$L_1(\theta, d) = \begin{cases} 0, & \text{if} \quad \theta = d \\ 1, & \text{otherwise} \end{cases}$$

及び 2 乗損失 $L_2(\theta, d) = (\theta - d)^2$ を考える．非確率化決定関数として $9 = 3^2$ 通りの決定関数が考えられるが，それらのリスク点の座標を表にせよ．また $(p_1, p_2, p_3) =$

$(0.3, 0.4, 0.7)$ とし，事前確率をこれらの 3 点が等確率としたときに，ベイズ決定関数を求めよ．またミニマックス決定関数を求めよ．ベイズ決定関数については問 14.6 も参照のこと．

5.7　X_1 と X_2 は互いに独立に $\mathrm{N}(\mu, 1)$ に従うとして，次のような $\hat{\mu}$ によって μ を推定することを考える．所与の $c > 0$ に対して $|X_1| \le c$ のとき $\hat{\mu} = X_1$ とし，さもなければ (X_1 が異常値であるとして捨てて) $\hat{\mu} = X_2$ とする．平均二乗誤差を用いたときの $\hat{\mu}$ のリスク関数の挙動を調べよ．また $\widetilde{\mu} = (X_1 + X_2)/2$ で推定する場合と，リスク関数の優劣を比較せよ．

Chapter 6

十分統計量

本章では統計的推論における基本的概念の1つである十分統計量について説明する．離散分布については十分統計量の理論を厳密に展開することができるが，連続分布の場合には厳密な議論のためには測度論が必要となる．しかしながら，十分統計量の基本的な考え方は離散分布でも連続分布でも全く同様である．以下では主に2項分布を例として十分統計量について説明する．

6.1　十分統計量の定義と分解定理

$X_1, \ldots, X_n$ を n 個の独立な成功確率 p のベルヌーイ変数とする．$Y = X_1 + \cdots + X_n$ とすれば Y は2項分布 $\mathrm{Bin}(n,p)$ に従う．ここで，考えるきっかけとしてこの場合の標本サイズについて考えてみよう．$X = (X_1, \ldots, X_n)$ を標本と考えれば標本サイズは n である．ところが Y を標本と考えれば標本サイズは1ということになる．中心極限定理を応用するときなどでは標本サイズを n と考えるほうが都合がよい．そして Y は X に基づく統計量 $Y = T(X_1, \ldots, X_n)$ と考えるのがよい．

ところでここで特定の統計量 $Y = \sum_{i=1}^{n} X_i$ がなぜ重要なのかを考えてみよう．それには，$X = (X_1, \ldots, X_n)$ のかわりに Y のみを知ったとしたときに (X を知ったときと比較して) 失われた情報は何か，ということについて考えてみるとよい．Y は成功総数であるから，もともとの観測値と比べて失われた情報は Y 回の成功と $n - Y$ 回の失敗がどのような順番で並んでいたかである．さて，成功と失敗がどのように並んでいたかは p を知ることに関して無意味な情報であると思われるがどうだろうか．

このことは，次のように Y を与えたときの X の条件つき確率を考えれば明らかになる．$Y = y$ が与えられたという条件のもとで特定の $x = (x_1, \ldots, x_n)$ が観測される条件つき確率は，$y = x_1 + \cdots + x_n$ に注意すれば，

$$
\begin{aligned}
&P(X_1 = x_1, \ldots, X_n = x_n \,|\, Y = y) \\
&\qquad = \frac{P(X_1 = x_1, \ldots, X_n = x_n, Y = y)}{P(Y = y)} \\
&\qquad = \frac{P(X_1 = x_1, \ldots, X_n = x_n)}{P(Y = y)} = \frac{p^{\sum_{i=1}^n x_i}(1-p)^{n-\sum_{i=1}^n x_i}}{\binom{n}{y} p^y (1-p)^{n-y}} \\
&\qquad = 1 \Big/ \binom{n}{y}
\end{aligned}
$$

となる．このことより p の値にかかわらず，$\binom{n}{y}$ 通りの成功と失敗の並び方はすべて同様に確からしいことがわかる．従って $Y = y$ を与えれば $X|y$ の条件つき分布は p と無関係であり，成功と失敗の並び自体は p に関する情報を含んでないと考えられるだろう．

以上の例を参考として，$T = T(X_1, \ldots, X_n)$ が十分統計量であることを，T を与えたときの X の条件つき分布が未知パラメータ θ に依存しないことで定義しよう．一般的には k 個の統計量の組を与えたときの条件つき分布を考えることがあるので，k 次元の**十分統計量** (sufficient statistic) の定義は次のようになる．

定義 6.1　k 個の統計量 $T = (T_1, \ldots, T_k)$ がパラメータ θ に関する k 次元の十分統計量であるとは，T を与えたときの $X = (X_1, \ldots, X_n)$ の条件つき分布が θ に依存しないことである．

この定義によれば，ある統計量の組 T が十分統計量であることを示すには T を与えたときの $X = (X_1, \ldots, X_n)$ の条件つき分布を求めなければならない．しかし次の十分統計量に関する**分解定理** (factorization theorem) を用いれば，条件つき分布を求めることなく T が十分統計量であることを容易に示すことができる．

定理 6.2 (分解定理)　X を離散確率変数または連続確率変数とし p_θ を X の確率関数または密度関数とする．$T(X) = (T_1(X), \ldots, T_k(X))$ が十分統計量であるための必要十分条件は $p_\theta(x)$ が

$$p_\theta(x) = g_\theta(T(x))h(x) \tag{6.1}$$

の形に分解できることである．ここで $h(x)$ は θ を含まない x のみの関数である．

この定理でもちろん X は通常大きさ n の標本 $X = (X_1, \ldots, X_n)$ である．X が連続確率変数の場合を含めた分解定理の一般的な証明には測度論的な確率論を用いなければならない．ここでは X が離散的な場合に限って証明を与える．一般的な証明については Lehmann(1986), Section 2.6, Corollary 1 あるいは Billingsley(1986), Theorem 34.6 を参照されたい．

X が離散確率変数である場合の証明

$p_\theta(x)$ が (6.1) 式のように分解できていたとする．このとき

$$P_\theta(T=t) = \sum_{x:T(x)=t} p_\theta(x) = \sum_{x:T(x)=t} g_\theta(T(x))h(x) = g_\theta(t) \sum_{x:T(x)=t} h(x)$$

となる．従って

$$P_\theta(X=x|T=t) = \frac{P_\theta(X=x, T=t)}{P_\theta(T=t)} = \frac{g_\theta(t)h(x)}{g_\theta(t) \displaystyle\sum_{y:T(y)=t} h(y)}$$

$$= \frac{h(x)}{\displaystyle\sum_{y:T(y)=t} h(y)}$$

となり，これは θ に依存しないことがわかる．逆に T が十分統計量とする．$P_\theta(T=t) = g_\theta(t)$ とおき，$P_\theta(X=x|T=t) = h(x)$(これは θ に依存しない) とすれば

$$P_\theta(X=x) = P_\theta(T=t) \times P(X=x|T=t) = g_\theta(T(x))h(x)$$

となり (6.1) 式が成り立つ．　■

分解定理の応用の例としてポアソン分布 $X_1, \ldots, X_n \sim \mathrm{Po}(\lambda), i.i.d.,$ の場合を考えてみよう．この場合確率関数は

$$p_\lambda(x) = \prod_{i=1}^{n} \frac{\lambda^{x_i}}{x_i!} e^{-\lambda} = \lambda^{\sum_{i=1}^{n} x_i} e^{-n\lambda} \left(\prod_{i=1}^{n} x_i! \right)^{-1} \tag{6.2}$$

と表される．ここで $g_\lambda = \lambda^{\sum_{i=1}^{n} x_i} e^{-n\lambda}$, $h(x) = \left(\prod_{i=1}^{n} x_i! \right)^{-1}$ とおけば，$T = \sum_{i=1}^{n} X_i$ が (1 次元の) 十分統計量であることがわかる．

連続変数の例として正規分布からの標本の場合を考えてみよう．簡単のため分散は 1 (既知) であるとし $X_1, \ldots, X_n \sim \mathrm{N}(\mu, 1), i.i.d.$, とする．この場合 X の同時密度関数を整理すると

$$f(x) = \frac{1}{(2\pi)^{n/2}} \exp\left(-\frac{n(\bar{x} - \mu)^2}{2} - \frac{1}{2} \sum_{i=1}^{n} (x_i - \bar{x})^2 \right) \tag{6.3}$$

と表すことができる．従って

$$g_\mu = \frac{1}{(2\pi)^{n/2}} \exp\left(-\frac{n(\bar{x} - \mu)^2}{2} \right), \quad h(x) = \exp\left(-\frac{1}{2} \sum_{i=1}^{n} (x_i - \bar{x})^2 \right)$$

とおけば，分解定理より $\bar{X}$ が (1 次元の) 十分統計量であることがわかる．ところでこの場合，標本平均 $\bar{X}$ を与えたときの X の条件つき分布がどうなるかを調べることにより分解定理の正しさを確認しよう．4.3 節で扱った Helmert 変換の直交行列を G とし，$Y = GX$ と表すことにする．G は固定した正則行列であるから X の分布を考えることと Y の分布を考えることは同値である．ところで Helmert 変換の形より Y の第一要素は $Y_1 = \sqrt{n}\bar{X}$ であり，$Y_2, \ldots, Y_n$ は Y_1 とは独立に標準正規分布に従う．従って Y_1 を与えたときの $Y_2, \ldots, Y_n$ の条件つき分布はそれらの周辺分布 $\mathrm{N}(0, 1)$ と一致し，これは μ に依存しない．従って $\bar{X}$ が十分統計量であることが確かめられた．

この例でわかるように，連続確率変数の場合には条件つき分布を具体的に求めるために密度関数の変数変換が必要となり，一般的にはどのような変数変換を用いればよいかは明らかではない．このような場合でも分解定理を用いれば，密度関数の形だけから十分統計量が求められる点が分解定理の利点である．

連続分布の場合のもう 1 つの例として一様分布の例を考えてみよう．$X_1, \ldots, X_n$ が互いに独立に区間 $[0, \theta]$ 上の一様分布 $\mathrm{U}[0, \theta]$ に従うとし，θ が未知母数であるとしよう．このとき $X_1, \ldots, X_n$ の同時密度関数は

$$f_\theta(x) = \begin{cases} \dfrac{1}{\theta^n}, & \text{if} \quad 0 \le x_i \le \theta, \ \forall i \\ 0, & \text{otherwise} \end{cases} \tag{6.4}$$

と表される．ここで $I_{[\max_i x_i \le \theta]}$ を $\max_i x_i \le \theta$ という事象の定義関数，すなわち

$$I_{[\max_i x_i \le \theta]}(x) = \begin{cases} 1, & \text{if} \quad \max_i x_i \le \theta \\ 0, & \text{otherwise} \end{cases}$$

とおき，さらに

$$h(x) = h(x_1, \ldots, x_n) = \begin{cases} 1, & \text{if} \quad x_i \ge 0, \ \forall i \\ 0, & \text{otherwise} \end{cases}$$

とおく．$x_i \le \theta, \ \forall i, \iff \max_i x_i \le \theta$ であることに注意すれば，(6.4) 式の $f_\theta(x)$ は

$$f_\theta(x) = \frac{1}{\theta^n} I_{[\max_i x_i \le \theta]}(x)\, h(x)$$

と書けることがわかる．従って $g_\theta = I_{[\max_i x_i \le \theta]}(x)/\theta^n$ とおけば，分解定理より $T(X) = \max_i X_i$ が十分統計量であることがわかる．

さてここで正規分布のところでやったように，$\max_i X_i$ を与えたときの $X = (X_1, \ldots, X_n)$ の条件つき分布について考えてみよう．順序統計量の分布に関して述べたように $\max_i X_i$ の密度関数は $P_\theta\Bigl(\max_i X_i \le x\Bigr) = (x/\theta)^n$ を x で微分して，

$$f_{\max_i x_i}(x) = \frac{nx^{n-1}}{\theta^n} \quad (0 < x < \theta)$$

で与えられる．従って (6.4) 式の同時密度関数を $\max_i X_i$ の密度関数で割って，条件つき密度関数を形式的に計算してみると

$$f(x_1, \ldots, x_n \,|\, \max_i x_i = x) = \frac{1}{nx^{n-1}} \tag{6.5}$$

となり θ に依存しない．しかしこの場合 $\max_i x_i$ はどれかの x_j に一致しているからこの式はそのままの形では $x_1, \ldots, x_n$ の同時密度関数と考えることはできない．(6.5) 式の意味するところは実は次のようになる．$\max_i X_i = c$ が与えられたとして，それがどの X_j と一致するかは各 j について同様に確からしい ($P(\max_i X_i = X_j) = 1/n, 1 \le j \le n$)．従ってまずどの X_j が $\max_i X_i$ と一致

するかが無作為に選ばれる．特定の X_j が $\max_i x_i = c$ に一致するとして，その他の $X_l, l \neq j$, は条件つきで互いに独立に $\mathrm{U}[0,c]$ に従う．これが $\max_i X_i = c$ を与えたときの X の条件つき分布の意味である．この例でも分解定理を用いれば $\max_i X_i$ が十分統計量であることは容易に示されるが，十分統計量を与えたときの X の条件つき分布は自明ではない．

以上では1次元の十分統計量の例をみてきたが，次に2次元の十分統計量の例として平均及び分散が未知の場合の正規分布を考えよう．$X_1, \ldots, X_n \sim \mathrm{N}(\mu, \sigma^2), i.i.d.,$ として μ, σ^2 とも未知なパラメータとする．$X = (X_1, \ldots, X_n)$ の同時密度関数を整理すれば (6.3) 式と同様に

$$f(x) = \frac{1}{(2\pi)^{n/2}\sigma^n} \exp\left(-\frac{n(\bar{x}-\mu)^2}{2\sigma^2} - \frac{1}{2\sigma^2}\sum_{i=1}^n (x_i - \bar{x})^2 \right) \tag{6.6}$$

の形に表すことができる．従って $T_1 = \bar{X}, T_2 = \sum_{i=1}^n (X_i - \bar{X})^2$ とおけば分解定理より $T = (T_1, T_2)$ が (2次元) 十分統計量であることがわかる．

2次元の十分統計量のもう1つの例として $X_1, \ldots, X_n$ が互いに独立に一様分布 $\mathrm{U}[\theta_1, \theta_2]$ に従うとし，θ_1, θ_2 がともに未知母数である場合を考えよう．このとき上に述べたことと同様の議論で $(\min_i X_i, \max_i X_i)$ が2次元の十分統計量であることが容易に示される (問 6.4).

ところで，十分統計量は1対1変換をほどこしても十分統計量であることに注意しよう．いま T を十分統計量とし，$U = g(T)$ を T の1対1変換とする．T を固定することと U を固定することは同値であるから，U を固定したときの X の分布は母数 θ に依存しない．従って U も十分統計量である．例えば2項分布 $\mathrm{Bin}(n,p)$ において，成功総数 Y は十分統計量であるが，失敗総数 $n-Y$ を考えても同じだから $n-Y$ を十分統計量としてもよい．また，上の正規分布の例では，

$$U_1 = \bar{X}, \quad U_2 = \sum_{i=1}^n {X_i}^2$$

とおくと

$$U_1 = T_1, \quad U_2 = T_2 + n{T_1}^2$$

$$T_1 = U_1, \quad T_2 = U_2 - n{U_1}^2$$

となり，$U = (U_1, U_2)$ と $T = (T_1, T_2)$ は 1 対 1 変換であるから，$U = (U_1, U_2)$ も十分統計量である．

6.2 統計的決定理論における十分統計量

この節では，統計的決定理論の枠組みでの十分統計量の意味及びラオ・ブラックウェルの定理を論じる．

前節で説明したように，十分統計量の意義は，もともとの標本 $X = (X_1, \ldots, X_n)$ を知らなくても十分統計量 $T = T(X)$ を知れば未知パラメータ θ に関する推測に関しては情報を何も失わないというところにある．このことは統計的決定理論の枠組みでいえば，十分統計量のみに依存する決定関数 $\delta(T)$ を考えればよいということを意味する．

$\delta = \delta(X)$ を任意の決定関数とする．ここで確率化決定関数を許せば，T のみに依存する決定関数 $\delta^*(T)$ で "リスクの意味で δ と同等"，すなわち

$$R(\theta, \delta) = R(\theta, \delta^*), \quad \forall \theta$$

となる δ^* が存在することを示そう．

いま $T(X) = t$ が与えられたとき，t を与えたときの X の条件つき分布に基づいて新たな確率変数 $\widetilde{X}$ を発生させる．X の条件つき分布は θ に依存しないから，θ が未知であっても人為的に $\widetilde{X}$ を発生させることができる．そしてこの $\widetilde{X}$ に対して δ を適用する確率化決定方式を

$$\delta^*(T) = \delta(\widetilde{X})$$

とおく．このとき任意の θ に対して $\widetilde{X}$ の周辺分布は X の周辺分布と同じであるから，$\delta^*(T)$ のリスクも $\delta(X)$ のリスクと一致することとなる．

以上の説明はややわかりにくいと思われるので，2 項分布の場合を例にとってもう一度説明しよう．いま $X_1, \ldots, X_n$ $(n > 2)$ を成功確率 p の独立なベルヌーイ変数として，p の推定量として例えば

$$\delta(X) = \frac{X_1 + X_2}{2}$$

を考えよう．この推定量は $X_3, \ldots, X_n$ の観測値を捨てて X_1, X_2 のみに基づいて p を推定しようとするものである．ところでいま $X_1, \ldots, X_n$ の並びに

ついてはわからないが成功総数 $t = \sum_{i=1}^{n} X_i$ は知ったとしよう．t 個の成功と $n-t$ 個の失敗を並べる $\binom{n}{t}$ 個の並べ方の1つを無作為に選び，その並べ方を $\widetilde{X} = (\widetilde{X}_1, \ldots, \widetilde{X}_n)$ とする．そして $\widetilde{\delta} = (\widetilde{X}_1 + \widetilde{X}_2)/2 = \delta(\widetilde{X})$ とおく．この場合 $\widetilde{X}$ は統計家が人為的に作ったデータであり，もともとの X とは一致しない．しかしながら，周辺分布を考えれば，X の分布と $\widetilde{X}$ の分布は同じであり，$\widetilde{X}_1, \ldots, \widetilde{X}_n$ も互いに独立なベルヌーイ変数となる．従って $\widetilde{\delta}$ は δ と同じ分布をもっており両者のリスク関数は一致する．

以上のように，十分統計量が存在する場合には，もともとの X を捨てて十分統計量 T だけを残せば，必要に応じて確率化を用いることによりリスクの意味では同等の標本 $\widetilde{X}$ が復元できる．従って決定関数としては十分統計量のみに基づく決定関数だけを考えればよいことがわかる．ところで以上で考えた δ^* は確かに与えられた δ と同等のリスクを持つが，確率化を含みやや不自然な決定関数である．通常は十分統計量に基づく非確率化決定関数のなかでリスク関数の意味で δ よりよい決定関数が存在する．

平均二乗誤差を用いた推定においては，確率化は不要であり，十分統計量に基づくよりよい非確率化決定関数を構成できる．この構成法を与えるのが，以下のラオ・ブラックウェルの定理である．$\delta(X)$ を未知パラメータ θ の推定量とし，平均二乗誤差 $R(\theta, \delta) = E_\theta[(\delta(X) - \theta)^2]$ をリスク関数とする．ここで十分統計量 T を与えたときの X の条件つき分布を用いて $\delta(X)$ の条件つき期待値をとったものを $\delta^*(T)$ とする．すなわち

$$\delta^*(T) = E[\delta(X)|T]$$

である．このとき次の定理が成り立つ．

定理 6.3 (ラオ・ブラックウェルの定理)

$$E_\theta[(\delta^*(T) - \theta)^2] \leq E_\theta[(\delta(X) - \theta)^2], \quad \forall \theta \tag{6.7}$$

であり，等号が成立するのは $P_\theta(\delta(X) = \delta^*(T)) = 1$ となるときのみである．

証明

$$\begin{aligned}E_\theta[(\delta(X)-\theta)^2] &= E_\theta[(\delta(X)-\delta^*(T)+\delta^*(T)-\theta)^2]\\ &= E_\theta[(\delta(X)-\delta^*(T))^2]+E_\theta[(\delta^*(T)-\theta)^2]\\ &\quad +2E_\theta[(\delta(X)-\delta^*(T))(\delta^*(T)-\theta)]\end{aligned}$$

である．右辺第 3 項に期待値の繰り返しの公式を適用すれば

$$\begin{aligned}&E_\theta[(\delta(X)-\delta^*(T))(\delta^*(T)-\theta)]\\ &\qquad = E_\theta^T[E[(\delta(X)-\delta^*(T))(\delta^*(T)-\theta)\,|\,T]]\\ &\qquad = E_\theta^T[(\delta^*(T)-\theta)E[(\delta(X)-\delta^*(T))\,|\,T]]\\ &\qquad = E_\theta^T[(\delta^*(T)-\theta)\times 0]=0\end{aligned}$$

となる．従って

$$\begin{aligned}E_\theta[(\delta(X)-\theta)^2] &= E_\theta[(\delta(X)-\delta^*(T))^2]+E_\theta[(\delta^*(T)-\theta)^2]\\ &\geq E_\theta[(\delta^*(T)-\theta)^2]\end{aligned}$$

を得る．等号成立の条件は $E_\theta[(\delta(X)-\delta^*(T))^2]=0$ であるがこれは $P_\theta(\delta(X)=\delta^*(T))=1$ と同値である． ∎

ラオ・ブラックウェルの定理より $\delta(X)$ と $\delta^*(T)=E[\delta(X)\,|\,T]$ が一致してしまう場合を除いて $\delta^*(T)$ は $\delta(X)$ より小さいリスクを持つことがわかる．

6.3 完備十分統計量

十分統計量が完備性とよばれる性質を持つ場合には，十分統計量に基づく推測についてより強い結論を導くことができる．次章の推定論における一様最小分散不偏推定量の議論などがその例である．完備十分統計量は，正規分布や 2 項分布を含むより一般的な分布族である指数型分布族に対する十分統計量の形で現れることが多いので，指数型分布族についても説明する．また，完備性と関連した概念として十分統計量の最小性がある．最小十分統計量の概念は応用上は完備性の概念ほど有用ではないが，十分統計量の定義から自然に導かれる概念なので次節でとりあげる．

統計量 $T(X)$ が**完備** (complete) であるとは，T の関数 $g(T)$ のなかで恒等的にその期待値が0となるものは，定数0に限るということである．すなわち，任意の関数 $g(T)$ に対し

$$E_\theta[g(T)] = 0,\ \forall\theta \implies g(T) \equiv 0 \tag{6.8}$$

が成り立つならば T は完備である．

以上の定義にそって特定の十分統計量が完備であることを示すには，しばしば技術的な証明が必要である．まず2項分布を例にとって，$X \sim \mathrm{Bin}(n, p)$ のとき X 自体が完備であることを示そう．いま任意の関数 $g(x)$ について

$$E_p[g(X)] = \sum_{x=0}^{n} g(x)\binom{n}{x}p^x(1-p)^{n-x} = 0\,, \quad \forall p \tag{6.9}$$

が成り立つとする．$h(x) = g(x)\binom{n}{x}$ とおき (6.9) 式を $(1-p)^n$ で割って変形すれば

$$\sum_{x=0}^{n} h(x)r^x = 0\,, \quad \forall r > 0 \tag{6.10}$$

を得る．ただし $r = p/(1-p)$ である．ところで (6.10) 式の左辺は r の n 次の多項式であり，多項式が $r > 0$ の範囲で恒等的に0に等しいためには r^x の係数 $h(x)$ がすべて0に等しくなければならない．従って $h(x) = 0, x = 0, 1, \ldots, n$ となり $g \equiv 0$ を得る．このことから X が完備であることがわかる．

もう1つの例として，$X_1, \ldots, X_n \sim \mathrm{N}(\mu, 1), i.i.d.$, とし標本平均 $\bar{X}$ が完備十分統計量であることを説明しよう．$\bar{X} \sim \mathrm{N}(\mu, 1/n)$ であるから $\bar{X}$ の密度関数は

$$f(\bar{x}) = \frac{\sqrt{n}}{\sqrt{2\pi}}e^{-n(\bar{x}-\mu)^2/2}$$

である．

$$E[g(\bar{X})] = \int_{-\infty}^{\infty} g(\bar{x})\frac{\sqrt{n}}{\sqrt{2\pi}}e^{-n(\bar{x}-\mu)^2/2}\,d\bar{x} = 0\,, \quad \forall\mu \tag{6.11}$$

とする．$y = \sqrt{n}\bar{x}, \sqrt{n}\mu = \theta$ と変換し，

$$h(y) = g\left(\frac{y}{\sqrt{n}}\right)\frac{1}{\sqrt{2\pi}}e^{-y^2/2}$$

とおけば (6.11) 式に $e^{\theta^2/2}$ をかけることにより

$$\int_{-\infty}^{\infty} h(y)e^{\theta y}\,dy = 0\,, \quad \forall\theta \tag{6.12}$$

と表すことができる．さらに $h(y)$ を正の部分と負の部分にわけて

$$h^+(y) = \begin{cases} h(y), & \text{if} \;\; h(y) \geq 0 \\ 0, & \text{otherwise} \end{cases}, \qquad h^-(y) = \begin{cases} -h(y), & \text{if} \;\; h(y) < 0 \\ 0, & \text{otherwise} \end{cases}$$

と定義すれば，$h(y) = h^+(y) - h^-(y)$ であるから (6.12) 式は

$$\int_{-\infty}^{\infty} e^{\theta y} h^+(y)\, dy = \int_{-\infty}^{\infty} e^{\theta y} h^-(y)\, dy, \quad \forall \theta \tag{6.13}$$

と書ける．(6.13) 式において $\theta = 0$ の場合を考え，$c = \int h^+(y)\, dy = \int h^-(y)\, dy \geq 0$ とおく．$c = 0$ ならば $h^+(y) = h^-(y) = 0,\ \forall y$, 以外にはあり得ないので $g \equiv 0$ となる．次に $c > 0$ の場合を考えよう．このとき h^+/c 及び h^-/c はいずれも非負の関数でその全積分は 1 であるから，これらはいずれも密度関数となっている．さて (6.13) 式の両辺を c で割ったものを考えると，(6.13) 式は h^+/c 及び h^-/c の積率母関数が一致することを意味している．ところで積率母関数は密度関数を一意的に決めるから，$h^+ \equiv h^-$ が成り立たなければならないことがわかる．従って $h = h^+ - h^- \equiv 0$ となる．このことからいずれの場合も $g \equiv 0$ であり $\bar{X}$ が完備であることが示された．

以上のような考え方を用いれば，ポアソン分布，負の 2 項分布，ガンマ分布などに関して，十分統計量が完備であることを証明することができる．このような分布に関して統一的な議論をするために，指数型分布族という考え方を導入する．指数型分布族とはそれ自身として特定の分布族をなすというより，正規分布や 2 項分布を含み，これらの分布の特徴をとらえて抽象化したより一般的な分布族である．

いま確率関数あるいは密度関数 $f(x, \theta)$ が次の形に書けるとき $f(x, \theta)$ は (k 母数) **指数型分布族** (k-parameter exponential family) をなすという．

$$f(x, \theta) = h(x) \exp\left(\sum_{j=1}^{k} T_j(x) \psi_j(\theta) - c(\theta) \right) \tag{6.14}$$

ただし $h(x)$ はパラメータ θ を含まない関数であり，$c(\theta)$ は x を含まない関数である．分解定理より $(T_1, \ldots, T_k)$ が k 次元の十分統計量をなすことがわかる．ちなみに，指数型分布族という用語は (2.78) 式の指数分布とは無関係であるから注意されたい．

まず2項分布の確率関数と正規分布の密度関数が，いずれも(6.14)式の形に書けることを確認しておこう．2項分布の場合には $k=1$ であり

$$
\begin{aligned}
&\theta = p, \quad h(x) = \binom{n}{x}, \quad T_1(x) = x \\
&\psi_1(p) = \log\frac{p}{1-p}, \quad c(p) = -n\log(1-p)
\end{aligned}
\tag{6.15}
$$

とおけば容易に $f(x,p) = \binom{n}{x} p^x (1-p)^{n-x}$ が(6.14)式の形に書けることが確かめられる．

次に正規分布について考えよう．$X_1, \ldots, X_n$ が独立に正規分布 $\mathrm{N}(\mu, \sigma^2)$ に従うとき $X_1, \ldots, X_n$ の同時密度関数を $f(x, \mu, \sigma^2)$ とおく．この場合 $k=2$ であり

$$
\begin{aligned}
&\theta = (\mu, \sigma^2), \quad h(x) = 1, \quad T_1(x) = \bar{x}, \quad T_2(x) = \sum_{i=1}^{n} x_i{}^2, \\
&\psi_1 = \frac{n\mu}{\sigma^2}, \quad \psi_2 = -\frac{1}{2\sigma^2}, \quad c(\theta) = \frac{n\mu^2}{2\sigma^2} + \frac{n}{2}\log(2\pi\sigma^2)
\end{aligned}
\tag{6.16}
$$

とおけば容易に $f(x, \mu, \sigma^2)$ が(6.14)式の形に書けることが確かめられる．

ところで指数型分布族において密度関数の形は $h(x)\exp\left(\sum_{j=1}^{k} T_j(x)\psi_j\right)$ で与えられ，$\exp(-c(\theta))$ は密度関数の基準化定数となる．従って密度関数の形は $\psi_1, \ldots, \psi_k$ の値を与えれば決まり，(θ のかわりに) $\psi = (\psi_1, \ldots, \psi_k)$ を確率変数 X の分布のパラメータと考えることができる．指数型分布族に関する用語では，ψ は**自然母数** (natural parameter) とよばれる．ただし2項分布や正規分布の例からもわかるように，自然母数は解釈しやすい母数になるとは限らないので，“自然” という用語は必ずしも適切なものではない．$\exp(-c(\theta))$ は基準化定数であるから $\exp(-\widetilde{c}(\psi))$ と ψ の関数として書けるはずである．$\widetilde{c}(\psi)$ をあらためて $c(\psi)$ と書けば指数型分布族の密度関数あるいは確率関数は

$$
f(x, \psi) = h(x)\exp\left(\sum_{j=1}^{k} T_j(x)\psi_j - c(\psi)\right)
\tag{6.17}
$$

と書ける．

ここで k 次元の十分統計量 $T = (T_1(X), \ldots, T_k(X))$ の完備性について考えてみよう．$g(T)$ を任意の関数として

$$E_\psi[g(T)] = \int e^{\sum_{j=1}^k T_j(x)\psi_j} \times \left(g(T(x))h(x)e^{-c(\psi)}\right) dx = 0, \quad \forall\psi$$

と仮定する．この形はすでに論じた正規分布の標本平均の場合と同様であり，$e^{\sum_{j=1}^k T_j(x)\psi_j}$ をかけて積分 (あるいは和分) することが，それ以外の部分の積率母関数を計算することにあたっている．従って，厳密な議論は省略するが，積率母関数の一意性 (ラプラス変換の一意性ともよばれる) より次の定理が成り立つ．

定理 6.4　自然母数を用いて表した (6.17) 式の指数型分布族を考える．自然母数 $(\psi_1, \ldots, \psi_k)$ の属する母数空間が k 次元ユークリッド空間の開集合であるとする．この条件のもとで，$T = (T_1, \ldots, T_k)$ は完備である．

この定理を用いれば，2 項分布，正規分布以外の分布についても十分統計量の完備性を示すことができる (問 6.7)．

定理 6.4 が適用できなくても十分統計量が完備である場合もある．最も興味ある例は一様分布の場合である．$X_1, \ldots, X_n$ が互いに独立に一様分布 $\mathrm{U}[0, \theta]$ に従うとき θ に関する十分統計量は $Y = \max_i X_i$ である．$Y = \max_i X_i$ の密度関数は $f(y) = ny^{n-1}/\theta^n$，$0 \le y \le \theta$ である．任意の $g(y)$ について

$$E_\theta[g(Y)] = \frac{n}{\theta^n}\int_0^\theta g(y)y^{n-1}\,dy = 0, \quad \forall\theta > 0 \tag{6.18}$$

と仮定する．g が連続ならば，$0 = \displaystyle\int_0^\theta g(y)y^{n-1}\,dy$ を θ で微分することにより $g(\theta)\theta^{n-1} = 0$ すなわち，$g(\theta) = 0, \forall\theta > 0,$ を得る．g が必ずしも連続でないより一般の可測関数でも，同様の議論により g はほとんどいたるところで 0 に等しいことが証明できる．従って $Y = \max_i X_i$ は完備である．

6.4　最小十分統計量

完備十分統計量と関連のある概念として，最小十分統計量の概念がある．最小十分統計量については他書にあまりふれられていないので，基本的な事項をここで整理しておくこととする．ただしこの節の議論はやや技術的であり，今後の議論で必要ともしないので，読者はこの節をとばして次章にすすんでもよい．

例として再びコイン投げをとりあげよう．試行総数を $2n$ とし，前半の n 回の表の数を Y_1，後半の n 回の表の数を Y_2 と表す．このとき，組 (Y_1, Y_2) は十分統計量である．しかしながら，すでに述べてきたように，表の総数 $Y = Y_1 + Y_2$ も十分統計量である．この場合 (Y_1, Y_2) は十分統計量であるが，さらに情報を縮約して $Y = Y_1 + Y_2$ としても十分性は失われない．従って十分性という観点から見れば，(Y_1, Y_2) の組にはまだ無駄な情報があると考えることができる．そこで，もうそれ以上情報を縮約することのできない十分統計量を**最小十分統計量** (minimal sufficient statistic) とよぶことにする．

最小十分統計量の数学的定義としては，2つの定義が考えられる．T を十分統計量とする．

$$U = g(T) \text{ が十分統計量} \implies g \text{ が 1 対 1 (単射)}$$

であれば，T を弱い意味で最小十分 (あるいは極小十分) という．次に

$$\text{任意の十分統計量 } S \text{ に対してある } h \text{ が存在して } T = h(S) \text{ となる}$$

ならば，T は強い意味で最小十分であるという．弱い意味の最小十分性は，十分性を失うことなく T の情報をさらに縮約することは不可能であることを意味しており，強い意味の最小十分性は，任意の十分統計量の情報を T に縮約できることを意味している．容易にわかるように，T が強い意味で最小十分ならば弱い意味でも最小十分である．また強い意味の最小十分統計量が存在すれば，弱い意味の最小十分性を満たす T は強い意味の最小十分性も満たす (問 6.8)．

弱い意味の最小十分性を以上でとりあげたのは，完備性との関連が簡明に示せるからである．ここでは完備十分統計量が弱い意味で最小十分統計量であることを示そう．いま，T を完備十分統計量として $U = g(T)$ も十分であるとする．必要に応じて1対1変換をすることにより，T は有限の期待値を持つとして一般性を失わない．いま $E[T|U] = h(U)$ とおく．U が十分であるからこの条件つき期待値は θ と無関係に計算できる．ここで期待値の繰り返しの公式より，$E_\theta[T - h(U)] = 0,\ \forall\theta$ となる．これに $U = g(T)$ を代入すれば，$E_\theta[T - h(g(T))] = 0,\ \forall\theta,$ を得る．T の完備性より $T = h(g(T))$ でなければならない．従って g は逆射像 h を持つから1対1でなければならない．以上で完備十分性が弱い意味の最小十分性を含意することが示された．ところで，以

下で示すように通常は強い意味の最小十分統計量が存在する．そのために最小十分統計量の定義として強い意味の最小十分性を用いることが多い．

強い意味の最小十分統計量の具体的な構成方法は分解定理に基づくものである．この方法を説明するためには，十分統計量による標本空間 $\mathscr{X}$ の分割の概念を導入しなければならない．再び例としてベルヌーイ試行をとりあげよう．簡単のため試行総数 n を $n=4$ とし X_1, X_2, X_3, X_4 をベルヌーイ変数とする．$T=\sum_{i=1}^{n} X_i$ を表の数とする．標本空間 $\mathscr{X}=\{0,1\}^4$ は $(0,0,0,0)$ から $(1,1,1,1)$ の $16=2^4$ 点からなる集合である．$T=0,\ldots,4$ のそれぞれの値に対応する標本空間の点は以下のように排反な部分集合に分割される．

$$
\begin{aligned}
T=0:&\quad (0,0,0,0)\\
T=1:&\quad (1,0,0,0),(0,1,0,0) \mid (0,0,1,0),(0,0,0,1)\\
T=2:&\quad (1,1,0,0) \mid (0,0,1,1) \mid\\
&\qquad (1,0,1,0),(0,1,1,0),(1,0,0,1),(0,1,0,1)\\
T=3:&\quad (1,0,1,1),(0,1,1,1) \mid (1,1,1,0),(1,1,0,1)\\
T=4:&\quad (1,1,1,1)
\end{aligned}
\tag{6.19}
$$

ここで $\mid$ は十分統計量を $Y_1=X_1+X_2, Y_2=X_3+X_4$ の組としたとき，標本空間がさらに細分されている様子を示している (問 6.9)．

このような標本空間の分割は，数学的には，十分統計量の値による標本空間の同値類への分割になっている．すなわち標本空間の 2 点 x, x' について $T(x)=T(x')$ のとき $x \sim x'$ と表せば，$\sim$ は同値関係となり，この同値関係により $\mathscr{X}$ は同値類に分割される．離散分布の場合には，T が十分統計量であることの必要十分条件は，T の値による各同値類上の条件つき分布が θ に依存しないことである．このような観点から見れば，同値類への分割の十分性のほうが本質的な概念であり，十分統計量は単に各同値類につけられたラベルであると考えることができる．例えばコイン投げの例において，成功総数 Y のかわりに，失敗総数 $n-Y$ を十分統計量としてとることもできる．これはすでに述べたように，Y と $n-Y$ が 1 対 1 に対応しているからであるが，分割で考えれば Y と $n-Y$ が全く同じ分割を与えるからである．

以上の例を念頭において，強い意味での最小十分性を同値類に関していいか

えてみよう．標本空間のある同値類への分割

$$P : \mathscr{X} = \bigcup_{\alpha} \mathscr{X}_\alpha, \quad \mathscr{X}_\alpha \cap \mathscr{X}_{\alpha'} = \emptyset \text{ (空集合)},\ \alpha \neq \alpha'$$

が強い意味で最小十分であるとは，P が十分であり，かつ任意の十分統計量 U による分割 $P_U : \mathscr{X} = \bigcup_u \mathscr{X}_u$ より粗いことであると定義することができる．すなわち任意の $\mathscr{X}_u = \{x \mid U(x) = u\}$ に対してある $\mathscr{X}_\alpha$ が存在して $\mathscr{X}_u \subset \mathscr{X}_\alpha$ となっていれば，P は強い意味で最小十分である (問 6.10, 6.11)．強い意味で最小十分な同値類分割が得られれば，各同値類に一意的なラベルをつけた統計量 T が強い意味での最小十分統計量となる．

さて，ここでは単純化の仮定として，密度関数あるいは確率関数 $f(x,\theta)$ が正となる x の範囲が θ に依存しないと仮定する．このとき $\mathscr{X}$ における同値関係を次のように定義する．

$$x \sim x' \iff \frac{f(x,\theta)}{f(x',\theta)} \text{ が } \theta \text{ に依存しない定数である} \tag{6.20}$$

このとき容易に示されるように $\sim$ は $\mathscr{X}$ における同値関係になる．(6.20) 式の同値関係から導かれる分割を P^* とする．P^* は強い意味での最小十分な同値類への分割となる．

これを示すために，U を任意の十分統計量とする．このとき分解定理により

$$f(x,\theta) = h(x) g_\theta(U(x))$$

と書くことができる．従って $U(x) = U(x')$ ならば $f(x,\theta)/f(x',\theta) = h(x)/h(x')$ となり，この値は θ に依存しない．このことから $\mathscr{X}_u = \{x \mid U(x) = u\}$ は (6.20) 式の同値関係から導かれるある同値類の部分集合となっていることがわかる．P^* 自体が十分であることは，離散分布の場合で考えると，(6.20) 式の確率の比が各同値類で θ に依存しないことから，各同値類の条件つき分布が θ に依存しないことからわかる．以上により P^* が強い意味で最小十分な分割であることが示された．$f(x,\theta) > 0$ となる範囲が θ に依存する場合も含めた一般的な扱いについては問 6.12 を参照のこと．

この構成法の 1 つの例として正規分布の場合を考えよう．$X_1, \ldots, X_n \sim \mathrm{N}(\mu, \sigma^2), i.i.d.,$ とする．$X = (X_1, \ldots, X_n)$ と $X' = (X'_1, \ldots, X'_n)$ の同時密度関数の比をとると

$$\frac{f(x,(\mu,\sigma^2))}{f(x',(\mu,\sigma^2))} = \exp\left(\frac{\mu}{\sigma^2}\left(\sum_{i=1}^n x_i - \sum_{i=1}^n x'_i\right) - \frac{1}{2\sigma^2}\left(\sum_{i=1}^n {x_i}^2 - \sum_{i=1}^n {x'_i}^2\right)\right)$$

となる．これが μ 及び σ に依存しないための必要十分条件は

$$\sum_{i=1}^n x_i = \sum_{i=1}^n x'_i, \qquad \sum_{i=1}^n {x_i}^2 = \sum_{i=1}^n {x'_i}^2$$

となる．この同値類のラベルとしては明らかに $T = \left(\sum_{i=1}^n x_i, \sum_{i=1}^n {x_i}^2\right)$ を用いればよいから，T が最小十分統計量であることが示された．その他の例については問 6.13 を参照されたい．

問

6.1　$X_1,\ldots,X_n$ が互いに独立に幾何分布 $P(X_i = x) = p(1-p)^x$，$x = 0,1,2,\ldots,$ に従うとする．p に関する十分統計量を求めよ．

6.2　$X_1,\ldots,X_n \sim \mathrm{N}(0,\sigma^2), i.i.d.,$ とする．このとき $T = \sum_{i=1}^n {X_i}^2$ が σ^2 に関する十分統計量であることを示せ．また $T = \sum_{i=1}^n {X_i}^2$ を与えたときの $X = (X_1,\ldots,X_n)$ の条件つき分布について説明せよ．［ヒント：$\sum_{i=1}^n {x_i}^2 = t$ で与えられる超球上の一様分布について考えよ.］

6.3　$X_1,\ldots,X_n \sim \mathrm{N}(\mu,\sigma^2), i.i.d.,$ とする．このとき $T = \left(\bar{X}, \sum_{i=1}^n (X_i - \bar{X})^2\right)$ が (2 次元の) 十分統計量であるが，T を与えたときの $X = (X_1,\ldots,X_n)$ の条件つき分布はどのような分布であるか説明せよ．

6.4　$X_1,\ldots,X_n \sim \mathrm{U}[\theta_1,\theta_2], i.i.d.,$ とする．$T = (\min_i X_i, \max_i X_i)$ が (θ_1,θ_2) に関する 2 次元の十分統計量であることを示せ．また T を与えたときの X の条件つき分布について説明せよ．

6.5　(6.15), (6.16) 式の対応により，2 項分布の確率関数及び正規分布の密度関数が指数型分布族の形に書けることを示せ．

6.6　ポアソン分布，負の 2 項分布，ガンマ分布の確率関数や密度関数を指数型分布族の形に表せ．

6.7　ポアソン分布，負の 2 項分布，ガンマ分布の確率関数や密度関数について定理 6.4 の条件をチェックし十分統計量が完備であることを示せ．

6.8　十分統計量 T が強い意味で最小十分ならば弱い意味でも最小十分であることを示せ．また強い意味での最小十分統計量が存在することが知られていれば，弱い意味で最小十分な T は強い意味でも最小十分であることを示せ．

6.9　X_1, X_2, X_3, X_4 を互いに独立な成功確率 p のベルヌーイ変数とする．$Y_1 = X_1 + X_2, Y_2 = X_3 + X_4$ とし，十分統計量 (Y_1, Y_2) を考える．(Y_1, Y_2) による標本空間の分割を求め，(6.19) 式を確かめよ．

6.10　f, g を $\mathscr{X}$ で定義された2つの関数とする．f 及び g によって誘導される $\mathscr{X}$ の同値関係を

$$x \overset{f}{\sim} x' \iff f(x) = f(x'), \quad x \overset{g}{\sim} x' \iff g(x) = g(x')$$

とする．またこれらの同値関係による $\mathscr{X}$ の同値類への分割を $P_f : \mathscr{X} = \bigcup \mathscr{X}_\alpha$ 及び $P_g : \mathscr{X} = \bigcup \mathscr{X}_\beta$ とする．P_f が P_g より粗い分割である (すなわち任意の $\mathscr{X}_\beta$ に対してある $\mathscr{X}_\alpha$ が存在して $\mathscr{X}_\beta \subset \mathscr{X}_\alpha$ となる) ための必要十分条件は，ある関数 h が存在して $f(x) = h(g(x))$ と書けることであることを示せ．

6.11　問 6.10 を用いて，T が強い意味で最小十分統計量であるための必要十分条件は十分統計量 T による同値類への分割 P_T が任意の十分統計量 U による分割 P_U より粗いことであることを示せ．

6.12　確率関数あるいは密度関数 $f(x, \theta)$ が正となる x の範囲が θ に依存する場合を含めて，$\mathscr{X}$ における同値関係 $x \sim x'$ を次のように定義する．

$$x \sim x' \iff h(x, x') > 0 \text{ が存在して } f(x, \theta) = h(x, x') f(x', \theta) \quad \forall \theta$$

$\sim$ が同値関係であることを示せ．またこの同値関係によって導かれる $\mathscr{X}$ の分割が強い意味での最小十分な分割であることを示せ．

6.13　$X_1, \ldots, X_n$ が互いに独立に a と b の間の一様分布 $\mathrm{U}[a, b]$ に従うとする．問 6.12 を用いて $(\min_i X_i, \max_i X_i)$ が最小十分統計量であることを示せ．

6.14　問 6.13 の設定で $(\min_i X_i, \max_i X_i)$ が完備十分統計量であることを示せ．

6.15　(6.17) 式の形の密度関数あるいは確率関数を持つ指数型分布族の最小十分統計量が $(T_1(x), \ldots, T_k(x))$ であることを示せ．

6.16　左端が θ である指数分布を考える．密度関数は $f(x; \theta, \alpha) = \dfrac{1}{\alpha} e^{-(x-\theta)/\alpha}$, $x > \theta$ である．$X_1, \ldots, X_n$ をこの分布からの標本とするとき，十分統計量を求めよ．また十分統計量の完備性を調べよ．

Chapter 7

推 定 論

この章では点推定論について説明する．より具体的には，一様最小分散不偏推定量に関する理論，及び最尤推定量の考え方，について述べる．推定には点推定と区間推定の 2 つの考え方がある．区間推定は統計学の入門的な教科書においては点推定の延長として説明されることが多いが，実は次章の検定論と表裏一体をなす理論である．このため，区間推定論については 9 章で述べることにする．

7.1 点推定論の枠組み

ここでは導入として，統計的決定理論の観点から点推定論の目的を整理する．点推定とは未知パラメータ θ の値を統計量 $T = \delta(X)$ によってできるだけ正確にあてようとするものである．なお時には未知パラメータ θ そのものの値ではなく，θ の関数 $\gamma(\theta)$ をあてようとする場合もある．推定の対象 (θ あるいは $\gamma(\theta)$) を**推定対象** (estimand) ということがある．ところで $\delta(X)$ は確率変数であるから常に θ あるいは $\gamma(\theta)$ を精度よく推定できるとは限らない．そこで $\delta(X)$ が平均的に θ に近くなるような推定量を得ることを考えなくてはならない．このための指標としては 5 章ですでに取り上げたように平均二乗誤差

$$E[(\delta(X) - \theta)^2]$$

を用いることが考えられる．このように定式化すれば，点推定論の目的は平均二乗誤差を最小化するような推定方式 $\delta(x)$ を求めることとなる．

通常点推定論では推定方式を**推定量** (estimator) とよび，推定対象にハット記号をつけて，推定量を $\delta(X) = \hat{\theta}(X)$ あるいは $\delta(X) = \hat{\gamma}(X)$ と表す．以下でも

この記号法を用いることとする．統計量としての推定量 $\delta(X)$ は確率変数であるが，時には推定量の実現値すなわち $\hat{\theta}(x)$ を問題とすることもある．推定量の実現値を**推定値** (estimate) とよぶこととする．推定量と推定値の区別は確率変数とその実現値の区別と同様のものであり，常に厳密に区別する必要もないが，このような区別をすると便利であることが多い．このことの例としては最尤推定量の定義を参照されたい．

5章ですでに述べたように，平均二乗誤差を小さくするといっても，一般にすべての θ について一様に平均二乗誤差を最小にする推定量は存在しない．また許容性の観点から見ても，観測値を無視して特定の母数の値 θ_0 を推定値とするような推定量を排除することもできない．そこで数理統計学の伝統的な考え方は，考える推定量のクラスを制限し，制限されたクラスのなかで平均二乗誤差を最小にする推定量を求めようとするものである．推定量のクラスとして，まず取り上げられるのが不偏推定量のクラスである．$\hat{\theta}$ が**不偏推定量** (unbiased estimator) であるとは

$$E_\theta\bigl[\hat{\theta}(X)\bigr] = \theta, \quad \forall\theta \tag{7.1}$$

が成り立つことである．すなわち真のパラメータ θ がどのような値をとっても，$\hat{\theta}$ の期待値が θ に一致するとき $\hat{\theta}$ を不偏推定量という．θ の値は未知であるから推定に際してどの θ の値も平等に扱うべきであるという考え方があり得る．この考え方を期待値を用いて具体化したものが不偏性の要請である．不偏性の要請を課せば，定数による推定方式 ($\hat{\theta} \equiv \theta_0$) などは排除することができる．

不偏推定量以外の推定量も考えて，推定量 $\hat{\theta}$ の**バイアス** $b(\theta)$ を

$$b(\theta) = E_\theta\bigl[\hat{\theta}\bigr] - \theta \tag{7.2}$$

と定義する．すると，平均二乗誤差は次のように分散とバイアスの二乗の和に分解できる．

$$\begin{aligned}
E_\theta\bigl[(\hat{\theta}-\theta)^2\bigr] &= E_\theta\bigl[(\hat{\theta}-E_\theta\bigl[\hat{\theta}\bigr]+E_\theta\bigl[\hat{\theta}\bigr]-\theta)^2\bigr]\\
&= E_\theta\bigl[(\hat{\theta}-E_\theta\bigl[\hat{\theta}\bigr])^2\bigr]+(E_\theta\bigl[\hat{\theta}\bigr]-\theta)^2+2(E_\theta\bigl[\hat{\theta}\bigr]-\theta)E_\theta\bigl[\hat{\theta}-E_\theta\bigl[\hat{\theta}\bigr]\bigr]\\
&= \mathrm{Var}_\theta\bigl[\hat{\theta}\bigr]+b(\theta)^2
\end{aligned} \tag{7.3}$$

そこで $\hat{\theta}$ がバイアスを持つ場合，推定量を修正して $b(\theta)=0$ とすることができ

れば平均二乗誤差が小さくなると期待される．このことが不偏推定を考える1つの動機となっている．しかしながら推定しようとしているθは未知であるからバイアス$b(\theta)$の修正は必ずしも容易ではなく，場合によってはバイアスの減少とともに分散$\mathrm{Var}_\theta\big[\hat\theta\big]$が増大し，結果的に平均二乗誤差が増大するようことも考えられる．従って不偏推定量のみに限って議論することは必ずしも望ましいことではない．

不偏推定量のなかでよい推定量が見つからなかったり，不偏推定量を構成すること自体が難しい場合には，一般的な推定方式として最尤法を用いることができる．最尤推定量の理論的な裏付けはその漸近的な最適性にある．最尤推定量の漸近的な最適性の証明は13章で与える．

7.2 不偏推定量とフィッシャー情報量

$\hat\theta$が不偏推定量であればバイアスは$b(\theta)=0$であるから，平均二乗誤差は(7.3)式より

$$E_\theta\big[(\hat\theta-\theta)^2\big]=\mathrm{Var}_\theta\big[\hat\theta\big] \tag{7.4}$$

と$\hat\theta$の分散に一致する．従って不偏推定量に限れば分散を最小にする推定量が望ましい推定量であることがわかる．ここで**一様最小分散不偏推定量** (Uniformly Minimum Variance Unbiased estimator, UMVU) を次のように定義する．不偏推定量$\hat\theta^*$がUMVUであるとは，任意の不偏推定量$\hat\theta$について

$$\mathrm{Var}_\theta\big[\hat\theta^*\big]\le\mathrm{Var}_\theta\big[\hat\theta\big],\quad\forall\theta \tag{7.5}$$

が成り立つことである．すなわちθがどんな値であっても，$\hat\theta^*$の分散がほかのいかなる不偏推定量の分散以下となるとき，$\hat\theta^*$をUMVUというわけである．一様最小分散不偏推定量の定義は，そのような推定量が存在しないならば単に定義のための定義になってしまうが，実はいくつかの分布とその母数については一様最小分散不偏推定量の存在が示される．UMVUが存在すれば推定量としてUMVUを用いることはそれなりに説得的なことである．不偏性の要請を受け入れてしまえばUMVUが最適な推定量となることはいうまでもない．

さて，与えられた不偏推定量がUMVUであることを示すには2つの方法がある．1つはフィッシャー情報量に基づくクラメル・ラオの不等式(あるいは情

報量不等式) を用いる方法であり，もう 1 つは完備十分統計量の理論を用いる方法である．この節ではクラメル・ラオの不等式を用いる方法について説明し，次節で完備十分統計量の理論を用いる方法について説明しよう．

$X = (X_1, \ldots, X_n)$ の同時密度関数あるいは同時確率関数を $f(x, \theta)$ で表す．ここで θ は 1 次元のパラメータとする．このとき θ に関する**フィッシャー情報量** (Fisher information) $I_n(\theta)$ は次式で定義される．

$$
\begin{aligned}
I_n(\theta) &= E_\theta\left[\left(\frac{\partial \log f(X,\theta)}{\partial\theta}\right)^2\right] \\
&= \int \left(\frac{\frac{\partial}{\partial\theta} f(x,\theta)}{f(x,\theta)}\right)^2 f(x,\theta)\,dx \qquad (7.6) \\
&= \int \frac{\left(\frac{\partial}{\partial\theta} f(x,\theta)\right)^2}{f(x,\theta)}\,dx
\end{aligned}
$$

この定義は連続分布の場合であるが，離散分布の場合は積分 ($\int$) が和 ($\sum$) にかわるだけである．この定義においてもちろん偏導関数は存在すると仮定しており，また積分は全範囲での定積分である．

ここで $\ell(\theta, x) = \log f(x, \theta)$ とおく．$\ell(\theta, x)$ は対数尤度関数とよばれる (7.5 節参照)．さらに $\ell'(\theta, x) = \dfrac{\partial}{\partial\theta}\ell(\theta, x)$ とおけば

$$
I_n(\theta) = E_\theta[(\ell'(\theta, X))^2] \qquad (7.7)
$$

と表される．

ところで，(7.6) 式の定義はサイズ n の標本の密度関数を用いて定義したもので，添え字の n はこのことを明記するためのものである．用語として，単にフィッシャー情報量というときは $n = 1$ の場合のフィッシャー情報量をさし，$I_1(\theta)$ を単に $I(\theta)$ と表すことが多い．ただしこれは文脈によって異なるので注意が必要である．ところで $X_1, \ldots, X_n$ が独立同一分布に従うときには $I_n(\theta)$ と $I_1(\theta)$ の関係は

$$
I_n(\theta) = nI_1(\theta) \qquad (7.8)
$$

で与えられる．このことは次のように証明される．

$f(x, \theta)$ は密度関数であるから任意の θ について $\displaystyle\int f(x, \theta)\,dx = 1$ である．こ

の両辺を θ で偏微分すれば，微分と積分の交換が保証されるという仮定のもとで，

$$\frac{\partial}{\partial\theta}\int f(x,\theta)\,dx = \int \frac{\partial f(x,\theta)}{\partial\theta}\,dx = 0 \tag{7.9}$$

が成り立つ．これより

$$\begin{aligned} E_\theta[\ell'(\theta,X)] &= \int \frac{\partial \log f(x,\theta)}{\partial\theta} f(x,\theta)\,dx \\ &= \int \frac{\partial f(x,\theta)}{\partial\theta}\,dx = 0 \end{aligned} \tag{7.10}$$

と書ける．(7.10) 式の左辺の記法はややわかりにくいかもしれないが，$\ell'(\theta,X)$ は確率変数 X の関数であるから，確率変数の関数の期待値とみることができる．この記法によればまたフィッシャー情報量についても

$$I_n(\theta) = \int \ell'(\theta,x)^2 f(x,\theta)\,dx = \mathrm{Var}_\theta[\ell'(\theta,X)] \tag{7.11}$$

と書けることがわかる．

ところで $X_1,\ldots,X_n$ は互いに独立に同一分布に従うから同時密度関数は

$$f_n(x_1,\ldots,x_n,\theta) = \prod_{i=1}^{n} f_1(x_i,\theta) \tag{7.12}$$

と表される．ここで $\ell_n(\theta,x) = \log f_n(x,\theta)$, $\ell_1(\theta,x_i) = \log f_1(x_i,\theta)$ とおく．(7.12) 式の両辺の対数をとり θ で微分すれば

$$\ell_n{}'(\theta,X) = \sum_{i=1}^{n} \ell_1{}'(\theta,X_i) \tag{7.13}$$

を得る．ここで (7.11) 式の関係 $I_n(\theta) = \mathrm{Var}[\ell_n{}'(\theta,X)]$ に (7.13) 式を代入すれば

$$I_n(\theta) = \mathrm{Var}_\theta\left[\sum_{i=1}^{n} \ell_1{}'(\theta,X_i)\right]$$

となることがわかる．ところで $\ell_1{}'(\theta,X_i), i=1,\ldots,n$ も独立同一分布に従う．このことから $I_n(\theta) = n\mathrm{Var}[\ell_1{}'(\theta,X_1)] = nI_1(\theta)$ となり，(7.8) 式の成り立つことがわかる．

さて不偏推定量の分散とフィッシャー情報量の間には (正則条件のもとで) 次の不等式が成立する．$\hat\theta$ を θ の不偏推定量とする．このとき

$$\mathrm{Var}_\theta\big[\hat\theta\big] \geq \frac{1}{I_n(\theta)} \tag{7.14}$$

が成り立つ．この不等式を**クラメル・ラオの不等式** (Cramér-Rao inequality) あるいは**情報量不等式** (information inequality) とよぶ．ただしこの不等式は無条件で成立するわけではなく，正則条件として，フィッシャー情報量が正であること，また (7.9) 式及び以下の (7.15) 式において微分と積分の交換が保証されること，が必要である．

クラメル・ラオの不等式は次のように証明される．いま $\theta = E_\theta\big[\hat\theta(X)\big] = \int \hat\theta(x) f(x,\theta)\,dx$ の両辺を θ で偏微分すると，やはり微分と積分の交換が保証されるという仮定のもとで，

$$
\begin{aligned}
1 &= \frac{\partial}{\partial\theta}\int \hat\theta(x) f(x,\theta)\,dx = \int \hat\theta(x)\frac{\partial \log f(x,\theta)}{\partial\theta} f(x,\theta)\,dx \\
&= E_\theta\big[\ell'(\theta,X)\hat\theta(X)\big]
\end{aligned}
\tag{7.15}
$$

となることがわかる．ところで (7.10) 式より (7.15) 式の右辺は

$$
\begin{aligned}
E_\theta\big[\ell'(\theta,X)\hat\theta(X)\big] &= E_\theta\big[(\hat\theta(X)-\theta)\ell'(\theta,X)\big] \\
&= \mathrm{Cov}\big[\hat\theta(X), \ell'(\theta,X)\big]
\end{aligned}
$$

と表すことができる．ところで相関係数の絶対値は 1 を越えないことから

$$
\begin{aligned}
1 = \mathrm{Cov}\big[\hat\theta(X), \ell'(\theta,X)\big]^2 &\le \mathrm{Var}_\theta\big[\hat\theta(X)\big]\,\mathrm{Var}_\theta[\ell'(\theta,X)] \\
&= \mathrm{Var}_\theta\big[\hat\theta(X)\big]\, I_n(\theta)
\end{aligned}
\tag{7.16}
$$

となり，この両辺を I_n で割ることによりクラメル・ラオの不等式を得る．

以上の証明において，微分と積分の交換ができない場合にはクラメル・ラオの不等式は必ずしも成り立たない．この例としては次節の一様分布に関する例がある．

以上では不偏推定量についての不等式を導いたが，バイアスのある推定量に関しても同様の不等式を導くことができる．バイアスのある場合には

$$
E_\theta\big[\hat\theta\big] = \theta + b(\theta)
$$

の両辺を θ で微分することにより，(7.15) 式のかわりに

$$
1 + b'(\theta) = E_\theta\big[\hat\theta(X)\ell'(\theta,X)\big]
\tag{7.17}
$$

を得る．従って得られる不等式は

$$E_\theta\left[(\hat{\theta}-\theta)^2\right] \geq \frac{(1+b'(\theta))^2}{I_n(\theta)} \tag{7.18}$$

となる．また $1+b'(\theta)=E_\theta\left[(\hat{\theta}-E\left[\hat{\theta}\right])\ell'(\theta,X)\right]$ とも書けるから

$$\mathrm{Var}_\theta\left[\hat{\theta}\right] \geq \frac{(1+b'(\theta))^2}{I_n(\theta)} \tag{7.19}$$

も成立する．

以上のクラメル・ラオの不等式を用いて，一様最小分散不偏推定量のための十分条件を与えることができる．

定理 7.1 不偏推定量 $\hat{\theta}^*$ が

$$\mathrm{Var}_\theta\left[\hat{\theta}^*\right] = \frac{1}{I_n(\theta)}, \quad \forall\theta \tag{7.20}$$

を満たせば，$\hat{\theta}^*$ は UMVU である．

(7.20) 式が成り立てば，任意の不偏推定量 $\hat{\theta}$ に対して $\mathrm{Var}_\theta\left[\hat{\theta}\right] \geq \mathrm{Var}_\theta\left[\hat{\theta}^*\right]$, $\forall\theta$ となるから定理 7.1 は明らかである．

例として 2 項分布及び正規分布について考えよう．$X \sim \mathrm{Bin}(n,p)$ とする．p の推定量 $\hat{p}=X/n$ は $E_p[\hat{p}]=E_p[X]/n=np/n=p$ より不偏推定量である．その分散は $\mathrm{Var}[\hat{p}]=\mathrm{Var}[X]/n^2=p(1-p)/n$ である．ところで 2 項分布の確率関数 $f(x,p)=p^x(1-p)^{n-x}\binom{n}{x}$ の対数を p で微分すれば

$$\begin{aligned}\ell'(p,x) &= \frac{\partial}{\partial p}\left(x\log p+(n-x)\log(1-p)+\log\binom{n}{x}\right)\\ &= \frac{x}{p}-\frac{n-x}{1-p}=\frac{x-np}{p(1-p)}\end{aligned}$$

となる．従ってフィッシャー情報量は

$$I(p)=E[\ell'(p,X)^2]=\frac{E[(X-np)^2]}{(p(1-p))^2}=\frac{np(1-p)}{(p(1-p))^2}=\frac{n}{p(1-p)} \tag{7.21}$$

となり，これは $1/\mathrm{Var}_p[\hat{p}]$ に一致する．従って $\hat{p}$ は UMVU であることが確かめられた．

次に正規分布の母平均 μ の推定において標本平均 $\bar{X}$ が UMVU であることを示そう．まず，μ に関するフィッシャー情報量を求める．

$$\ell(\mu,x) = -\frac{(x-\mu)^2}{2\sigma^2}-\frac{1}{2}\log(2\pi\sigma^2) \tag{7.22}$$

を μ で偏微分すれば $\ell'(\mu, x) = (x-\mu)/\sigma^2$ を得る．従って

$$I(\mu) = \frac{E[(X-\mu)^2]}{\sigma^4} = \frac{1}{\sigma^2} \tag{7.23}$$

となる．これより

$$\frac{1}{I_n(\mu)} = \frac{1}{nI_1(\mu)} = \frac{\sigma^2}{n} = \mathrm{Var}[\bar{X}]$$

となり，$\bar{X}$ が UMVU であることが示された．この結果は σ^2 が既知であるか未知であるかにかかわらず成立することに注意しよう．この点についてより詳しくは 7.6 節で説明する．

フィッシャー情報量を以上では対数尤度関数の 1 次微分を用いて定義したが，計算上は対数尤度関数の二次微分を用いたほうが簡単となることが多い．いま $\ell'(\theta, x)$ を θ でもう一度微分すれば

$$\begin{aligned} \ell''(\theta, x) &= \frac{\partial}{\partial\theta}\left(\frac{\partial f(x,\theta)/\partial\theta}{f(x,\theta)}\right) \\ &= \frac{\partial^2 f(x,\theta)/\partial\theta^2}{f(x,\theta)} - \left(\frac{\partial f(x,\theta)/\partial\theta}{f(x,\theta)}\right)^2 \end{aligned} \tag{7.24}$$

となる．この右辺に $f(x,\theta)$ をかけて x に関して積分すれば，右辺第 2 項の積分は $-I(\theta)$ に一致するから

$$E_\theta[\ell''(\theta, X)] = \int_{-\infty}^{\infty} \frac{\partial^2}{\partial\theta^2} f(x,\theta)\,dx - I(\theta)$$

を得る．ところで (7.9) 式において $\displaystyle\int \frac{\partial}{\partial\theta} f(x,\theta)\,dx = 0$ を仮定しているが，ここでもう一度微分と積分の交換が保証されると仮定すれば

$$\int \frac{\partial^2}{\partial\theta^2} f(x,\theta)\,dx = 0 \tag{7.25}$$

が成り立つ．従って

$$I(\theta) = E_\theta[-\ell''(\theta, X)] \tag{7.26}$$

と書くことができる．例えば正規分布の μ のフィッシャー情報量は

$$-\ell''(\mu, x) = \frac{\partial}{\partial\mu}\frac{\mu - x}{\sigma^2} = \frac{1}{\sigma^2}$$

より，（期待値をとるまでもなく）$I(\mu) = 1/\sigma^2$ であることがわかる．

さて，UMVU であることの証明のためにクラメル・ラオの不等式を用いる方法は，2 項分布及び正規分布の母平均の例のほかにもポアソン分布やガンマ分布などにも応用することができる．

しかしながら，クラメル・ラオの不等式では UMVU であることの証明がうまくいかない場合もある．その最も重要な例は正規分布の母平均が未知の場合の母分散の推定である．標本分散 $s^2 = \dfrac{1}{n-1}\sum_{i=1}^{n}(X_i - \bar{X})^2$ は σ^2 の不偏推定量である．実は次節で示すように s^2 は UMVU であるにもかかわらず s^2 の分散はクラメル・ラオの不等式の下限を達成しない．

このことを示そう．いま記法の混乱を避けるために $\tau = \sigma^2$ とおく．ここで τ のフィッシャー情報量を求めよう．

$$\ell(\tau, x) = -\frac{(x-\mu)^2}{2\tau} - \frac{1}{2}\log(2\pi\tau)$$

であるから，これを τ で 2 回微分すれば

$$-\ell''(\tau, x) = \frac{(x-\mu)^2}{\tau^3} - \frac{1}{2\tau^2}$$

となる．これよりフィッシャー情報量は

$$I(\tau) = E[-\ell''(\tau, X)] = \frac{\tau}{\tau^3} - \frac{1}{2\tau^2} = \frac{1}{2\tau^2}$$

で与えられることがわかる．従ってクラメル・ラオの不等式による不偏推定量の分散の下限は

$$\frac{1}{nI(\sigma^2)} = \frac{2\tau^2}{n} = \frac{2\sigma^4}{n} \tag{7.27}$$

で与えられる．一方 $(n-1)s^2/\sigma^2$ は自由度 $n-1$ のカイ二乗分布に従うから，

$$\mathrm{Var}[s^2] = \frac{2\sigma^4}{n-1} \tag{7.28}$$

となり (問 7.1)，これは $1/nI(\sigma^2)$ より大きい．従ってクラメル・ラオの不等式を用いることによっては，s^2 が UMVU であるという事実を示すことはできない．なお以上の結果は μ が未知の場合の結果であり，μ が既知ならばクラメル・ラオの不等式を用いて $s^2 = \dfrac{1}{n}\sum_{i=1}^{n}(X_i - \mu)^2$ が UMVU であることが証明される (問 7.3)．

以上では 1 次元のパラメータに関するクラメル・ラオの不等式について述べてきた．多次元のパラメータへの拡張及びその他の拡張については以下の 7.6

節を見よ．

7.3　完備十分統計量に基づく不偏推定量

この節では十分統計量，とくに完備十分統計量の理論の不偏推定への応用について述べる．完備十分統計量の理論は前節の方法とは異なる UMVU のための十分条件を与える．

前章で論じたラオ・ブラックウェルの定理を不偏推定量について考えてみよう．$\hat{\theta}(X)$ を不偏推定量とし，$T(X)$ を十分統計量とする．

$$\hat{\theta}^*(t) = E\bigl[\hat{\theta}(X)\,|\,T(X) = t\bigr] \tag{7.29}$$

とおくと，期待値の繰り返しの公式により

$$\theta = E_\theta\bigl[\hat{\theta}(X)\bigr] = E_\theta^T\bigl[E\bigl[\hat{\theta}|T\bigr]\bigr] = E_\theta^T\bigl[\hat{\theta}^*(T)\bigr] \tag{7.30}$$

となるから，$\hat{\theta}^*$ も不偏推定量であることがわかる．そしてラオ・ブラックウェルの定理により，$\hat{\theta}^*$ と $\hat{\theta}$ が一致しない限り $\mathrm{Var}_\theta\bigl[\hat{\theta}^*\bigr] < \mathrm{Var}_\theta\bigl[\hat{\theta}\bigr]$ となる．

ラオ・ブラックウェルの定理による分散の改善の例として一様分布の場合を考えよう．$X_1, \ldots, X_n \sim \mathrm{U}[0, \theta], i.i.d.,$ とする．$E_\theta[X_1] = \theta/2$ であるから，$\hat{\theta} = 2X_1$ とおけば $\hat{\theta}$ は不偏推定量である．ただし $\hat{\theta}$ は X_1 以外の観測値を無視した推定量であり不合理な推定量であるから，ラオ・ブラックウェルの定理により $\hat{\theta}$ を改善することを考える．θ に関する十分統計量は前章で述べたように $T(X) = \max\limits_i X_i$ である．T が与えられたときの X_1 の条件つき分布は前章で述べたように

$$P(X_1 = t|T = t) = \frac{1}{n}$$
$$P(X_1 \le x|T = t) = \left(1 - \frac{1}{n}\right)\frac{x}{t} \quad (0 < x < t)$$

で与えられる．このことを用いれば

$$\begin{aligned} E\bigl[\hat{\theta}|T = t\bigr] &= 2E[X_1|T = t] = 2\frac{t}{n} + 2\left(1 - \frac{1}{n}\right)\frac{t}{2} \\ &= \left(1 + \frac{1}{n}\right)t \end{aligned}$$

となる．従って

$$\hat{\theta}^* = \left(1 + \frac{1}{n}\right) \max_i X_i \tag{7.31}$$

が求める不偏推定量である．4.7 節の順序統計量のところで述べたように，$T = \max_i X_i$ の密度関数は

$$f(t, \theta) = \frac{nt^{n-1}}{\theta^n} \quad (0 < t < \theta)$$

で与えられるから，$E_\theta[T] = \theta n/(n+1)$ となり，このことからも $(n+1)T/n$ が θ の不偏推定量であることが確かめられる (問 7.4).

さて，以上のラオ・ブラックウェルの定理から得られる $\hat{\theta}^*$ に関して，十分統計量が完備であるという条件を付加すれば非常に強い結論が得られる．すなわち $\hat{\theta}^*$ は UMVU である．そのことを証明しよう．

これまでと同様 $\hat{\theta}$ をある不偏推定量とし $\hat{\theta}^* = E\left[\hat{\theta}|T = t\right]$ とおく．ここで $\widetilde{\theta}$ をほかの任意の不偏推定量とする．$\mathrm{Var}_\theta\left[\widetilde{\theta}\right] \geq \mathrm{Var}_\theta\left[\hat{\theta}^*\right]$ を示せば $\hat{\theta}^*$ が UMVU であることがわかる．ここで $\widetilde{\theta}$ にラオ・ブラックウェルの定理を応用して $\widetilde{\theta}^* = E\left[\widetilde{\theta}|T = t\right]$ とおく．このとき $\mathrm{Var}_\theta\left[\widetilde{\theta}\right] \geq \mathrm{Var}_\theta\left[\widetilde{\theta}^*\right]$ である．ところで $g(T) = \hat{\theta}^*(T) - \widetilde{\theta}^*(T)$ とおくと，

$$E_\theta[g(T)] = E_\theta\left[\hat{\theta}^*(T) - \widetilde{\theta}^*(T)\right] = \theta - \theta = 0, \quad \forall\theta \tag{7.32}$$

となる．従って完備性の定義より $g(T) \equiv 0$ すなわち $\widetilde{\theta}^*(T) \equiv \hat{\theta}^*(T)$ でなければならない．このとき $\mathrm{Var}_\theta\left[\widetilde{\theta}^*\right] = \mathrm{Var}_\theta\left[\hat{\theta}^*\right]$ となるから，$\mathrm{Var}_\theta\left[\widetilde{\theta}\right] \geq \mathrm{Var}_\theta\left[\hat{\theta}^*\right]$ となることが示された．

以上の結論を次の定理の形に要約しよう．

定理 7.2 T を完備十分統計量とする．このとき T の関数である不偏推定量 $\delta^*(T)$ は一意的に定まり $\delta^*(T)$ は UMVU となる．また，任意の不偏推定量を $\hat{\theta}$ とするとき $E\left[\hat{\theta}|T\right]$ は $\delta^*(T)$ に一致する．

以上の例として正規分布の母数の推定について考えよう．$X_1, \ldots, X_n \sim \mathrm{N}(\mu, \sigma^2), i.i.d.$, として μ, σ^2 とも未知とする．前章で述べたようにこのとき $T = \left(\bar{X}, \sum_{i=1}^{n}(X_i - \bar{X})^2\right)$ が 2 次元の完備十分統計量となる．ところで $g(t_1, t_2) = t_1$, $h(t_1, t_2) = t_2/(n-1)$ とおけば，$\bar{X} = g(T), s^2 = h(T)$ と書けるから，$\bar{X}$ 及び s^2 はそれぞれ T の関数である．完備十分統計量の関数で不偏

であるものは一意的に定まり UMVU となるから，$\bar{X}$ 及び s^2 はそれぞれ μ 及び σ^2 の UMVU である．

十分統計量が完備である例としては，正規分布などの指数型分布族のほかに，すでに述べた一様分布の例がある．前章で示したように $T = \max_i X_i$ は $\mathrm{U}[0,\theta]$ の θ に関する完備十分統計量である．従って $\delta^* = (n+1)T/n$ は θ の UMVU である．

ところでこの例はクラメル・ラオの不等式が成り立たない例でもあるのでこの点を説明しよう．容易にわかるように

$$\mathrm{Var}_\theta[T] = \frac{1}{n(n+2)}\theta^2 \tag{7.33}$$

である (問 7.4)．ところで一様分布の密度関数 $f(x,\theta) = 1/\theta \ \ (0 < x < \theta)$ の対数をとって θ で微分すれば $\ell'(\theta,x) = -1/\theta \ \ (0 < x < \theta)$ となる．従ってフィッシャー情報量の定義から $I(\theta) = E[\ell'(\theta,X)^2] = 1/\theta^2$ となり，クラメル・ラオの不等式が成り立つとすれば

$$\frac{1}{n(n+2)}\theta^2 \geq \frac{\theta^2}{n}$$

となる．しかし $1/(n(n+2)) < 1/n$ であるからこれは矛盾であり，クラメル・ラオの不等式は成り立たない．ここで，クラメル・ラオの不等式が成り立たない理由は，不等式を証明する際の微分と積分の交換ができないことが原因である．実際この場合 $E[\ell'(\theta,X)] = E[-1/\theta] = -1/\theta \neq 0$ である．

さて，ここまでで見たいくつかの例では，完備十分統計量を用いた証明のほうがクラメル・ラオの不等式を用いた証明より強い結果を与えている．実はこのことは一般的に証明することができるのである．いま $\delta(X)$ が θ の不偏推定量でありクラメル・ラオの不等式により UMVU であることが証明できたとしよう．クラメル・ラオの不等式を証明する際に，相関係数の絶対値が 1 以下であることを用いたが，これはもとをただせばコーシー・シュバルツの不等式を用いていることになる．クラメル・ラオの不等式が等式で成り立つとすれば

$$\left(E_\theta[(\delta(X)-\theta)\ell'(\theta,X)]\right)^2 = E_\theta[(\delta(X)-\theta)^2]\,E_\theta[\ell'(\theta,X)^2] \tag{7.34}$$

でなければならない．コーシー・シュバルツの不等式の等号条件より，(7.34) 式が成り立てば，ある $k(\theta)$ が存在して

$$\ell'(\theta,x) = k(\theta)(\delta(x)-\theta) \tag{7.35}$$

が成り立たなければならない．ここで $k(\theta)$ は x に依存しない (が θ には依存してよい) 定数である．$k(\theta)$ 及び $\theta k(\theta)$ の原始関数をそれぞれ $\psi(\theta)$, $c(\theta)$ とおけば，(7.35) 式を θ について不定積分することにより

$$\log f(x,\theta) = \ell(\theta,x) = \psi(\theta)\delta(x) - c(\theta) + g(x) \tag{7.36}$$

となる．ここで $g(x)$ は (7.35) 式を積分した際の積分定数 (これは x には依存してよい) である．(7.36) 式の指数関数をとれば，$f(x,\theta)$ は

$$f(x,\theta) = h(x)\exp(\psi(\theta)\delta(x) - c(\theta)) \tag{7.37}$$

と指数型分布族の形に書ける．ただし $h(x) = \exp(g(x))$ である．すなわち定理 6.4 により $\delta(x)$ は $\psi(\theta)$ の完備十分統計量である．従って $\delta(x)$ 自身が $\theta = E_\theta[\delta(X)]$ の UMVU となっていることがわかる．

以上によりクラメル・ラオの不等式により UMVU であることが証明できる不偏推定量は，完備十分統計量を用いた議論によっても UMVU であることを証明できることがわかった．すなわち完備十分統計量に基づく証明のほうがより強力な証明であることが示された．なお，以上の証明は 1 次元の母数の場合であるが，多次元の母数の場合にも同様の証明が可能である．

7.4 不偏推定の問題点

以上で述べてきた一様最小分散不偏推定量の理論は，標本平均のように直観的にもっともらしいと思われる推定量を理論的に裏付けるための有効な理論である．もし UMVU が存在すれば UMVU を用いることは説得性のあることと思われる．しかしながら，一様最小分散不偏推定量が存在しなかったり不合理な推定量となる例がある．これらの例は必ずしも特殊な例とはいえず，不偏推定量の理論に疑問を投げかけるものとなっている．不偏推定量の理論は点推定論のなかで伝統的に大きな位置をしめてきたが，このような事情から不偏推定という考え方を重視しない学者も多い．

不偏推定の問題点として，母数の変換に対して不変でないということがあげられる．つまり $\hat{\theta}$ が θ の不偏推定量であったとしても $\gamma(\hat{\theta})$ は必ずしも $\gamma(\theta)$ の不偏推定量ではないのである．この例として母分散及び母標準偏差の推定を考え

てみよう．$s^2 = \sum_{i=1}^{n}(X_i - \bar{X})^2/(n-1)$ は σ^2 の不偏推定量であるが，$s = \sqrt{s^2}$ は σ の不偏推定量とはならない．実際ジェンセンの不等式より (補論 A.4 参照)

$$E[s] < \sigma$$

となることが容易に示される (問 7.5)．また正規母集団からの標本の場合に，前節の議論を用いれば

$$\widetilde{\sigma} = s\frac{\sqrt{n-1}\Gamma((n-1)/2)}{\sqrt{2}\Gamma(n/2)}$$

が σ の UMVU であることも示される．従ってもし不偏推定の考え方にこだわるならば σ^2 の推定には s^2 を用いるが，σ の推定には $\widetilde{\sigma}$ を用いなければいけなくなる．しかしこれは明らかに不自然な推定方法であろう．従ってこの場合不偏推定の基準を厳密に適用することは不合理である．

次の例として正規分布 $\mathrm{N}(\mu, \sigma^2)$ からの大きさ n の標本に基づいて μ^2 を推定する問題を考えよう．$E[\bar{X}^2] = \mathrm{Var}[\bar{X}] + E[\bar{X}]^2 = \sigma^2/n + \mu^2$ に注意すれば

$$\hat{\mu}^2 = \bar{X}^2 - \frac{\sum_{i=1}^{n}(X_i - \bar{X})^2}{n(n-1)} \tag{7.38}$$

が μ^2 の不偏推定量となる．また，この推定量は完備十分統計量の関数であるから UMVU である．ところで (7.38) 式の $\hat{\mu}^2$ は正の確率で負の値をとり得ることに注意しよう (問 7.7)．前節の議論により，任意の不偏推定量 $\widetilde{\mu}^2$ の完備十分統計量を与えたときの条件つき期待値をとれば (7.38) 式に一致するから，$\widetilde{\mu}^2$ はやはり正の確率で負の値をとり得ることとなる．すなわちこの場合不偏推定にこだわる限り，推定値が負となる可能性を排除できない (問 7.8)．しかし $\mu^2 \geq 0$ であるから負の値で推定することは不合理である．

同様な例として $|\mu|$ を推定することを考えよう．この場合実は $|\mu|$ の不偏推定量は存在しない．このことは背理法によって次のように示すことができる．いま $|\mu|$ の不偏推定量 $\delta(X)$ が存在したとする．$f(x, \mu, \sigma^2)$ を $X = (X_1, \ldots, X_n)$ の同時密度関数とすれば

$$|\mu| = \int \delta(x) f(x, \mu, \sigma^2)\, dx \tag{7.39}$$

となる．ところで正規分布の密度関数の形から $f(x, \mu, \sigma^2)$ は μ に関していたる

ところ偏微分可能であり，また期待値の存在により微分と積分の交換も保証されるから，(7.39) 式の右辺を μ で偏微分したものは $\int \delta(x) \frac{\partial}{\partial \mu} f(x, \mu, \sigma^2)\, dx$ で与えられる．しかしながら左辺の $|\mu|$ は $\mu = 0$ で微分不可能であるから矛盾である．以上で $|\mu|$ の不偏推定量は存在しないことがわかった．

以上正規分布を例として不偏性の考え方がパラメータの変換に関して維持されないことを見てきた．さらに，正規分布以外の分布についてもいくつかの例をあげておこう．

X を幾何分布に従う確率変数とする．すなわち

$$p(x) = P(X = x) = (1-p)^x p, \quad x = 0, 1, 2, \ldots$$

とする (標本サイズ 1)．ここで成功確率 p の不偏推定を考えよう．$\delta(x)$ を不偏推定量とすれば

$$p \equiv \sum_{x=0}^{\infty} \delta(x)(1-p)^x p, \quad 0 < p \leq 1 \tag{7.40}$$

が成り立つはずである．(7.40) 式の両辺を p でわり $q = 1 - p$ とおけば

$$1 \equiv \sum_{x=0}^{\infty} \delta(x) q^x = \delta(0) + \delta(1) q + \delta(2) q^2 + \cdots, \quad 0 \leq q < 1 \tag{7.41}$$

が成り立つ．ところで (7.41) 式の右辺の級数が恒等的に 1 に等しいためには，$\delta(0) = 1, 0 = \delta(1) = \delta(2) = \cdots$ が成り立たなければならない．従って p の唯一の不偏推定量は

$$\delta(x) = I_{[x=0]}(x) = \begin{cases} 1, & \text{if} \quad x = 0 \\ 0, & \text{if} \quad x \geq 1 \end{cases}$$

で与えられる．しかしながら，例えばコインを投げて 2 回目ではじめて表が出たときに，表の出る確率を $p = 0$ と推定するのは不合理である．従ってこの場合も不偏推定の考え方によって不合理な推定量が得られたわけである．しかしながら，この推定量を標本サイズ n が $n \geq 2$ のときに一般化すると合理的な推定量が得られることは興味深い (問 7.9～7.15 を参照)．

最後にポアソン分布に関する次の奇妙な例を与える．X がポアソン分布 $\mathrm{Po}(\lambda)$ に従うとする (標本サイズ 1)．ここで λ の関数 $e^{-2\lambda}$ を推定することを考えよう．いま $\delta(X)$ を $e^{-2\lambda}$ の不偏推定量とすれば

$$e^{-2\lambda} \equiv \sum_{x=0}^{\infty} \delta(x) \frac{\lambda^x}{x!} e^{-\lambda} \tag{7.42}$$

が成り立つ．両辺に e^{λ} をかければ $e^{-\lambda} \equiv \sum \delta(x) \dfrac{\lambda^x}{x!}$ となる．$e^{-\lambda}$ を

$$e^{-\lambda} = 1 - \lambda + \frac{\lambda^2}{2} - \frac{\lambda^3}{6} + \cdots$$

と級数展開し，級数の一意性を用いれば $\delta(x) = (-1)^x$ でなければならない．すなわち唯一の不偏推定量は，x が偶数ならば $\delta(x) = 1$，x が奇数ならば $\delta(x) = -1$，とする推定量である．しかしこれはまったく不合理な推定量である．ただしこの場合も標本サイズが $n \geq 3$ となれば合理的な推定量が得られる (問 7.16).

以上のいくつかの例から不偏推定量が存在しなかったり，存在しても不合理な推定量となってしまう場合があることがわかった．従って不偏推定量という考え方にこだわることは避けなければならない．しかしながら，もし UMVU が存在しそれが直観的にも合理的な推定量と考えられる状況では，UMVU をよい推定量と考えてよいだろう．

ただし，この点についても統計的決定理論の立場からの疑問がある．それは**スタインのパラドックス** (Stein's paradox) という現象である．ここでは，複数の正規分布の母平均を同時に推定する問題におけるスタインのパラドックスについて簡単に説明する．いま $X_i \sim \mathrm{N}(\mu_i, 1), i = 1, \ldots, n$ を互いに独立な正規変量とし $(\mu_1, \ldots, \mu_n)$ を未知母数ベクトルとする．推定の損失関数を $\sum_{i=1}^{n} (d_i - \mu_i)^2$ とすれば，推定量 $\hat{\mu} = (\hat{\mu}_1, \ldots, \hat{\mu}_n)$ のリスクは

$$R(\hat{\mu}, \mu) = \sum_{i=1}^{n} E[(\hat{\mu}_i - \mu_i)^2] \tag{7.43}$$

である．ところで，以上の設定のもとで $X = (X_1, \ldots, X_n)$ 自身が完備十分統計量であるから，X が UMVU であり，不偏推定量のなかではリスクを最小にする．ところが，James and Stein(1961) は，$n \geq 3$ のとき $\hat{\mu}^{\mathrm{JS}} = (\hat{\mu}_1^{\mathrm{JS}}, \ldots, \hat{\mu}_n^{\mathrm{JS}})$ を

$$\hat{\mu}_i^{\mathrm{JS}} = \left(1 - \frac{n-2}{\sum_{j=1}^{n} {X_j}^2} \right) X_i$$

とおくと

$$R(\hat{\mu}^{\mathrm{JS}}, \mu) < R(X, \mu), \quad \forall \mu \tag{7.44}$$

となることを証明した．すなわち X は非許容的である．X は自然な推定量と考えられるので，以上の結果は大きな驚きをもって迎えられた．

7.5 最尤推定量

不偏推定量が存在しない場合や，存在しても不合理な推定量となってしまう場合に，推定量を導く一般的な方法として最尤推定量がある．統計的モデルが複雑なものであるときは，最尤推定量が唯一の実用的な推定量である場合も多い．最尤推定量は常によい推定量であるという保証はないが，多くの場合に合理的な推定量となる．また，標本サイズが大きいときには UMVU と同様の性質を示し，UMVU と同様の正当化が可能である．このことを最尤推定量の**漸近有効性** (asymptotic efficiency) とよんでおり，最尤推定量を正当化する根拠となっている．最尤推定量の漸近有効性の証明は 13 章で与えることとし，ここでは最尤推定量の定義といくつかの具体例を論じる．

$X = (X_1, \ldots, X_n)$ の同時密度関数あるいは同時確率関数を $f(x, \theta)$ あるいは $f_n(x, \theta)$ で表す．$f(x, \theta)$ を θ の関数とみたもの

$$L(\theta) = L(\theta, x) = f(x, \theta) \tag{7.45}$$

を**尤度関数** (likelihood function) とよぶ．また尤度関数の対数 $\ell(\theta) = \log L(\theta)$ を**対数尤度関数** (log likelihood function) という．尤度関数は関数としては密度関数あるいは確率関数と同じものであるが，観点がやや異なるために用語も異なったものを用いる．

最尤推定量は尤度関数を最大にする θ の値を推定値とする推定量である．すなわち最尤推定量 $\hat{\theta}$ は

$$\max_{\theta} L(\theta) = L(\hat{\theta}) \tag{7.46}$$

で定義される．尤度関数の形は x に依存しているからこのことを明示的に表せば，最尤推定量 (の推定値) $\hat{\theta}(x)$ は

$$\max_{\theta} L(\theta, x) = L(\hat{\theta}(x), x) \tag{7.47}$$

で定義される．

最尤推定量の簡単な例として2項分布の成功確率 p の最尤推定量を求めてみよう．尤度関数は $L(p) = \binom{n}{x} p^x (1-p)^{n-x}$ であり，対数尤度関数は

$$\ell(p) = x \log p + (n-x)\log(1-p) + \log \binom{n}{x} \tag{7.48}$$

となる．$L(p)$ を最大化することと $\ell(p)$ を最大化することは同値である．対数尤度関数 ℓ を最大化することのほうが容易であることが多いのでここでも ℓ を最大化することとする．(7.48) 式を p で微分して 0 とおくと

$$0 = \frac{x}{p} - \frac{n-x}{1-p} = \frac{x - np}{p(1-p)}$$

が得られる．これより最尤推定量が $\hat{p} = x/n$ となることがわかる．この場合は最尤推定量は UMVU と一致している．

さて尤度関数を最大化することの意味を考えるためにここでより具体的に尤度関数を解釈してみよう．例えばコインを10回投げて表が6回出たとしよう．$x = 6$ を2項分布の確率関数に代入すれば尤度関数は

$$L(p) = \binom{10}{6} p^6 (1-p)^4 \tag{7.49}$$

となり，この場合の $L(p)$ のグラフの概形は図7.1のようになる．$L(p)$ の値をいくつかの p について計算してみると $L(0.5) = 0.205, L(0.6) = 0.251, L(0.7) = 0.200$ となっている．例えば $p = 0.5$ のときは6回表の出る確率は約20％であるが，$p = 0.6$ のときは約25％である．従って $p = 0.6$ のときのほうが $X = 6$ という事象をより観測しやすいことになる．このことは，$X = 6$ を観測したときに，$p = 0.6$ と考えるほうが $p = 0.5$ と考えるより自然であると解釈することができる．同じように考えれば，$p = 0.5$ と $p = 0.7$ とを比較すれば，$p = 0.5$

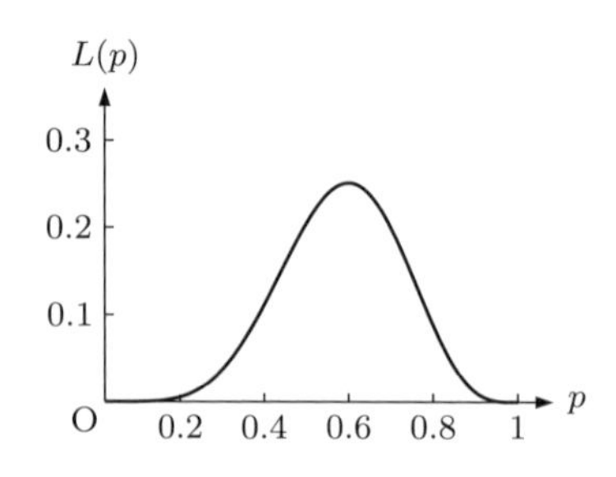

図 7.1

のほうがわずかながら可能性が高いと考えられる．このように，尤度関数 $L(\theta)$ は観測値 x が得られたときに母数 θ の値の“もっともらしさ”を表す関数と解釈することができる．このように尤度関数を解釈すれば最尤推定量が自然な推定量となる．

以上のような尤度関数の解釈及び最尤推定量の動機付けは必ずしも説得的なものではないが，いろいろな分布について最尤推定量を求めてみると，直観的にも自然な推定量が得られることが多い．最尤推定量が自動的に十分統計量の関数となることもその1つの理由と考えられる．このことの証明は次のようである．$T(X)$ を十分統計量とすれば，十分統計量に関する分解定理より $f(x,\theta)$ は

$$f(x,\theta) = g(T(x),\theta)h(x)$$

と書ける．$h(x)$ は θ を含まないから，$f(x,\theta)$ を最大化する θ の値は $g(T(x),\theta)$ を最大化する θ の値である．$g(T(x),\theta)$ を最大化する θ は明らかに $T(x)$ の関数である．

また，不偏推定量の問題点は母数の変換に関する不変性を有しないことであったが，最尤推定量はその定義から母数の変換に関する不変性を有する．すなわち $\gamma = g(\theta)$ を θ を変換した母数とすると，θ の最尤推定量 $\hat{\theta}$ と γ の最尤推定量 $\hat{\gamma}$ の間には

$$\hat{\gamma} = g(\hat{\theta}) \tag{7.50}$$

の関係が成り立つ．例えば，$\hat{\sigma}^2$ を母分散の最尤推定量とすれば母標準偏差の最尤推定量は $\sqrt{\hat{\sigma}^2}$ である．g が1対1の関数ならば，これは

$$\max_{\theta} f(x,\theta) = \max_{\gamma} f(x, g^{-1}(\gamma)) \tag{7.51}$$

となることから明らかである．g が1対1でなくても (7.50) 式はやはり成り立つ．この証明は簡単なことなので，ここでは例をあげるにとどめる．例えば $g(\theta) = |\theta|$ とおくと g は1対1ではないが，θ の最尤推定量を $\hat{\theta}$ とおくと $|\theta|$ の最尤推定量は $\left|\hat{\theta}\right|$ である．この場合には，$\operatorname{sgn}\theta$ を θ の符号とし $\gamma = (\gamma_1, \gamma_2) = (|\theta|, \operatorname{sgn}\theta)$ とおけば，γ と θ は1対1の関係となり，1対1の場合の議論を適用して $\hat{\gamma} = (\left|\hat{\theta}\right|, \operatorname{sgn}\hat{\theta})$ となる．従って，γ_1 すなわち $|\theta|$ の最尤推定量が $\left|\hat{\theta}\right|$ となることが示された．以上により，最尤推定量を用いる限り母数の変換は問題とならないことがわかる．

ここで最尤推定量に関する理解を深めるために，最尤推定量の具体例をいくつか見てみよう．

まず正規分布を考える．$\tau = \sigma^2$ とおくと対数尤度関数は

$$\ell(\mu, \tau) = -\frac{n}{2}\log\tau - \frac{n}{2}\log(2\pi) - \frac{n(\bar{x}-\mu)^2}{2\tau} - \frac{1}{2\tau}\sum_{i=1}^{n}(x_i - \bar{x})^2 \quad (7.52)$$

である．これをまず μ について最大化すると，明らかに $\hat{\mu} = \bar{x}$ となる．これを (7.52) 式に代入すると

$$\widetilde{\ell}(\tau) = \ell(\bar{x}, \tau) = -\frac{n}{2}\log\tau - \frac{n}{2}\log(2\pi) - \frac{1}{2\tau}\sum_{i=1}^{n}(x_i - \bar{x})^2 \quad (7.53)$$

となる．これを τ で微分して 0 とおけば

$$0 = \widetilde{\ell}'(\tau) = -\frac{n}{2\tau} + \frac{1}{2\tau^2}\sum_{i=1}^{n}(x_i - \bar{x})^2$$

となり，これを解いて $\hat{\tau} = \frac{1}{n}\sum_{i=1}^{n}(x_i - \bar{x})^2$ を得る．以上をまとめると正規分布の μ, σ^2 の最尤推定量は

$$\hat{\mu} = \bar{X}, \quad \hat{\sigma}^2 = \frac{1}{n}\sum_{i=1}^{n}(X_i - \bar{X})^2$$

で与えられる．分散の推定量は n で割ったものとなっており，記述統計の観点からは自然である．

以上の正規分布の例のように，分布のパラメータが 2 つの部分にわかれて $\theta = (\theta_1, \theta_2)$ となっている場合には，尤度関数 $L(\theta_1, \theta_2)$ を最大化する際にまず一方のパラメータ θ_2 について先に最大化することが多い．L を (θ_1 を固定しておいて) θ_2 について最大化したものを $\widetilde{L}$ とおこう．すなわち

$$\widetilde{L}(\theta_1) = \max_{\theta_2} L(\theta_1, \theta_2) = L(\theta_1, \hat{\theta}_2(\theta_1)) \quad (7.54)$$

である．この場合，$\widetilde{L}(\theta_1)$ を θ_1 の**集約尤度関数** (concentrated likelihood function) とよぶ．集約尤度関数に尤度関数としての解釈を与えることには無理があるが，最尤推定量を求める際には集約尤度関数を最大化すればよい．

次の例として，前節で扱った幾何分布の成功確率の推定を考えよう．前節と同様に $p(x) = P(X = x) = (1-p)^x p$, $x = 0, 1, 2, \ldots$, とする．対数尤度関数は $\ell(p) = \log p + x\log(1-p)$ である．これを p で微分して 0 とおけば

$$0 = \frac{1}{p} - \frac{x}{1-p} = \frac{1-p(x+1)}{p(1-p)}$$

となる．これより p の最尤推定量は

$$\hat{p} = \frac{1}{x+1} \tag{7.55}$$

で与えられる．この推定量の意味を考えてみよう．いま表の出る確率が p のコインを表が出るまで投げるとする．はじめて表が出るまでの裏の数が x であり，最後に出た表とあわせて試行総数は $(x+1)$ 回となる．従って $1/(x+1)$ は表の比率であり，これを p の推定値とするのは自然である．ただしこの場合，最後の試行の結果は必ず表であり，そのことが最尤推定量に上方バイアスを生じさせている．実際，前節の不偏推定量を δ とするとすべての x について $\delta(x) \le 1/(x+1)$ となっていることから $E_p(\hat{p}) > p$ となることがわかる．ここでは標本サイズが 1 の場合を扱ったが標本サイズが n の場合の最尤推定量についても同様に計算すると

$$\hat{p} = \frac{n}{n + \sum_{i=1}^{n} X_i} = \frac{1}{\bar{X}+1} \tag{7.56}$$

が最尤推定量となる (問 7.13).

次に一様分布の例を考える．$X = (X_1, \ldots, X_n)$ を一様分布 $\mathrm{U}[0, \theta]$ からのサイズ n の標本とする．このとき X の同時密度関数は

$$f(x, \theta) = \frac{1}{\theta^n} I_{[\max_j x_j \le \theta]}(x)$$

で与えられる．$1/\theta^n$ は θ の単調減少関数であるから，θ の最尤推定量は

$$\hat{\theta} = \max_j X_j$$

で与えられる．$P\left(\max_j X_j < \theta\right) = 1$ であるからこの場合 $\hat{\theta}$ は常に過小推定となっている．このバイアスを修正したものが 7.3 節でとりあげた不偏推定量 $(n+1)\max_j X_j/n$ であると考えることもできる．

以上のいくつかの例からわかるように，最尤推定の考え方により自然な推定量が得られることが多い．このように最尤推定は汎用的で実用的な推定量の構成法であるが，標本サイズ n が大きい場合には漸近有効性の議論により，理論的にもある程度正当化される．ここでは最尤推定量の漸近有効性について結果だけを簡単に説明しよう．サイズ n の標本に基づく最尤推定量を $\hat{\theta}_n = \hat{\theta}_n(X_1, \ldots, X_n)$ とおく．十分な正則条件のもとで $n \to \infty$ のとき

$$\hat{\theta}_n \xrightarrow{p} \theta \tag{7.57}$$

$$\sqrt{n}(E_\theta[\hat{\theta}_n] - \theta) \to 0 \tag{7.58}$$

$$n\mathrm{Var}_\theta[\hat{\theta}_n] \to \frac{1}{I(\theta)} \tag{7.59}$$

となることが示される．ここで，$\xrightarrow{p}$ は確率収束を表し $I(\theta)$ は θ に関するフィッシャー情報量である．

一般にある推定量 $\widetilde{\theta}_n$ が

$$\widetilde{\theta}_n \xrightarrow{p} \theta \quad (n \to \infty) \tag{7.60}$$

となるとき $\widetilde{\theta}_n$ は**一致性** (consistency) を持つ，あるいは**一致推定量** (consistent estimator) であるという．(7.57) 式は最尤推定量の一致性を意味している．

(7.58) 式及び (7.59) 式の意味するところは，n が大きいとき，最尤推定量はほぼ不偏推定量であり，その分散はクラメル・ラオの不等式の下限をほぼ達成するということである．従って n が大きいとき最尤推定量は UMVU と同様の意味で最適性を持つことがわかる．このことが最尤推定量の**漸近有効性**とよばれる性質である．

最尤推定量の漸近有効性の証明はかなり面倒なので 13 章で与えることとし，ここではすでにとりあげたいくつかの例で最尤推定量の漸近有効性を検討してみよう．クラメル・ラオの不等式が最初から等式で成り立つ例はつまらないので，有限の n についてはクラメル・ラオの不等式の下限が達成されない例を見てみよう．

まず正規分布の分散の推定を考えよう．σ^2 の最尤推定量は

$$\hat{\sigma}_n{}^2 = \frac{1}{n}\sum_{i=1}^{n}(X_i - \bar{X})^2 = \frac{1}{n}\sum_{i=1}^{n}(X_i - \mu)^2 - (\bar{X} - \mu)^2 \tag{7.61}$$

である．ここで $n \to \infty$ とおくと大数の法則により $\bar{X} \xrightarrow{p} \mu$ となる．同様に $\sum_{i=1}^{n}(X_i - \mu)^2/n$ に大数の法則を適用すれば $\sum_{i=1}^{n}(X_i - \mu)^2/n \xrightarrow{p} \sigma^2$ となる．従って $\hat{\sigma}_n{}^2$ が σ^2 に確率収束することがわかる (補論 (A.8) 式参照)．これが (7.57) 式である．次に $\hat{\sigma}_n{}^2$ の期待値は $E[\hat{\sigma}_n{}^2] = (n-1)\sigma^2/n$ であるから

$$\sqrt{n}\left(\frac{n-1}{n}\sigma^2 - \sigma^2\right) = -\sqrt{n}\ \frac{\sigma^2}{n} \to 0 \quad (n \to \infty)$$

となり，(7.58) 式が成り立っている．最後に，$\hat{\sigma}_n{}^2$ の分散は (7.28) 式より $\mathrm{Var}[\hat{\sigma}_n{}^2] = 2(n-1)\sigma^4/n^2$ で与えられるから

$$n\mathrm{Var}[\hat{\sigma}_n{}^2] = \frac{n-1}{n}2\sigma^4 \to 2\sigma^4 \quad (n \to \infty)$$

となる．一方 (7.27) 式より $1/I(\sigma^2) = 2\sigma^4$ である．従って (7.59) 式も成り立っている．以上より $\hat{\sigma}_n{}^2$ の漸近有効性が確かめられた．

次に幾何分布の成功確率の推定の例を見てみよう．この例の計算はやや面倒なので，読者はこの例をとばしてこの節の最後あるいは次章にすすんでもよい．最尤推定量は $\hat{p}_n = 1/(\bar{X}_n + 1)$ である．ところで幾何分布の期待値は $E[X_i] = (1-p)/p$ であるから，大数の法則により

$$\hat{p}_n \xrightarrow{p} \frac{1}{(1-p)/p+1} = p$$

となり $\hat{p}_n$ が p に確率収束することがわかる (補論 (A.6) 式参照)．次に $\hat{p}_n$ の期待値及び分散を考えよう．$\hat{p}_n$ の期待値と分散を明示的に評価するのは難しいので計算がかなり複雑になるが，以下やや細かく見ていこう．いま $Y = \sum_{i=1}^{n} X_i = n\bar{X}$ とおくと，Y は負の 2 項分布

$$p(y) = \binom{n+y-1}{y} p^n (1-p)^y$$

に従う (問 7.11)．$N = n + Y$ とおくと，期待値を直接計算することにより次の関係が成り立つことがわかる．

$$E\left[\frac{1}{(N-1)(N-2)\cdots(N-k)}\right] = \frac{p^k}{(n-1)(n-2)\cdots(n-k)} \tag{7.62}$$

さらに最尤推定量を $\hat{p} = n/N$ と表すと，$\hat{p} = n/N$ 及び $\hat{p}^2 = n^2/N^2$ について

$$\frac{n}{N} - \frac{n}{N-1} + \frac{n}{(N-1)(N-2)} = \frac{2n}{N(N-1)(N-2)} \tag{7.63}$$

$$\begin{aligned}\frac{n^2}{N^2} - \frac{n^2}{(N-1)(N-2)} + \frac{3n^2}{(N-1)(N-2)(N-3)}\\ = \frac{11Nn^2 - 6n^2}{N^2(N-1)(N-2)(N-3)}\end{aligned} \tag{7.64}$$

の成り立つことが確かめられる (問 7.15)．$N \geq n$ であるから (7.63) 式及び (7.64) 式の右辺の絶対値はそれぞれ

$$\left|\frac{2n}{N(N-1)(N-2)}\right| \leq \frac{2}{(n-1)(n-2)}$$
$$\left|\frac{11Nn^2-6n^2}{N^2(N-1)(N-2)(N-3)}\right| \leq \frac{11n+6}{(n-1)(n-2)(n-3)} \tag{7.65}$$

のようにおさえられる．これらは n^{-2} のオーダーであり，n をかけて $n \to \infty$ とするといずれも 0 に収束することに注意しよう．ここで (7.62) 式を用いて (7.63) 式と (7.64) 式の期待値を計算し $n \to \infty$ とすれば

$$\begin{aligned} n&\left|E[\hat{p}] - \frac{np}{n-1} + \frac{np^2}{(n-1)(n-2)}\right| \\ &= \left|n(E[\hat{p}]-p) - \frac{np}{n-1} + \frac{n^2p^2}{(n-1)(n-2)}\right| \\ &\leq E\left[\left|\frac{2n^2}{N(N-1)(N-2)}\right|\right] \\ &\leq \frac{2n}{(n-1)(n-2)} \to 0 \end{aligned} \tag{7.66}$$

$$\begin{aligned} n&\left|E[\hat{p}^2] - \frac{n^2p^2}{(n-1)(n-2)} + \frac{3n^2p^3}{(n-1)(n-2)(n-3)}\right| \\ &\leq E\left[\left|\frac{11Nn^3-6n^3}{N^2(N-1)(N-2)(N-3)}\right|\right] \\ &\leq \frac{11n^2+6n}{(n-1)(n-2)(n-3)} \to 0 \end{aligned} \tag{7.67}$$

となることがわかる．ただしこれらの不等式を導くために $|E[g(X)]| \leq E[|g(X)|]$ の関係式を用いた．(7.66) 式より

$$\lim_{n\to\infty} n(E[\hat{p}]-p) = p - p^2$$

が成り立つ．とくに両辺を $\sqrt{n}$ で割って考えれば

$$\lim_{n\to\infty} \sqrt{n}\,|E[\hat{p}]-p| = 0 \tag{7.68}$$

となる．従って (7.58) 式の成り立つことが確かめられた．次に $\hat{p}$ の分散について考える．

$$nE[(\hat{p}-p)^2] = n\mathrm{Var}[\hat{p}] + n(E[\hat{p}]-p)^2$$

であり，右辺第 2 項は (7.68) 式より 0 に収束するから，$\lim_{n\to\infty} nE[(\hat{p}-p)^2] =$

$\lim_{n\to\infty} n\mathrm{Var}[\hat{p}]$ となる．従って分散のかわりに平均二乗誤差を考えても同じである．ここで $E[(\hat{p}-p)^2] = E[\hat{p}^2] - 2pE[\hat{p}] + p^2$ と展開し，$\hat{p}^2$ 及び $\hat{p}$ に (7.66) 式及び (7.67) 式の関係を代入して整理すると

$$\begin{aligned}\lim_{n\to\infty} n\mathrm{Var}[\hat{p}] &= \lim_{n\to\infty}\left(\frac{n^3p^2}{(n-1)(n-2)} - \frac{3n^3p^3}{(n-1)(n-2)(n-3)}\right.\\ &\qquad \left. -2pn\left(\frac{np}{n-1} - \frac{np^2}{(n-1)(n-2)}\right) + np^2\right)\\ &= \lim_{n\to\infty}\left(p^2\frac{n^2+2n}{(n-1)(n-2)} - p^3\frac{n^3+6n^2}{(n-1)(n-2)(n-3)}\right)\\ &= p^2 - p^3 = p^2(1-p) \qquad (7.69)\end{aligned}$$

となる．他方幾何分布のフィッシャー情報量は $I(p) = 1/\left(p^2(1-p)\right)$ となるから

$$\lim_{n\to\infty} n\mathrm{Var}[\hat{p}] = \frac{1}{I(p)}$$

となる．従って (7.59) 式の成り立つことが確かめられた．

以上で正規分布の分散の推定及び幾何分布の成功確率の推定の例について，最尤推定量の漸近有効性が確かめられた．しかし正則条件が満たされないため，(7.57)～(7.59) 式の形では最尤推定量の漸近有効性が成り立たない場合もある．例えば，すでに述べたように一様分布の母数の推定ではフィッシャー情報量及びクラメル・ラオの不等式に意味がないから，以上のような設定における最尤推定量の漸近有効性も議論できない．

7.6　クラメル・ラオの不等式の一般化

この節では母数が多次元の場合のクラメル・ラオの不等式について説明する．またクラメル・ラオの不等式の拡張であるバッタチャリヤの不等式についてもふれる．これらの話題はやや技術的であるので，読者はこの節をとばして次章にすすんでもよい．

$\theta = (\theta_1, \ldots, \theta_k)$ を k 次元のパラメータとする X の密度関数 (あるいは確率関数) を $f(x,\theta)$ とする．対数尤度関数を $\ell(\theta, x) = \log f(x,\theta)$ とし，ℓ の θ_i に関する偏導関数を $\dot{\ell}_i = \partial\ell/\partial\theta_i$ とする．またここでは記法の簡便のためサンプル

サイズ n を省略する．

k 次元パラメータの場合には，前述のフィッシャー情報量に対応するものは $k \times k$ の**フィッシャー情報行列** $I(\theta)$ であり，その (i,j) 要素 $I_{ij}(\theta)$ は

$$I_{ij}(\theta) = E_\theta\big[\dot{\ell}_i(\theta, X)\dot{\ell}_j(\theta, X)\big] = \mathrm{Cov}\big[\dot{\ell}_i, \dot{\ell}_j\big] \tag{7.70}$$

で定義される．いま $\dot{\ell}(\theta, X)$ を確率ベクトル $(\dot{\ell}_1, \ldots, \dot{\ell}_k)^\top$ とおけば，$I(\theta)$ は $\dot{\ell}$ の分散共分散行列

$$I(\theta) = \mathrm{Var}_\theta\big[\dot{\ell}(\theta, X)\big] \tag{7.71}$$

である．3.3 節で示したように，分散共分散行列は非負定値対称行列である．以下ではさらに，$I(\theta)$ がすべての θ において正定値行列であると仮定する．線形代数で知られているように，正定値行列は正則であるから，$I(\theta)$ の逆行列 $I(\theta)^{-1}$ が存在する．$I(\theta)^{-1}$ の (i,j) 要素を $I^{ij}(\theta)$ と表すことにする．

いま $\hat{\theta} = \delta(X) = (\delta_1, \ldots, \delta_k)^\top$ を θ の推定量とする．また $\hat{\theta}$ の期待値ベクトルを

$$E_\theta\big[\hat{\theta}\big] = \tau(\theta) = \theta + b(\theta) \tag{7.72}$$

と表すことにする．$b(\theta) = E_\theta[\delta(X)] - \theta$ はバイアスベクトルである．1 母数のクラメル・ラオの不等式の場合には，主に不偏推定量 $(\tau(\theta) = \theta)$ の場合について論じたが，ここでは一般的な表現のために $E_\theta[\delta] = \tau(\theta)$ を用いて不等式を表そう．1 母数の場合の不等式を書き直せば

$$\mathrm{Var}_\theta\big[\hat{\theta}\big] \geq \frac{\tau'(\theta)^2}{I(\theta)} \tag{7.73}$$

と表すことができる．ただし $\tau'(\theta) = \partial\tau(\theta)/\partial\theta$ である．この不等式は以下のような形で多母数の場合に一般化される．

θ 及び $\tau(\theta)$ はいずれも k 次元ベクトルである．$\tau(\theta)$ の要素を $\tau_1, \ldots, \tau_k$ とする．そして $k \times k$ 行列 $J(\theta) = J(\partial\tau/\partial\theta)$ を $\tau(\theta)$ のヤコビ行列とする．すなわち J の (i,j) 要素は

$$J_{ij}(\theta) = \frac{\partial\tau_i(\theta)}{\partial\theta_j} \tag{7.74}$$

である．次に，2 つの対称行列 A, B について

$$A \geq B \tag{7.75}$$

とは対称行列 $A-B$ が非負定値行列であることと定義する．すなわち任意の k 次元ベクトル z について $z^\top(A-B)z \geq 0$ あるいは

$$z^\top Az \geq z^\top Bz, \quad \forall z \tag{7.76}$$

とする．とくに z を第 i 座標ベクトル $z=e_i=(0,\ldots,1,\ldots,0)$ (第 i 要素のみ 1) とおけば，(7.76) 式より A 及び B の対角要素について

$$A_{ii} \geq B_{ii} \tag{7.77}$$

となることがわかる．

さて以上の準備のもとに多母数の場合のクラメル・ラオの不等式は

$$\mathrm{Var}_\theta\bigl[\hat{\theta}\bigr] \geq J(\theta)I(\theta)^{-1}J(\theta)^\top \tag{7.78}$$

と表される．$k=1$ のときに (7.78) 式が (7.73) 式に帰着することは明らかであろう．とくに $\hat{\theta}$ が不偏推定量の場合には $\tau(\theta)=\theta$ となりヤコビ行列 $J(\theta)$ は単位行列となるから，(7.78) 式は

$$\mathrm{Var}_\theta\bigl[\hat{\theta}\bigr] \geq I(\theta)^{-1} \tag{7.79}$$

となる．またこの場合第 i 要素 $\hat{\theta}_i$ については (7.77) 式より

$$\mathrm{Var}_\theta\bigl[\hat{\theta}_i\bigr] \geq I^{ii}(\theta) \tag{7.80}$$

が成り立つ．

(7.78) 式のクラメル・ラオの不等式は次のように証明される．$V=\mathrm{Var}_\theta\bigl[\hat{\theta}\bigr]$ とおく．任意の k 次元ベクトル a について $a^\top Va - a^\top J(\theta)I(\theta)^{-1}J(\theta)^\top a \geq 0$ を示せばよい．いま $\delta_i(X)$ と $\dot{\ell}_j$ の共分散を考えよう．1 母数の場合と同様に微分と積分の交換ができるという仮定のもとで

$$\begin{aligned}
\mathrm{Cov}\bigl[\delta_i(X),\dot{\ell}_j\bigr] &= E_\theta\bigl[\delta_i(X)\dot{\ell}_j\bigr] \\
&= \int \delta_i(x)\frac{\dfrac{\partial}{\partial\theta_j}f(x,\theta)}{f(x,\theta)}f(x,\theta)\,dx \\
&= \frac{\partial}{\partial\theta_j}\int \delta_i(x)f(x,\theta)\,dx \\
&= \frac{\partial\tau_i(\theta)}{\partial\theta_j} = J_{ij}(\theta)
\end{aligned} \tag{7.81}$$

である．これをまとめて行列表示すれば，δ と $\dot{\ell}$ の共分散行列 ((3.46) 式参照) が

$$\mathrm{Cov}\left[\delta, \dot{\ell}\right] = J(\theta) \tag{7.82}$$

で与えられることがわかる．このことから，任意の k 次元ベクトル a, b について

$$\mathrm{Cov}\left[a^\top \delta, b^\top \dot{\ell}\right] = a^\top J(\theta) b$$

となることがわかる．ここで相関係数が 1 以下となることを用いれば

$$(a^\top J(\theta) b)^2 \le \mathrm{Var}\left[a^\top \delta\right] \mathrm{Var}\left[b^\top \dot{\ell}\right] = a^\top V a \times b^\top I(\theta) b$$

あるいは

$$\frac{(a^\top J(\theta) b)^2}{b^\top I(\theta) b} \le a^\top V a \tag{7.83}$$

が成り立つ．(7.83) 式の左辺で b は任意であるから，とくに

$$b = I(\theta)^{-1} J(\theta)^\top a$$

とおこう．$I(\theta)$ が対称行列であることから，$\left(I(\theta)^{-1}\right)^\top = \left(I(\theta)^\top\right)^{-1}$ となることに注意すれば，分母は $a^\top J(\theta) I(\theta)^{-1} I(\theta) I^{-1}(\theta) J(\theta)^\top a = a^\top J(\theta) I(\theta)^{-1} J(\theta)^\top a$ となる．また分子は同じ量の 2 乗である．従って

$$a^\top J(\theta) I(\theta)^{-1} J(\theta)^\top a \le a^\top V a, \quad \forall a$$

となり，クラメル・ラオの不等式は証明された．

以上の証明では $b = I(\theta)^{-1} J(\theta)^\top a$ を頭ごなしに与えたが，実はこの b (あるいはその定数倍) は任意に与えられた a に対し (7.83) 式の左辺 $(a^\top J b)^2 / b^\top I b$ を最大化する．このことは $(a^\top J b)^2 / b^\top I b$ を b の各要素で偏微分することによって証明される．あるいはコーシー・シュバルツの不等式の証明と同様にして，t を実数とするとき，t の 2 次式

$$Q(t) = (b - tI(\theta)^{-1} J(\theta)^\top a)^\top I(\theta) (b - tI(\theta)^{-1} J(\theta)^\top a) \ge 0, \quad \forall t \tag{7.84}$$

の判別式を用いて証明することもできる (問 7.17)．

以上の b に関する最大化の結果をとくに $\delta(X)$ が不偏推定量の場合に適用してみよう．すでに述べたように，この場合 $J(\theta)$ は単位行列となる．ここでは $\delta(X)$ の第 1 要素 $\hat{\theta}_1 = \delta_1(X) = {e_1}^\top \delta$ の分散に注目する．多母数のクラメル・ラオの不等式を用いた分散の下限は

$$\mathrm{Var}\left[\hat{\theta}_1\right] \ge I^{11}(\theta) \tag{7.85}$$

で与えられる．これは $a = e_1$ に対して b として最良のもの $b = I(\theta)^{-1}e_1$ を用いて得られた不等式であった．ところで (7.83) 式で $b = e_1$ とおけば

$$\mathrm{Var}\left[\hat{\theta}_1\right] \geq \frac{1}{I_{11}(\theta)} \tag{7.86}$$

という不等式が得られる．(7.86) 式は，母数が k 次元であることを無視して 1 母数の場合のクラメル・ラオの不等式を用いたと解釈できる．$b = e_1$ は (7.83) 式の左辺を最大化するものではないから

$$I^{11}(\theta) \geq \frac{1}{I_{11}(\theta)} \tag{7.87}$$

となり，(7.85) 式の不等式のほうが (7.86) 式の不等式より強い不等式であることがわかる．なお，(7.87) 式は一般の正定値行列についてよく知られた結果である．

以上より，多母数の場合には多母数のクラメル・ラオの不等式のほうがより強い不等式を与えることがわかる．ただし $I_{12}(\theta) = \cdots = I_{1k}(\theta) = 0$ となる場合には $I^{11}(\theta) = 1/I_{11}(\theta)$ となり (7.85) 式と (7.86) 式は一致する．この場合 θ_1 と $(\theta_2, \ldots, \theta_k)$ は互いに直交するパラメータであるということがある．従って，パラメータが互いに直交する場合には多母数であることを無視して 1 母数の場合のクラメル・ラオの不等式を用いてもよいということになる．このことの例として，正規分布 $\mathrm{N}(\mu, \sigma^2)$ において容易に示されるように μ と σ^2 が直交するパラメータであることがあげられる．このことにより，7.1 節で見たように，σ^2 が既知であっても未知であっても，μ のみを考えたクラメル・ラオの不等式を用いて $\bar{X}$ が UMVU であることが示された．

一般にパラメータが直交しない場合には $I^{11}(\theta) > 1/I_{11}(\theta)$ である (問 7.18). 従って多母数のクラメル・ラオの不等式と 1 母数の場合のクラメル・ラオの不等式の下限は一致しない．この相違は実は θ_1 を推定する際に $\theta_2, \ldots, \theta_k$ が未知か既知かという違いに対応するのである．母数がすべて未知であれば θ_1 の不偏推定量の分散の下限は $I^{11}(\theta)$ で与えられる．他方もし $\theta_2, \ldots, \theta_k$ が既知ならば未知母数は θ_1 だけであり，これは 1 母数の場合と同じであるから $I_{11}(\theta) = I_{11}(\theta_1, \theta_2, \ldots, \theta_k)$ に既知の $\theta_2, \ldots, \theta_k$ を代入した $1/I_{11}$ が不偏推定量の分散の下限となる．例えば正規分布において母平均 μ が既知の場合と未知の場合の母分散 σ^2 の推定の例を考えてみれば，

$$\mathrm{Var}\left[\frac{1}{n}\sum_{i=1}^{n}(X_i-\mu)^2\right] < \mathrm{Var}\left[\frac{1}{n-1}\sum_{i=1}^{n}(X_i-\bar{X})^2\right]$$

であるから，未知母数が少ないほどUMVUの分散が小さく，推定精度がよくなることがわかる．$I^{11}(\theta) > 1/I_{11}(\theta)$ という結果はこのことが一般的に成り立つことを示している．

ところで (7.79) 式を証明した際に，母数が既知であるか未知であるかは用いなかったように考えられるから，一部の母数が既知であっても多母数の場合の下限が成り立つのではないかと思われる．すなわち θ_i の不偏推定量のなかで $\mathrm{Var}_\theta[\hat{\theta}_i] < I^{ii}(\theta)$ となるような $\hat{\theta}_i$ は存在しないように思われる．このことは矛盾ではなかろうか．しかしながら (7.79) 式で考えている不偏推定量のクラスは，すべての母数が未知の場合の不偏推定量のクラスであり，一部の母数が既知の場合の不偏推定量のクラスとは異なることに注意しなければならない．一部の母数が既知ならば不偏推定量のクラスはより大きくとれるので (7.79) 式は必ずしも成り立たないのである．例えば正規分布の分散の推定の例を再び考えてみる．μ, σ^2 とも未知の場合には不偏推定量のクラス D_1 は

$$E_{\mu,\sigma^2}[\delta(X)] = \sigma^2, \quad \forall\mu, \forall\sigma^2 \tag{7.88}$$

を満たす推定量のクラスであるが，$\mu = \mu_0$ が既知ならば不偏推定量のクラス D_2 は

$$E_{\mu_0,\sigma^2}[\delta(X)] = \sigma^2, \quad \forall\sigma^2 \tag{7.89}$$

を満たす推定量のクラスである．(7.89) 式では (7.88) 式と違ってすべての μ に対応する必要はないから，明らかに $D_1 \subset D_2$ であり，さらに D_1 は D_2 の真部分集合である．例えば μ_0 が既知の場合のUMVU $\hat{\sigma}^2 = \sum_{i=1}^{n}(X_i-\mu_0)^2/n$ は D_2 の元であるが D_1 の元ではない．

ここで多母数の場合のクラメル・ラオの不等式及びフィッシャー情報量に関して，その他いくつかの注意を述べておく．まず以上で $\delta(X)$ は θ と同じ次元のベクトルとしたが，証明においてそのことは全く用いていない．従って $\delta(X)$ は任意の次元の統計量でよく $\delta(X)$ の分散行列に関する不等式は (7.78) 式そのものである．いま，$\delta(X)$ を m 次元の統計量とすればヤコビ行列 $J(\theta) = J(\partial\tau/\partial\theta)$ は $m \times k$ の行列となり，(7.78) の右辺は確かに $m \times m$ の行列になっている．

次に，パラメータの変換が引き起こすフィッシャー情報行列の変換について考えよう．いま k 次元のパラメータ $\theta = (\theta_1, \ldots, \theta_k)$ が $m \leq k$ 次元の新しいパラメータ $\psi = (\psi_1, \ldots, \psi_m)$ によって $\theta = \theta(\psi)$ すなわち $\theta_i = \theta_i(\psi_1, \ldots, \psi_m)$ と表されたとする．ここで $m < k$ の場合を許すのは分布族を制限したより小さな統計的モデルを考えるためである．例えば $X \sim \mathrm{N}(\mu_1, 1), Y \sim \mathrm{N}(\mu_2, 1)$ のとき，さらに平均が共通，すなわち $\mu_1 = \mu_2 = \mu$ と仮定すれば μ が新しいパラメータとなり，$\mu_1(\mu) = \mu_2(\mu) = \mu$ という形に書くことができる．対数尤度関数に $\theta = \theta(\psi)$ を代入すれば，対数尤度は $\ell(\theta(\psi), x)$ と書くことができる．これを ψ_i で偏微分すれば合成関数の微分の鎖則により

$$\frac{\partial \ell(\theta(\psi), x)}{\partial \psi_i} = \sum_{j=1}^{k} \frac{\partial \theta_j}{\partial \psi_i} \frac{\partial}{\partial \theta_j} \ell(x, \theta) \tag{7.90}$$

となる．これを行列表記すれば

$$\begin{pmatrix} \dfrac{\partial \ell}{\partial \psi_1} \\ \vdots \\ \dfrac{\partial \ell}{\partial \psi_m} \end{pmatrix} = \begin{pmatrix} \dfrac{\partial \theta_1}{\partial \psi_1} & \cdots & \dfrac{\partial \theta_k}{\partial \psi_1} \\ \vdots & \ddots & \vdots \\ \dfrac{\partial \theta_1}{\partial \psi_m} & \cdots & \dfrac{\partial \theta_k}{\partial \psi_m} \end{pmatrix} \begin{pmatrix} \dfrac{\partial \ell}{\partial \theta_1} \\ \vdots \\ \dfrac{\partial \ell}{\partial \theta_k} \end{pmatrix} \tag{7.91}$$

となる．いま $\theta = \theta(\psi)$ のヤコビ行列を $J(\partial\theta/\partial\psi) = (\partial\theta_i/\partial\psi_j)$ とおき，対数尤度を ψ 及び θ の要素で偏微分して得られる列ベクトルをそれぞれ $\partial\ell/\partial\psi$, $\partial\ell/\partial\theta$ で表せば (7.91) 式は

$$\frac{\partial \ell}{\partial \psi} = J(\partial\theta/\partial\psi)^{\top} \frac{\partial \ell}{\partial \theta} \tag{7.92}$$

と表すことができる．(7.92) 式の両辺の分散共分散行列を計算すれば ψ 及び θ に関するフィッシャー情報行列の間には

$$I(\psi) = J(\partial\theta/\partial\psi)^{\top} I(\theta) J(\partial\theta/\partial\psi) \tag{7.93}$$

の関係があることがわかる．

ところで多母数の場合のクラメル・ラオの不等式の下限と (7.93) 式は次のような関係がある．いま ψ と θ が 1 対 1 の関係にあり変換のヤコビ行列が正則であるとすれば (7.93) 式の逆行列を求めることにより

$$\begin{aligned} I(\psi)^{-1} &= J(\partial\theta/\partial\psi)^{-1} I(\theta)^{-1} \left(J(\partial\theta/\partial\psi)^{\top}\right)^{-1} \\ &= J(\partial\psi/\partial\theta) I(\theta)^{-1} J(\partial\psi/\partial\theta)^{\top} \end{aligned} \tag{7.94}$$

となる．ただし $J(\partial\theta/\partial\psi)^{-1} = J(\partial\psi/\partial\theta)$ となることを用いた．ところで $E_\theta[\delta(X)] = \psi(\theta)$ とするとクラメル・ラオの不等式より $\mathrm{Var}[\delta] \geq J(\partial\psi/\partial\theta) I(\theta)^{-1}J(\partial\psi/\partial\theta)^\top$ である．一方 $\delta(X)$ は $\psi = \psi(\theta)$ の不偏推定量と考えることもできるから，不偏推定量の場合のクラメル・ラオの不等式を用いて $\mathrm{Var}[\delta] \geq I(\psi)^{-1}$ でなければならない．(7.94) 式によりどちらで考えてもクラメル・ラオの不等式の下限は一致していることがわかる．

この章の最後の話題としてクラメル・ラオの不等式を一般化した**バッタチャリヤの不等式** (Bhattacharyya inequality) について説明しよう．クラメル・ラオの不等式は推定量と対数尤度の 1 次導関数の間の共分散を考えたが，さらに尤度関数の高次の偏導関数を考えるのがバッタチャリヤの不等式である．ここでは簡単のために 1 次元のパラメータ θ を考えよう．多次元のパラメータの場合も同様である．上と同様に

$$E_\theta[\delta(X)] = \int \delta(x)f(x,\theta)\,dx = \tau(\theta) \tag{7.95}$$

とおく．微分と積分の交換を仮定して (7.95) 式を m 階まで微分すれば

$$\begin{aligned}\mathrm{Cov}\left[\delta(X), \frac{L^{(k)}}{L}\right] &= E_\theta\left[(\delta(X)-\tau(\theta))\frac{L^{(k)}(\theta)}{L(\theta)}\right] \\ &= \tau^{(k)}(\theta), \quad k=1,\ldots,m\end{aligned}$$

を得る．ただし $L(\theta) = f(x,\theta)$ は尤度関数であり $L^{(k)}$ は k 階の導関数である．ここで $\widetilde{L} = (L^{(1)}/L,\ldots,L^{(m)}/L)^\top$, $J(\theta) = (\tau^{(1)}(\theta),\ldots,\tau^{(m)}(\theta))$ とおけば，(7.78) 式の証明と全く同様の議論により

$$\mathrm{Var}_\theta[\delta(X)] \geq J(\theta)\mathrm{Var}_\theta\big[\widetilde{L}\big]^{-1}J(\theta)^\top \tag{7.96}$$

が成立する．これをバッタチャリヤの不等式という．1 母数と多母数の場合のクラメル・ラオの不等式の関係について述べたのと同様の議論により $J(\theta)\mathrm{Var}_\theta\big[\widetilde{L}\big]^{-1}J(\theta)^\top \geq \tau'(\theta)^2/I(\theta)$ であり，バッタチャリヤの不等式はクラメル・ラオの不等式の改善になっている．

バッタチャリヤ不等式の例として，$X_1,\ldots,X_n \sim \mathrm{N}(\mu,1), i.i.d.,$ において $\gamma(\mu) = \mu^2$ を推定する問題を考えよう．この場合 $\bar{X}$ が完備十分統計量であるから μ^2 の UMVU は

$$\hat{\mu}^2 = \bar{X}^2 - \frac{1}{n} \tag{7.97}$$

で与えられる．容易にわかるように

$$\mathrm{Var}[\hat{\mu}^2] = \frac{4\mu^2}{n} + \frac{2}{n^2} \tag{7.98}$$

である．一方フィッシャー情報量 $I(\mu^2) = 1/4\mu^2$ でありクラメル・ラオの不等式による分散の下限は

$$\frac{4\mu^2}{n} \tag{7.99}$$

となる．従って，フィッシャー情報量を用いた議論では (7.97) 式が UMVU であることを示すことはできない．しかしながら

$$\begin{aligned}
&\frac{\partial}{\partial\mu}\mu^2 = 2\mu, \quad \frac{\partial^2}{\partial\mu^2}\mu^2 = 2, \\
&\frac{L'}{L} = \sum_{i=1}^{n}(x_i - \mu), \quad \frac{L''}{L} = \left(\sum_{i=1}^{n}(x_i - \mu)\right)^2 - n \qquad (7.100) \\
&\mathrm{Var}\left[\begin{pmatrix} L'/L \\ L''/L \end{pmatrix}\right] = \begin{pmatrix} n & 0 \\ 0 & 2n^2 \end{pmatrix}
\end{aligned}$$

となることを用いて計算をすすめると，バッタチャリヤの不等式の下限が

$$\mathrm{Var}[\hat{\mu}^2] \geq (2\mu, 2)\begin{pmatrix} n & 0 \\ 0 & 2n^2 \end{pmatrix}^{-1}\begin{pmatrix} 2\mu \\ 2 \end{pmatrix} \tag{7.101}$$

で与えられることがわかる (問 7.20)．これは (7.98) 式に一致するからバッタチャリヤの不等式を用いれば (完備性を用いなくても)，(7.97) 式が UMVU であることを証明できたわけである．

問

7.1　X が自由度 k のカイ二乗分布に従うとき $\mathrm{Var}[X] = 2k$ となることを示せ．これを用いて (7.28) 式を確かめよ．

7.2　$X_1, \ldots, X_n$ が互いに独立にポアソン分布 $\mathrm{Po}(\lambda)$ に従うとき，$\bar{X}$ が λ の UMVU であることをクラメル・ラオの不等式を用いて示せ．

7.3　正規分布の母分散の推定において，母平均 μ が既知ならば $\sum_{i=1}^{n}(X_i-\mu)^2/n$ が UMVU であることをクラメル・ラオの不等式を用いて示せ．

7.4　一様分布 $\mathrm{U}[0,\theta]$ からの大きさ n の標本の最大値 $T = \max_i X_i$ の密度関数が $f(t,\theta) = nt^{n-1}/\theta^n$ であることを用いて，$(n+1)T/n$ が θ の不偏推定量であることを示せ．また $(n+1)T/n$ の分散を求めよ．

7.5　$E\left[s^2\right] = \sigma^2$ とする．ジェンセンの不等式により $E[s] < \sigma$ となることを示せ．

7.6　$s^2 = \sum_{i=1}^{n}(X_i - \bar{X})^2/(n-1)$ を正規分布からの標本に基づく標本分散とする．母平均 μ は未知とする．$(n-1)s^2/\sigma^2$ が自由度 $n-1$ のカイ二乗分布に従うことを用いて，

$$E[s] = \sigma\frac{\sqrt{2}\Gamma(n/2)}{\sqrt{n-1}\Gamma((n-1)/2)}$$

となることを示せ．このことから $\dfrac{s\sqrt{n-1}\Gamma((n-1)/2)}{\sqrt{2}\Gamma(n/2)}$ が σ の UMVU であることを示せ．

7.7　正規分布からの標本において $\bar{X}$ と s^2 が独立であることを用いて，(7.38) 式の $\hat{\mu}^2$ について $P(\hat{\mu}^2 < 0) > 0$ を示せ．

7.8　$P(E[X\,|\,T] < 0) > 0$ ならば $P(X < 0) > 0$ であることを示せ．

7.9　X を幾何分布 $p(x) = p(1-p)^x$ $(x = 0, 1, \ldots)$ に従う確率変数とする．X の平均及び分散を求めよ．また p に関するフィッシャー情報量を求めよ．

7.10　y を正整数とし y を n 個の非負整数 $x_i, i = 1, \ldots, n$ の和 $y = x_1 + \cdots + x_n$ と表す．重複組合せの考え方を用いてこのような表し方の総数が $\begin{pmatrix} n+y-1 \\ y \end{pmatrix}$ で与えられることを示せ．[例えば $y = 2, n = 2$ とすると $2 = 2+0, 2 = 1+1, 2 = 0+2$ と 3 通りあるが $\begin{pmatrix} 2+2-1 \\ 2 \end{pmatrix}$ となる．1 から n まで番号のついた n 個の箱に y 個の玉を入れると考えるとわかりやすい．]

7.11　$X_1, \ldots, X_n$ を幾何分布に従う *i.i.d.* 確率変数とする．$Y = X_1 + \cdots + X_n$ とおく．積率母関数を用いることにより Y の分布が負の 2 項分布

$$P(Y = y) = \begin{pmatrix} n+y-1 \\ y \end{pmatrix} p^n (1-p)^y$$

であることを示せ．

7.12　問 7.11 の設定で十分統計量の分解定理を用いて Y が p の十分統計量であることを示せ．また指数型分布族に関する定理 6.4 を用いて Y が完備であることを示せ．次に $Y=y$ を与えたときの $X_1,\dots,X_n$ の条件つき分布は

$$P(X_1=x_1,\dots,X_n=x_n\,|\,Y=y)=1\Big/\binom{n+y-1}{y}$$

と与えられることを示せ．[問 7.10 よりこれは確率分布になっており，あらゆる可能な組合せが同様に確からしいことを表している.]

7.13　問 7.11 の設定で p の最尤推定量を求めよ．また (7.62) 式をチェックし $(n-1)/(n+Y-1)$ が p の不偏推定量であることを示せ．

7.14

$$T(x)=\begin{cases}1, & \text{if}\ \ x=0\\ 0, & \text{if}\ \ x>0\end{cases}$$

とおけば問 7.9 の設定で $T(X_1)$ は p の不偏推定量である．問 7.13 の不偏推定量はこの $T(X_1)$ からラオ・ブラックウェルの定理の方法で得られる推定量 $E[T(X_1)|Y]$ と一致することを示せ．

7.15　(7.63) 式及び (7.64) 式を確かめよ．

7.16　$X_1,\dots,X_n$ が互いに独立にポアソン分布 $\mathrm{Po}(\lambda)$ に従うとする．$n\ge 3$ とする．この場合 $\sum_{i=1}^{n}X_i$ は完備十分統計量である．$\sum_{i=1}^{n}X_i$ に基づく $e^{-2\lambda}$ の不偏推定量を (7.42) 式にならって構成せよ．

7.17　$(a^\top J(\theta)b)^2/b^\top I(\theta)b$ を最大化する b が $b\propto I(\theta)^{-1}J(\theta)^\top a$ となることを b の要素で偏微分することにより示せ ($\propto$ は比例を表す)．また (7.84) 式の判別式を考えることにより別証を与えよ．

7.18　A を $k\times k$ の正則行列とし A を 4 つの部分に分割して

$$A=\begin{pmatrix}A_{11} & A_{12}\\ A_{21} & A_{22}\end{pmatrix}$$

と表す．ここで A_{11} 及び A_{22} はそれぞれ $m\times m$ 及び $(k-m)\times(k-m)$ の正方部分行列とする．同様に A^{-1} を分割して

$$A^{-1}=\begin{pmatrix}A^{11} & A^{12}\\ A^{21} & A^{22}\end{pmatrix}$$

とする．

$$A_{11}A^{11}+A_{12}A^{21}=I_m$$
$$A_{21}A^{11}+A_{22}A^{21}=0$$

となることを示し，これを A^{11} について解くことによって

$$A^{11} = (A_{11} - A_{12}{A_{22}}^{-1}A_{21})^{-1}$$

となることを示せ．またこの結果を用いて，A が正定値対称行列で A_{11} がスカラーの場合には，$A^{11} \geq 1/A_{11}$ が成り立ち，等号は $A_{21} = {A_{12}}^{\top} = 0$ の場合に限ることを示せ．

7.19 $X = (X_1, X_2, X_3)$ が3項分布

$$P(X_1 = x_1, X_2 = x_2, X_3 = x_3)$$
$$= \binom{n}{x_1, x_2, x_3} {p_1}^{x_1} {p_2}^{x_2} (1 - p_1 - p_2)^{x_3} \quad (x_1 + x_2 + x_3 = n)$$

の場合について，p_1, p_2 とも未知の場合のフィッシャー情報行列とその逆行列を求めよ．また $p_3 = 1 - p_1 - p_2$ が既知の場合の p_1 に関するフィッシャー情報量を求めよ．そして，p_3 が既知の場合と未知の場合の最尤推定量を比較せよ．

7.20 (7.98) 式から (7.101) 式を確かめよ．

7.21 X をポアソン分布 $\mathrm{Po}(\lambda)$ に従う確率変数とする．$X(X-1)$ が λ^2 の UMVU であることをバッタチャリヤの不等式を用いて証明せよ．

7.22 $X_1, \ldots, X_n$ を一様分布 $\mathrm{U}[\theta_1, \theta_2]$ からの標本とする．θ_1, θ_2 の UMVU を求めよ．

7.23 対数級数分布のフィッシャー情報量を求めよ．また最尤推定量及びその漸近分布を示せ．

7.24 対数正規分布のパラメータ (μ, σ) 及び分布の中央値の最尤推定及び不偏推定を調べよ．

Chapter 8

検 定 論

この章では検定論について説明する．具体的には一様最強力検定，不偏検定，尤度比検定について述べる．

8.1 検定論の枠組み

この節では統計的決定理論の用語を用いて検定論の基本的な概念を説明する．検定の考え方については初級の教科書程度の知識を仮定し，ここではやや形式的に検定論を展開していく．ただし検定論においては独特な用語が多く用いられるので，これらの用語の定義については，それらの直観的な意味を含めてやや網羅的に説明することとする．また，この章での議論は一部分，5 章と重複するがもう一度最初から検定論の概念を説明する．

検定問題では母数空間 Θ が互いに排反な 2 つの部分集合 Θ_0, Θ_1 にわけられている場合，すなわち

$$\Theta = \Theta_0 \cup \Theta_1, \quad \Theta_0 \cap \Theta_1 = \emptyset \text{ (空集合)}$$

となっている場合を考える．未知パラメータ θ が Θ_0 に属しているとする仮説を**帰無仮説** (null hypothesis) といい $H_0 : \theta \in \Theta_0$ と表す．逆に θ が Θ_1 に属しているとする仮説を**対立仮説** (alternative hypothesis) といい $H_1 : \theta \in \Theta_1$ と表す．以下では帰無仮説と対立仮説をあわせて

$$H_0 : \theta \in \Theta_0 \ \text{ vs. } \ H_1 : \theta \in \Theta_1 \tag{8.1}$$

と簡潔に表すことにする．1 つの例として品質管理の例を取り上げよう．大量生産される製品の不良率を p とする．p がある限界 p_0 以下であれば生産工程は正

常であるとし，p_0 を越えた場合には生産工程に異常があるものとする．この場合 Θ_0 は閉区間 $[0, p_0]$ である．また Θ_1 は半開区間 $\Theta_1 = (p_0, 1]$ である．従って検定問題は

$$H_0 : p \in [0, p_0] \ \text{ vs. } \ H_1 : p \in (p_0, 1]$$

あるいは

$$H_0 : p \le p_0 \ \text{ vs. } \ H_1 : p > p_0$$

と表すことができる．

帰無仮説に対応する母数空間 Θ_0 が 1 点集合 $\Theta_0 = \{\theta_0\}$ であるとき帰無仮説は**単純帰無仮説** (simple null hypothesis) であるという．同様に対立仮説に対応する母数空間が 1 点集合 $\Theta_1 = \{\theta_1\}$ であるとき，**単純対立仮説**という．単純仮説でない場合には**複合仮説** (composite hypothesis) という．例えば上であげた不良率の検定の場合には帰無仮説，対立仮説とも複合仮説である．単純帰無仮説の例としてはコインにゆがみがないという帰無仮説 $H_0 : p = 0.5$ があげられる．ここで p は特定のコインを投げて表の出る確率を表す．

単純仮説と複合仮説の区別とパラメータの次元は別の概念である．例えば 2 次元のパラメータ $\theta = (\theta_1, \theta_2)$ についての仮説

$$H_0 : \begin{pmatrix} \theta_1 \\ \theta_2 \end{pmatrix} = \begin{pmatrix} \theta_{10} \\ \theta_{20} \end{pmatrix}$$

は単純帰無仮説である．

θ が 1 次元のときには片側検定，両側検定という用語もしばしば用いられる．θ が実数で検定問題が

$$H_0 : \theta = \theta_0 \ \text{ vs. } \ H_1 : \theta \ne \theta_0 \tag{8.2}$$

の形のとき**両側検定** (two-sided test) という．また，

$$H_0 : \theta \le \theta_0 \ \text{ vs. } \ H_1 : \theta > \theta_0 \tag{8.3}$$

(あるいは逆向きの不等号) のとき**片側検定** (one-sided test) という．

パラメータが多次元のときには，パラメータベクトルの要素は興味のある要素とさしあたり興味のない要素にわかれることが多い．例えば正規分布においてはパラメータは $\theta = (\mu, \sigma^2)$ と 2 次元であり，興味のあるパラメータは μ で

あることが多い．そこで例えば次の形の検定問題が考えられる．

$$H_0 : \mu = 0 \ \text{ vs. } \ H_1 : \mu \neq 0 \quad (\sigma^2 \text{ は自由})$$

この場合，μ に関する帰無仮説は特定の 1 点であるが，σ^2 が未知であるために帰無仮説は実は複合帰無仮説

$$\Theta_0 = \{(0, \sigma^2) \mid \sigma^2 > 0\}$$

である．この例の σ^2 のように未知ではあるが検定問題にとってさしあたり興味のない母数を**局外母数**あるいは**撹乱母数** (nuisance parameter) とよぶ．

さて統計家はデータ X に基づいて帰無仮説と対立仮説のいずれが正しいかを判断しようとする．統計家のとり得る決定 d は H_0 が正しいと判断するか，H_1 が正しいと判断するかのいずれかであるとする．H_0 が正しいと判断することを "帰無仮説を**受容する** (accept)" という．また H_1 が正しいと判断することを "帰無仮説を**棄却する** (reject)" という．ここでは帰無仮説を受容するという決定を $d = 0$ で表し帰無仮説を棄却するという決定を $d = 1$ で表すことにする．従って決定空間は $D = \{0, 1\}$ と表される．

Θ を 2 つの部分集合に分割したときどちらを Θ_0 としどちらを Θ_1 とよぶかについては数学的な基準はなく，検定が用いられる場面によって習慣的に決められることが多い．そして帰無仮説の意味あいも状況によって異なっている．ここでは帰無仮説の意味あいについて 3 つほどの典型的な状況を説明しよう．

まず第 1 は，データによって反証し棄却する目的で設定する仮説としての帰無仮説の場合がある．この場合，統計的検定は確率的な誤差をともなう背理法のように考えられる．1 つの例として，新薬が有効であることを実験によって示す場合が考えられる．この場合統計的検定によって新薬の有効性を証明する手続きをとるのであるが，帰無仮説としては「新薬には効果がない」という仮説をとる．そして帰無仮説が実験結果と矛盾するということを示すことにより新薬の効果を実証しようとする．

第 2 は，通常の状態で成り立つと考えられる仮説を帰無仮説にするという場合である．すなわち通常の状態で θ が属していると考えられる部分集合を Θ_0 ととる．この例としては，例えばすでにあげた品質管理における不良率に関する検定があげられる．生産工程は通常は正常な状態にあると考えられるから帰

無仮説は $H_0 : p \leq p_0$ となる．またほかの例としては健康診断で特定の疾患を見つけようとする場合がある．通常の状態とは健康な状態であるから，帰無仮説としては健康であることとする．これらの例にあるように，第2の状況での検定の目的は異常の検知であることが多い．

第3は，統計的モデルを数学的にとり扱いやすいものにするための便宜的な仮定を帰無仮説とする場合である．例えば確率変数が正規分布に従うという仮定や，確率変数が互いに独立であるという仮定などがこれにあたる．前者を分布の**適合度検定** (goodness of fit test) とよぶことがある．実際のデータがこれらの仮定を完全に満たしている保証はないが，統計的モデルが現実の近似であると考えれば，近似がある程度正しければ扱いやすい統計的モデルを用いて統計的推論をおこなうことができると考えられる．ただしこの場合統計的モデルの仮定と現実のデータに矛盾がないかどうかはチェックしなければならない．このような立場からの仮説検定を統計的モデルの診断という．

以上のように，統計的検定には純粋に数学的な側面に加えて応用上の習慣的な側面があり，それらが統計的検定を理解しにくくする原因となっている．

さて数学的な考察に戻って議論をすすめよう．まず損失関数について考えよう．検定の場合の標準的な損失関数は次に定義する0-1損失関数である．いま帰無仮説が正しく $\theta \in \Theta_0$ であれば，$d = 0$ が正しい決定でありこの場合の損失は0であるとする．逆に $\theta \in \Theta_0$ で $d = 1$ という誤った決定をおこなったときの損失は1であるとする．同様に対立仮説が正しく $\theta \in \Theta_1$ であれば $d = 0$ のときの損失を1とし，$d = 1$ のときの損失を0とする．これを式で表せば0-1損失関数は

$$L(\theta, 0) = \begin{cases} 0, & \text{if} \quad \theta \in \Theta_0 \\ 1, & \text{if} \quad \theta \in \Theta_1 \end{cases} \tag{8.4}$$

$$L(\theta, 1) = 1 - L(\theta, 0)$$

と表すことができる．

帰無仮説が正しいとき ($\theta \in \Theta_0$) に帰無仮説を棄却する ($d = 1$) 誤りを**第1種の過誤** (error of the first kind) とよぶ．また対立仮説が正しいとき ($\theta \in \Theta_1$) に帰無仮説を受容する ($d = 0$) 誤りを**第2種の過誤** (error of the second kind)

とよぶ．これらの過誤による損失がいずれも 1 であるとするのが 0-1 損失関数である．0-1 損失関数は表 8.1 のように図示するとわかりやすい．なお，第 1 種の過誤を**偽陽性** (false positive)，第 2 種の過誤を**偽陰性** (false negative) とよぶことが多い．異常の検知では，偽陽性は誤検出であり，偽陰性は見逃しである．

表 8.1

θ \ d	0	1
Θ_0	0	1 (第 1 種の過誤)
Θ_1	1 (第 2 種の過誤)	0

実際の検定問題では第 1 種の過誤と第 2 種の過誤による損失は必ずしも等しいとは考えられないことが多い．例えば新薬の効果を問題にする場合を考えてみると，効果のない薬を効果があると判断してしまう誤りが第 1 種の過誤，効果のある薬を効果がないと判断してしまう誤りが第 2 種の過誤である．効果のない薬を効果があると信じて使用することの損失と，効果のある薬を利用できないことの損失は必ずしも同等なものと考えることはできない．従って，0-1 損失においてどちらの損失も 1 と等しくおいているのは必ずしも現実的ではない．しかしながら，第 1 種の過誤の損失を a，第 2 種の過誤の損失を b と一般化しても以下の諸結果はほとんどそのままの形で成立する．従ってここでは簡便のため 0-1 損失を用いて議論をすすめる．

検定問題における決定関数を $\delta : \mathscr{X} \to D$ とおく．検定論においては決定関数は**検定関数** (test function) とよばれる．検定関数は $X = x$ を観測したとき帰無仮説を棄却するならば 1，受容するならば 0 をとる関数である．ここで検定関数のリスク関数を考えよう．リスク関数は $R(\theta, \delta) = E_\theta[L(\theta, \delta(X))]$ で定義される．ところで L の値は 0 か 1 であるから L の期待値は $E[L] = 0 \times P(L = 0) + 1 \times P(L = 1)$ となり $L = 1$ となる確率に一致する．従って (8.4) 式の損失関数の定義を用いれば δ のリスク関数が

$$R(\theta, \delta) = \begin{cases} P_\theta(\text{第 1 種の過誤}), & \text{if} \quad \theta \in \Theta_0 \\ P_\theta(\text{第 2 種の過誤}), & \text{if} \quad \theta \in \Theta_1 \end{cases} \tag{8.5}$$

で与えられることがわかる．従ってよい検定関数は第1種の過誤と第2種の過誤の確率を両方とも小さくするような関数ということになる．

ところで，第1種の過誤と第2種の過誤は基本的にトレードオフの関係にある．例えば $\delta(x) \equiv 1$ すなわち常に帰無仮説を棄却するような検定関数を用いれば，第2種の過誤の確率は0にすることができるが，第1種の過誤の確率は常に1となる．上の例を用いて考えると，どんな"新薬"でも効果があると認めてしまえば，確かに有効な薬を見過ごしてしまう誤りはなくすことができるが，逆に全く効果のない薬が薬として認められてしまうことになる．$\delta(x) \equiv 0$ の形の検定関数を用いればこの逆の状況となる．この例の場合，新薬が効果ありと判定する基準をきびしくすればするほど，第1種の過誤の確率を小さくすることができるが，逆に第2種の過誤の確率は大きくなる．このことから検定論の目的は，第1種の過誤の確率と第2種の過誤の確率を適当にバランスさせた上で両者をできるだけ小さくするような検定関数を求めることであると考えられる．

この点に関して伝統的な検定論の考え方は第1種の過誤をまず重視し，第1種の過誤の確率を与えられた限界 α 以下に押さえた上で，第2種の過誤の確率をできるだけ小さくしようとするものである．あらかじめ与えられる α の値は**有意水準** (level of significance) とよばれる．このような考え方は必ずしも説得的でないが，検定の応用上慣習的に用いられるものなので，以下でも伝統的な考え方にそって議論を展開していく．通常 α は5%あるいは1%にとられることが多い．有意水準を習慣的な値に固定することは，検定の手続きをいわばルール化し客観化するという利点はあるが，5%あるいは1%という有意水準にこだわる理由は何もない．とくにコンピュータの発達した今日では有意水準を自由に設定して検定をおこなうことができる．

また有意水準，すなわち第1種の過誤の確率を5%や1%のように小さく設定すれば第2種の過誤の確率は大きくなりがちである．すなわち帰無仮説が正しくなくてもそれを受容してしまう可能性が大きい．従って有意水準を小さく設定した場合には，帰無仮説を受容してもそのことは帰無仮説が正しいことを積極的に示すものではなく，帰無仮説を暫定的に受け入れるというように解釈すべきである．

ところで

$$\beta_\delta(\theta) = E_\theta[\delta(X)] = P_\theta(\delta(X) = 1) \tag{8.6}$$

と定義すると δ のリスク関数は

$$R(\theta, \delta) = \begin{cases} \beta_\delta(\theta), & \text{if} \quad \theta \in \Theta_0 \\ 1 - \beta_\delta(\theta), & \text{if} \quad \theta \in \Theta_1 \end{cases} \tag{8.7}$$

と $\beta_\delta(\theta)$ を用いて表すことができる．$\beta_\delta(\theta)$ を**検出力関数** (power function) といい $\beta_\delta(\theta)$ の値を**検出力** (power) という．検出力という用語は必ずしも適切な用語ではないと思われるが，検定論で伝統的に用いられる用語である．対立仮説が正しい状況を考えれば，検出力は帰無仮説を棄却する確率であり帰無仮説が誤りであることを“検出する”確率であると解釈することができる．(8.7) 式からわかるように，リスク関数を用いても検出力関数を用いても同じことである．以下では伝統的な検定論の考え方に従って検出力関数を用いて議論をすすめることにする．

ここで検出力関数の 1 つの具体例を見てみよう．上にあげた生産工程における不良率の例で p_0 を 0.01 としてみる．やや非現実的であるが，簡便のためにここで 10 個の製品を検査して，もし 1 個以上の不良品があれば帰無仮説を棄却し不良品がなければ帰無仮説を受容するような検定関数を考えてみる．すなわち

$$\delta(x) = \begin{cases} 1, & \text{if} \quad x \geq 1 \\ 0, & \text{otherwise} \end{cases}$$

となる．X は 2 項分布 $\mathrm{Bin}(10, p)$ に従うと考えればよいから検出力関数は

$$\beta_\delta(p) = P(X \geq 1) = 1 - P(X = 0) = 1 - (1-p)^{10}$$

で与えられる．$\beta_\delta(p)$ をグラフにすれば図 8.1 のような単調増加関数となる．

$\theta \in \Theta_0$ に対して $\beta_\delta(\theta)$ は第 1 種の過誤の確率であるから，所与の α に対して

$$\beta_\delta(\theta) \leq \alpha, \quad \forall \theta \in \Theta_0 \tag{8.8}$$

ならば δ は有意水準 α の検定の 1 つである．(8.8) 式で $\theta \in \Theta_0$ における $\beta_\delta(\theta)$ の最大値は必ずしも α に一致する必要はなく

$$\sup_{\theta \in \Theta_0} \beta_\delta(\theta) < \alpha \tag{8.9}$$

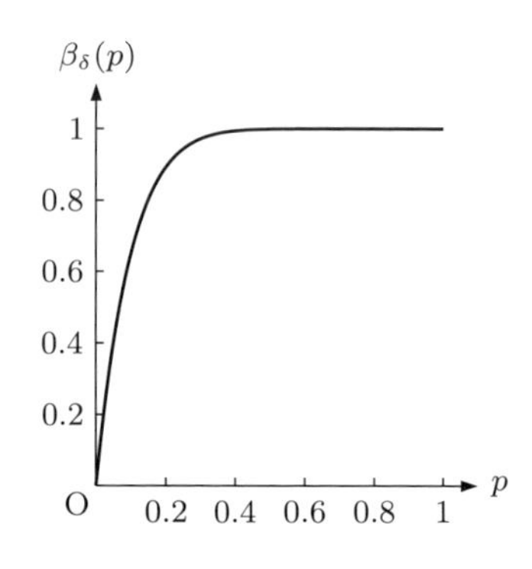

図 8.1

であっても δ はもちろん有意水準 α の検定である．(8.9) 式の左辺を検定 δ の**サイズ** (size) とよぶ．ただし第 1 種の過誤と第 2 種の過誤が互いにあい反する関係にあることを考えれば，対立仮説のもとでの検出力を大きくすることにより検定のサイズも大きくなるのが普通であるから，望ましい検定のサイズは有意水準に一致することが多い．

上の例では $p = 0.01$ のときの検出力の値は $1 - (1-p)^{10} = 0.0956$ となるから δ のサイズは 0.0956 である．また $0.0956 < 0.1$ より δ は有意水準 0.1 の検定の 1 つである．

ここまでは検定方式を表すのに検定関数を用いてきた．統計的決定理論の立場からは検定関数を用いるのが自然であるが，検定論においてはその他の記法や用語も用いられるので，ここでそれらについて説明しよう．いま (非確率化) 検定関数 δ が与えられたとき標本空間 $\mathscr{X}$ を $\delta(x)$ の値によって分割し，$A = \{x \mid \delta(x) = 0\}$，$R = A^c = \{x \mid \delta(x) = 1\}$ とおけば標本空間は

$$\mathscr{X} = A \cup R$$

と分割される．A を**受容域** (acceptance region)，$R = A^c$ を**棄却域** (rejection region, critical region) とよぶ．明らかに検定関数 δ を与えることと $\mathscr{X}$ を棄却域と受容域に分割することとは同値であるから，どちらを用いて議論してもよい．棄却域を用いれば検出力は $P_\theta(X \in R)$ と表される．

ところで以上のような標本空間の分割は，特定の統計量 $T(X)$ の値による分割で定義されることが多い．すなわち棄却域及び受容域が

$$R = \{x \mid T(x) > c\}, \quad A = \{x \mid T(x) \leq c\}$$

のように定義される場合である．このような場合 $T(X)$ を**検定統計量** (test statistic)，c を**棄却点**あるいは**棄却限界** (critical point) という．1 つの例として，正規分布の母平均に関する両側検定をとりあげてみよう．いま $X_1, \dots, X_n \sim \mathrm{N}(\mu, 1), i.i.d.,$ とし検定問題を

$$H_0 : \mu = 0 \ \text{ vs. } \ H_1 : \mu \neq 0 \tag{8.10}$$

とする．この場合，$|\bar{X}|$ がある値 c を越えたら帰無仮説を棄却する検定方式が用いられる．この場合 $T(X) = |\bar{X}|$ が検定統計量であり c が棄却点である．

検定統計量を用いて検定方式が表される場合には，検定方式 δ を簡便に

$$T(X) > c \ \Rightarrow \ \text{reject}$$

と表すとわかりやすい．この場合 δ の検出力は

$$\beta_\delta(\theta) = P_\theta(T(X) > c)$$

であり，サイズは $\sup_{\theta \in \Theta_0} \beta_\delta(\theta)$ と表される．また慣用的な用語として $T(X) > c$ となり帰無仮説を棄却した場合には "$T(X)$ は**有意** (significant) である" といい表すことがある．この用語は観測値が帰無仮説とはっきりと (有意に) 矛盾しているというような意味あいで用いられるものである．とくに新薬の効果を証明したいときのように否定したい仮説を帰無仮説ととる場合には，帰無仮説が棄却されれば「新薬に効果がある」という対立仮説に "意味が有る" ことを主張できる．このような場合には有意であるという用語もそれなりに適切である．

ここで再び正規分布の平均に関する (8.10) 式の検定を考えてみよう．この場合の検定方式は

$$|\bar{X}| > c \ \Rightarrow \ \text{reject} \tag{8.11}$$

と表すことができる．$\bar{X}$ の標本分布は $\bar{X} \sim \mathrm{N}(\mu, 1/n)$ であるから検出力関数は

$$\begin{aligned} \beta_\delta(\mu) &= 1 - P_\mu(-c \leq \bar{X} \leq c) \\ &= 1 - \Phi(\sqrt{n}(c - \mu)) + \Phi(-\sqrt{n}(c + \mu)) \end{aligned} \tag{8.12}$$

と評価できる．ここで Φ は標準正規分布の累積分布関数である．とくに帰無仮説 $\mu = 0$ のもとでの検出力すなわちサイズは $2(1 - \Phi(\sqrt{n}c))$ で与えられること

がわかる．$z_{\alpha/2}$ を標準正規分布の両側 α 点とし，$c = z_{\alpha/2}/\sqrt{n}$ とおけば，有意水準 (及びサイズ) が α の検定が得られる．$\alpha = 0.05$ としてこれらを図示したのが図 8.2 である．図の斜線の部分が棄却域であり棄却域の確率は 0.05 に等しい．いま実際に $\bar{X}$ が棄却域に落ちれば帰無仮説は棄却されるのであるが，$\bar{X}$ が棄却点 $\pm c$ から離れれば離れるほど，帰無仮説はより強くデータと矛盾するものと考えることができる．例えば図の 2 重の斜線部は有意水準 1% の棄却域を示しているが，$\bar{X}$ が有意水準 1% の棄却域に落ちた場合と，有意水準 5% の棄却域には落ちたものの 1% の棄却域には落ちなかった場合とを比較してみれば，前者のほうが帰無仮説が成り立たないことをより強く示唆していると考えられる．

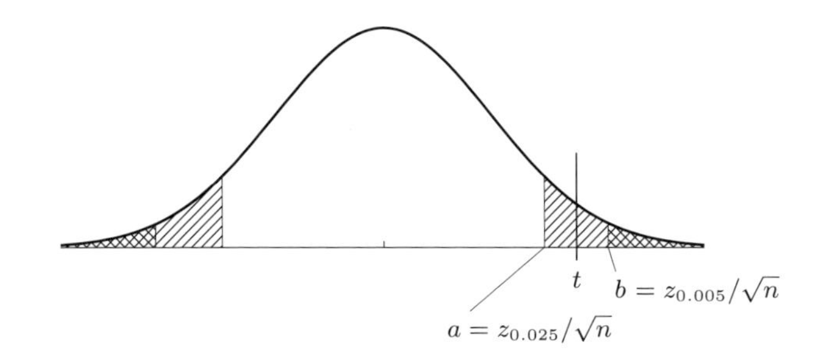

図 8.2

そこで帰無仮説が棄却されたかどうかのみを表示するのではなく，棄却点がちょうど $|\bar{X}| = t$ となるような検定のサイズを表示することが考えられる．この値を**確率値**あるいは ***p*-値** (p-value) という．図 8.2 の場合では p-値は (新たな) $\bar{X}$ が絶対値で t を越える確率であり 1% と 5% の間にくる．ここで p-値をより正確に定式化しよう．検定方式が検定統計量 $T(X)$ を用いて

$$T(X) > c \ \Rightarrow \ \text{reject}$$

の形で与えられているとする．帰無仮説のもとでの T の分布の上側確率を

$$P_\theta(T(X) \geq t) = Q(t, \theta), \quad \theta \in \Theta_0 \tag{8.13}$$

とおく．このとき p-値は

$$p\text{-value} = \sup_{\theta \in \Theta_0} Q(T(X), \theta) \tag{8.14}$$

と定義される．(8.13) 式の p-値の定義において $T(X) \geq t$ が弱い不等式になっ

ていることに注意する．離散分布の場合を含めて正確に定義するためにはここで弱い不等式を用いなければならない．また (8.14) 式の右辺で最大値をとる操作が必要なのは，$T(X)$ の帰無仮説のもとでの分布が $\theta \in \Theta_0$ に依存する可能性があるからである．p-値を以上のように定義すれば

$$p\text{-value} \le \alpha \;\Rightarrow\; \text{reject} \tag{8.15}$$

という検定方式は有意水準 α の検定方式となる．このことの証明はこの節の最後に与える．検定のためのコンピュータプログラムにおいて p-値を表示することにしておけば使用者が自由に有意水準を設定することができて便利である．

以上では検定関数を非確率化検定に限ってきたが以下の議論を一般的にするためには 5 章でも述べたように**確率化検定** (randomized test) も考える必要がある．確率化検定とは $X = x$ を観測したときに，($X = x$ に依存するある確率で) 棄却するか受容するかをランダムに決めるような検定方式である．確率化検定方式は検定関数 $\delta(x)$ の値として 0 と 1 の間の任意の値を許すことで定式化できる．すなわち $\delta(x)$ の値は $X = x$ を観測したときに帰無仮説を棄却する確率とする．例えば $\delta(x) = 0.5$ というのは，$X = x$ を観測したときに新たにゆがみのないコインを投げ，表が出たら帰無仮説を棄却し，裏が出たら帰無仮説を受容することを表している．δ をこのような確率化検定関数とするとき，帰無仮説を棄却する無条件の確率は (期待値の繰り返しの公式を用いて) $\beta_\delta(\theta) = E_\theta[\delta(X)]$ と表される．従って確率化検定の場合を含めて検出力は

$$\beta_\delta(\theta) = E_\theta[\delta(X)] \tag{8.16}$$

と定義される．

ここで p-値を用いた (8.15) 式の検定の有意水準が α となることの証明を与えよう．これは，p-値が累積分布関数を用いて定義されているために，問 2.6 にあるように，帰無仮説のもとで p-値の分布が基本的に 0 と 1 の間の一様分布 U[0, 1] であることからわかる．しかしながら，X が離散確率変数である場合や複合帰無仮説の場合を含めて証明する必要があるために，証明はやや技術的となる．読者は以下を省略して次節にすすんでもよい．

いま記法の簡便のため $Y = -T(X)$ とおき，下側確率

$$P_\theta(Y \le y) = F_\theta(y)$$

で考えることにする．$F_\theta(y)=Q(-y,\theta)$ である．まず帰無仮説が単純仮説の場合 $\Theta_0=\{\theta_0\}$ を考えよう．このとき p-値は

$$p\text{-value}=F_{\theta_0}(Y)$$

と表される．ここで証明すべきことは

$$P_{\theta_0}(F_{\theta_0}(Y)\le\alpha)\le\alpha \tag{8.17}$$

である．(2.25) 式で定義された F_{θ_0} の逆関数を ${F_L}^{-1}$ とおく．また $U\sim\mathrm{U}[0,1]$ とする．${F_L}^{-1}$ の定義より

$$\widetilde{U}=F_{\theta_0}({F_L}^{-1}(U))\ge U$$

である．従って $\widetilde{U}\le\alpha\Rightarrow U\le\alpha$ であり

$$P_{\theta_0}(\widetilde{U}\le\alpha)=P_{\theta_0}(F_{\theta_0}({F_L}^{-1}(U))\le\alpha)\le P(U\le\alpha)=\alpha \tag{8.18}$$

となる．ところで (2.29) 式で示したように ${F_L}^{-1}(U)\sim F_{\theta_0}$ であるから，(8.18) 式より $P_{\theta_0}(F_{\theta_0}(Y)\le\alpha)\le\alpha$ である．これは (8.17) 式に一致している．以上より帰無仮説が単純仮説の場合は (8.15) 式の検定が有意水準 α の検定になることが証明された．

次に帰無仮説が複合仮説である場合を考えよう．証明すべきことは

$$P_{\theta_0}\left(\sup_{\theta\in\Theta_0}F_\theta(Y)\le\alpha\right)\le\alpha,\quad\forall\theta_0\in\Theta_0 \tag{8.19}$$

である．ここで任意の $\theta_0\in\Theta_0$ に対して

$$\sup_{\theta\in\Theta_0}F_\theta(Y)\ge F_{\theta_0}(Y)$$

より $\sup_{\theta\in\Theta_0}F_\theta(Y)\le\alpha\Rightarrow F_{\theta_0}(Y)\le\alpha$ である．従って

$$P_{\theta_0}\left(\sup_{\theta\in\Theta_0}F_\theta(Y)\le\alpha\right)\le P_{\theta_0}(F_{\theta_0}(Y)\le\alpha)$$

となるが，この右辺はすでに単純仮説の場合に示したように α 以下であるから (8.19) 式が示された．以上で複合帰無仮説の場合も (8.15) 式の検定が有意水準 α の検定になることが証明された．

8.2 最強力検定とネイマン・ピアソンの補題

前節で述べたように，検定論における伝統的な考え方は第1種の過誤を与えられた有意水準 α 以下におさえたうえで，対立仮説のもとでの検出力を最大にするものである．この考え方にたてば検定問題

$$H_0 : \theta \in \Theta_0 \quad \text{vs.} \quad H_1 : \theta \in \Theta_1$$

に対する最良の検定は次の形の**一様最強力検定** (UMP test, uniformly most powerful test) である．δ を任意の有意水準 α の検定とする．すなわち $\beta_\delta(\theta) \leq \alpha,\ \forall\theta \in \Theta_0$ とする．有意水準 α の検定 δ^* が一様最強力検定であるとは

$$\beta_{\delta^*}(\theta) \geq \beta_\delta(\theta), \quad \forall\theta \in \Theta_1 \tag{8.20}$$

が成立することである．"一様" という言葉を用いるのは，UMP 検定がすべての対立仮説 ($\forall\theta \in \Theta_1$) について同時に検出力を最大化するからである．もし対立仮説が単純仮説 ($\Theta_1 = \{\theta_1\}$) ならば (8.20) 式において $\forall\theta$ という部分は不要となるので，δ^* は単に**最強力検定** (MP test, most powerful test) とよばれる．

UMP 検定はもちろん存在するとは限らない．対立仮説が複合仮説の場合の UMP 検定の存在非存在や UMP 検定の構成の問題は次のように考えればよい．任意に対立仮説 $\theta_1 \in \Theta_1$ を固定し対立仮説を単純仮説 $\theta = \theta_1$ と制限したとき，最強力検定 δ_{θ_1} が求められるとする．この δ_{θ_1} が実は θ_1 に依存しない形になっていればそれが求める UMP 検定である．またもし δ_{θ_1} が θ_1 に依存するならば UMP 検定は存在しないことになる．これらのことは UMP 検定の定義から明らかである．

そこで問題は対立仮説が単純仮説の場合の最強力検定の構成の問題となる．ここで最も簡単な場合，すなわち帰無仮説及び対立仮説のいずれもが単純仮説である場合を考えよう．考える検定問題は

$$H_0 : \theta = \theta_0 \quad \text{vs.} \quad H_1 : \theta = \theta_1$$

である．このとき，明示的な構成法を与えることによって最強力検定の存在を主張するのがネイマン・ピアソンの補題である．ここではネイマン・ピアソンの補題をまず次の形で証明する．

補題 8.1 (ネイマン・ピアソンの補題)　$f(x,\theta_i), i = 0,1$ を帰無仮説及び対立仮説のもとでの密度関数 (あるいは確率関数) とする．与えられた $c \geq 0$ と r $(0 \leq r \leq 1)$ に対して次の形の検定関数を考える．

$$\delta_{c,r}(x) = \begin{cases} 1, & \text{if} \quad \dfrac{f(x,\theta_1)}{f(x,\theta_0)} > c \\ r, & \text{if} \quad \dfrac{f(x,\theta_1)}{f(x,\theta_0)} = c \\ 0, & \text{if} \quad \dfrac{f(x,\theta_1)}{f(x,\theta_0)} < c \end{cases} \tag{8.21}$$

$\delta_{c,r}$ のサイズ $E_{\theta_0}[\delta_{c,r}(X)]$ を α とする．このとき，有意水準 α の検定のなかで $\delta_{c,r}$ が最強力検定となる．

以上の補題で $f(x,\theta_1)/f(x,\theta_0)$ が c に一致する場合に確率化検定 $\delta = r$ を考えるのは，離散分布の場合に有意水準を調節するために確率化検定を考える必要があるからである．X が連続確率変数の場合は，通常 $f(x,\theta_1)/f(x,\theta_0) = c$ となる x の集合の確率は 0 であり，その場合 r を用いた確率化は不要となる．これについては以下の正規分布の例を見よ．また $f(x,\theta_1) > 0, f(x,\theta_0) = 0$ となる x については $f(x,\theta_1)/f(x,\theta_0) = +\infty$ と定義する．このように定義しても以下の証明からわかるようにネイマン・ピアソンの補題は成立する．

証明　連続分布の場合に証明する．離散分布の場合も全く同様である．δ を任意の有意水準 α の検定関数として

$$\int (\delta_{c,r}(x) - \delta(x))(f(x,\theta_1) - cf(x,\theta_0))\,dx \geq 0 \tag{8.22}$$

であることを示そう．いま $f(x,\theta_1) > cf(x,\theta_0)$ となる x については $\delta_{c,r}(x) = 1$ であり，また $\delta(x)$ は検定関数であるから $0 \leq \delta(x) \leq 1$ である．従ってこのような x に対しては $\delta_{c,r}(x) - \delta(x) \geq 0$ となり $f(x,\theta_1) - cf(x,\theta_0) > 0$ とかけあわせることにより (8.22) 式の被積分関数は非負であることがわかる．逆に $f(x,\theta_1) < cf(x,\theta_0)$ となる x について同様に考えれば $\delta_{c,r}(x) - \delta(x) \leq 0$ となり $f(x,\theta_1) - cf(x,\theta_0) < 0$ とかけあわせることにより被積分関数はやはり非負である．$f(x,\theta_1) = cf(x,\theta_0)$ となる x については被積分関数は 0 である．このことから被積分関数はすべての x について非負であるから (8.22) 式の不等式が成立する．ところで (8.22) 式を移項すれば

$$\begin{aligned}\beta_{\delta_{c,r}}(\theta_1)-\beta_\delta(\theta_1) &= \int(\delta_{c,r}(x)-\delta(x))f(x,\theta_1)\,dx \\ &\geq c\left(\int(\delta_{c,r}(x)-\delta(x))f(x,\theta_0)\,dx\right) \\ &= c(E_{\theta_0}[\delta_{c,r}(X)]-E_{\theta_0}[\delta(X)]) \\ &= c\,(\alpha-E_{\theta_0}[\delta(X)])\geq 0\end{aligned}$$

となる．このことは $\delta_{c,r}$ が最強力検定であることを示している． ∎

以上の補題では c 及び r を先に与えておいて，$\delta_{c,r}$ のサイズ $\alpha(c,r)=E_{\theta_0}[\delta_{c,r}(X)]$ を有意水準とする検定を考えた．これは補題を簡潔な形で述べるためであり，検定の本来の考え方からすれば有意水準 α を先に与えなければならない．従って検定の考え方にそってネイマン・ピアソンの補題を用いるときには，与えられた α に対して c 及び r を調節して $\alpha=\alpha(c,r)$ が成り立つように c,r を選ぶ必要がある．ところで容易にわかるように，$\alpha(c,r)$ は c の減少関数であり同時に r の増加関数である．さらに $\alpha(c,r)$ は最小値 $0=\alpha(\infty,0)$ から最大値 $1=\alpha(0,1)$ までの間の値をすべてとる (問 8.1)．従って任意に与えられた α について $\alpha=\alpha(c,r)$ となるように c 及び r を選んで補題 8.1 を適用すればよい．

もう 1 つの問題点として，ネイマン・ピアソンの補題における最強力検定の一意性について考えよう．いま δ も有意水準 $\alpha=\alpha(c,r)$ の最強力検定であるとすると補題 8.1 の証明において (8.22) 式の左辺は 0 でなければならない．従って $\delta_{c,r}$ の定義における c と同じ c について

$$\delta(x)=\begin{cases}1, & \text{if} \quad \dfrac{f(x,\theta_1)}{f(x,\theta_0)}>c \\ 0, & \text{if} \quad \dfrac{f(x,\theta_1)}{f(x,\theta_0)}<c\end{cases} \tag{8.23}$$

が成り立たなければならない (問 8.2)．このことから $\delta_{c,r}$ の c は一意的に定まらなければならないこともわかる．

以上の結果をまとめてネイマン・ピアソンの補題をより精密な形で書けば次のようになる．

補題 8.2 (ネイマン・ピアソンの補題) 補題 8.1 と同じ状況を考える．任意に与えられた $0 \le \alpha \le 1$ に対して (8.21) 式の形の検定関数 $\delta_{c,r}(x)$ で有意水準 α の最強力検定となるものが存在する．また任意のほかの有意水準 α の最強力検定関数 δ は同じ c について (8.23) 式を満たさなければならない．

最強力検定に現れる尤度関数の比

$$\frac{f(x,\theta_1)}{f(x,\theta_0)}$$

を**尤度比** (likelihood ratio) とよぶ．ネイマン・ピアソンの補題は尤度比に基づく検定が最強力検定になることを述べている．複合仮説の場合の尤度比の定義については 8.6 節で述べる．

ネイマン・ピアソンの補題の簡単な例として，まず正規分布の平均の検定を考えよう．いま $X_1,\ldots,X_n \sim \mathrm{N}(\mu,1), i.i.d.,$ とし μ の 2 つの値 $\mu_0 < \mu_1$ を固定する．検定問題を

$$H_0 : \mu = \mu_0 \ \ \text{vs.}\ \ H_1 : \mu = \mu_1 \tag{8.24}$$

とする．尤度比を計算してみると

$$\frac{f(x,\mu_1)}{f(x,\mu_0)} = \exp\left((\mu_1 - \mu_0)\sum_{i=1}^{n} X_i - \frac{n}{2}({\mu_1}^2 - {\mu_0}^2)\right)$$

となる．従って $f(x,\mu_1)/f(x,\mu_0) > c$ は

$$\begin{aligned}\frac{f(x,\mu_1)}{f(x,\mu_0)} > c \iff & (\mu_1 - \mu_0)\sum_{i=1}^{n} X_i > \log c + \frac{n}{2}({\mu_1}^2 - {\mu_0}^2) \\ \iff & \bar{X} > c'\end{aligned}$$

となる．ただし $c' = (2\log c + n({\mu_1}^2 - {\mu_0}^2))/(2n(\mu_1 - \mu_0))$ である．この場合 $\bar{X}$ は連続な確率変数であるから，尤度比が c に一致する確率，すなわち $\bar{X}$ が c' に一致する確率は 0 であり，確率化は不要である．従ってネイマン・ピアソンの補題により最強力検定は $\bar{X} > c' \ \Rightarrow$ reject の形で与えられることがわかる．c' は検定の有意水準にあわせて決めればよい．この場合に c' を具体的に求めてみよう．$P_{\mu_0}(\bar{X} > c') = P_{\mu_0}(\sqrt{n}(\bar{X} - \mu_0) > \sqrt{n}(c' - \mu_0))$ を所与の α に一致させるには，z_α を標準正規分布の上側 α 点として，$\sqrt{n}(c' - \mu_0) = z_\alpha$ あるいは

$$c' = \mu_0 + \frac{1}{\sqrt{n}} z_\alpha$$

とおけばよいことがわかる．以上をまとめると (8.24) 式の検定問題に対する有意水準 α の最強力検定は

$$\bar{X} > \mu_0 + \frac{1}{\sqrt{n}} z_\alpha \ \Rightarrow \ \text{reject}$$

の形で与えられることがわかる．

次に 2 項分布の成功確率についての検定を考えよう．2 項分布は離散分布であるから，所与の有意水準を達成するために確率化 ((8.21) 式の r) が必要となる．$X \sim \mathrm{Bin}(n, p)$ とする．p_0 及び p_1 ($p_0 < p_1$) を固定し検定問題として

$$H_0 : p = p_0 \ \text{ vs. } \ H_1 : p = p_1 \tag{8.25}$$

を考える．補題 8.1 における尤度比を考えれば

$$\frac{f(x, p_1)}{f(x, p_0)} = \frac{{p_1}^x (1-p_1)^{n-x}}{{p_0}^x (1-p_0)^{n-x}} = \left(\frac{p_1(1-p_0)}{p_0(1-p_1)}\right)^x \times \left(\frac{1-p_1}{1-p_0}\right)^n \tag{8.26}$$

となる．ここで，$p_1(1-p_0)/(p_0(1-p_1)) > 1$ に注意すれば，$f(x, p_1)/f(x, p_0) > c$ となることと，ある k について $x > k$ となることとは同値である．従って (8.25) 式の検定問題の最強力検定は k を整数として

$$\delta_{k,r} = \begin{cases} 1, & \text{if } \ x > k \\ r, & \text{if } \ x = k \\ 0, & \text{if } \ x < k \end{cases} \tag{8.27}$$

の形で与えられる．ここで $n = 6, p_0 = 1/2, \alpha = 0.05$ の場合に k 及び r を具体的に求めてみよう．$X \sim \mathrm{Bin}(6, 0.5)$ とするとき $P(X = 6) = 1/2^6 = 1/64 = 0.015625$, $P(X \geq 5) = (1+6)/64 = 0.109375$ となる．従って非確率化検定を考える限りサイズを 0.05 に一致させることはできない．ここで $k = 5$ とし

$$r = \frac{\alpha - P(X > k)}{P(X = k)} = \frac{0.05 - 0.015625}{0.09375} = \frac{11}{30} = 0.3667$$

とおけば，(8.27) 式の $\delta_{5,0.3667}$ のサイズは

$$P(X > 5) + 0.3667 \times P(X = 5) = 0.05$$

となり有意水準と一致する．従って補題 8.1 より最強力検定が $\delta_{5,0.03667}$ で与えられることがわかる．なお，$X > 5 \ \Rightarrow$ reject という非確率化検定 $\delta_{5,0}$ はサイズが $0.015625 < 0.05$ であるから有意水準 0.05 の検定ではあるが，$H_1 : p = p_1$

のもとでの検出力が $\delta_{5,0.3667}$ の検出力より小さいので，最強力検定ではないことに注意する．

8.3　リスクセットの考え方とネイマン・ピアソンの補題

前節ではネイマン・ピアソンの補題を直接に証明したが，ここでは5章で説明したリスクセットの考え方を用いてネイマン・ピアソンの補題をもう一度説明する．リスクセットの考え方を用いることによりネイマン・ピアソンの補題の意味が非常に明確になる．この節では検出力ではなくリスクを用いて考える．この節の内容はベイズ法との関連が非常に強いので，5.3節及び14章も参照されたい．またリスクセットの上下を反転した図はROC曲線の図にもなっているので，その点についても簡単に説明する．

前節と同様に単純帰無仮説に対して単純対立仮説を検定する検定問題 $H_0: \theta = \theta_0$ vs. $H_1: \theta = \theta_1$ を考える．考えている母数の値は2つのみであるから，(確率化) 検定関数 δ のリスク

$$
\begin{aligned}
R_0(\delta) &= R(\theta_0, \delta) = E_{\theta_0}[\delta(X)] \\
R_1(\delta) &= R(\theta_1, \delta) = 1 - E_{\theta_1}[\delta(X)]
\end{aligned}
\tag{8.28}
$$

を (R_0, R_1) 平面上に打点することができる．5章で説明したように，$(R_0(\delta), R_1(\delta))$ を δ のリスク点とよびリスク点の集合 S をリスクセットとよぶ．

ここで S の形について考えよう．5.3節の議論と同様に考えれば S は凸集合であり，また点 $(1/2, 1/2)$ に関して点対称な集合であることがわかる．

いま第1種の過誤の確率すなわち $R_0(\delta)$ を与えられた有意水準 α 以下に制限するということは，図8.3において斜線の部分にリスク点のある検定関数のみを考慮することになる．この範囲にはいる検定関数のなかで第2種の過誤を最小にする検定が最強力検定であり，それは図8.3では点Mをリスク点とする検定 δ^* である．ネイマン・ピアソンの補題は最強力検定 δ^* の具体的構成法を与えるものである．

さて点 $\mathrm{M} = (R_0(\delta^*), R_1(\delta^*))$ における接線を ℓ とする．もし点Mで S がとがっていればMを通る任意の接線の1つ (すなわちMを通りほかの点では S と交わらない任意の直線) を ℓ とする．ここで簡単のために ℓ の傾きは0で

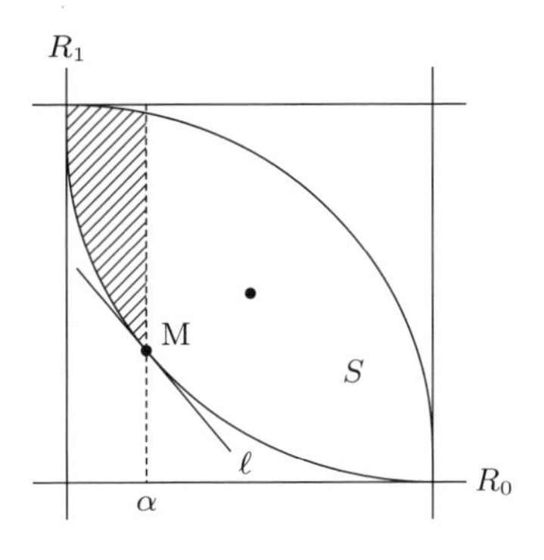

図 8.3

も ∞ でもない場合を考えよう．このとき ℓ は $R_1 + cR_0 = a^*$ と表される．ただし $c > 0$ であり $a^* = R_1(\delta^*) + cR_0(\delta^*)$ である．ところで任意の a について $R_1 + cR_0 = a$ は ℓ と平行な直線を表し ℓ が S への接線であることから，$R_1(\delta) + cR_0(\delta)$ の δ に関する最小値が a^* で与えられることがわかる．すなわち

$$\min_{\delta} \{R_1(\delta) + cR_0(\delta)\} = a^* = R_1(\delta^*) + cR_0(\delta^*)$$

が成り立っている．ところで

$$\begin{aligned} R_1(\delta) + cR_0(\delta) &= \int (1 - \delta(x)) f(x, \theta_1)\, dx + c \int \delta(x) f(x, \theta_0)\, dx \\ &= 1 - \int \delta(x)(f(x, \theta_1) - cf(x, \theta_0))\, dx \end{aligned} \tag{8.29}$$

と書ける．従って $0 \leq \delta(x) \leq 1$ の制約のもとで (8.29) 式を最小化する $\delta(x) = \delta^*(x)$ は，各 x について第 2 項の被積分関数を最大化することによって得られる．従って

$$\delta^*(x) = \begin{cases} 1, & \text{if} \quad f(x, \theta_1) - cf(x, \theta_0) > 0 \\ 0, & \text{if} \quad f(x, \theta_1) - cf(x, \theta_0) < 0 \end{cases} \tag{8.30}$$

となる．以上より $f(x, \theta_1) = cf(x, \theta_0)$ における確率化を除いて，ネイマン・ピアソンの補題と同様の結果がリスクセットの考察からも得られることがわかった．なお，以上のようにリスクセットの接線を考えることは，14 章で示すようにベイズ法を用いることにあたる．

図 8.3 の縦軸 R_1 は第 2 種の過誤の確率であるが，図 8.3 の上下を反転させて

図 8.4 のように縦軸を $1-R_1$, すなわち検出力, とした図は **ROC 曲線** (Receiver Operating Characteristic curve) の図となる. 図 8.3 のリスクセットの下側の境界, すなわち点 M を含む境界, は尤度比検定において c を動かしたときの (R_0, R_1) の軌跡である. 検定 δ の ROC 曲線とは, 棄却点 c を動かしたときの $(R_0, 1-R_1)$ の軌跡をいう. また **AUC** (Area Under the Curve) は ROC 曲線の下の面積であり, 図 8.4 の斜線の部分の面積である.

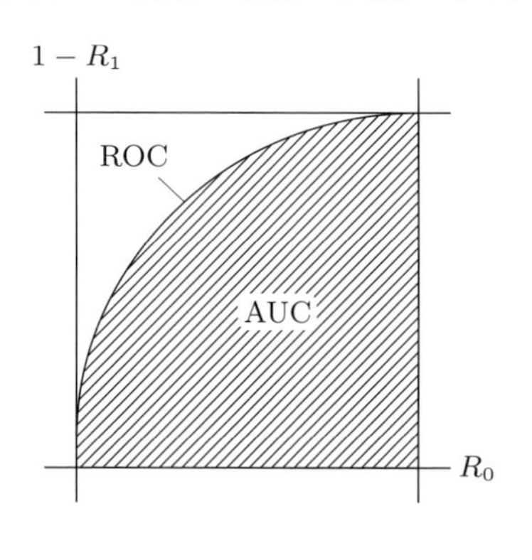

図 8.4

さて, $f(x,\theta_1) = cf(x,\theta_0)$ となる x の集合の確率が正となるため, ネイマン・ピアソンの補題において確率化が必要な場合についてより詳しく考えてみよう. この議論はやや技術的なので読者はここで次節へすすんでもよい. (8.29) 式よりこの集合の上では $\delta(x)$ がどのような値をとっても $R_1 + cR_0$ の値は一定であることがわかる. 従って $a^* = R_1(\delta) + cR_0(\delta)$ となるリスク点は M 以外にも存在する. このことは M における接線 ℓ が M のみと交わるのではなく, M を含む S の境界の一部が直線部分をなして ℓ の区間となっていることを意味している. 確率化の必要な例として前節と同様に 2 項分布の例を取り上げよう. ここでは前節よりさらに簡単な例を考え, $X \sim \mathrm{Bin}(4,p)$ とし検定問題

$$H_0 : p = 1/2 \quad \text{vs.} \quad H_1 : p = 2/3$$

を考える. いま $\delta_i, i = -1,0,1,2,3,4$ を

$$X > i \;\Rightarrow\; \text{reject}$$

の形の非確率化検定とする. このときこれらの 6 つの非確率化検定のリスク点

はそれぞれ

$$(R_0(\delta_{-1}), R_1(\delta_{-1})) = (1, 0), \qquad (R_0(\delta_0), R_1(\delta_0)) = \left(\frac{15}{16}, \frac{1}{81}\right)$$
$$(R_0(\delta_1), R_1(\delta_1)) = \left(\frac{11}{16}, \frac{9}{81}\right), \quad (R_0(\delta_2), R_1(\delta_2)) = \left(\frac{5}{16}, \frac{33}{81}\right)$$
$$(R_0(\delta_3), R_1(\delta_3)) = \left(\frac{1}{16}, \frac{65}{81}\right), \quad (R_0(\delta_4), R_1(\delta_4)) = (0, 1)$$

で与えられる．これを図示したものが図 8.5 である．これまでの議論からわかるように，これらの 6 点を順次結んでできる折れ線が S の原点に張りだした境界をなす．ここで有意水準 $\alpha = 0.1$ の最強力検定を考よう．図 8.5 よりわかるように $\alpha = 0.1$ の最強力検定は $\mathrm{M}_2 = (R_0(\delta_2), R_1(\delta_2))$ と $\mathrm{M}_3 = (R_0(\delta_3), R_1(\delta_3))$ を結ぶ線分上にある．従って最強力検定は δ_2 と δ_3 を確率的に適用する確率化検定であり，$X = 3$ の場合に確率化することに帰着する．またネイマン・ピアソンの補題における

$$r = \frac{1/10 - 1/16}{4/16}$$

は M が M_3 と M_2 を内分する比率に一致することにも注意する．

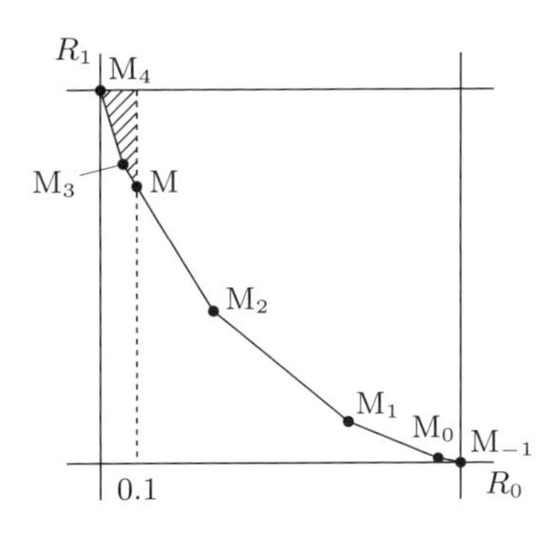

図 8.5

8.4 単調尤度比と一様最強力検定

8.2 節で論じたネイマン・ピアソンの補題は単純帰無仮説を単純対立仮説に対して検定するという最も簡単な場合についての結果であるが，より複雑な状況でもネイマン・ピアソンの補題を応用して一様最強力検定の存在を示すことが

できる場合がある．それは尤度比が以下で定義する単調性をみたし，また考えている検定問題が片側検定の場合である．

ここで再び2項分布の例を考えよう．今度は対立仮説が複合仮説である場合を考え検定問題を

$$H_0 : p = p_0 \quad \text{vs.} \quad H_1 : p > p_0 \tag{8.31}$$

とおく．いま $p_1\ (> p_0)$ を任意に固定し，対立仮説を特定の単純仮説に制限した検定問題 $H_0 : p = p_0$　vs.　$H_1 : p = p_1$ を考えれば，ネイマン・ピアソンの補題により (8.27) 式の形の最強力検定 $\delta_{k,r}$ が求められる．ところで k 及び r は検定のサイズを有意水準に一致させる，すなわち

$$\alpha = E_{p_0}[\delta_{k,r}]$$

となるように決められるのであるから，p_1 の値には依存しない．すなわち $p_1 > p_0$ となる任意の p_1 に対して $\delta_{k,r}$ は共通に最強力検定である．このことから $\delta_{k,r}$ は (8.31) 式の検定問題の一様最強力検定であることがわかった．

さらに帰無仮説も複合仮説として検定問題

$$H_0 : p \leq p_0 \quad \text{vs.} \quad H_1 : p > p_0 \tag{8.32}$$

を考えよう．実は $\delta_{k,r}$ はこの検定問題に関しても一様最強力検定である．これは次のように考えればわかる．いま $p \leq p_0$ とすれば

$$E_p[\delta_{k,r}(X)] \leq E_{p_0}[\delta_{k,r}(X)] = \alpha \tag{8.33}$$

が成り立つ．(8.33) 式は真の成功確率が p のときのほうが p_0 のときよりも X は小さな値をとりやすいことから明らかである．(8.33) 式は帰無仮説を $H_0 : p \leq p_0$ としても $\delta_{k,r}$ が有意水準 α の検定でもあることを示している．ところで $\delta_{k,r}$ が (8.32) 式の検定問題の一様最強力検定ではなかったと仮定してみよう．このときある有意水準 α の検定 δ_1 が存在して δ_1 の検出力は対立仮説の1点 $p_1 > p_0$ で $\delta_{k,r}$ の検出力より大きくなるはずである．従って

$$E_{p_1}[\delta_1(X)] > E_{p_1}[\delta_{k,r}(X)] \tag{8.34}$$

が成り立つ．ところで有意水準に関する条件から δ_1 は $E_{p_0}[\delta_1(X)] \leq \alpha$ も満たす．すなわち δ_1 を (8.31) 式の検定問題の有意水準 α の検定とも考えることができる．しかし δ_1 及び $\delta_{k,r}$ を (8.31) 式に関する検定関数と考えれば (8.34)

式は $\delta_{k,r}$ が一様最強力検定であることに矛盾する．従って背理法により $\delta_{k,r}$ が (8.32) 式の検定問題の一様最強力検定であることが示された．

ここでこの 2 項分布の例をより一般的な枠組みで定式化しよう．いま母数 θ を 1 次元の母数とし検定問題を

$$H_0 : \theta \leq \theta_0 \quad \text{vs.} \quad H_1 : \theta > \theta_0 \tag{8.35}$$

とする．θ の 2 つの値 $\theta_1 < \theta_2$ を固定して尤度比 $f(x, \theta_2)/f(x, \theta_1)$ を考えよう．ここでこの尤度比がある統計量 $T(x)$ を用いて

$$\frac{f(x, \theta_2)}{f(x, \theta_1)} = g(T(x), \theta_1, \theta_2) \tag{8.36}$$

と T の関数の形に書けたと仮定する．例えば $T(x)$ が十分統計量ならば分解定理により尤度比は (8.36) 式の形に書ける．さて $f(x, \theta)$ の尤度比が

$$\frac{f(x, \theta_2)}{f(x, \theta_1)} = g(T(x), \theta_1, \theta_2) \tag{8.37}$$

の形に書け，任意の $\theta_1 < \theta_2$ に対して (8.37) 式の右辺が $T(x)$ の単調増加関数であるとき，$f(x, \theta)$ は $T(x)$ に関して**単調尤度比** (monotone likelihood ratio) を持つという．

密度関数 (あるいは確率関数) が単調尤度比を持つ場合には 2 項分布の例を一般化して次の定理が成り立つ．

定理 8.3 母数 θ は 1 次元の母数とし，密度関数あるいは確率関数が統計量 $T(x)$ に関して単調尤度比を持つとする．検定問題

$$H_0 : \theta \leq \theta_0 \quad \text{vs.} \quad H_1 : \theta > \theta_0 \tag{8.38}$$

を考える．このとき任意の $0 \leq \alpha \leq 1$ に対して c と r が存在して $(-\infty \leq c \leq \infty, 0 \leq r \leq 1)$ 次の形の検定関数

$$\delta_{c,r}(x) = \begin{cases} 1, & \text{if } \ T(x) > c \\ r, & \text{if } \ T(x) = c \\ 0, & \text{if } \ T(x) < c \end{cases} \tag{8.39}$$

が有意水準 α の一様最強力検定となる．

証明 ここでは簡単のため $g(T(x), \theta_1, \theta_2)$ が，任意の θ_1, θ_2 に対して，$T(x)$

の強増加関数として証明する．g が必ずしも $T(x)$ の強増加関数でなくても同様に証明できる．いま $\theta_1 > \theta_0$ を任意に固定し，制限された検定問題 $H_0 : \theta = \theta_0$ vs. $H_1 : \theta = \theta_1$ を考える．この問題にネイマン・ピアソンの補題を適用すれば最強力検定が (8.39) 式の形で与えられることがわかる．ここで (8.39) 式の c 及び r は検定の有意水準のみにより決まり θ_1 には依存しない．従って $\delta_{c,r}$ は検定問題 $H_0 : \theta = \theta_0$ vs. $H_1 : \theta > \theta_0$ の一様最強力検定である．次に単調尤度比が成立する場合には任意の $\theta \le \theta_0$ に対して，以下の補題 8.4 において

$$f(x) = f(x, \theta), \quad g(T(x)) = \frac{f(x, \theta_0)}{f(x, \theta)}, \quad h(T(x)) = \delta_{c,r}(x)$$

とおけば，$g(T(x))$ も $h(T(x))$ も $T(x)$ の単調増加関数だから，以下の補題 8.4 より

$$E_\theta[\delta_{c,r}(X)] \le E_{\theta_0}[\delta_{c,r}(X)] = \alpha \tag{8.40}$$

を得る．このことから，2 項分布の例について議論したのと全く同様に，$\delta_{c,r}$ が (8.38) 式の検定問題に対する有意水準 α の一様最強力検定であることがわかる．∎

以上の補題で (8.40) 式の証明が残っているが，これを次の補題の形に述べる．

補題 8.4　$f(x)$ を確率密度関数とし $g(T(x)), h(T(x))$ をそれぞれ $T(x)$ の単調増加関数とする．このとき

$$\begin{aligned} &\int_{-\infty}^{\infty} g(T(x)) f(x)\, dx \int_{-\infty}^{\infty} h(T(x)) f(x)\, dx \\ &\quad \le \int_{-\infty}^{\infty} g(T(x)) h(T(x)) f(x)\, dx \end{aligned} \tag{8.41}$$

が成立する．ただし左辺の 2 つの積分は存在するものとする．

証明　簡便のために $T(x) = x$ の場合に証明する．$T(x) \ne x$ の場合も証明は同様である (問 8.4)．$m = \int g(x) f(x)\, dx$ とする．いま $f(x)$ は密度関数であるから

$$0 = \int (g(x) - m) f(x)\, dx \tag{8.42}$$

であるが，$g(x) - m$ は単調増加関数であるから (8.42) 式が成り立つためには，ある有限の t が存在して $x \le t$ ならば $g(x) - m \le 0$, $x \ge t$ ならば $g(x) - m \ge 0$ となっていなければならない．ここで h が単調増加関数であることを用いれば $(g(x) - m)(h(x) - h(t)) \ge 0, \forall x$, となることがわかる．従って

$$
\begin{aligned}
0 &\le \int_{-\infty}^{\infty} (g(x) - m)(h(x) - h(t)) f(x)\,dx \\
&= \int_{-\infty}^{\infty} (g(x) - m)h(x) f(x)\,dx \\
&= \int_{-\infty}^{\infty} g(x)h(x)f(x)\,dx - \int_{-\infty}^{\infty} g(x)f(x)\,dx \int_{-\infty}^{\infty} h(x)f(x)\,dx
\end{aligned}
$$

となり補題を得る． ∎

単調尤度比が成り立つ顕著な場合として，自然母数を母数とするときの 1 母数指数型分布族があげられる．ψ を指数型分布族の自然母数とするとき，1 母数指数型分布族の密度関数あるいは確率関数は 6.3 節で説明したように

$$
f(x, \psi) = h(x) \exp(\psi T(x) - c(\psi))
$$

の形をしている．$\psi_1 < \psi_2$ として尤度比を求めれば

$$
\frac{f(x, \psi_2)}{f(x, \psi_1)} = \exp\Big((\psi_2 - \psi_1)T(x) - (c(\psi_2) - c(\psi_1))\Big) \tag{8.43}
$$

となり，(8.43) 式は $T(x)$ の (強) 単調増加関数となる．従って定理 8.3 が適用できる．

分散のみが未知の正規分布，ポアソン分布，負の 2 項分布などはいずれも指数型分布族をなすから，片側検定について定理 8.3 が成立する．これらの分布についての一様最強力検定の具体的な形は問とする (問 8.5, 8.6, 8.7).

8.5 不偏検定

前節では 1 次元の母数に関する片側検定について一様最強力検定の構成できる場合があることを説明した．しかしながら両側検定の場合には前節の議論を適用することはできない．両側検定において自然と思われる検定方式を正当化するためには不偏検定の概念が必要になる．また母数が 1 次元でなく 2 次元以上となり局外母数が存在するときにも不偏検定の概念が必要である．

まず基本的な例として母分散が既知の場合の正規分布の母平均に関する検定を考えよう．簡単のために $X \sim \mathrm{N}(\mu, 1)$ として検定問題

$$H_0 : \mu = 0 \ \text{ vs. } \ H_1 : \mu \neq 0 \tag{8.44}$$

を考えよう．ここでは標本の大きさを1としているが，母分散が既知の正規分布においては $\bar{X}$ が十分統計量であり $\bar{X}$ も正規分布に従うから，十分統計量に基づく検定を考える限り標本の大きさは1として一般性を失わない．もちろん検定の最適性を問題にする際には十分統計量に基づく検定のみを考えればよい．また帰無仮説は $H_0 : \mu = \mu_0$ の形でもよいが，これもまた $\mu_0 = 0$ とおいて一般性を失わない．まずこの検定問題に一様最強力検定が存在しないことを確認しよう．これは前節の議論を用いれば容易にわかる．いま $\mu_1 > 0$ を任意に固定して，制限された対立仮説 $H_1 : \mu = \mu_1$ に対する最強力検定を求めれば，棄却域は $X > c'$ の形で与えられる．他方 $\mu_1 < 0$ を任意に固定して同様に考えれば棄却域は $X < -c'$ の形で与えられる．一様最強力検定はどんな対立仮説に対しても同時に最強力検定でなければならないが，このように $\mu > 0$ の場合と $\mu < 0$ の場合では最強力検定の形が異なる．従って(ネイマン・ピアソンの補題における最強力検定の一意性の結果を考えれば)一様最強力検定は存在しないことがわかる．

さて(8.44)式の検定問題に対する自然な検定方式は

$$|X| > c \ \Rightarrow \ \text{reject} \tag{8.45}$$

の形の検定である．この検定は以下で定義する不偏検定のクラスのなかで一様最強力検定となっている．(8.45)式において棄却点を $\pm c$ と原点に対して対称に設定しているが，これは対立仮説が $\mu > 0$ になる可能性と $\mu < 0$ になる可能性をいわば公平に評価していることになる．この例の場合分布の対称性から“公平さ”の概念は明らかであるが，正規分布でも分散に関する検定などの場合にはこの公平さの概念をどうとらえたらよいかは必ずしも自明ではない．

そこで，検定の不偏性を次のような形に定式化しよう．検定問題

$$H_0 : \theta \in \Theta_0 \ \text{ vs. } \ H_1 : \theta \in \Theta_1 \tag{8.46}$$

に対する有意水準 α の検定 δ が**不偏** (unbiased) であるとは

$$\beta_\delta(\theta) = E_\theta[\delta(X)] \geq \alpha, \quad \forall \theta \in \Theta_1 \tag{8.47}$$

が成り立つことである．すなわち任意の対立仮説のもとでの検出力が有意水準以上となる検定が不偏な検定である．不偏性の要請は次のように考えれば自然な要請であると考えられる．いま $\delta_r(x) \equiv \alpha$ となる検定方式を考える．すなわち δ_r は $X = x$ の値を無視して一定の確率 α で帰無仮説を棄却する確率化検定方式である．$\beta_{\delta_r}(\theta) \equiv \alpha$ であるから δ_r は有意水準 α の検定である．いま検定の目的は有意水準 α の制限のもとで検出力 $\beta_\delta(\theta), \theta \in \Theta_1$, を最大化することであるから，少なくとも δ_r という不合理な検定方式よりも検出力の大きい検定を考えなければ意味がないであろう．δ_r よりも検出力の大きい検定は定義から不偏検定であることがわかる．

不偏な検定のクラスのなかですべての対立仮説について検出力を最大にする検定方式が存在すればその検定を一様最強力不偏検定という．すなわち有意水準 α の不偏検定 δ^* が**一様最強力不偏検定** (Uniformly Most Powerful Unbiased test, UMPU test) であるとは任意の有意水準 α の不偏検定 δ に対して

$$\beta_{\delta^*}(\theta) \geq \beta_\delta(\theta), \quad \forall \theta \in \Theta_1$$

が成り立つことである．

ここでは不偏検定の 1 つの例として (8.45) 式の検定が UMPU 検定となることの証明を与える．証明はやや面倒である．証明のための本質的なステップはネイマン・ピアソンの補題を不偏検定に適用できるような形に一般化することである．

いま θ を 1 次元の母数とし検定問題を

$$H_0 : \theta = \theta_0 \ \text{ vs. } \ H_1 : \theta \neq \theta_0 \tag{8.48}$$

とする．$\beta_\delta(\theta)$ を任意の検定関数 δ の検出力関数とするとき $\beta_\delta(\theta)$ は θ に関して微分可能で

$$\frac{\partial}{\partial\theta}\beta_\delta(\theta) = \int \delta(x)\frac{\partial}{\partial\theta}f(x,\theta)\,dx \tag{8.49}$$

が成り立つ (すなわち微分と積分の順序が交換できる) と仮定する．この仮定のもとでは $\beta_\delta(\theta)$ は θ の連続関数であり，$\theta = \theta_0$ での連続性を考えれば

$$\beta_\delta(\theta_0) \leq \alpha, \quad \beta_\delta(\theta) \geq \alpha, \quad \theta \neq \theta_0$$

より $\beta_\delta(\theta_0) = \alpha$ であることがわかる．また $\beta_\delta(\theta)$ は $\theta = \theta_0$ で最小値 α をとる

から $\beta_\delta{}'(\theta_0) = 0$ も成り立たなければならない．さて以上の設定のもとで次の補題が成り立つ．

補題 8.5 (8.48) 式を検定問題とし (8.49) 式を仮定する．検定 δ^* が

$$\beta_{\delta^*}(\theta_0) = \alpha, \quad \beta_{\delta^*}{}'(\theta_0) = 0$$

をみたすとする．さらに $\theta_1 \neq \theta_0$ となる θ_1 を任意に固定したとき，δ^* がある c_1, c_2 を用いて

$$\delta^*(x) = \begin{cases} 1, & \text{if} \quad f(x,\theta_1) - c_1 f(x,\theta_0) - c_2 \dfrac{\partial}{\partial\theta} f(x,\theta_0) > 0 \\ r(x), & \text{if} \quad f(x,\theta_1) - c_1 f(x,\theta_0) - c_2 \dfrac{\partial}{\partial\theta} f(x,\theta_0) = 0 \\ 0, & \text{if} \quad f(x,\theta_1) - c_1 f(x,\theta_0) - c_2 \dfrac{\partial}{\partial\theta} f(x,\theta_0) < 0 \end{cases} \tag{8.50}$$

の形に表されれば，δ^* は不偏検定であり，また不偏検定のクラスのなかで $\theta = \theta_1$ における検出力を最大化する．とくに任意の $\theta_1 \neq \theta_0$ について $c_1 = c_1(\theta_1), c_2 = c_2(\theta_1)$ を適当に選ぶと δ^* が (8.50) 式の形に表されるならば δ^* は一様最強力不偏検定である．

証明　補題の最後の主張は自明であるから，特定の $\theta_1 \neq \theta_0$ を固定して考える．δ を任意の不偏な検定関数として δ の検出力関数 $\beta_\delta(\theta)$ を考えれば

$$\beta_\delta(\theta_0) \leq \alpha, \quad \beta_\delta(\theta_1) \geq \alpha, \quad \forall \theta_1 \neq \theta_0$$

である．仮定により，$\beta_\delta(\theta)$ が θ の微分可能な連続関数であることを考慮すれば

$$\beta_\delta(\theta_0) = \alpha, \quad \frac{\partial}{\partial\theta}\beta_\delta(\theta_0) = \int \delta(x) \frac{\partial}{\partial\theta} f(x,\theta_0)\, dx = 0 \tag{8.51}$$

となることがわかる．ここでネイマン・ピアソンの補題の証明と全く同様に被積分関数の符号を考えることにより

$$\int (\delta^*(x) - \delta(x)) \left(f(x,\theta_1) - c_1 f(x,\theta_0) - c_2 \frac{\partial}{\partial\theta} f(x,\theta_0) \right) dx \geq 0 \tag{8.52}$$

が成り立つ．ところで (8.52) 式を展開して評価すれば (8.52) 式の左辺は $\beta_{\delta^*}(\theta_1) - \beta_\delta(\theta_1)$ に一致することがわかる．従って

$$\beta_{\delta^*}(\theta_1) \geq \beta_\delta(\theta_1)$$

となり，θ_1 における δ^* の検出力は任意の不偏検定の検出力以上となることがわかる．またとくに δ として $\delta = \delta_r \equiv \alpha$ とおけば δ^* の検出力は α 以上となり δ^* は不偏であることがわかる．以上で補題は証明された．■

補題 8.5 では離散分布の場合を考慮して

$$f(x, \theta_1) - c_1 f(x, \theta_0) - c_2 \frac{\partial}{\partial \theta} f(x, \theta_0) = 0 \tag{8.53}$$

の場合には確率化をおこなっている．ところで，片側検定のネイマン・ピアソンの補題の場合と異なり，ここでは棄却の確率 r を (8.53) 式を満たす x の値に依存させて $r(x)$ としている．これは両側検定の場合には (8.53) 式を満たす x の値が 2 つあり，それぞれの x での棄却の確率を調整して検定の不偏性を保証するためである．$r = r(x)$ のように棄却の確率を x に依存させても証明は同じでよいことは明らかであろう．

補題 8.5 を用いて正規分布の母平均に関する (8.45) 式の検定 δ_c が UMPU であることを示そう．この場合は連続分布であるから確率化を考える必要はない．また与えられた α に対してサイズが α に一致するように c を決めることができること，また対称性より $\beta_{\delta_c}{}'(0) = 0$ となることは容易にわかる．さて $\phi(x)$ を標準正規分布の密度関数とすると

$$\frac{\partial}{\partial \mu} \phi(x - \mu) = (x - \mu) \phi(x - \mu)$$

となるから $\mu = 0$ での $\phi(x - \mu)$ の偏微係数は $x\phi(x)$ となる．また任意の μ に対して $\phi(x - \mu) = \phi(x) \exp(\mu x - \mu^2/2)$ となる．従って (8.45) 式の c と $\mu \neq 0$ を任意に与えて，これに応じて c_1, c_2 を選ぶことにより

$$\phi(x) \exp\left(\mu x - \frac{\mu^2}{2}\right) - c_1 \phi(x) - c_2 x \phi(x) > 0 \iff |x| > c \tag{8.54}$$

となることが示されればよい．(8.54) 式の左辺は，$\phi(x)$ で割ると

$$\exp(\mu x) > \widetilde{c}_1 + \widetilde{c}_2 x \tag{8.55}$$

と同値である．ただし $\widetilde{c}_i = e^{\mu^2/2} c_i, i = 1, 2$ である．与えられた μ に対して $\widetilde{c}_i, i = 1, 2$ をうまく選べればよい．ところで $\exp(\mu x)$ は凸関数である (図 8.6 参照)．従って $y = \widetilde{c}_1 + \widetilde{c}_2 x$ で与えられる直線 l が図 8.6 の $P = (-c, \exp(-c\mu))$ 及び $Q = (c, \exp(c\mu))$ の 2 点を通るように選べば

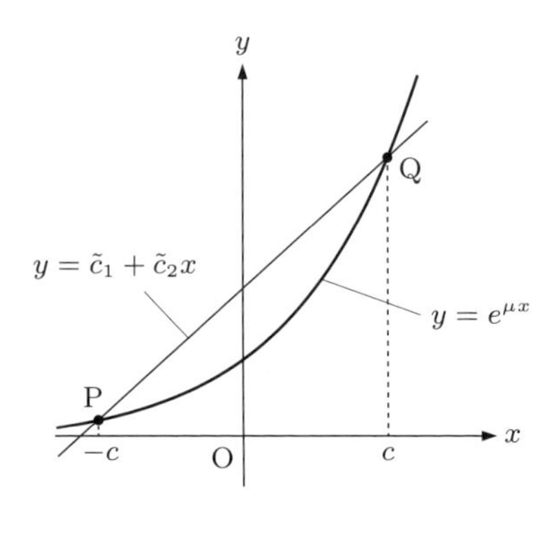

図 8.6

$$\exp(\mu x) > \widetilde{c}_1 + \widetilde{c}_2 x \iff |x| > c$$

となることがわかる ($\widetilde{c}_1, \widetilde{c}_2$ の具体的な表現は問 8.8 とする). 以上より (8.45) 式の検定が UMPU であることが示された.

次に離散分布の例として再び 2 項分布を考えよう. 2 項分布の場合でも確率関数を指数型分布族の形に表し自然母数を用いて議論すれば, 正規分布と同様に議論できる. ただし離散分布であるので, 確率化検定を考える必要がありその点が扱いづらくなる. さてここで考える仮説検定問題は

$$H_0 : p = p_0 \quad \text{vs.} \quad H_1 : p \neq p_0$$

である. $p_0 = 1/2$ のときは分布の対称性から議論が簡明になるが, ここでは $0 < p_0 < 1$ を任意の値として非対称な場合も考えることとする. さて 2 項分布を指数型分布族の形に書き表し, 自然母数 $\psi = \log(p/(1-p))$ を用いれば検定問題を

$$H_0 : \psi = \psi_0 \quad \text{vs.} \quad H_1 : \psi \neq \psi_0$$

と書くことができる. ただし $\psi_0 = \log(p_0/(1-p_0))$ である. 検定の不偏性及び一様最強力不偏検定は母数を p で考えても ψ で考えても同じであることに注意しよう. 2 項分布の確率関数は (6.15) 式からわかるように

$$\begin{aligned} p(x, \psi) &= h(x) \exp(\psi x - c(\psi)) \\ &= \exp\Big((\psi - \psi_0)x - (c(\psi) - c(\psi_0))\Big) p(x, \psi_0) \end{aligned} \tag{8.56}$$

と書ける．ただし $h(x)=\binom{n}{x}$, $c(\psi)=n\log(1+e^{\psi})$ である．従って $\frac{\partial}{\partial\psi}p(x,\psi)$ $=(x-c'(\psi))p(x,\psi)$ である．ここで

$$p(x,\psi)-c_1p(x,\psi_0)-c_2(x-c'(\psi_0))p(x,\psi_0)>0 \tag{8.57}$$

となる x の範囲を考えよう．(8.56) 式より (8.57) 式の不等式は

$$\exp((\psi-\psi_0)x)>\widetilde{c}_1+\widetilde{c}_2x \tag{8.58}$$

と同値である．ただし $\widetilde{c}_1=(c_1-c_2c'(\psi_0))\exp\left(c(\psi)-c(\psi_0)\right)$, $\widetilde{c}_2=c_2\exp(c(\psi)$ $-c(\psi_0))$ である．(8.58) 式の左辺 $\exp((\psi-\psi_0)x)$ は凸関数であるから，図 8.6 と同様の状況であり，(8.58) 式を満たす x の範囲は

$$\exp((\psi-\psi_0)x)>\widetilde{c}_1+\widetilde{c}_2x \iff x<a \ \text{ or } \ x>b \tag{8.59}$$

となる．ここで任意に与えられた a,b に対して (8.59) 式が成り立つように $\widetilde{c}_1$ 及び $\widetilde{c}_2$ をとることができることに注意しよう．以上の議論より，

$$\beta_\delta(p_0)=\alpha, \quad {\beta_\delta}'(p_0)=0 \tag{8.60}$$

を満たす検定 δ で

$$\delta(x)=\begin{cases}1, & \text{if } \ x>b \ \text{ or } \ x<a\\ 0, & \text{if } \ a<x<b\\ r_a, & \text{if } \ x=a\\ r_b, & \text{if } \ x=b\end{cases} \tag{8.61}$$

の形のものが存在すれば δ が UMPU であることがわかる．実際 (8.60) 式の条件のもとで a,b,r_a,r_b を決めると，a,b,r_a,r_b は一意的に定まることがわかる (問 8.9)．従って a,b,r_a,r_b をこのようにとったとき (8.61) 式の検定が UMPU である．

(8.61) 式の形の検定は理論的には望ましい両側検定であるが，a,b,r_a,r_b の求め方が面倒なので，通常はより簡便な検定法が用いられる．すなわち，中心極限定理により $p=p_0$ のもとで $\sqrt{n}(\hat{p}-p_0)/\sqrt{p_0(1-p_0)}$ が標準正規分布に分布収束することを用いると，$z_{\alpha/2}$ を標準正規分布の両側 α 点として，

$$\left|\frac{\sqrt{n}(\hat{p}-p_0)}{\sqrt{p_0(1-p_0)}}\right|>z_{\alpha/2} \ \Rightarrow \ \text{reject} \tag{8.62}$$

の形の検定方式は近似的に有意水準 α の検定となる．ただし $\hat{p} = X/n$ である．またこの検定はやはり中心極限定理により，近似的に不偏検定となる．また，n が大きければ各点での確率は小さくなるので，(8.62) 式の検定では確率化も通常無視する．

さて，以上の正規分布及び 2 項分布に関する議論は明らかに任意の 1 母数指数型分布族に対して拡張できる．ここでは後の応用のために標本の大きさ n を明示的に考慮した式を示す．X_i の密度関数 (あるいは確率関数) を

$$f(x, \psi) = h(x) \exp(\psi T(x) - c(\psi)) \tag{8.63}$$

とし検定問題を

$$H_0 : \psi = \psi_0 \quad \text{vs.} \quad H_1 : \psi \neq \psi_0 \tag{8.64}$$

とする．このとき

$$\delta(x) = \begin{cases} 1, & \text{if} \;\; \bar{T} > b \;\; \text{or} \;\; \bar{T} < a \\ 0, & \text{if} \;\; a < \bar{T} < b \\ r_a, & \text{if} \;\; \bar{T} = a \\ r_b, & \text{if} \;\; \bar{T} = b \end{cases} \tag{8.65}$$

が UMPU 検定となる．ただし $\bar{T} = \dfrac{1}{n} \sum_{i=1}^{n} T(X_i)$ であり，a, b, r_a, r_b は

$$\beta_\delta(\psi_0) = \alpha, \quad {\beta_\delta}'(\psi_0) = 0 \tag{8.66}$$

が成り立つように一意的に定められる．

以上では，1 次元の母数に関する両側検定について，一様最強力不偏検定の求め方を議論した．ところで，以上の議論は母数が 1 次元であることを用いており，多次元の母数の場合に UMPU は一般に存在しない．多次元の母数の場合に UMPU が存在する 1 つの場合は，指数型分布族において興味のあるパラメータ θ は 1 次元であり，残りのパラメータ η は局外母数である場合である．すなわち仮説検定問題は

$$H_0 : \theta = \theta_0, \eta \text{ は自由} \quad \text{vs.} \quad H_1 : \theta \neq \theta_0, \eta \text{ は自由} \tag{8.67}$$

の場合である．このような場合には 1 次元の母数についての議論を拡張して UMPU が存在することを示すことができる．このことの最も重要な例は正規分

布の母平均 μ に関する検定である．すなわち母分散 σ^2 が局外母数であるときに

$$H_0 : \mu = 0 \quad \text{vs.} \quad H_1 : \mu \neq 0$$

の検定問題について t 検定が UMPU であることが示される．(8.67) 式の検定問題についての UMPU 検定の求め方については，議論が長くなるのでここでは省略する．詳しくは Lehmann(1986), Section 4.4 を参照されたい．

8.6　尤度比検定

前節までで UMP 検定及び UMPU 検定についての結果を述べたが，これらの望ましい性質を持った検定が存在するのは母数が 1 次元であるなど簡単な問題の場合であり，一般には UMP や UMPU は存在しない．これは推定論において UMVU が必ずしも存在しないことと似ている．そこで，より複雑な状況でも合理的な検定を求める一般的な方法が望まれる．これがこの節で述べる尤度比検定の考え方である．尤度比検定は，推定論における最尤推定量に対応しており，機械的な方法で検定方式が得られる．尤度比検定の考え方で得られた検定方式は合理的な検定方式であることが多いが，必ず合理的な検定方式が得られるという理論的な保証があるわけではない．また尤度比検定においては推定論における最尤推定量の漸近有効性のような明確な結果は残念ながら存在しない．

ここでは

$$H_0 : \theta \in \Theta_0 \quad \text{vs.} \quad H_1 : \theta \in \Theta_1$$

の形の一般的な仮説検定問題を考える．$f_n(x,\theta) = \prod_{i=1}^{n} f(x_i,\theta)$ を同時密度関数 (あるいは同時確率関数) とするとき，**尤度比** (likelihood ratio) は

$$L = \frac{\max_{\theta \in \Theta_1} f_n(x,\theta)}{\max_{\theta \in \Theta_0} f_n(x,\theta)} \tag{8.68}$$

で定義される．また $\ell = \log L$ を対数尤度比 (log likelihood ratio) とよぶ．$f_n(x,\theta)$ を $\theta \in \Theta_0$ の範囲で最大化する θ の値を “帰無仮説のもとでの最尤推定量” とよび $\tilde{\theta}$ と表すことにする．また $f_n(x,\theta)$ を $\theta \in \Theta_1$ の範囲で最大化する θ の値を “対立仮説のもとでの最尤推定量” とよび $\hat{\theta}$ と表す．この記法を用いれば

$$L = \frac{f_n(x, \hat{\theta})}{f_n(x, \widetilde{\theta})}$$

と表すことができる．帰無仮説及び対立仮説とも単純仮説の場合には，尤度比検定統計量はネイマン・ピアソンの補題に現れた尤度比に一致することに注意しよう．そこでネイマン・ピアソンの補題と同様に棄却域を

$$L > c \ \Rightarrow \ \text{reject} \tag{8.69}$$

としたものを尤度比検定とよぶ．

尤度比検定の例として，正規分布の平均に関する t 検定を尤度比検定として求めてみよう．$X_1, \ldots, X_n \sim \mathrm{N}(\mu, \sigma^2), i.i.d.$, とする．$\sigma^2$ は未知な局外母数とし，μ に関する検定問題を考える．すなわち検定問題を

$$H_0 : \mu = \mu_0, \quad \text{vs.} \quad H_1 : \mu \neq \mu_0 \tag{8.70}$$

とする．H_0, H_1 のいずれにおいても $\sigma^2 > 0$ は自由なパラメータである．(8.70) 式の検定のための通常の検定は両側 t 検定である．すなわち

$$t = \frac{\sqrt{n}(\bar{X} - \mu_0)}{s}, \quad s^2 = \frac{1}{n-1}\sum_{i=1}^{n}(X_i - \bar{X})^2$$

とし

$$|t| > t_{\alpha/2}(n-1) \ \Rightarrow \ \text{reject} \tag{8.71}$$

とする検定方式である．ただし $t_{\alpha/2}(n-1)$ は自由度 $n-1$ の t 分布の両側 α 点である．正規分布に関する標本分布論の結果より (8.71) 式の検定は有意水準 α の検定となる．

ところで (8.70) 式の検定問題の尤度比検定を求めてみよう．以下では記法の簡便のために $\mu_0 = 0$ の場合で考える．まず帰無仮説のもとでの最尤推定量を求めよう．帰無仮説のもとでの $X_1, \ldots, X_n$ の同時密度関数は

$$f_n(x, \sigma^2) = \frac{1}{(2\pi)^{n/2}\sigma^n} \exp\left(-\frac{1}{2\sigma^2}\sum_{i=1}^{n} {x_i}^2\right) \tag{8.72}$$

となる．(8.72) 式を最大化する σ^2 は容易に

$$\widetilde{\sigma}^2 = \frac{1}{n}\sum_{i=1}^{n} {x_i}^2$$

となることがわかる．これを (8.72) 式に代入すれば，帰無仮説のもとで最大化された尤度は

$$f_n(x, \tilde{\sigma}^2) = \left(\frac{n}{2\pi \sum_{i=1}^{n} {x_i}^2} \right)^{n/2} \exp\left(-\frac{n}{2}\right)$$

と求められる.

次に対立仮説のもとでの最尤推定量を求める．この場合 μ に関する最尤推定量がちょうど 0 に一致する確率は 0 であるから，対立仮説において $\mu \neq 0$ という条件は無視してよいことに注意しよう．従って最尤推定量は

$$\hat{\mu} = \bar{x}, \quad \hat{\sigma}^2 = \frac{1}{n} \sum_{i=1}^{n} (x_i - \bar{x})^2$$

で与えられる．これを同時密度関数に代入すれば対立仮説のもとで最大化された尤度は

$$f_n(x, \hat{\mu}, \hat{\sigma}^2) = \left(\frac{n}{2\pi \sum_{i=1}^{n} (x_i - \bar{x})^2} \right)^{n/2} \exp\left(-\frac{n}{2}\right)$$

となる．このことから尤度比は

$$L = \left(\frac{\sum_{i=1}^{n} {x_i}^2}{\sum_{i=1}^{n} (x_i - \bar{x})^2} \right)^{n/2} \tag{8.73}$$

で与えられることがわかる．ところで $\sum_{i=1}^{n} {x_i}^2 = \sum_{i=1}^{n} (x_i - \bar{x})^2 + n\bar{x}^2$ の関係を用いると $L^{2/n}$ は

$$\begin{aligned} L^{2/n} &= 1 + \frac{n\bar{x}^2}{\sum_{i=1}^{n} (x_i - \bar{x})^2} \\ &= 1 + \frac{1}{n-1} t^2 \end{aligned} \tag{8.74}$$

となる．これより L は t^2 の単調増加関数となることがわかる．従って

$$c = \left(1 + \frac{1}{n-1} t_{\alpha/2}(n-1)^2 \right)^{n/2} \tag{8.75}$$

とおくことにより

$$L > c \iff t^2 > t_{\alpha/2}(n-1)^2$$

となり，尤度比検定の棄却域と両側 t 検定の棄却域が同一のものであることがわかる．従って尤度比検定は両側 t 検定と同値である．

以上の t 検定の例でわかるように，尤度比検定の考え方によって得られるのは標準的な検定方式そのものではなく標準的な検定方式と同値な検定方式であることが多い．このような場合，尤度比検定統計量 L についての棄却点 c を求めるためには，尤度比検定統計量を標本分布論で扱われている標準的な統計量の形に変形した上で，標本分布論の結果を用いる必要がある．

しかしながら尤度比検定の大変便利な点は，標本サイズ n が大きいときには c の近似的な値がカイ二乗分布から求められるということである．いま帰無仮説のもとで自由に動けるパラメータの数を $q = \dim \Theta_0$ とし，対立仮説のもとで自由に動けるパラメータの数を $q + p = \dim \Theta_1$ とする．ここで dim は次元を表す．例えば上の t 検定の場合，帰無仮説のもとで自由に動けるパラメータは σ^2 のみでありその数は $q = 1$ である．また，対立仮説のもとで自由に動けるパラメータは μ, σ^2 の 2 つでありその数は $p + q = 2$ となるから，$p = 1$ となる．より一般に全体で $p + q$ 個のパラメータ $\theta_1, \ldots, \theta_{p+q}$ がありこのうち $\theta_{p+1}, \ldots, \theta_{p+q}$ の q 個のパラメータが局外母数であり，仮説検定問題が

$$H_0 : \theta_i = \theta_{0i},\ i = 1, \ldots, p \ \text{ vs. } \ H_1 : \theta_i \neq \theta_{0i}\,,\ \exists i$$

となっている場合が考えられる．このような場合に，帰無仮説のもとで $n \to \infty$ となるとき，対数尤度比統計量の 2 倍，すなわち $2 \log L = 2\ell$ が自由度 p のカイ二乗分布に分布収束することが証明される．従って $\chi^2_\alpha(p)$ をカイ二乗分布の上側 α 点とすれば，

$$2 \log L > \chi^2_\alpha(p) \tag{8.76}$$

を棄却域とすることにより，漸近的に有意水準 α の検定が得られることとなる．このように，尤度比検定の近似的な棄却点が帰無仮説と対立仮説の次元の差を自由度とするカイ二乗分布から得られるという結果は非常に一般的であり，個々の検定を個別に論じる必要がなく有用である．

以上の結果の証明は 13 章で与えることにして，ここでは t 検定の場合に以上の結果を確認しておこう．いま (8.74) 式より log をテーラー展開すれば

$$2\log L = n\log\left(1+\frac{t^2}{n-1}\right) = \frac{n}{n-1}t^2 - \frac{n}{2(n-1)^2}t^4 + \cdots \qquad (8.77)$$

と書ける．ここで t は自由度 $n-1$ の t 分布に従うから，$n\to\infty$ で t は標準正規分布に分布収束する．また (8.77) 式の第 2 項以下は 0 に確率収束するから $2\log L$ が t^2 の漸近分布に分布収束することがわかる．標準正規分布に従う確率変数の二乗の分布は自由度 1 のカイ二乗分布であるから $2\log L$ が $n\to\infty$ のとき自由度 1 のカイ二乗分布に分布収束することが確かめられた (補論 (A.11) 式参照).

問

8.1　(8.21) 式で定義される検定関数 $\delta_{c,r}$ のサイズを $\alpha(c,r)$ とするとき，$\alpha(c,r)$ は c の減少関数であり同時に r の増加関数であることを示せ．また $\alpha(c,r)$ は最小値 $0=\alpha(\infty,0)$ から最大値 $1=\alpha(0,1)$ までの間の値をすべてとることを示せ.

8.2　(8.23) 式を示せ.

8.3　(8.26) 式について

$$\frac{{p_1}^x(1-p_1)^{n-x}}{{p_0}^x(1-p_0)^{n-x}} > c \iff x > k$$

となる k の値を c (及び n, p_0, p_1) で表せ.

8.4　補題 8.4 を $T(x)\neq x$ の場合について証明せよ.

8.5　$X_1,\ldots,X_n \sim \mathrm{N}(0,\sigma^2), i.i.d.$, とする．検定問題

$$H_0:\sigma^2\le 1 \ \text{ vs. } \ H_1:\sigma^2>1$$

に対する有意水準 α の一様最強力検定を求めよ.

8.6　$X_1,\ldots,X_n$ を互いに独立にポアソン分布 $\mathrm{Po}(\lambda)$ に従う確率変数とする．検定問題

$$H_0:\lambda\le 1 \ \text{ vs. } \ H_1:\lambda>1$$

に対する一様最強力検定を求めよ.

8.7　$X_1,\ldots,X_n$ を互いに独立に負の 2 項分布 $\mathrm{NB}(r,p)$ に従う確率変数とする．すなわち $P(X_i=k)=\binom{r+k-1}{k}(1-p)^k p^r$ とする．ここで r は既知とする．検定問題

$$H_0 : p \le p_0 \ \ \text{vs.} \ \ H_1 : p > p_0$$

に対する一様最強力検定を求めよ.

8.8　与えられた μ 及び c に対して (8.54) 式を成り立たせる $\widetilde{c}_1, \widetilde{c}_2$ が

$$\widetilde{c}_1 = \frac{e^{\mu c} + e^{-\mu c}}{2}, \quad \widetilde{c}_2 = \frac{e^{\mu c} - e^{-\mu c}}{2c}$$

となることを示せ.

8.9　2項分布の成功確率に関する (8.61) 式の形の検定について (8.60) 式の条件により a, b, r_a, r_b が一意的に定まることを示せ．また $n = 4, \alpha = 0.1, p_0 = 1/3$ の場合に a, b, r_a, r_b を具体的に求めよ.

8.10　ポアソン分布 $\mathrm{Po}(\lambda)$ の λ に関する検定問題

$$H_0 : \lambda = \lambda_0, \ \ \text{vs.} \ \ H_1 : \lambda \ne \lambda_0$$

に対する UMPU 検定の形を求めよ．とくに $\lambda_0 = 5, \alpha = 0.1, n = 1$ の場合に確率化を含めて UMPU 検定を具体的に求めよ.

8.11　$T(X)$ の分布が離散分布であるとする．(8.13) 式において $Q(t, \theta) = P_\theta(T(X) > t)$ と強い不等式を用いた場合には，(8.15) 式の検定の有意水準が必ずしも α とはならないことを示せ．［ヒント：問 2.6 参照］

8.12　既知の分散 ${\sigma_0}^2$ を持つ正規分布 $\mathrm{N}(\mu, {\sigma_0}^2)$ の μ に関する片側検定で，検出力を保証するためのサンプルサイズの決定問題を考える．$\mathrm{N}(\mu, {\sigma_0}^2)$ からの大きさ n の標本の標本平均を $\bar{X}$ で表す．帰無仮説を $H_0 : \mu \le \mu_0$ とし，特定の対立仮説 $H_1 : \mu = \mu_1$ を考える．ただし $\mu_1 > \mu_0$ とする．$\bar{X}$ を用いた有意水準 α の検定で H_1 のもとでの検出力を $1 - \beta$ 以上とする n の最小値が ${\sigma_0}^2 (z_\alpha + z_\beta)^2 / (\mu_1 - \mu_0)^2$ で与えられることを示せ.

8.13　2項分布の片側検定のサンプルサイズの決定問題を考える．$X \sim \mathrm{Bin}(n, p)$ とし，帰無仮説を $H_0 : p \le p_0$ とし，特定の対立仮説を $H_1 : p = p_1$ とする．ただし $p_1 > p_0$ である．2項分布の正規近似を用いて，H_1 のもとでの検出力を $1 - \beta$ 以上とする n の最小値が

$$n = \frac{(\sqrt{p_0(1-p_0)} z_\alpha + \sqrt{p_1(1-p_1)} z_\beta)^2}{(p_1 - p_0)^2}$$

で与えられることを示せ.

8.14　1次元の累積分布関数 F, G について $F(x) < G(x), \forall x,$ が成り立つとき，F は G より確率的に大きいという．F は G より確率的に大きいとし，確率変数 X の分布として，F を帰無仮説，G を対立仮説とする:

$$H_0 : X \sim F \ \ \text{vs.} \ \ H_1 : X \sim G$$

F, G はいずれも強増加連続関数とし，検定方式として $X \geq c$ のときに帰無仮説を受容し，$X < c$ のときに帰無仮説を棄却する検定方式を考える．c を $-\infty$ から ∞ に増加させるとき，ROC 曲線が $G(F^{-1}(u))$, $u \in (0,1)$, と表されることを示せ．また X と Y が互いに独立で $X \sim F$, $Y \sim G$ のとき，$\mathrm{AUC} = \int_0^1 G(F^{-1}(u))\,du$ が $P(X > Y)$ と等しいことを示せ．

8.15 問 8.14 と同様の設定において f, g をそれぞれ F, G の密度関数とする．尤度比 $g(x)/f(x)$ が x の単調減少関数ならば F は G より確率的に大きく，また ROC 曲線が上に凸となることを示せ．

8.16 $X_1, \ldots, X_n$ を $\mathrm{N}(\mu, \sigma^2)$ からの標本とする．$\mu_0 > \mu_1, \sigma^2 = 1$ とし，単純仮説の検定

$$H_0 : \mu = \mu_0 \quad \text{vs.} \quad H_1 : \mu = \mu_1$$

を考える．尤度比検定の AUC を求めよ．同様に，$\mu = 0$, ${\sigma_0}^2 > {\sigma_1}^2$ とし，単純仮説の検定

$$H_0 : \sigma^2 = {\sigma_0}^2 \quad \text{vs.} \quad H_1 : \sigma^2 = {\sigma_1}^2$$

を考える．尤度比検定の AUC を求めよ．

8.17 2 項分布の成功確率 $H_0 : p = p_0$ に対する尤度比検定を求め，n が大きいときに (8.62) 式との同値性を示せ．

Chapter 9

区間推定

この章では区間推定について説明する．区間推定は応用上は点推定を補う形で用いられるが，理論的には区間推定論は検定論と表裏一体をなすものである．

9.1　区間推定の例

ここでは正規分布の母平均及び母分散に関する区間推定の例を用いて区間推定の考え方及び構成法を説明する．

まず，正規分布の母平均の区間推定を考えよう．$X_1, \ldots, X_n \sim \mathrm{N}(\mu, \sigma^2), i.i.d.$, とする．ここで μ, σ^2 ともに未知であるが，推定したいパラメータは μ であるとしよう．μ の点推定のための推定量としては $\hat{\mu} = \bar{X}$ が用いられる．7 章で示したように $\bar{X}$ は UMVU 推定量であり，平均的な推定の誤差を最小化するという意味での最適性を持った推定量である．しかしながら $\bar{X}$ は連続な確率変数であるから μ に完全に一致することはない．そこで $\bar{X}$ の推定の誤差 $\bar{X} - \mu$ を評価できることが望ましい．もちろん μ はそもそも未知であるから $\bar{X} - \mu$ 自体を知ることはできないが，

$$\mathrm{Var}[\hat{\mu}] = E[(\bar{X} - \mu)^2] = \frac{\sigma^2}{n} \tag{9.1}$$

であるから，誤差の平均的な大きさについては評価することが可能である．ところでこの場合 σ^2 も未知の場合を考えているから，(9.1) 式を実際に用いるには σ^2 の値も推定する必要がある．σ^2 の推定量として不偏推定量 $s^2 = \sum_{i=1}^{n} (X_i - \bar{X})^2/(n-1)$ を用いることにすれば，$\bar{X}$ の分散 ${\sigma_{\bar{X}}}^2 = \mathrm{Var}[\bar{X}]$ 及び標準偏差 $\sigma_{\bar{X}}$ の推定量は

$$\hat{\sigma}_{\bar{X}}{}^2 = \frac{s^2}{n}, \quad \hat{\sigma}_{\bar{X}} = \frac{s}{\sqrt{n}} \tag{9.2}$$

となる．$\hat{\sigma}_{\bar{X}}$ の値を $\bar{X}$ の**標準誤差** (standard error) という．一般に推定量 $\hat{\theta}$ の標準偏差の推定値を $\hat{\theta}$ の標準誤差という．

以上のように標準誤差を用いて推定量の平均的な誤差の大きさを評価できるが，区間推定ではさらにすすんで未知の母数を含むと考えられる区間を与える．すなわち未知母数を 1 点で推定するのではなく，区間を用いて推定しようとする考え方である．正規分布の母平均については，$\bar{X}$ を中心とする "$\bar{X} \pm$ 誤差範囲" の形の区間

$$(L(X), U(X)) = (\bar{X} - C(X), \bar{X} + C(X))$$

で，与えられた α に対し

$$\begin{aligned} P_{\mu,\sigma^2}(L(X) < \mu < U(X)) &= P_{\mu,\sigma^2}(\bar{X} - C(X) < \mu < \bar{X} + C(X)) \\ &= 1 - \alpha \end{aligned} \tag{9.3}$$

となる区間 $(L(X), U(X))$ を構成することができる．例えば α を 5 % とすれば $(L(X), U(X))$ という区間が μ を含む確率が 95 % となる．従ってこの場合ほぼ確実にこの区間に μ が含まれると考えられる．さて (9.3) 式を満たす区間は

$$C(X) = t_{\alpha/2}(n-1)\frac{s}{\sqrt{n}} \tag{9.4}$$

とすればよい．ここで $s^2 = \sum_{i=1}^{n}(X_i - \bar{X})^2/(n-1)$ であり $t_{\alpha/2}(n-1)$ は自由度 $n-1$ の t 分布の両側 α 点である．実際 (9.4) 式の $C(X)$ を用いた区間が (9.3) 式を満たすことを確かめよう．

$$\begin{aligned} &P_{\mu,\sigma^2}\left(\bar{X} - t_{\alpha/2}(n-1)\frac{s}{\sqrt{n}} < \mu < \bar{X} + t_{\alpha/2}(n-1)\frac{s}{\sqrt{n}}\right) \\ &= P_{\mu,\sigma^2}\left(-t_{\alpha/2}(n-1)\frac{s}{\sqrt{n}} < \bar{X} - \mu < t_{\alpha/2}(n-1)\frac{s}{\sqrt{n}}\right) \\ &= P_{\mu,\sigma^2}\left(-t_{\alpha/2}(n-1) < \frac{\bar{X} - \mu}{s/\sqrt{n}} < t_{\alpha/2}(n-1)\right) \\ &= 1 - \alpha \end{aligned}$$

である．最後の等式は $T = \sqrt{n}(\bar{X} - \mu)/s$ が自由度 $n-1$ の t 分布に従うことから成り立つ．このようにして t 分布に基づいて μ の区間推定ができることがわかった．

一般に

$$P_\theta\left(L(X) < \theta < U(X)\right) \geq 1 - \alpha, \quad \forall \theta \in \Theta \tag{9.5}$$

という性質を持つ区間を**信頼係数** (confidence coefficient) $1-\alpha$ の**信頼区間** (confidence interval) という．信頼区間を構成することを**区間推定** (interval estimation) という．信頼区間においては "確率" という用語を用いないで信頼係数という用語を用いている．これは以下の 9.3 節で論じるように信頼係数を事後的な確率と解釈することはできないためである．(9.5) 式の右辺においては確率を $1-\alpha$ 以上という不等式で与えているが，これは検定の有意水準の考え方と同様に実際の確率が $1-\alpha$ を越えるものも含めて考えるためである．

次に正規分布の母分散の区間推定について考える．$X_1, \ldots, X_n \sim \mathrm{N}(\mu, \sigma^2)$, *i.i.d.*, とし今度は σ^2 に興味があるとしよう．いま $\chi^2_{\alpha/2}(n-1)$ 及び $\chi^2_{1-\alpha/2}(n-1)$ をそれぞれ自由度 $n-1$ のカイ二乗分布の上側 $\alpha/2$ 点及び下側 $\alpha/2$ 点とする．そして

$$L(X) = \frac{(n-1)s^2}{\chi^2_{\alpha/2}(n-1)}, \quad U(X) = \frac{(n-1)s^2}{\chi^2_{1-\alpha/2}(n-1)}$$

とおく．このとき

$$P_{\mu,\sigma^2}(L(X) < \sigma^2 < U(X)) = 1 - \alpha$$

となるので，$(L(X), U(X))$ は信頼係数 $1-\alpha$ の信頼区間となる．実際

$$\begin{aligned} & P_{\mu,\sigma^2}\left(\frac{(n-1)s^2}{\chi^2_{\alpha/2}(n-1)} < \sigma^2 < \frac{(n-1)s^2}{\chi^2_{1-\alpha/2}(n-1)}\right) \\ & \quad = P_{\mu,\sigma^2}\left(\chi^2_{1-\alpha/2}(n-1) < \frac{(n-1)s^2}{\sigma^2} < \chi^2_{\alpha/2}(n-1)\right) = 1 - \alpha \end{aligned}$$

となる．最後の等式は $(n-1)s^2/\sigma^2 = \sum_{i=1}^n (X_i - \bar{X})^2/\sigma^2$ が自由度 $n-1$ のカイ二乗分布に従うことから成り立つ．この信頼区間の性質については次節及び 10.1 節でより詳しく論じている．

以上の例では興味のあるパラメータが 1 次元の例を考えた．パラメータ θ が 2 次元以上の場合には，区間を考えることができないので，信頼区間を一般化して信頼域というものを考える．θ を k 次元のパラメータ $\theta \in \mathbb{R}^k$ とする．観測値 X に基づく $\mathbb{R}^k$ の集合 $S(X) \subset \mathbb{R}^k$ が信頼係数 $1-\alpha$ の**信頼域** (confidence region, confidence set) であるとは

$$P_\theta\left(\theta \in S(X)\right) \geq 1-\alpha, \quad \forall\theta \in \Theta \tag{9.6}$$

となることをいう．多次元であることを強調するために信頼域を**同時信頼域** (joint confidence region) とよぶことも多い．

簡単な例として X と Y は互いに独立な確率変数で $X \sim \mathrm{N}(\mu_1, 1), Y \sim \mathrm{N}(\mu_2, 1)$ であるとしよう．$\chi^2_\alpha(2)$ を自由度 2 のカイ二乗分布の上側 α 点として $S(X,Y)$ を

$$S(X,Y) = \{(a,b) \mid (X-a)^2 + (Y-b)^2 \leq \chi^2_\alpha(2)\}$$

とおく．この $S(X,Y)$ は (μ_1, μ_2) に対する信頼係数 $1-\alpha$ の信頼域である．実際

$$\begin{aligned} P_{\mu_1,\mu_2}((\mu_1,\mu_2) \in S(X,Y)) &= P_{\mu_1,\mu_2}((X-\mu_1)^2 + (Y-\mu_2)^2 \leq \chi^2_\alpha(2)) \\ &= 1-\alpha \end{aligned}$$

となる．

以上で，(9.5) 式あるいは (9.6) 式の条件を満たすような信頼区間あるいは信頼域をいくつかの例について構成できることがわかった．これらの例からわかるように，パーセント点のとり方により，信頼係数 $1-\alpha$ を自由に決めることができる．信頼係数は信頼区間の長さを考慮しながら定めればよい．信頼係数を大きくとればそれだけ真の θ を含む確率は大きくなるが，逆にそれだけ信頼区間が長くなってしまう．長すぎる信頼区間は区間としては意味がないであろう．従って，信頼係数と信頼区間の長さとが互いに矛盾した関係にあることを考慮しながら信頼係数を決めるのが望ましい，ということができる．

9.2　信頼域の構成法

前節ではいくつかの信頼区間の例をみたが，これらの信頼区間を構成する一般的な方法はあるだろうか．この節では信頼域が単純帰無仮説の検定から構成できることを示す．以下の議論では信頼域が区間となる保証はないので，信頼区間といわずに信頼域ということにする．

Θ を母数空間とし，任意の $\theta_0 \in \Theta$ を単純帰無仮説とする検定問題を考える．

$$H_0 : \theta = \theta_0 \quad \text{vs.} \quad H_1 : \theta \neq \theta_0 \tag{9.7}$$

そして $A(\theta_0)$ を (9.7) 式の検定問題の有意水準 α の (非確率化) 検定の受容域とする．すなわち $A(\theta_0)$ は

$$P_{\theta_0}(X \in A(\theta_0)) \geq 1 - \alpha \tag{9.8}$$

を満たす標本空間の集合である．さて，ここで受容域を $A(\theta_0)$ のように θ_0 の関数として書いたのは，(9.7) 式の検定問題をいろいろな θ_0 の値について同時に考えるからである．別の言い方をすれば，(9.7) 式の形の検定問題の族を考えることになる．そして (9.8) 式はすべての $\theta_0 \in \Theta$ で成り立つと仮定している．

簡単な例として $X \sim \mathrm{N}(\mu, 1)$ とする．$H : \mu = \mu_0$ の不偏検定の受容域は

$$A(\mu_0) = (\mu_0 - z_{\alpha/2}, \mu_0 + z_{\alpha/2})$$

となるから，確かに μ_0 の関数であることがわかる．

さて (9.8) 式を満たす受容域の族 $A(\theta)$ が与えられたとき，$x \in A(\theta)$ の関係を θ について解くことによって，任意に固定した x に対して母数空間 Θ の集合 $S(x)$ を次のように定義することができる．

$$S(x) = \{\theta \mid x \in A(\theta)\} \tag{9.9}$$

ここで次の補題が成り立つ．

補題 9.1　$A(\theta)$ をすべての θ_0 に対して (9.8) 式の成立するような標本空間の集合とする．すなわち任意の θ_0 について $A(\theta_0)$ は $H_0 : \theta = \theta_0$ の有意水準 α の検定の受容域であるとする．そして $S(x)$ を (9.9) 式により定義する．このとき $S(X)$ は信頼係数 $1 - \alpha$ の信頼域である．

証明　$P_\theta\,(\theta \in S(X)) \geq 1 - \alpha, \forall\theta,$ を示せばよい．いま (9.9) 式の $S(x)$ の定義により

$$\theta \in S(x) \iff x \in A(\theta)$$

となるから

$$P_\theta\,(\theta \in S(X)) = P_\theta\,(X \in A(\theta)) \geq 1 - \alpha, \quad \forall\theta \in \Theta$$

である．従って $S(X)$ は信頼係数 $1 - \alpha$ の信頼域である．　∎

この補題の逆も成立する．すなわち $S(X)$ を信頼係数 $1-\alpha$ の信頼域とし

$$A(\theta) = \{x \mid \theta \in S(x)\} \tag{9.10}$$

とおけば $A(\theta)$ は (9.8) 式を満たす受容域となる．証明は全く同様であるから問とする (問 9.1).

補題 9.1 の証明は簡単であるが，その意味がややわかりにくいので，ここでは補題 9.1 について直観的に説明してみよう．$A(\theta_0)$ は帰無仮説 $H_0 : \theta = \theta_0$ を受容するような観測値 x の集合である．検定において帰無仮説が棄却されるのは，実際の観測値 x が，θ_0 が真のパラメータであるときの X の通常の範囲から外れている，と判断されるからである．受容域で考えれば $A(\theta_0)$ は，θ_0 が真のパラメータであるときに通常観測されるような x の範囲であると考えられる．従って $x \in A(\theta_0)$ とは θ_0 と矛盾しないような x である．従って $S(x)$ を (9.9) 式のように定義すれば $S(x)$ は与えられた x に対し x と矛盾しないような θ の集合と考えられる．このような意味で $S(x)$ を θ の信頼域とすることは自然なことである．

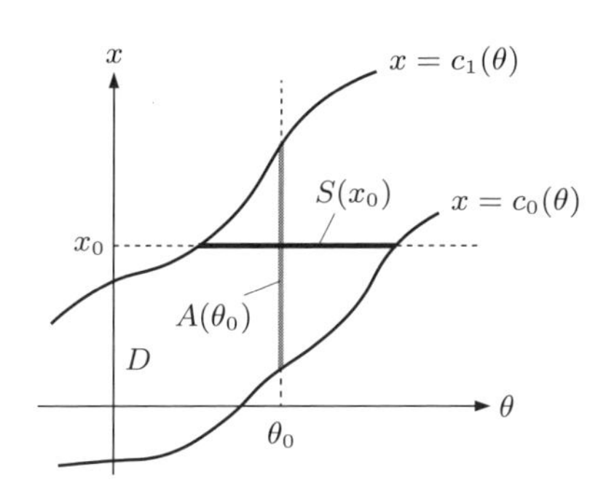

図 9.1

次に $S(X)$ と $A(\theta)$ の関係を図示することによって補題 9.1 の意味を説明しよう．図示のために θ が 1 次元母数，X が 1 次元確率変数という簡単な場合を考える．また検定の受容域 $A(\theta)$ が区間 $[c_0(\theta), c_1(\theta)]$ で与えられるとする．c_0, c_1 を θ の関数として図示したものが図 9.1 である．c_1 及び c_0 で囲まれる領域 D は

$$D = \{(\theta, x) \mid x \in A(\theta)\}$$

と表される．D を縦軸に平行な直線 $\theta = \theta_0$ で切った断面が $A(\theta_0)$ である．一方

D を横軸に平行な直線 $x = x_0$ で切った断面が $S(x_0)$ である．

1つの例として，$X \sim \mathrm{N}(\mu, 1)$ とする．このとき μ と X が矛盾しないということは $|X - \mu|$ が大きくないことであると考えられる．$|X - \mu| < z_{\alpha/2}$ という不等式を X について解けば

$$\mu - z_{\alpha/2} < X < \mu + z_{\alpha/2} \tag{9.11}$$

となり，μ を検定するための受容域が得られる．逆に μ に関して解けば

$$X - z_{\alpha/2} < \mu < X + z_{\alpha/2} \tag{9.12}$$

となり，μ に関する信頼域が得られる．また，(9.11) 式の不等式で表される領域 D を (μ, x) 平面に表せば D は傾き 1 の 2 つの直線 $x = \mu - z_{\alpha/2}, x = \mu + z_{\alpha/2}$ で囲まれた領域である．この領域を μ 軸に平行な直線で切った断面を求めれば容易に (9.12) 式が得られる (問 9.2).

以上のような観点にたって前節の正規分布の母分散の例を復習してみよう．$X_1, \ldots, X_n \sim \mathrm{N}(\mu, \sigma^2), i.i.d.,$ とし検定問題として

$$H_0 : \sigma^2 = {\sigma_0}^2 \quad \text{vs.} \quad H_1 : \sigma^2 \neq {\sigma_0}^2 \tag{9.13}$$

を考える．帰無仮説のもとで $(n-1)s^2/{\sigma_0}^2 = \sum_{i=1}^{n}(X_i - \bar{X})^2/{\sigma_0}^2$ は自由度 $n-1$ のカイ二乗分布に従うから受容域として

$$A({\sigma_0}^2) = \left\{ x \;\middle|\; \underline{\chi}^2 < \frac{(n-1)s^2}{{\sigma_0}^2} < \overline{\chi}^2 \right\} \tag{9.14}$$

とおけば有意水準 $1 - \alpha$ の受容域が得られる．ただし $\underline{\chi}^2 = \chi^2_{1-\alpha/2}(n-1)$, $\overline{\chi}^2 = \chi^2_{\alpha/2}(n-1)$ である．ここで $x \in A(\sigma^2)$ を σ^2 について解けば

$$S(x) = \left\{ \theta \;\middle|\; \frac{(n-1)s^2}{\overline{\chi}^2} < \sigma^2 < \frac{(n-1)s^2}{\underline{\chi}^2} \right\}$$

となり前節で得られた信頼区間が得られる．

ところで，(9.14) 式の受容域は，実は (9.13) 式の検定問題の不偏検定の受容域ではない．前章で述べたように UMPU 検定の受容域は (9.14) 式と同様の区間となるが，$\underline{\chi}^2$ 及び $\overline{\chi}^2$ は (9.14) 式におけるように確率を両側に $\alpha/2$ ずつわける点ではない．従って検定の不偏性の観点から見るならば (9.14) 式の検定は最良の検定ではない．また最良でない検定から導かれる信頼域も同じ意味で最良で

はない．この点は以下の 9.4 節で論じている．正規分布の分散に関する UMPU 検定については次章でより詳しく論じる．

検定から信頼区間を導く例として，次に 2 項分布の成功確率に関する信頼区間を考える．$X \sim \mathrm{Bin}(n,p)$ とし検定問題 $H_0 : p = p_0$ を考える．前章で論じたように中心極限定理に基づく近似的な不偏検定として，受容域を

$$\frac{\sqrt{n}\,|\hat{p} - p_0|}{\sqrt{p_0(1-p_0)}} < z_{\alpha/2} \tag{9.15}$$

を満たす x の集合とすることができる．ただし $\hat{p} = X/n$ である．そこで (9.15) 式を $p = p_0$ について解けば

$$\begin{aligned} & n(\hat{p}-p)^2 < cp(1-p) \qquad (c = {z_{\alpha/2}}^2) \\ \iff & (n+c)p^2 - p(2n\hat{p}+c) + n\hat{p}^2 < 0 \\ \iff & \frac{2n\hat{p}+c-\sqrt{D}}{2(n+c)} < p < \frac{2n\hat{p}+c+\sqrt{D}}{2(n+c)} \end{aligned} \tag{9.16}$$

の形の p に関する信頼域が得られる．ここで D は判別式

$$D = (2n\hat{p}+c)^2 - 4(n+c)n\hat{p}^2 = 4cn\hat{p}(1-\hat{p}) + c^2 > 0 \tag{9.17}$$

である．

検定と信頼域の同値性という補題 9.1 の考え方からすれば (9.16) 式を信頼域として用いるべきである．しかし通常は (9.15) 式における分母を $\hat{p}(1-\hat{p})$ でおきかえた

$$\hat{p} - z_{\alpha/2}\sqrt{\frac{\hat{p}(1-\hat{p})}{n}} < p < \hat{p} + z_{\alpha/2}\sqrt{\frac{\hat{p}(1-\hat{p})}{n}} \tag{9.18}$$

という形の簡便な信頼区間が (9.16) 式のかわりに用いられることが多い．大数の法則により $\hat{p}$ は真の p に収束するからこの近似は漸近的には正当化される．しかしながら (9.18) 式の信頼区間は，厳密な不偏検定を正規分布を用いて近似したこと，及び，受容域を p について解くときに近似を用いたこと，という 2 つの近似をおこなっており，あまり望ましいものではない．理論的には (9.16) 式の形の信頼区間を用いることが望ましい．

9.3　信頼区間の解釈

9.1 節で述べたように信頼域については

$$P_\theta(\theta \in S(X)) \geq 1 - \alpha \tag{9.19}$$

の右辺を「確率」や「確率の下限」とよばずに「信頼係数」とよんでいる．それは $P_\theta\,(\theta \in S(X))$ を確率と解釈することについて問題があるためである．$P_\theta\,(\theta \in S(X))$ において確率的に変化するのは $S(X)$ であり $S(X)$ はランダムな集合である．(9.19) 式が意味しているのはランダムに発生する集合 $S(X)$ が未知の母数 θ を含む確率 (被覆確率, coverage probability) が $1-\alpha$ 以上になるということである．これはいわば X を観測する前の事前の確率であり，特定の $X = x$ が実現したあとに θ が $S(x)$ に含まれる確率を議論することはできない．すなわち θ は未知ではあるが固定された値であるから，特定の $S(x)$ を固定すれば，θ は $S(x)$ に含まれるか含まれないかのいずれかであり，θ が $S(x)$ に含まれる確率は 1 か 0 になってしまう．ただし θ が未知であるから 1 か 0 のどちらであるかも未知である．従って通常の意味での確率を考えることは意味がないのである．例えば $X \sim \mathrm{N}(\mu, 1)$ とするとき X の実現値 x に基づいて $x \pm z_{\alpha/2}$ の形の区間を作ったあとで，通常の意味で "μ がこの区間にはいる確率" を考えることはできない．(9.19) 式は，「$X \pm z_{\alpha/2}$ という形の区間を作ることにしたとすると，X を観測する前にはこの形の区間が μ を含む確率が $1-\alpha$ 以上となる」ということを述べているにすぎない．

以上のことを理解するための 1 つの極端な信頼域の例として，観測値と独立に確率 $1-\alpha$ で実数軸 $\mathbb{R}$ に一致し，確率 α で空集合となるような信頼域 S_α を考えよう．すなわち S_α は X に依存せず

$$P_\theta(S_\alpha = \mathbb{R}) = 1 - \alpha, \quad P_\theta(S_\alpha = \emptyset) = \alpha$$

とする．θ を実母数とすれば S_α が θ を含む確率は

$$P_\theta(\theta \in S_\alpha) = P_\theta(S_\alpha = \mathbb{R}) = 1 - \alpha$$

となるから，S_α は確かに信頼係数 $1-\alpha$ の信頼区間である．しかしながら，S が $\mathbb{R}$ あるいは $\emptyset$ として実現したあとの事後的な状況を考えれば，$S_\alpha = \mathbb{R}$ ならば θ が S_α に含まれる確率は 1 であるし，$S_\alpha = \emptyset$ ならば θ が S_α に含まれる確率は 0 である．この例の場合には信頼係数と事後的な確率を混同することは明

らかに不合理である．しかしながらすでに説明したように，より合理的と考えられる信頼域についても，母数 θ を固定した値と考える限り，実現した信頼域 $S(x)$ は θ を含むかあるいは含まないかのいずれかであり事後的な確率はやはり 1 か 0 なのである．従って，ここでの例は全く不合理な例ではあるが，問題点の本質を示す例となっていることがわかる．

ただし上の例の S_α の場合と異なり，通常の信頼域については事後的な確率は未知である．信頼域が母数を含む事後確率の期待値が信頼係数であるから，事後確率についてはっきりした情報がなければ，いわば事後確率の推定値として信頼係数を用いることも合理的であると考えられる．また，同じ信頼係数の信頼域を異なるデータに対して繰り返し構成する場合を考えれば，信頼係数は信頼域が母数を含む比率となるから，1 回ごとの繰り返しがお互いに区別できないという前提のもとでは，信頼係数を事後的な確率と考えることも正当化されよう．

このことを説明する極端な例として，ゆがみのないコインを投げその結果を見る前に手で隠してしまったという場合を考えよう．コインを投げる前ならば表の出る確率が 1/2 であることに疑いはない．しかしコインをすでに投げてしまった状況では表が出たか裏が出たかは確定してしまっているから，表の確率は 1 か 0 であると考えられる．ここでの問題は結果を手で隠したために，表が出たか裏が出たかということが未知であるということである．この場合の合理的な態度は事後的な確率をやはり 1/2 と考えることであろう．この場合コインを投げる前とコインを投げた後を比べて，コインの裏表の出易さに関して状況は同じであると感じられるから事前の確率を事後の確率に用いることは自然である．

信頼係数の解釈についてはベイズ統計学の立場からの解釈も重要である．実はベイズ統計学の立場にたてば，母数が信頼域に含まれる事後的な確率を明示的に求めることができ，信頼係数を考える必要はない．これは，ベイズ統計学においては，θ は固定された値ではなく確率変数と解釈するからである．ベイズ統計学の考え方については 14 章で論じている．

9.4　信頼区間の最適性

9.2 節で信頼区間と単純帰無仮説の検定が 1 対 1 の関係にあることを説明した．ここではこの関係を用いて検定の最適性を信頼区間の最適性に対応させることを考える．検定の最適性としては，一様最強力検定と一様最強力不偏検定の 2 つの考え方があるが，ここでは一様最強力不偏検定を用いることとする．

まず検定の不偏性に対応して信頼域の不偏性を考えよう．$S(X)$ を信頼係数 $1-\alpha$ の信頼域とする．信頼域は高い確率で真の母数を含むことが望ましいが，一方真の母数以外の母数の値は含まないことが望ましい．そこで $S(X)$ が次の条件を満たすとき $S(X)$ は**不偏信頼域** (unbiased confidence region) であると定義する．

$$P_\theta(\theta' \in S(X)) \leq 1-\alpha\,, \quad \forall\theta, \forall\theta', \theta' \neq \theta \tag{9.20}$$

すなわち真の母数 θ 以外の母数の値を含む確率が $1-\alpha$ 以下となるならば，$S(X)$ は不偏な信頼域である．さらに $S^*(X)$ が不偏信頼域であり，かつ任意の不偏信頼域 $S(X)$ に対して

$$P_\theta(\theta' \in S^*(X)) \leq P_\theta(\theta' \in S(X)), \quad \forall\theta, \theta', \theta' \neq \theta \tag{9.21}$$

を満たすとき，$S^*(X)$ を**一様最強力不偏信頼域** (uniformly most powerful unbiased confidence region, uniformly most accurate unbiased confidence region) と定義する．一様最強力不偏信頼域の定義は，信頼域が真の母数以外の母数の値を含まないことが望ましいという考え方から自然に導かれる定義である．ここで次の補題が成り立つ．

補題 9.2　$A(\theta)$ 及び $S(X)$ を補題 9.1 と同様とする．$S(X)$ が不偏な信頼域であるための必要十分条件は任意の θ_0 について $A(\theta_0)$ が $H:\theta=\theta_0$ の不偏な検定の受容域となることである．また，$S(X)$ が一様最強力不偏信頼域となるための必要十分条件は任意の θ_0 について $A(\theta_0)$ が $H:\theta=\theta_0$ の一様最強力不偏検定の受容域となることである．

証明　補題 9.1 の証明と同様に $\theta_0 \in S(x) \iff x \in A(\theta_0)$ の関係を用いれば，任意の $\theta_0 \neq \theta$ に対して

$$P_\theta(\theta_0 \in S(X))) = P_\theta(X \in A(\theta_0)) \tag{9.22}$$

が成り立つ．いま $S(X)$ が不偏な信頼域であるとすると任意の $\theta \neq \theta_0$ に対して左辺は $1-\alpha$ 以下である．このとき右辺において θ_0 を帰無仮説の母数の値，θ を対立仮説の母数の値とみれば $A(\theta_0)$ が不偏な検定の受容域となっていること

がわかる．逆に $A(\theta_0)$ が不偏な検定の受容域ならば右辺は $1-\alpha$ 以下である．このとき左辺で θ を真のパラメータの値，θ_0 をそれ以外の値とみれば $S(X)$ が不偏な信頼域であることがわかる．これで補題の前半は証明された．補題の後半の証明も同様なので読者の問とする (問 9.3). ∎

以上の補題から，一様最強力不偏信頼域を (9.21) 式のように定義することにより，一様最強力不偏検定という検定論における最適性の概念がそのまま信頼域の最適性に翻訳できることがわかった．しかし，このことは裏をかえせば，(9.21) 式において検定の最適性がそのまま信頼域の最適性に対応するように信頼域の最適性を定義したからであるとも言える．そこで信頼域の最適性について違う基準が考えられないかということを検討してみよう．

信頼域の望ましさについての 1 つの自然な考え方は，真の母数を含む確率 (coverage probability) を保証した上で，できるだけ小さな信頼域が望ましいという考え方である．いま母数空間 Θ を k 次元空間 $\mathbb{R}^k$ の部分集合とし $S(X)\subset\Theta$ の体積を $V(S(X))$ と表すことにする．そして，この体積の期待値 $E_\theta[V(S(X))]$ が小さい信頼域ほど望ましいと考えることにしよう．ここでは上と同様に不偏な信頼域のみを考えることとする．さて不偏信頼域 $S^*(X)$ が一様最小不偏信頼域であることを，任意の不偏信頼域 $S(X)$ に対し

$$E_\theta[V(S^*(X))] \le E_\theta[V(S(X))]\ , \quad \forall\theta \tag{9.23}$$

が成り立つことと定義しよう．実は一様最強力不偏信頼域は一様最小不偏信頼域なのである．いま $I_{[\theta\in S(x)]}$ を $\theta\in S(x)$ となることの定義関数とする．このとき $V(S(x))$ は

$$V(S(x)) = \int_{\mathbb{R}^k} I_{[\theta\in S(x)]}\,d\theta \tag{9.24}$$

と表される．また $E_{\theta_0}[V(S(X))]$ は

$$\begin{aligned} E_{\theta_0}[V(S(X))] &= E_{\theta_0}\left[\int_{\mathbb{R}^k} I_{[\theta\in S(X)]}\,d\theta\right] \\ &= \int_{\mathbb{R}^k} E_{\theta_0}[I_{[\theta\in S(X)]}]\,d\theta \qquad (9.25) \\ &= \int_{\theta\neq\theta_0} P_{\theta_0}(\theta\in S(X))\,d\theta \end{aligned}$$

である．ここで (9.25) 式の最右辺において θ_0 を積分範囲から除外したのは，この1点を除いても積分値は変わらないからである．さて $S^*(X)$ を一様最強力不偏信頼域，$S(X)$ を任意の不偏信頼域とするならば，任意の $\theta \neq \theta_0$ において

$$P_{\theta_0}(\theta \in S^*(X)) \leq P_{\theta_0}(\theta \in S(X))$$

である．従って (9.25) 式の最右辺の被積分関数において各 θ で上の不等式が成立するから積分値についても

$$E_{\theta_0}[V(S^*(X))] \leq E_{\theta_0}[V(S(X))]$$

が成立し，$S^*(X)$ が一様最小不偏信頼域であることが示された．従って一様最強力不偏信頼域は信頼域の大きさという点でも望ましいものであり，(9.21) 式の一様最強力不偏信頼域の定義が適切であることが裏付けられたことになる．

9.5　最尤推定量に基づく信頼区間

ここでは最尤推定量に基づく近似的な信頼区間の構成について説明する．この方法は汎用性があるため一般的な信頼区間としてしばしば用いられる．

まず簡単のために θ を1次元の母数とし $I(\theta) = I_1(\theta)$ を θ に関するフィッシャー情報量とする．また $\hat{\theta}_n$ を大きさ n の標本に基づく θ の最尤推定量とする．7.5節で述べたように，n が大きいとき $\hat{\theta}_n$ は近似的に平均 θ，分散 $1/(nI(\theta))$ の正規分布に従うから

$$P_\theta(-z_{\alpha/2} < \sqrt{nI(\theta)}(\hat{\theta}_n - \theta) < z_{\alpha/2}) \doteq 1 - \alpha \tag{9.26}$$

となる．ただし $z_{\alpha/2}$ は標準正規分布の両側 α 点である．そこで，(9.26) 式の不等式を θ に関して解くことによって θ に関する信頼区間を求めることが考えられる．ところで，フィッシャー情報量 $I(\theta)$ は θ の複雑な関数となることが多いので，この項を含んだまま不等式を変形することは困難なことが多い．従って $I(\theta)$ を $I(\hat{\theta}_n)$ で置き換えることがしばしばおこなわれる．この置き換えをおこなえば $I(\hat{\theta}_n)$ は θ を含まないから，(9.26) 式を近似的に θ に関して解いたものは

$$\hat{\theta}_n - \frac{z_{\alpha/2}}{\sqrt{nI(\hat{\theta}_n)}} < \theta < \hat{\theta}_n + \frac{z_{\alpha/2}}{\sqrt{nI(\hat{\theta}_n)}} \tag{9.27}$$

となる．(9.27) 式が最尤推定量に基づく θ の信頼係数 $1 - \alpha$ の近似的な信頼区

間である．

この 1 つの例として再び 2 項分布の成功確率 p の信頼区間を考える．$I(p) = 1/(p(1-p))$ であるから (9.26) 式はちょうど (9.15) 式の受容域にあたることがわかる．そして $I(p)$ を $I(\hat{p})$ で置き換えることが，$p(1-p)$ を $\hat{p}(1-\hat{p})$ で置き換えたことにあたり，その結果得られた信頼区間が (9.18) 式である．従って 2 項分布の例は最尤推定量に基づく信頼区間の 1 つの例であることがわかる．

2 項分布の例について説明したように，最尤推定量に基づく信頼区間は，(9.26) 式の確率の評価が近似的であること，及び，$I(\theta)$ を $I(\hat{\theta}_n)$ で近似すること，の 2 つの近似を含んでいる．このため最尤推定量に基づく近似的な信頼区間の信頼係数は名目的な信頼係数 α からやや離れてしまうこともある．これは，汎用性あるいは簡便性といった長所にともなう短所と考えることもできる．

θ が多次元パラメータの場合には尤度比検定から θ の同時信頼域を構成することができる．あるいは，これと同じことであるが，多次元パラメータの場合の最尤推定量の漸近理論に基づいて同時信頼域を構成することもできる．いずれの場合にも考え方は 1 次元の場合と全く同じであるが，不等式の変形などがやや面倒であるので，ここでは省略する．尤度比検定や最尤推定量の漸近理論については 13 章を参照のこと．

9.6 同時信頼域に関する諸問題

ここまでで展開してきた信頼域の構成の一般論においては，母数 θ の次元は問題とはならなかった．すなわち，次元にかかわらず，9.4 節で見たように，最適性を持つ検定から導かれる信頼域が望ましい信頼域である．しかしながら，1 次元の母数の場合は信頼域が通常区間の形で表されわかりやすいのに対して，多次元の母数の場合には，信頼域を図示することも容易でない場合があり，信頼域がわかりにくくなりがちである．わかりやすさの観点からは，母数ベクトルの各要素について区間となっており，従って全体として直方体となっている信頼域が好まれることとなる．

ここでは 1 つの例として多変量正規分布の平均ベクトルの信頼域を考えてみよう．いま $X_1, \ldots, X_n$ を p 次元の多変量正規分布 $\mathrm{N}_p(\mu, \Sigma)$ からの観測ベクトルとしよう．そして標本平均ベクトルを $\bar{X}$，標本分散共分散行列を S と表す．

すなわち

$$\bar{X} = \frac{1}{n}\sum_{t=1}^{n} X_t, \quad S = \frac{1}{n-1}\sum_{t=1}^{n}(X_t - \bar{X})(X_t - \bar{X})^\top$$

である．S の第 (i,i) 要素 s_{ii} は X_t の第 i 要素の標本分散である．μ 及び Σ の要素を $\mu = (\mu_1, \ldots, \mu_p)^\top$, $\Sigma = (\sigma_{ij})$ と表す．X の第 i 要素は一変量正規分布 $\mathrm{N}(\mu_i, \sigma_{ii})$ に従うから，このことに基づいて μ_i に関する信頼区間を

$$R_i = \left(\bar{X}_i - t_{\alpha/2}(n-1)\sqrt{\frac{s_{ii}}{n}},\ \bar{X}_i + t_{\alpha/2}(n-1)\sqrt{\frac{s_{ii}}{n}}\right) \tag{9.28}$$

と構成することができる．そして第 i 軸の辺が (9.28) 式で与えられる直方体，すなわち

$$R = \{\mu \mid \mu_i \in R_i, i = 1, \ldots, p\}$$

を μ ベクトルの同時信頼域と考えることができる．ここで問題となるのはこのようにして作った同時信頼域の信頼係数である．

μ の特定の要素 μ_i についてのみ考えるならば (9.28) 式の信頼区間の信頼係数は $1-\alpha$ である．すなわち

$$P(\mu_i \in R_i) = 1 - \alpha \tag{9.29}$$

となる．しかしながら同時信頼域として考えれば，μ が同時信頼域 R に属する確率は，すべての i について同時に $\mu_i \in R_i$ となる確率 $P(\mu_i \in R_i, i = 1, \ldots, p)$ に一致する．ここでベクトル X の各要素が確率 1 で互いに等しいというような退化した場合を除いて

$$P(\mu_i \in R_i, i = 1, \ldots, p) < P(\mu_1 \in R_1) = 1 - \alpha \tag{9.30}$$

となるから R の信頼係数は $1-\alpha$ より小になる．(9.30) 式の左辺が実際どのような値になるかは，Σ に依存しており簡明な解はない．そこでボンフェロニの不等式を用いて (9.30) 式の左辺を下から押さえることが考えられる．いま $A_1, \ldots, A_p$ を p 個の事象とするとき，和集合について

$$P(A_1 \cup \ldots \cup A_p) \le P(A_1) + \cdots + P(A_p) \tag{9.31}$$

が成り立つ (問 9.6)．この不等式を**ボンフェロニの不等式** (Bonferroni's inequality) という．また

$$(A_1 \cap \ldots \cap A_p)^c = {A_1}^c \cup \ldots \cup {A_p}^c$$

となることから

$$P(A_1 \cap \ldots \cap A_p) \geq 1 - P(A_1{}^c) - \cdots - P(A_p{}^c) \tag{9.32}$$

となる．A_i を $\mu_i \in R_i$ となる事象とすれば (9.29) 式より R の信頼係数について

$$P(\mu \in R) = P(\,\mu_i \in R_i, \forall i\,) \geq 1 - p\alpha \tag{9.33}$$

となることがわかる．ボンフェロニの不等式は等式で成立する場合もあるから，最悪の場合には R の信頼係数は $1 - p\alpha$ まで下がってしまうことになる．従ってこの考え方を用いて同時信頼域の信頼係数を保証するためには個々の要素の信頼区間の信頼係数を $1 - \alpha/p$ ととる必要がある．だが，こうすると各要素の信頼区間は長くなってしまう．それは同時信頼域の信頼係数を確保するためにはやむを得ないことである．

以上では多変量正規分布の母平均ベクトルの同時信頼域を直方体の形で考えた．直方体の信頼域の問題点はその信頼係数を正確に評価できない点にある．多変量正規分布の母平均については，楕円体の同時信頼域を構成すれば正確な信頼係数を評価することができる．いま同時信頼域 R を

$$R = \left\{ \mu \;\middle|\; n(\bar{X} - \mu)^\top S^{-1}(\bar{X} - \mu) \leq \frac{(n-1)pF_\alpha(p, n-p)}{n-p} \right\} \tag{9.34}$$

とおくと，多変量解析の理論により (9.34) 式の R の信頼係数は $1 - \alpha$ である．ただし $F_\alpha(p, n-p)$ は自由度 $(p, n-p)$ の F 分布の上側 α 点である．またこの R は尤度比検定から導かれる同時信頼域であり，その点でも望ましい信頼域である．以上の結果の証明は省略する．

問

9.1　$S(X)$ を信頼係数 $1 - \alpha$ の信頼域とし $A(\theta) = \{x \mid \theta \in S(x)\}$ とおく．このとき任意の θ_0 について $A(\theta_0)$ は (9.7) 式の検定問題に対する有意水準 $1 - \alpha$ の受容域となることを示せ．

9.2　(9.11) 式を満たす (μ, X) の領域 D を 2 次元平面に図示し，(9.12) 式が D を μ 軸に平行な直線で切った断面として得られることを確認せよ．

9.3　補題 9.2 の後半を証明せよ．

9.4　ポアソン分布の母平均 λ の最尤推定量に基づく近似的な信頼区間を求めよ．ただし標本の大きさは n とする．

9.5　幾何分布のパラメータ p (ベルヌーイ試行の成功確率) の最尤推定量に基づく近似的な信頼区間を求めよ．ただし標本の大きさは n とする．

9.6　ボンフェロニの不等式 ((9.31) 式) を証明せよ．さらに (9.32) 式を証明せよ．

9.7　統計モデルを $\{f(x,\theta) \mid \theta \in \Theta\}$ とする．$X_1,\ldots,X_n$ を $f(x,\theta_1)$ からの標本，$Y_1,\ldots,Y_n$ を $f(y,\theta_2)$ からの標本とし，2標本の同等性の検定 $H_0:\theta_1=\theta_2$ を考える．$X_1,\ldots,X_n,Y_1,\ldots,Y_n$ はすべて互いに独立とする．$X_1,\ldots,X_n$ による θ_1 の最尤推定量 $\hat{\theta}_{1n}$ に基づく信頼係数が近似的に $1-\alpha$ の信頼区間 $\hat{\theta}_{1n} \pm z_{\alpha/2}\Big/\sqrt{nI(\hat{\theta}_{1n})}$ と，$Y_1,\ldots,Y_n$ による θ_2 の最尤推定量 $\hat{\theta}_{2n}$ に基づく信頼係数が近似的に $1-\alpha$ の信頼区間を構成し，これらが重ならないとき H_0 を棄却する検定方式を考える．$\alpha=0.05$ のとき，この検定方式のサイズ (実際の有意水準) の近似値を求めよ．

Chapter 10

正規分布，2項分布に関する推測

この章では主に正規分布及び2項分布に関する推定・検定の標準的な方法について述べる．また多項分布の検定についても説明する．これらの標準的な推測方式については，統計学の入門的な教科書でもていねいに説明されていることが多い．ここでは，これらの手法の具体的な計算方法を述べるのが目的ではなく，前章までで議論してきた推定や検定の最適性の観点から，これらの標準的な手法の性質を整理することが目的である．本章での記述は，結果をやや羅列的に示す形になるので，順を追って読むにはかなり読みづらいかもしれない．読者は必要に応じて結果を参照するのでもよい．証明は省略している．

また，多項分布の検定という観点からカイ二乗適合度をとりあげている．カイ二乗適合度検定，とくに分割表の検定は，応用上重要な検定であり，よりていねいに説明すべきであるが，他書でも詳しく説明されているので，ここでは多項分布の母数に関する検定という観点から簡潔に論じている．

本章では各種の分布のパーセント点の記法 ($z_\alpha, \chi^2_\alpha(n)$ など) を用いているが，これらについては本文でいちいち説明していないので，巻頭の記号表を参照されたい．

10.1　正規分布に関する推測

この節では正規分布に関する標準的な推測について整理する．正規分布はその数学的なとり扱いやすさからしばしば母集団分布として仮定される．そして，実際のデータに対して正規分布に基づく推測手法を適用することが多い．このことは，実際の観測値の分布が正規分布でよく近似できる場合には問題はないが，例えば観測値のなかに異常値（ほかの観測値からとびはなれた値）があるなど，正規分布の仮定が不適切な場合には注意が必要である．正規分布の仮定が明らかに成り立たない場合には，12章で論じるノンパラメトリック法などを用いる必要がある．

10.1.1　正規分布の推定

正規分布の母数の推定については，すでに前章までに例としてほぼすべて述べてあるので，ここではそれらをまとめて示す．区間推定は前章で論じたように本来は検定とともに論じるべきであるが，応用上は点推定と組みあわせたほうが便利であるので，点推定に続いて論じる．信頼区間の信頼係数はいずれも $1-\alpha$ である．

1標本問題の点推定と区間推定

$X_1,\ldots,X_n \sim \mathrm{N}(\mu,\sigma^2), i.i.d.,$ とする．μ の推定量としては，σ^2 が既知未知にかかわらず

$$\hat{\mu} = \bar{X} = \frac{1}{n}\sum_{i=1}^{n} X_i \tag{10.1}$$

がUMVUであり，また最尤推定量でもある．σ^2 の推定量としては μ が既知ならば

$$\hat{\sigma}^2 = \frac{1}{n}\sum_{i=1}^{n}(X_i-\mu)^2 \tag{10.2}$$

がUMVUであり，また最尤推定量でもある．μ が未知ならば σ^2 のUMVU及び最尤推定量はそれぞれ

$$\hat{\sigma}^2 = \frac{1}{n-1}\sum_{i=1}^{n}(X_i-\bar{X})^2, \quad \hat{\sigma}^2 = \frac{1}{n}\sum_{i=1}^{n}(X_i-\bar{X})^2 \tag{10.3}$$

で与えられる．s^2 という記法がどちらの推定量にも使われることが多いので，どちらの推定量かは文脈から判断する必要がある．

μ の区間推定は σ^2 が既知か未知かに応じてそれぞれ

$$\bar{X} \pm z_{\alpha/2}\frac{\sigma}{\sqrt{n}} \tag{10.4}$$

$$\bar{X} \pm t_{\alpha/2}(n-1)\frac{s}{\sqrt{n}} \tag{10.5}$$

の形の信頼区間が用いられる．ただし (10.5) 式は s として不偏分散

$$s^2 = \frac{1}{n-1} \sum_{i=1}^{n} (X_i - \bar{X})^2 \tag{10.6}$$

を用いた式である．もし s として $s^2 = \sum_{i=1}^{n} (X_i - \bar{X})^2 / n$ を用いれば信頼区間は

$$\bar{X} \pm t_{\alpha/2}(n-1) \frac{s}{\sqrt{n-1}}$$

と書ける．(10.4) 式及び (10.5) 式の信頼区間は一様最強力不偏信頼区間である．σ^2 の信頼区間としては，一般的には

$$\frac{(n-1)s^2}{\chi^2_{\alpha/2}(n-1)} < \sigma^2 < \frac{(n-1)s^2}{\chi^2_{1-\alpha/2}(n-1)} \tag{10.7}$$

の形の信頼区間を用いる．ところで前章で述べたように (10.7) 式の信頼区間は不偏信頼区間ではない．一様最強力不偏信頼区間は以下の (10.46) 式の UMPU 検定から得られる信頼区間であり，

$$\frac{(n-1)s^2}{\overline{\chi}^2} < \sigma^2 < \frac{(n-1)s^2}{\underline{\chi}^2} \tag{10.8}$$

の形の信頼区間である．ただし $\overline{\chi}^2, \underline{\chi}^2$ は (10.47) 式を満たすように決められる．

2 標本問題の点推定と区間推定

以上は 1 つの正規母集団に関する推測であったが，次に 2 つの正規母集団の比較について述べる．一般に 1 つの母集団に関する推測問題を **1 標本問題** (one sample problem) といい，2 つの母集団の比較に関する推測問題を **2 標本問題** (two sample problem) という．

2 標本問題のなかでも**対標本** (paired observation) の場合とその他の一般の 2 標本問題を区別する必要がある．ここではまずこの区別について説明しよう．例えば $X_1, \ldots, X_m$ を m 人の女性に関する観測値とし $Y_1, \ldots, Y_n$ を n 人の男性に関する観測値とする．これらが女性の母集団及び男性の母集団からそれぞれ無作為に抽出された場合が一般の 2 標本問題にあたる．正規母集団に関する一般の 2 標本問題では

$$X_1, \ldots, X_m \sim \mathrm{N}(\mu_1, {\sigma_1}^2), \quad Y_1, \ldots, Y_n \sim \mathrm{N}(\mu_2, {\sigma_2}^2) \tag{10.9}$$

とし，これらがすべて互いに独立であるとする．これに対して対標本の場合には $2n$ 個の観測値が n 個のペア $(X_1, Y_1), \ldots, (X_n, Y_n)$ をなしている．例えば n

組の夫婦を無作為に抽出し，(X_i, Y_i) が i 番目の夫婦からの観測値であるような場合である．$2n$ 個の観測値は互いに独立であり，正規母集団に関する対標本の場合には

$$X_i \sim \mathrm{N}(\mu_i, \sigma^2), \quad Y_i \sim \mathrm{N}(\mu_i + \Delta, \sigma^2) \tag{10.10}$$

と仮定する．ここで興味のある母数は Δ であり，$\mu_1, \ldots, \mu_n$ は局外母数である．上の例では Δ は男女の差異を表すパラメータであり，μ_i は夫婦の生活水準など，夫婦ごとには異なるが夫婦の間では共通の特徴を表すパラメータであると考えればよい．

対標本の場合には $U_i = Y_i - X_i$ とおくと

$$U_1, \ldots, U_n \sim \mathrm{N}(\Delta, 2\sigma^2),\ i.i.d., \tag{10.11}$$

となるから，本質的に1標本問題に帰着する．従って Δ の点推定及び区間推定は，$U_1, \ldots, U_n$ に前節の結果を適用すればよい．

次に一般の2標本問題を考えよう．一般の2標本問題では $\mu_2 - \mu_1$ 及び ${\sigma_2}^2/{\sigma_1}^2$ が興味の対象となる．$\mu_2 - \mu_1$ の推定量は

$$\widehat{\mu_2 - \mu_1} = \bar{Y} - \bar{X} \tag{10.12}$$

である．これは，${\sigma_1}^2, {\sigma_2}^2$ が既知か未知かにかかわらず，不偏でありかつ完備十分統計量の関数となっているのでUMVUである．また同時に最尤推定量でもある．次に ${\sigma_2}^2/{\sigma_1}^2$ の推定量であるが μ_1, μ_2 が未知の場合の最尤推定量は

$$\widehat{{\sigma_2}^2/{\sigma_1}^2} = \frac{\sum_{i=1}^{n}(Y_i - \bar{Y})^2/n}{\sum_{i=1}^{m}(X_i - \bar{X})^2/m} \tag{10.13}$$

で与えられる．もし μ_1 あるいは μ_2 が既知ならば，(10.13) 式で $\bar{X}$ あるいは $\bar{Y}$ をそれぞれ μ_1 あるいは μ_2 で置き換えればよい．(10.13) 式が最尤推定量であることは，(10.13) 式の分母分子がそれぞれ ${\sigma_2}^2, {\sigma_1}^2$ の最尤推定量であり，最尤推定量の関数がまた最尤推定量になることからわかる．μ_1, μ_2 が未知の場合の ${\sigma_2}^2/{\sigma_1}^2$ の不偏推定量は

$$\widehat{\sigma_2{}^2/\sigma_1{}^2} = \frac{\sum_{i=1}^{n}(Y_i - \bar{Y})^2/(n-1)}{\sum_{i=1}^{m}(X_i - \bar{X})^2/(m-3)} \tag{10.14}$$

で与えられ (問 10.1)，これは完備十分統計量の関数であるから UMVU である．ただしこの不偏推定量はやや不自然な形である．不自然な点は，(10.14) 式の逆数が $\sigma_1{}^2/\sigma_2{}^2$ の不偏推定量にならないということである．これは不偏推定量が関数による変換に対して不変にならないことの例である．

次に 2 標本問題での信頼区間を与える．$\sigma_1{}^2, \sigma_2{}^2$ がいずれも既知ならば $\mu_2 - \mu_1$ の信頼区間は

$$\bar{Y} - \bar{X} \pm z_{\alpha/2}\sqrt{\frac{\sigma_1{}^2}{m} + \frac{\sigma_2{}^2}{n}} \tag{10.15}$$

で与えられる．これは一様最強力不偏信頼区間である．また $\sigma_1{}^2 = \sigma_2{}^2 = \sigma^2$ ということが既知で，ただし σ^2 の値が未知，という仮定のものでは，σ^2 の推定量として "プールされた推定量"

$$\hat{\sigma}^2 = s^2 = \frac{\sum_{i=1}^{m}(X_i - \bar{X})^2 + \sum_{i=1}^{n}(Y_i - \bar{Y})^2}{m+n-2} \tag{10.16}$$

を (10.15) 式の $\sigma_1{}^2, \sigma_2{}^2$ に代入して得られる

$$\bar{Y} - \bar{X} \pm t_{\alpha/2}(n+m-2)s\sqrt{\frac{m+n}{mn}}$$

の形の信頼区間が一様最強力不偏信頼区間となる．$\sigma_1{}^2$ 及び $\sigma_2{}^2$ がともに未知で等しいと仮定できない場合には正確な信頼区間を求めることはできない．この問題は**ベーレンス・フィッシャー問題** (Behrens-Fisher problem) とよばれている．この問題に対する近似的な解答として用いられるのが，**ウェルチ** (Welch) の**信頼区間**

$$\bar{Y} - \bar{X} \pm t_{\alpha/2}(f)\sqrt{\frac{s_1{}^2}{m} + \frac{s_2{}^2}{n}} \tag{10.17}$$

である．ただし

$$s_1{}^2 = \frac{1}{m-1}\sum_{i=1}^{m}(X_i - \bar{X})^2, \quad s_2{}^2 = \frac{1}{n-1}\sum_{i=1}^{n}(Y_i - \bar{Y})^2 \tag{10.18}$$

であり，また t 分布のパーセント点 $t_{\alpha/2}(f)$ における自由度 f は次式によって決められる．

$$\frac{(s_1{}^2/m + s_2{}^2/n)^2}{f} = \frac{s_1{}^4}{m^2(m-1)} + \frac{s_2{}^4}{n^2(n-1)} \tag{10.19}$$

次に $\sigma_2{}^2/\sigma_1{}^2$ の信頼区間を与える．1標本問題における (10.7) 式に対応する信頼区間としては

$$\frac{s_2{}^2}{F_{\alpha/2}(n-1, m-1)s_1{}^2} < \frac{\sigma_2{}^2}{\sigma_1{}^2} < \frac{s_2{}^2}{F_{1-\alpha/2}(n-1, m-1)s_1{}^2} \tag{10.20}$$

を用いることができる．しかし (10.20) 式の信頼区間は不偏な信頼区間ではない．一様最強力不偏信頼区間は

$$\frac{1}{\overline{F}}\frac{s_2{}^2}{s_1{}^2} < \frac{\sigma_2{}^2}{\sigma_1{}^2} < \frac{1}{\underline{F}}\frac{s_2{}^2}{s_1{}^2} \tag{10.21}$$

で与えられる．ただし $\overline{F}, \underline{F}$ は以下の (10.61), (10.62) 式を満たすように定められる．

10.1.2 正規分布の検定

ここでは正規分布の検定についての結果を整理する．以下では有意水準はいずれの場合も α としている．

1標本問題の検定

$X_1, \ldots, X_n \sim \mathrm{N}(\mu, \sigma^2), i.i.d.$, とする．まず μ に関する検定を扱う．検定問題として片側検定問題

$$H_0 : \mu \le \mu_0 \quad \text{vs.} \quad H_1 : \mu > \mu_0 \tag{10.22}$$

及び両側検定問題

$$H_0 : \mu = \mu_0 \quad \text{vs.} \quad H_1 : \mu \neq \mu_0 \tag{10.23}$$

を考える．σ^2 が既知の場合の検定統計量は

$$Z = \frac{\sqrt{n}(\bar{X} - \mu_0)}{\sigma}$$

であり，片側検定問題に対する UMP 検定は

$$Z > z_\alpha \;\Rightarrow\; \text{reject} \tag{10.24}$$

で与えられる．また両側検定問題に対する UMPU 検定は

$$|Z| > z_{\alpha/2} \;\Rightarrow\; \text{reject} \tag{10.25}$$

で与えられる．また (10.24) 式及び (10.25) 式の検出力関数は，

$$\psi = \frac{\sqrt{n}(\mu - \mu_0)}{\sigma} \tag{10.26}$$

とおくとき，それぞれ

$$\begin{aligned} \beta_\delta(\mu) &= 1 - \Phi(z_\alpha - \psi) \\ \beta_\delta(\mu) &= 1 - \Phi(z_{\alpha/2} - \psi) + \Phi(-z_{\alpha/2} - \psi) \end{aligned} \tag{10.27}$$

で与えられる．ただし Φ は標準正規分布の累積分布関数である．

σ^2 が未知の場合には片側検定及び両側検定問題に対する UMPU 検定は t 検定であり

$$\frac{\sqrt{n}(\bar{X} - \mu_0)}{s} > t_\alpha(n-1) \;\Rightarrow\; \text{reject} \tag{10.28}$$

$$\left|\frac{\sqrt{n}(\bar{X} - \mu_0)}{s}\right| > t_{\alpha/2}(n-1) \;\Rightarrow\; \text{reject} \tag{10.29}$$

と与えられる．σ^2 が局外母数であるため，片側検定であっても UMP 検定ではなく UMPU 検定でしかないことに注意されたい．この場合の検出力関数はそれぞれ

$$\begin{aligned} \beta_\delta(\mu) &= 1 - G(t_\alpha(n-1), n-1, \psi) \\ \beta_\delta(\mu) &= 1 - G(t_{\alpha/2}(n-1), n-1, \psi) \\ &\qquad + G(-t_{\alpha/2}(n-1), n-1, \psi) \end{aligned} \tag{10.30}$$

で与えられる．ただし ψ は (10.26) 式で与えられており，$G(x, f, \psi)$ は自由度 f，非心度 ψ の非心 t 分布の累積分布関数である．

次に σ^2 に関する検定問題を考える．対称性がないためここでは片側検定問題を

$$H_0 : \sigma^2 \le {\sigma_0}^2 \;\; \text{vs.} \;\; H_1 : \sigma^2 > {\sigma_0}^2 \tag{10.31}$$

$$H_0 : \sigma^2 \ge {\sigma_0}^2 \;\; \text{vs.} \;\; H_1 : \sigma^2 < {\sigma_0}^2 \tag{10.32}$$

の 2 つの場合について考える．また両側検定問題を

$$H_0 : \sigma^2 = {\sigma_0}^2 \;\; \text{vs.} \;\; H_1 : \sigma^2 \ne {\sigma_0}^2 \tag{10.33}$$

とする．議論を明確にするために，まず μ が既知の場合について考える．この場合 (10.31) 式と (10.32) 式の検定問題で結果は同様であり，それぞれの問題の UMP 検定は

$$\frac{\sum_{i=1}^{n}(X_i-\mu)^2}{{\sigma_0}^2} > \chi^2_{\alpha}(n) \ \Rightarrow \ \text{reject} \tag{10.34}$$

$$\frac{\sum_{i=1}^{n}(X_i-\mu)^2}{{\sigma_0}^2} < \chi^2_{1-\alpha}(n) \ \Rightarrow \ \text{reject} \tag{10.35}$$

で与えられる．両側検定については簡便のため

$$\frac{\sum_{i=1}^{n}(X_i-\mu)^2}{{\sigma_0}^2} > \chi^2_{\alpha/2}(n) \ \text{ or } \ \frac{\sum_{i=1}^{n}(X_i-\mu)^2}{{\sigma_0}^2} < \chi^2_{1-\alpha/2}(n) \ \Rightarrow \ \text{reject} \tag{10.36}$$

の形の検定を用いることが多い．この点については信頼区間に関してすでに説明した．

(10.34) 式及び (10.36) 式の検定の検出力関数はそれぞれ

$$\begin{aligned} \beta_\delta(\sigma^2) &= 1 - G\left(\frac{{\sigma_0}^2}{\sigma^2}\chi^2_{\alpha}(n), n\right) \\ \beta_\delta(\sigma^2) &= 1 - G\left(\frac{{\sigma_0}^2}{\sigma^2}\chi^2_{\alpha/2}(n), n\right) + G\left(\frac{{\sigma_0}^2}{\sigma^2}\chi^2_{1-\alpha/2}(n), n\right) \end{aligned} \tag{10.37}$$

で与えられる．ただし $G(x,f)$ は自由度 f のカイ二乗分布の累積分布関数である．σ^2 に関する検定の検出力関数は，μ が未知の場合や以下の不偏検定の場合でも，(10.37) 式において自由度及び棄却点を適宜変更したものにすぎないので，以下では省略する．

さて，(10.36) 式は不偏検定ではない．ここでは8章の議論を用いて不偏検定を導こう．μ が既知であるから

$$T(X_i) = -\frac{(X_i-\mu)^2}{2}, \quad \psi = \frac{1}{\sigma^2} \tag{10.38}$$

とおくと X_i の密度関数は (8.63) 式の指数型分布族の形に書ける (問10.3)．従って (8.65) 式より，ここでは $\bar{T}$ のかわりに $-2\sum_{i=1}^{n}T(X_i)$ を考えて，UMPU 検定の棄却域は

$$\frac{W}{{\sigma_0}^2} > \overline{\chi}^2 \ \text{ or } \ \frac{W}{{\sigma_0}^2} < \underline{\chi}^2 \ \Rightarrow \ \text{reject} \tag{10.39}$$

の形で与えられることがわかる．ただし $W = \sum_{i=1}^{n}(X_i-\mu)^2$ である．$\overline{\chi}^2, \underline{\chi}^2$ は次のようにして求められる．いま記法の簡便のため一般性を失うことなく ${\sigma_0}^2 = 1$

とする．W の密度関数を

$$f_n(w,\psi) = \frac{\psi^{n/2}}{\Gamma(n/2)2^{n/2}} w^{n/2-1} e^{-\psi w/2}$$

と表せば，ψW がカイ二乗分布に従うことにより，(8.51) 式の条件は

$$\int_{\underline{\chi}^2}^{\overline{\chi}^2} f_n(w,1)\,dw = 1-\alpha, \quad \int_{\underline{\chi}^2}^{\overline{\chi}^2} \frac{\partial}{\partial\psi} f_n(w,\psi)\,dw \bigg|_{\psi=1} = 0 \tag{10.40}$$

で与えられる．(10.40) の第 2 式は部分積分により $\overline{\chi}^2 f_n(\overline{\chi}^2,1) = \underline{\chi}^2 f_n(\underline{\chi}^2,1)$ の形に変形されることがわかる (問 10.4)．従って UMPU 検定の $\overline{\chi}^2, \underline{\chi}^2$ は

$$\int_{\underline{\chi}^2}^{\overline{\chi}^2} f_n(w,1)\,dw = 1-\alpha, \quad \overline{\chi}^2 f_n(\overline{\chi}^2,1) = \underline{\chi}^2 f_n(\underline{\chi}^2,1) \tag{10.41}$$

で与えられることがわかる．

ところで $H_0 : \sigma^2 = 1$ vs. $H_1 : \sigma^2 \neq 1$ の検定問題の尤度比検定を考えてみよう．(σ^2 に制約をおかないときの) σ^2 の最尤推定量は $\hat{\sigma}^2 = 1/\hat{\psi} = w/n$ であるから尤度比検定の棄却限界は

$$\frac{f_n(w,n/w)}{f_n(w,1)} = \left(\frac{n}{w}\right)^{n/2} e^{w/2-n/2} = \frac{n^{n/2}e^{-n/2}}{\Gamma(n/2)2^{n/2} w f_n(w,1)} = c \tag{10.42}$$

で与えられる (問 10.5)．(10.42) 式は $wf_n(w,1) = c'$ と同値であり，また (10.42) 式が w の一山型の関数であることから，(10.42) 式は (10.41) 式の第 2 式と同値である．従ってこの場合，尤度比検定によって UMPU 検定が得られることがわかった．

次に μ が未知の場合の σ^2 に関する検定について考える．簡単に言えば，上記において μ を $\bar{X}$ でおきかえ，自由度を $n-1$ とすればよい．ただし検定の性質などについては細かい違いがある．まず (10.31), (10.32) 式の検定問題については

$$\frac{\sum_{i=1}^{n}(X_i-\bar{X})^2}{{\sigma_0}^2} > \chi^2_{\alpha}(n-1) \ \Rightarrow \ \text{reject} \tag{10.43}$$

$$\frac{\sum_{i=1}^{n}(X_i-\bar{X})^2}{{\sigma_0}^2} < \chi^2_{1-\alpha}(n-1) \ \Rightarrow \ \text{reject} \tag{10.44}$$

とすればよい．これらは UMPU 検定であるが，さらに (10.43) 式だけについては UMP 検定であることが証明される (Lehmann(1986), Section 3.9 参照)．局

外母数が存在する場合でUMP検定が得られるのはめずらしいことである．両側検定の場合の検定は，通常は(10.36)式に対応して

$$\frac{\sum_{i=1}^{n}(X_i-\bar{X})^2}{{\sigma_0}^2} > \chi^2_{\alpha/2}(n-1) \ \text{ or } \ \frac{\sum_{i=1}^{n}(X_i-\bar{X})^2}{{\sigma_0}^2} < \chi^2_{1-\alpha/2}(n-1) \Rightarrow \text{reject} \tag{10.45}$$

を用いる．またUMPU検定は$W=\sum_{i=1}^{n}(X_i-\bar{X})^2$として

$$\frac{W}{{\sigma_0}^2} > \overline{\chi}^2 \ \text{ or } \ \frac{W}{{\sigma_0}^2} < \underline{\chi}^2 \ \Rightarrow \ \text{reject} \tag{10.46}$$

の形で与えられる．ただしこの場合の$\overline{\chi}^2, \underline{\chi}^2$は，(10.41)式において自由度を$n-1$にかえて

$$\int_{\underline{\chi}^2}^{\overline{\chi}^2} f_{n-1}(w,1)\,dw = 1-\alpha, \quad \overline{\chi}^2 f_{n-1}(\overline{\chi}^2,1) = \underline{\chi}^2 f_{n-1}(\underline{\chi}^2,1) \tag{10.47}$$

の条件を満たすように決められる．この場合不偏検定と尤度比検定の関係を考えてみると，$H:\sigma^2=1$の尤度比検定の棄却限界は$w^{n/2}e^{-w/2}=c$となり(10.47)の第2式とは一致しない．しかしながら，尤度比検定においてwのベキをnから自由度$n-1$に修正し

$$w^{(n-1)/2}e^{-w/2}=c \tag{10.48}$$

を棄却限界とすれば，(10.48)の左辺がwについて一山型の関数であることから，(10.48)式は(10.47)の第2式と一致しUMPUが得られる．以上のような尤度比検定の修正は，以下の2標本問題あるいはk標本問題においては，バートレットの検定とよばれている．

2標本問題の検定

対標本の場合には1標本問題に帰着させて検定すればよいから省略する．ここでは一般の2標本問題について考えよう．$\mu_2-\mu_1$に関する片側検定問題

$$H_0:\mu_2 \le \mu_1 \ \text{ vs. } \ H_1:\mu_2 > \mu_1 \tag{10.49}$$

及び両側検定問題

$$H_0:\mu_1 = \mu_2 \ \text{ vs. } \ H_1:\mu_1 \ne \mu_2 \tag{10.50}$$

を考える．まず，$\sigma_1{}^2, \sigma_2{}^2$ がいずれも既知である場合を考えよう．この場合の検定統計量は

$$Z = \frac{\bar{Y} - \bar{X}}{\sqrt{\sigma_1{}^2/m + \sigma_2{}^2/n}} \tag{10.51}$$

であり，片側検定問題に対する UMP 検定及び両側検定問題に対する UMPU 検定はそれぞれ (10.24), (10.25) 式の形で与えられる．この場合片側検定に関する検定は UMP 検定となっている．次に $\sigma_1{}^2 = \sigma_2{}^2 = \sigma^2$ ということが既知で，ただし σ^2 の値が未知という仮定のもとでは，

$$t = \frac{\bar{Y} - \bar{X}}{s\sqrt{1/m + 1/n}} \tag{10.52}$$

とし，片側検定問題及び両側検定問題の棄却域をそれぞれ

$$t > t_\alpha(m+n-2) \ \Rightarrow \ \text{reject}, \quad |t| > t_{\alpha/2}(m+n-2) \ \Rightarrow \ \text{reject} \tag{10.53}$$

とすればよい．ただし s^2 は (10.16) 式で与えられたプールされた推定量である．これらはいずれも UMPU 検定である．

$\sigma_1{}^2, \sigma_2{}^2$ が既知の場合の検出力関数は (10.27) 式の右辺において

$$\psi = \frac{\mu_2 - \mu_1}{\sqrt{\sigma_1{}^2/m + \sigma_2{}^2/n}} \tag{10.54}$$

とおいたもので与えられる．また $\sigma_1{}^2 = \sigma_2{}^2 = \sigma^2$ が未知の場合には，(10.30) 式の右辺において自由度を $m+n-2$ とし ψ を

$$\psi = \frac{\mu_2 - \mu_1}{\sigma\sqrt{1/m + 1/n}}$$

でおきかえたもので与えられる．

$\sigma_1{}^2$ 及び $\sigma_2{}^2$ がともに未知で，等しいと仮定できない場合は，すでに信頼区間について述べたようにベーレンス・フィッシャー問題となり正確な解を与えることができない．ウェルチ (Welch) の検定は

$$t = \frac{\bar{Y} - \bar{X}}{\sqrt{s_1{}^2/m + s_2{}^2/n}} \tag{10.55}$$

として，

$$t > t_\alpha(f) \ \Rightarrow \ \text{reject} \quad \text{or} \quad |t| > t_{\alpha/2}(f) \ \Rightarrow \ \text{reject} \tag{10.56}$$

を棄却域とするものである．ただし $s_1{}^2, s_2{}^2$ は (10.18) 式で与えられている．また自由度 f は (10.19) 式のように定められる．

次に分散の同等性の検定について述べる．$\sigma_2{}^2/\sigma_1{}^2$ に関する片側検定問題及び両側検定問題を

$$H_0 : \frac{\sigma_2{}^2}{\sigma_1{}^2} \le 1 \ \text{ vs. } \ H_1 : \frac{\sigma_2{}^2}{\sigma_1{}^2} > 1 \tag{10.57}$$

及び

$$H_0 : \frac{\sigma_2{}^2}{\sigma_1{}^2} = 1 \ \text{ vs. } \ H_1 : \frac{\sigma_2{}^2}{\sigma_1{}^2} \ne 1 \tag{10.58}$$

とおく．ここでは主に μ_1, μ_2 が未知の場合について結果を述べる．$s_1{}^2, s_2{}^2$ を (10.18) 式で与えられたものとする．片側検定問題に関する UMPU 検定は

$$\frac{s_2{}^2}{s_1{}^2} > F_\alpha(n-1, m-1) \ \Rightarrow \ \text{reject} \tag{10.59}$$

で与えられる．両側検定については通常は

$$\frac{s_2{}^2}{s_1{}^2} > F_{\alpha/2}(n-1, m-1) \ \text{ or } \ \frac{s_2{}^2}{s_1{}^2} < F_{1-\alpha/2}(n-1, m-1) \ \Rightarrow \ \text{reject} \tag{10.60}$$

とする検定が用いられる．ただしこの検定は不偏検定ではない．いま自由度 $(n-1, m-1)$ の F 分布の密度関数を $f_{n-1,m-1}(x)$ とし，$\underline{F}, \overline{F}$ を

$$\int_{\underline{F}}^{\overline{F}} f_{n-1,m-1}(x)\,dx = 1 - \alpha \tag{10.61}$$

$$\underline{F}\, f_{n-1,m-1}(\underline{F}) = \overline{F} f_{n-1,m-1}(\overline{F}) \tag{10.62}$$

を満たすように選ぶ．このとき (10.58) 式の検定問題に対する UMPU 検定は

$$\frac{s_2{}^2}{s_1{}^2} > \overline{F} \ \text{ or } \ \frac{s_2{}^2}{s_1{}^2} < \underline{F} \ \Rightarrow \ \text{reject} \tag{10.63}$$

で与えられる．ところで (10.58) 式の検定問題に対する尤度比検定の棄却限界は

$$\frac{\left(\sum_{i=1}^{m}(X_i - \bar{X})^2 + \sum_{i=1}^{n}(Y_i - \bar{Y})^2\right)^{(m+n)/2}}{\left(\sum_{i=1}^{m}(X_i - \bar{X})^2\right)^{m/2} \times \left(\sum_{i=1}^{n}(Y_i - \bar{Y})^2\right)^{n/2}} > c \ \Rightarrow \ \text{reject} \tag{10.64}$$

の形で与えられることがわかる (問 10.6)．ここで (10.64) 式のべきを自由度で置き換えたものが**バートレットの検定** (Bartlett test)

$$\frac{\left(\sum_{i=1}^{m}(X_i-\bar{X})^2+\sum_{i=1}^{n}(Y_i-\bar{Y})^2\right)^{(m+n-2)/2}}{\left(\sum_{i=1}^{m}(X_i-\bar{X})^2\right)^{(m-1)/2}\times\left(\sum_{i=1}^{n}(Y_i-\bar{Y})^2\right)^{(n-1)/2}}>c \ \Rightarrow\ \text{reject} \quad (10.65)$$

である．(10.65) 式と (10.63) 式が同値であることが示されるので (問 10.7)，バートレットの検定は UMPU 検定に一致する．

以上の片側 UMPU 検定及び両側 UMPU 検定の検出力関数はそれぞれ

$$\beta_\delta({\sigma_1}^2,{\sigma_2}^2)=1-G\left(\frac{{\sigma_1}^2}{{\sigma_2}^2}F_\alpha,n-1,m-1\right),\quad F_\alpha=F_\alpha(n-1,m-1)$$

$$\beta_\delta({\sigma_1}^2,{\sigma_2}^2)=1-G\left(\frac{{\sigma_1}^2}{{\sigma_2}^2}\overline{F},n-1,m-1\right)+G\left(\frac{{\sigma_1}^2}{{\sigma_2}^2}\underline{F},n-1,m-1\right) \quad (10.66)$$

で与えられる．ただし $G(x,f_1,f_2)$ は自由度 (f_1,f_2) の F 分布の累積分布関数である．また (10.60) 式の検定の場合には $\overline{F},\underline{F}$ を $F_{\alpha/2},F_{1-\alpha/2}$ でおきかえればよい．

k 標本問題の検定

次に k 個の正規母集団のパラメータの同等性に関する検定について述べる．いま $X_{ij}\sim \mathrm{N}(\mu_i,{\sigma_i}^2), i=1,\ldots,k, j=1,\ldots,n_i$ は互いに独立であるとする．すなわち k 個の母集団 $\mathrm{N}(\mu_i,{\sigma_i}^2), i=1,\ldots,k$ があり，$X_{i1},\ldots,X_{in_i}$ は i 番目の母集団からの大きさ n_i の標本である．

ここではまず分散の同等性の検定問題に対する尤度比検定を考える．帰無仮説を

$$H_0:{\sigma_1}^2=\cdots={\sigma_k}^2 \quad (10.67)$$

とする．ただし $\mu_i, i=1,\ldots,k,$ は未知とする．いま $\bar{X}_i=\sum_{j=1}^{n_i}X_{ij}/n_i$ を第 i 母集団からの標本平均とし

$$W_i=(n_i-1){s_i}^2=\sum_{j=1}^{n_i}(X_{ij}-\bar{X}_i)^2,\quad W_{\mathrm{E}}=\sum_{i=1}^{k}W_i \quad (10.68)$$

とおく．容易に示されるように (10.67) 式の検定問題の尤度比検定は

$$\lambda=\frac{(W_1+\cdots+W_k)^{n/2}}{{W_1}^{n_1/2}\cdots{W_k}^{n_k/2}}>c \ \Rightarrow\ \text{reject} \quad (10.69)$$

の形で与えられる (問 10.6)．ただし $n = n_1 + \cdots + n_k$ である．またここでベキを自由度に修正した

$$\lambda' = \frac{(W_1 + \cdots + W_k)^{(n-k)/2}}{{W_1}^{(n_1-1)/2} \cdots {W_k}^{(n_k-1)/2}} > c \ \Rightarrow \ \text{reject} \tag{10.70}$$

が**バートレットの検定**である．バートレットの検定は不偏検定であることが知られている．λ あるいは λ' の正確な棄却限界を与えるのは難しいが，8.6 節の尤度比検定の一般論より

$$\begin{aligned} 2\log\lambda \ &> \chi^2_{k-1}(\alpha) \ \Rightarrow \ \text{reject} \\ 2\log\lambda' &> \chi^2_{k-1}(\alpha) \ \Rightarrow \ \text{reject} \end{aligned} \tag{10.71}$$

とすれば，近似的に有意水準 α の検定が得られる．

次に各母集団での分散が未知であるが共通 (${\sigma_1}^2 = \cdots = {\sigma_k}^2 = \sigma^2$) であるとの前提のもとで，平均の同等性の検定問題

$$H_0 : \mu_1 = \cdots = \mu_k \tag{10.72}$$

を考えよう．分散が共通と仮定するのは2標本問題におけるベーレンス・フィッシャー問題をさけるためである．この問題は **1元配置分散分析** (One Way Analysis of Variance) の問題とよばれている．1元配置分散分析は線形モデルの特殊な場合なので詳しくは次章で述べるが，ここでは結果のみを示しておく．

全平均を $\bar{\bar{X}} = \sum_{i=1}^{k} \sum_{j=1}^{n_i} X_{ij}/n$ とする．そして

$$W_{\mathrm{H}} = \sum_{i=1}^{k} n_i(\bar{X}_i - \bar{\bar{X}})^2, \quad W_{\mathrm{T}} = \sum_{i,j}(X_{ij} - \bar{\bar{X}})^2 \tag{10.73}$$

とおく．W_{H} を**群間平方和** (between group sum of squares)，W_{T} を**全平方和** (total sum of squares) という．また (10.68) 式の W_{E} を**群内平方和** (within group sum of squares) という．帰無仮説のもとで W_{H} と W_{E} は互いに独立に分布し

$$\frac{W_{\mathrm{H}}}{\sigma^2} \sim \chi^2(k-1), \quad \frac{W_{\mathrm{E}}}{\sigma^2} \sim \chi^2(n-k) \tag{10.74}$$

となることが示される．従って

$$F = \frac{W_{\mathrm{H}}/(k-1)}{W_{\mathrm{E}}/(n-k)} \tag{10.75}$$

とおけば，帰無仮説のもとで F は自由度 $(k-1, n-k)$ の F 分布に従うので

$$F > F_\alpha(k-1, n-k) \;\Rightarrow\; \text{reject} \tag{10.76}$$

は有意水準 α の検定となる．これが 1 元配置分散分析の F 検定である．

F 検定の検出力関数は

$$\beta_\delta(\mu_1, \ldots, \mu_k, \sigma^2) = 1 - G(F_\alpha, k-1, n-k, \psi)$$

$$\psi = \frac{\sum_{i=1}^{k} n_i(\mu_i - \bar{\bar{\mu}})^2}{\sigma^2}, \quad \bar{\bar{\mu}} = \frac{\sum_{i=1}^{k} n_i \mu_i}{\sum_{i=1}^{k} n_i} \tag{10.77}$$

$$F_\alpha = F_\alpha(k-1, n-k)$$

で与えられる．ただし $G(x, f_1, f_2, \psi)$ は自由度 (f_1, f_2)，非心度 ψ の非心 F 分布の累積分布関数である．この非心度の導出については 11.3 節及び 11.6 節を参照のこと．

(10.72) 式の尤度比検定は

$$\lambda = \left(\frac{W_\mathrm{T}}{W_\mathrm{E}}\right)^{n/2} > c \;\Rightarrow\; \text{reject} \tag{10.78}$$

の形で与えられる (問 10.8)．ここで実は $W_\mathrm{H}, W_\mathrm{E}, W_\mathrm{T}$ の間には平方和の分解とよばれる次の等式

$$W_\mathrm{T} = W_\mathrm{H} + W_\mathrm{E} \tag{10.79}$$

が成立する (11.3 節)．従って (10.78) 式は

$$\lambda = \left(1 + \frac{k-1}{n-k} F\right)^{n/2} > c \;\Rightarrow\; \text{reject}$$

と書ける．F と λ の関係は単調であるから F 検定と尤度比検定は同値であることがわかる．

10.2　2 項分布に関する推測

ここでは 2 項分布の成功確率 p に関する推測問題について整理する．

成功確率の推定

まず 1 標本問題を考え $X \sim \mathrm{Bin}(n, p)$ とする．p の通常の推定量は標本における成功の比率 $\hat{p} = X/n$ である．$\hat{p}$ は UMVU である．p の信頼区間としては

(9.18) 式で示したように，

$$\hat{p} \pm z_{\alpha/2}\sqrt{\frac{\hat{p}(1-\hat{p})}{n}}$$

の形の信頼区間が使われる．ただし (9.16) 式及び (9.17) 式に与えられた信頼区間のほうが信頼区間の本来の構成法に近く，その意味で望ましい．次に2標本問題を考える．$X \sim \mathrm{Bin}(m, p_1), Y \sim \mathrm{Bin}(n, p_2)$ とし X と Y は互いに独立とする．ここで $p_2 - p_1$ の推定を考える．$\hat{p}_1 = X/m, \hat{p}_2 = Y/n$ とすれば $p_2 - p_1$ の推定量として

$$\widehat{p_2 - p_1} = \hat{p}_2 - \hat{p}_1 \tag{10.80}$$

を用いればよい．この推定量は UMVU である (問 10.10，10.11).

$p_2 - p_1$ の区間推定は難しい．これは，$H_0 : p_2 - p_1 = \theta_0$ の検定が攪乱母数 (p_1) に依存し，9.2 節で説明した信頼区間の構成が難しいためである．簡便法としては

$$\hat{p}_2 - \hat{p}_1 \pm z_{\alpha/2}\sqrt{\frac{1}{m}\hat{p}_1(1-\hat{p}_1) + \frac{1}{n}\hat{p}_2(1-\hat{p}_2)} \tag{10.81}$$

を用いればよいが，実際の被覆確率が $1-\alpha$ より小さくなる傾向が多くの文献で指摘されている．この点についての議論や対処法については，例えば Agresti and Caffo(2000) が参考になる．

成功確率の検定

1標本問題に関する片側検定問題及び両側検定問題

$$H_0 : p \le p_0 \quad \text{vs.} \quad H_1 : p > p_0 \tag{10.82}$$

$$H_0 : p = p_0 \quad \text{vs.} \quad H_1 : p \ne p_0 \tag{10.83}$$

に対する通常の検定は $Z = \sqrt{n}(\hat{p} - p_0)/\sqrt{p_0(1-p_0)}$ としてそれぞれ

$$Z > z_\alpha \ \Rightarrow \ \text{reject} \tag{10.84}$$

$$|Z| > z_{\alpha/2} \ \Rightarrow \ \text{reject} \tag{10.85}$$

である．片側検定はネイマン・ピアソンの補題により UMP 検定である．ただし中心極限定理による近似により，有意水準が正確に α に一致してはいない．両側検定は正確な不偏検定ではないが，中心極限定理によりほぼ UMPU 検定の形になっている．また有意水準も近似的である．

(10.84), (10.85) 式の検定の近似的な検出力関数は，それぞれ

$$\beta_\delta(p) = 1 - \Phi(az_\alpha - \psi)$$

$$\beta_\delta(p) = 1 - \Phi(az_{\alpha/2} - \psi) + \Phi(-az_{\alpha/2} - \psi) \tag{10.86}$$

$$a = \sqrt{\frac{p_0(1-p_0)}{p(1-p)}}, \quad \psi = \frac{\sqrt{n}(p-p_0)}{\sqrt{p(1-p)}}$$

で与えられる．

次に 2 標本問題を考え片側検定問題及び両側検定問題を

$$H_0 : p_1 \geq p_2 \ \ \text{vs.} \ \ H_1 : p_1 < p_2 \tag{10.87}$$

$$H_0 : p_1 = p_2 \ \ \text{vs.} \ \ H_1 : p_1 \neq p_2 \tag{10.88}$$

とする．検定はもちろん $\hat{p}_2 - \hat{p}_1$ に基づいておこなえばよいのであるが，ここで問題となるのは $\mathrm{Var}[\hat{p}_1 - \hat{p}_2] = p_1(1-p_1)/m + p_2(1-p_2)/n$ に含まれる未知母数の取扱いである．通常は $p = p_1 = p_2$ の場合の "プールされた推定量" $\widetilde{p}$ を

$$\widetilde{p} = \frac{X+Y}{m+n} = \frac{m\hat{p}_1 + n\hat{p}_2}{m+n} \tag{10.89}$$

とおき，$Z = (\hat{p}_2 - \hat{p}_1)/\sqrt{(1/m+1/n)\widetilde{p}(1-\widetilde{p})}$ とおく．このとき，片側検定及び両側検定を (10.84) 及び (10.85) 式のようにすればよい．

これらの検定の近似的な検出力関数は (10.86) 式において，$\bar{p} = (mp_1 + np_2)/(m+n)$ とし，

$$a = \sqrt{\frac{\bar{p}(1-\bar{p})(1/m+1/n)}{p_1(1-p_1)/m + p_2(1-p_2)/n}}$$

$$\psi = \frac{p_2 - p_1}{\sqrt{p_1(1-p_1)/m + p_2(1-p_2)/n}} \tag{10.90}$$

とおいたもので与えられる．

10.3 多項分布に関する検定

ここでは前節の 2 項分布に関する検定を一般化して，多項分布に関する検定について述べる．多項分布の検定は適合度検定あるいはカイ二乗適合度検定とよばれる検定の 1 つである．カイ二乗適合度検定は，とくに分割表に関する検定として応用上も重要なものであり，また検定の対象となる統計的モデルも，多項分布だけでなくポアソン分布を用いた統計的モデルなどを含んでいる．従っ

てカイ二乗適合度検定についてはより詳しく述べるべきであるが，この話題についてはほかに詳しく説明した教科書 (広津 (1982)，柳川 (1986)) もあるので，ここでは多項分布の検定という観点にしぼって簡潔に説明する．

いま $Y = (Y_1, \ldots, Y_k)$ が多項分布 $\mathrm{Mn}(n, p_1, \ldots, p_k)$ に従うとする．すなわちその確率関数が

$$P(Y_1 = y_1, \ldots, Y_k = y_k) = \frac{n!}{y_1! \cdots y_k!} {p_1}^{y_1} \cdots {p_k}^{y_k} \quad (n = y_1 + \cdots + y_k) \tag{10.91}$$

で与えられるとする．ここではまず単純帰無仮説

$$H_0 : p_1 = p_{10}, \ldots, p_k = p_{k0} \tag{10.92}$$

の検定を考える．もちろん対立仮説 H_1 はある i について $p_i \neq p_{i0}$ となることである．カイ二乗適合度検定は次のように説明することができる．いま帰無仮説が正しいとすると $E[Y_i] = np_{i0}$ であるから，Y_i は np_{i0} からあまり離れた値とはならないはずである．Y_i を**観測度数** (observed count)，$\hat{Y}_i = np_{i0}$ を**期待度数** (expected count) とよべば，観測度数と期待度数の差の二乗 $(Y_i - \hat{Y}_i)^2$ はあまり大きな値とならないはずである．そこで**カイ二乗統計量** χ^2 を

$$\chi^2 = \sum_{i=1}^{k} \frac{(Y_i - \hat{Y}_i)^2}{\hat{Y}_i} = \sum \frac{(\mathrm{O} - \mathrm{E})^2}{\mathrm{E}} \tag{10.93}$$

と定義する．右辺の $(\mathrm{O} - \mathrm{E})^2/\mathrm{E}$ は単に覚えやすくするために，“observed count” を O で，“expected count” を E で簡略に表しただけのものである．χ^2 の分母は2乗されていないことに注意されたい．上で述べたように帰無仮説のもとでは χ^2 はあまり大きな値をとらないはずである．他方対立仮説のもとでは Y_i と $\hat{Y}_i$ の差が大きくなると考えられるから，検定方式として $\chi^2 > c \Rightarrow$ reject という検定方式を用いることが考えられる．実は帰無仮説のもとで漸近的に (すなわち $n \to \infty$ となるとき) χ^2 の分布が自由度 $k-1$ のカイ二乗分布に分布収束することが証明される (13章参照)．従って

$$\chi^2 > \chi^2_\alpha(k-1) \ \Rightarrow \ \text{reject} \tag{10.94}$$

とすれば，近似的に有意水準 α の検定が得られる．(10.94) 式の検定を**カイ二乗適合度検定** (chi-square goodness of fit test) という．

カイ二乗適合度検定のほかに，尤度比検定も用いることができる．対立仮説

のもとでの最尤推定量が $\hat{p}_i = Y_i/n, i = 1, \ldots, k$ であることを用いると，尤度比検定は

$$\lambda = \left(\frac{\hat{p}_1}{p_{10}}\right)^{Y_1} \cdots \left(\frac{\hat{p}_k}{p_{k0}}\right)^{Y_k} = \left(\frac{Y_1}{\hat{Y}_1}\right)^{Y_1} \cdots \left(\frac{Y_k}{\hat{Y}_k}\right)^{Y_k} > c \Rightarrow \text{reject} \quad (10.95)$$

の形に表される．尤度比検定の一般論より c は $2\log c = \chi^2_\alpha(k-1)$ とおけばよい．

ところで帰無仮説のもとで漸近的には $2\log\lambda$ と χ^2 は一致する．いま $d_i = (Y_i - \hat{Y}_i)/\hat{Y}_i,\ i = 1, \ldots, k,$ とおくと

$$\begin{aligned} 2\log\lambda &= 2\sum_{i=1}^{k} Y_i \log(1 + d_i) \\ &= 2\sum_{i=1}^{k} \left((Y_i - \hat{Y}_i) + \hat{Y}_i\right)\left(d_i - \frac{1}{2}{d_i}^2 + o_p(n^{-1})\right) \\ &= 2\sum_{i=1}^{k} \left((Y_i - \hat{Y}_i)d_i + \hat{Y}_i d_i - \frac{\hat{Y}_i}{2}{d_i}^2 + o_p(1)\right) \\ &= \sum_{i=1}^{k} \left(\hat{Y}_i {d_i}^2 + o_p(1)\right) = \chi^2 + o_p(1) \end{aligned} \quad (10.96)$$

となる．ただし $\sum_{i=1}^{k} \hat{Y}_i d_i = 0$ を用いた．また $o_p(n^{-1})$ とは n 倍したものが 0 に確率収束する項を示し，$o_p(1)$ とは 0 に確率収束する項を示している (補論 A.3 参照)．(10.96) 式より帰無仮説のもとで $2\log\lambda - \chi^2 \xrightarrow{p} 0$ となり，棄却限界についても両方とも $\chi^2_\alpha(k-1)$ という同じ値を用いればよいことが確かめられる (補論 (A.9) 式参照)．

以上では単純帰無仮説の場合を扱ったが，応用上は複合帰無仮説の場合も重要である．その最も重要な例は分割表における独立性の検定である．(2 元の) 分割表とは表の形の度数分布表のことで，r 行 c 列の表を $r \times c$ 分割表という．例えば n 人の人を性別と血液型で 2 重に分類したとすれば，$r = 2, c = 4$ となる (表 10.1 参照)．Y_{ij} は性別が i で血液型が j である人の数である．ここで $Y = (Y_{11}, \ldots, Y_{rc})$ が多項分布 $\mathrm{Mn}(n, p_{11}, \ldots, p_{rc})$ に従っていると仮定する．2 元の分割表について興味のある帰無仮説は，独立性の仮説とよばれるものである．これは p_{ij} が，ある $p_{i\bullet}, i = 1, \ldots, r$ 及び $p_{\bullet j}, j = 1, \ldots, c$ を用いて

$$H_0 : p_{ij} = p_{i\bullet} p_{\bullet j}, \quad \forall i, j \quad (10.97)$$

表 10.1

血液型＼性別	A	O	B	AB
男	Y_{11}	Y_{12}	Y_{13}	Y_{14}
女	Y_{21}	Y_{22}	Y_{23}	Y_{24}

の形に表されるとする仮説である．ただし $1 = p_{1\bullet} + \cdots + p_{r\bullet}, 1 = p_{\bullet 1} + \cdots + p_{\bullet c}$ という制約がある．$p_{i\bullet}$ は行の分類について第 i カテゴリーに属する確率である．同様に $p_{\bullet j}$ は列の分類について第 j カテゴリーに属する確率である．従って (10.97) 式の仮説は，行分類について第 i カテゴリーに属することと，列分類について第 j カテゴリーに属することが互いに独立であることを意味している．例えば，性別と血液型は独立であると考えられるから (10.97) の帰無仮説が正しいと考えられる．

ところで p_{ij} についてはもともと $\sum_{ij} p_{ij} = 1$ という制約があるから，p_{ij} のなかで自由に動けるものは $rc-1$ 個である．また $p_{i\bullet}, p_{\bullet j}$ について自由に動けるものは $(r-1)+(c-1) = r+c-2$ 個である．従って (10.97) 式の仮説は，多項分布の $rc-1$ 個の確率がより少ない $r+c-2$ 個のパラメータで表されるという仮説である．これをより一般に定式化すれば，$\mathrm{Mn}(n, p_1, \ldots, p_k)$ において $p_i, i = 1, \ldots, k$ が h 次元 $(h < k-1)$ の自由なパラメータ θ によって

$$H_0 : p_i = p_i(\theta), \quad i = 1, \ldots, k \tag{10.98}$$

の形に表されるという複合帰無仮説を考えることができる．この場合，帰無仮説のもとでの θ の最尤推定量を $\hat{\theta}$ とし，期待度数を $\hat{Y}_{ij} = np_{ij}(\hat{\theta})$ と定義する．期待度数をこのように定義してカイ二乗統計量 χ^2 は (10.93) 式をそのまま用いればよい．帰無仮説のもとで χ^2 は漸近的に自由度 $k-h-1$ のカイ二乗分布に従うことが示せるので検定方式としては

$$\chi^2 > \chi^2_\alpha(k-h-1) \;\Rightarrow\; \text{reject} \tag{10.99}$$

とすればよい．尤度比検定についても単純帰無仮説のときと同様に考えることができ，尤度比検定とカイ二乗検定は漸近的に同値な検定となる．

例えば独立性の検定においては，帰無仮説のもとでの $p_{i\bullet}, p_{\bullet j}$ の最尤推定量が

$$\hat{p}_{i\bullet} = \frac{Y_{i\bullet}}{n}, \quad Y_{i\bullet} = \sum_{j=1}^{c} Y_{ij}$$
$$\hat{p}_{\bullet j} = \frac{Y_{\bullet j}}{n}, \quad Y_{\bullet j} = \sum_{i=1}^{r} Y_{ij} \tag{10.100}$$

で与えられる (問 10.12)．従って帰無仮説のもとでの p_{ij} の最尤推定量は $\hat{p}_{ij} = \hat{p}_{i\bullet}\hat{p}_{\bullet j}$ であり，期待度数は

$$\hat{Y}_{ij} = n\hat{p}_{i\bullet}\hat{p}_{\bullet j} = \frac{Y_{i\bullet}Y_{\bullet j}}{n} \tag{10.101}$$

となる．χ^2 統計量は $\chi^2 = \sum_{i,j}(Y_{ij} - \hat{Y}_{ij})^2/\hat{Y}_{ij}$ で与えられる．自由度は $rc - 1 - (r + c - 2) = rc - r - c + 1 = (r-1)(c-1)$ である．従って (10.97) 式の独立性の検定は

$$\chi^2 > \chi^2_\alpha((r-1)(c-1)) \ \Rightarrow \ \text{reject} \tag{10.102}$$

の形で検定することができる．

問

10.1　正規分布の 2 標本問題において ${\sigma_2}^2/{\sigma_1}^2$ の不偏推定量が (10.14) 式で与えられることを示せ．

10.2　(10.19) 式の f について

$$\min\{m-1, n-1\} \le f \le m + n - 2$$

となることを示せ．

10.3　μ が既知の正規分布の密度関数を (10.38) 式を用いて (8.63) 式のように表すとき (8.63) 式の $h(x), c(\psi)$ を求めよ．

10.4　(10.40) 式の第 2 式を部分積分することにより (10.41) 式の第 2 式を導け．

10.5　μ が既知の場合の $H : \sigma^2 = 1$ の尤度比検定の棄却限界が (10.42) 式で与えられることを確かめよ．(10.42) 式はカイ二乗分布の密度関数に基づいて計算しており，尤度比検定の定義に戻れば正規変量 $X_1, \ldots, X_n$ の同時密度関数に基づいて尤度比検定を求める必要がある．正規分布に基づいて尤度比検定を求めても同じ結果となることを確かめよ．また (10.42) 式の逆数は w に関して一山型の関数であることを示せ．

10.6　正規分布の分散の同等性に関する (10.58) 式の検定問題に対する尤度比検定が (10.64) 式で与えられることを示せ．また k 標本問題に対する尤度比検定が (10.69)

式で与えられることを示せ．

10.7　(10.65) 式は (10.63) 式と同値であることを示せ．

10.8　1元配置分散分析の尤度比検定が (10.78) 式で与えられることを示せ．

10.9　1元配置分散分析を考え，観測値を x_{ij}, $i=1,\dots,k$, $j=1,\dots,n_i$, $n=n_1+\cdots+n_k$ とする．いま人工的な確率変数 U,V を以下のように定義する．V は $1,\dots,k$ の k 個の整数をとる確率変数で $P(V=i)=n_i/n$ とする．また $V=i$ を固定したときの U の条件つき分布は

$$P(U=x_{ij}\,|\,V=i)=\frac{1}{n_i},\quad j=1,\dots,n_i$$

であるとする．このとき U の周辺確率関数は $P(U=x_{ij})=1/n$ であることを示せ．また $\mathrm{Var}[U]=E[\mathrm{Var}[U|V]]+\mathrm{Var}[E[U|V]]$ ((3.57) 式参照) が平方和の分解の等式 ((10.79) 式) に一致することを示せ．

10.10　$X_1,\dots,X_m\sim P_{\theta_1}$, $Y_1,\dots,Y_n\sim P_{\theta_2}$ としこれらの確率変数はすべて互いに独立とする．また θ_1 と θ_2 は独立に動き得る母数とする．また $T_1(X_1,\dots,X_m)$ を θ_1 の完備十分統計量，$T_2(Y_1,\dots,Y_n)$ を θ_2 の完備十分統計量とする．このとき (T_1,T_2) が (θ_1,θ_2) に関する完備十分統計量となることを示せ．

10.11　問 10.10 を用いて2項分布の2標本問題において (10.80) 式が p_2-p_1 の UMVU となることを示せ．

10.12　(10.100) 式を示せ．

Chapter 11

線形モデル

この章では，**回帰分析** (regression analysis) や**分散分析** (analysis of variance) などの**線形モデル** (linear model) について説明する．回帰分析と分散分析は，考え方や応用される場面が異なっており，その意味では異なる手法と考えることもできるが，数学的には線形モデルとして統一的に扱うことができる．統一的な扱いの利点は，全体としてより簡潔な記述とより整合的な理解が可能となることである．一方，記述がより抽象的となることが短所である．線形モデルの場合，抽象的な記述といっても，線形代数の概念を用いた記述でありそれほど高度なものではないと思われる．しかし，線形代数について知識のない読者にとっては，本章の説明はわかりにくいものであるかもしれない．また，本章の目的は線形モデルの推測理論を整理することであり，回帰分析及び分散分析の実際の使い方などについてはあまり詳しく説明しない．従って本章の説明のみから回帰分析や分散分析の使い方について十分な理解が得られるとは考えにくい．読者はこのことを念頭においてこの章を読みすすんでほしい．回帰分析や分散分析の使い方や応用上の問題点については他書を参照されたい．参考文献としては，早川 (1986)，佐和 (1979)，広津 (1976) をあげておく．

11.1　回帰モデル

この節では回帰モデルを導入する．次節で回帰モデルの推定について説明する．

回帰モデルの簡単な例として，次のような例を考えよう．いまバネに x グラムの錘をつけバネの長さを測るとする．計測されたバネの長さを y センチとしよう．ここで錘の重さは，例えば正確な分銅を用いるなどして，正確に知られているとし，一方長さについてはある程度の誤差を含んだ計測しかできないとする．従って “真の長さ” を η センチとすれば

$$y = \eta + \varepsilon \tag{11.1}$$

と表される．ただし ε は観測誤差である．さて，バネの伸びと錘の重さは比例的であるから，x と η の間には次の関係が成り立つ．

$$\eta = \beta_0 + \beta_1 x \tag{11.2}$$

(11.2) 式を (11.1) 式に代入すれば x と y の間の関係は

$$y = \beta_0 + \beta_1 x + \varepsilon \tag{11.3}$$

と表される．

さて，このような計測を，錘の重さをかえながら n 回おこなうとすると，n 組の観測値 $(x_1, y_1), \ldots, (x_n, y_n)$ について

$$y_i = \beta_0 + \beta_1 x_i + \varepsilon_i, \quad i = 1, \ldots, n \tag{11.4}$$

の関係が成り立つ．ここで観測誤差 ε について次のような仮定をおく．

$$\varepsilon_i,\ i = 1, \ldots, n, \sim \mathrm{N}(0, \sigma^2),\ i.i.d., \tag{11.5}$$

ここでは ε の分布が正規分布であると仮定しているが，正規分布であるという仮定をおかない場合もある．この点については 11.6 節のガウス・マルコフの定理を参照のこと．(11.4) 式において x を**説明変数**あるいは**独立変数**，y を**目的変数**あるいは**被説明変数**という．また $\beta_0 + \beta_1 x$ を回帰式あるいは回帰直線という．そして，n 組の観測値の間に (11.4) 式及び (11.5) 式の関係が成り立つと想定するモデルを**回帰モデル** (regression model) という．(11.4) 式では 1 つの説明変数のみを考えているので，より正確には**単回帰モデル** (simple regression model) という．

次に説明変数が複数の場合を考えよう．説明変数が複数のモデルを**重回帰モデル** (multiple regression model) という．例えば自由に落下する物体の時刻 x_i での (地面からの) 高さを y_i とする．時刻 x_i は，例えば 1 秒ごとに測るなどして，正確にわかるものとし，高さはある程度の誤差を含んだ観測しかできないものとする．簡便のため，空気抵抗はないものとすれば，

$$y_i = \beta_0 + \beta_1 x_i + \beta_2 {x_i}^2 + \varepsilon_i, \quad i = 1, \ldots, n \tag{11.6}$$

の関係が成り立つ．ただし，$\eta_i = \beta_0 + \beta_1 x_i + \beta_2 {x_i}^2$ は加速度一定で落下する物体の“真の高さ”を表す．(11.6) 式において説明変数は x 及び x^2 の 2 つであり，重回帰モデルの 1 つの例となっている．また誤差項 ε_i については，単回帰モデルと同様 (11.5) 式を仮定している．この例の場合，説明変数は“時刻”x の 1 つだけのようにも考えられるが，x と x^2 を形式的には異なった変数と考えることができるので，重回帰モデルである．この点については，以下でもう一度説明してある．

以上の 2 つの例を一般化すれば，(重) 回帰モデルは以下のように定式化できる．y を目的変数，$x_1, \ldots, x_p$ を p 個の説明変数とする．このとき n 組の観測値 $(y_i, x_{i1}, \ldots, x_{ip})$，$i = 1, \ldots, n$ の間に

$$y_i = \beta_0 + \beta_1 x_{i1} + \cdots + \beta_p x_{ip} + \varepsilon_i, \quad i = 1, \ldots, n \tag{11.7}$$

が成り立つと想定するのが (重) 回帰モデルである．ただし ε_i については (11.5) 式が成り立つと仮定する．回帰モデルでの未知母数は $\beta_0, \ldots, \beta_p$ 及び (11.5) 式の σ^2 である．回帰モデルにおいては誤差 ε_i と説明変数 $x_{i1}, \ldots, x_{ip}$ は独立であると仮定している．一方 y_i は ε_i を含む形になっているから ε_i と独立ではない．数学的には，これが説明変数と目的変数の区別となっている．

通常の回帰分析の仮定では説明変数 $x_i, i = 1, \ldots, n$ は確率変数ではなく，既知の固定された値であると考える．以下でもこの仮定のもとに議論をすすめる．上のバネの例では，x_i の値は最初から重さが正確にわかっている分銅の重さであるからこの仮定は自然である．一方 y_i は確率変数である．現実には，説明変数も目的変数と同様確率変数と考えるほうが自然な場合もあるが，その場合でも誤差項 ε_i と説明変数が独立ならば，説明変数の実現値を固定して，目的変数の条件つき分布について回帰モデルを考えればよい．

以上の 2 つの例は，回帰モデルの仮定が適切であると思われる例であるが，回帰モデルは必ずしもモデルの仮定が成り立つとは限らないデータを含め，さまざまなデータに広く応用されている．例えば，父親の身長が息子にどのように遺伝するかを調べるのに，x を父親の身長とし y を息子の身長として単回帰モデルをあてはめたのが回帰分析の発端となった．この場合，$\eta = \beta_0 + \beta_1 x$ は x

センチの身長の父親を持つ息子の平均的な身長を表し，ε は個々の息子の身長と平均的な身長との差を表すと解釈できる．しかしながら，例えば ε が正規分布に従う確率変数であるとする (11.5) 式の仮定が適切であるかどうかは必ずしも明らかではない．このように，線形モデルを実際のデータに応用するには，モデルの仮定の妥当性を個々に吟味する必要がある．線形モデルの仮定の吟味については他書で詳しくふれられているので，ここではこれ以上ふれないこととする．この章では，線形モデルの仮定が妥当であるとした上で，モデルの未知母数に関する推測問題を論じることとする．

さて，ここで (11.4) 式の単回帰モデルをベクトル表示してみよう．いま n 次元の (列) ベクトル y を $y = (y_1, \ldots, y_n)^\top$ とする．同様に $x = (x_1, \ldots, x_n)^\top, \varepsilon = (\varepsilon_1, \ldots, \varepsilon_n)^\top$ とする．また $1_n = (1, \ldots, 1)^\top$ とおく．このとき，(11.4) 式は

$$y = 1_n\beta_0 + x\beta_1 + \varepsilon \tag{11.8}$$

と表すことができる．また 3.4 節の多変量正規分布の記法を用いれば

$$\varepsilon \sim \mathrm{N}_n(0, \sigma^2 I_n) \tag{11.9}$$

と表すことができる．

単回帰分析においては図 11.1 のように $\mathbb{R}^2$ に n 点を考えるのが普通であるが，(11.8) 式では n 次元空間 $\mathbb{R}^n$ に 4 本のベクトル $y, 1_n, x, \varepsilon$ を考えている (図 11.2)．このような考え方は始めは不自然な感じがするかもしれないが，重回帰モデルへの拡張を考えれば (11.8) 式の考え方のほうが有用である．

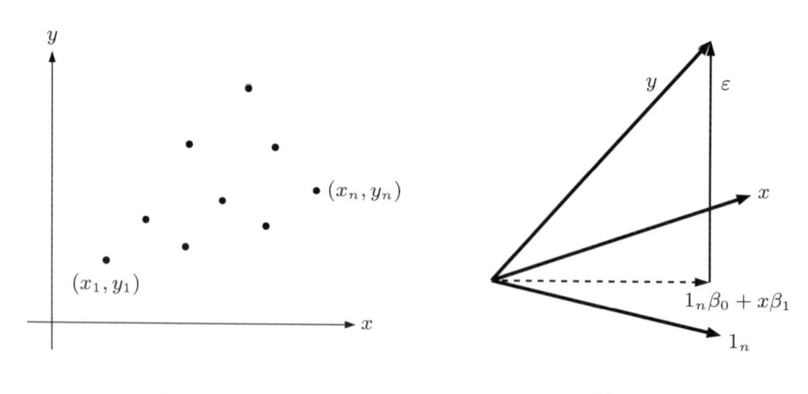

図 11.1　　図 11.2

重回帰モデルにおいても，n 次元ベクトル x_j を $x_j = (x_{1j}, \dots, x_{nj})^\top, j = 1, \dots, p$ とおけば，(11.7) 式は

$$y = \beta_0 1_n + \beta_1 x_1 + \cdots + \beta_p x_p + \varepsilon \tag{11.10}$$

と表すことができる．さらに $n \times (p+1)$ 行列 X 及び $p+1$ 次元ベクトル β を

$$X = (1_n, x_1, \dots, x_p), \quad \beta = \begin{pmatrix} \beta_0 \\ \vdots \\ \beta_p \end{pmatrix}$$

とおけば，(11.10) 式及び (11.5) 式をまとめて

$$y = X\beta + \varepsilon, \quad \varepsilon \sim \mathrm{N}_n(0, \sigma^2 I_n) \tag{11.11}$$

という形に簡潔に表すことができる．X を**説明変数行列**あるいは**計画行列** (design matrix)，β を**回帰係数ベクトル**という．さらに (11.11) 式は

$$y \sim \mathrm{N}_n(X\beta, \sigma^2 I_n) \tag{11.12}$$

と同値である．

(11.10) 式の回帰モデルにおいて β_0 は**定数項**とよばれる．定数項に対応して (11.11) 式の X の最初の列 (“第 0 列”) は 1_n となっている．しかしながら以下の議論で X の最初の列が 1_n であるか否かは本質的な問題ではない．この場合 $x_{i0} \equiv 1$ を常に 1 という値をとる説明変数と考えればよい．また時には定数項のないモデル $y = \beta_1 x_1 + \cdots + \beta_p x_p + \varepsilon$ を考えることもある．

回帰モデルにおいては通常 $1_n, x_1, \dots, x_p$ の $p+1$ 本のベクトルが一次独立であると仮定する．もしこれらが一次独立でないとすれば (11.10) 式において $\beta_0, \dots, \beta_p$ の一意性がなくなるという問題が生じる．実際，以下で扱う分散分析のモデルではこれらのベクトルが一次独立でなくなるので，母数の意味についてより注意深い議論が必要とされる．説明変数は一次独立でさえあれば，非線形な関数関係はあってもかまわない．例えば，すでに述べた落下する物体の例では，$x_{i2} = {x_{i1}}^2, i = 1, \dots, n$ という関係があったが，これは非線形な関係であり x_1 と x_2 はベクトルとしては一次独立となるから，通常の重回帰モデルとしてとり扱ってよい．

11.2　回帰モデルの推定

この節では (11.12) 式の回帰モデルのパラメータについての推定について述べる．y の同時密度関数は，(3.73) 式より

$$f(y) = \frac{1}{(2\pi\sigma^2)^{n/2}} \exp\Bigl(-\frac{1}{2\sigma^2}(y - X\beta)^\top (y - X\beta)\Bigr) \tag{11.13}$$

と書ける．ここで指数関数のなかを展開すると

$$-\frac{y^\top y}{2\sigma^2} + \frac{\beta^\top X^\top y}{\sigma^2} - \frac{\beta^\top X^\top X\beta}{2\sigma^2} \tag{11.14}$$

と書ける．従って，十分統計量に関する分解定理により，$T(y) = (y^\top y, X^\top y)$ が (β, σ^2) に関する十分統計量である．また (11.13) 式を指数型分布族の形に書くことにより $T(y)$ が完備十分統計量であることもわかる (問 11.1)．(11.14) 式の第 3 項は，$X^\top X$ が既知であるからパラメータのみの関数であり，十分統計量の一部にはならないことに注意しよう．

ここで，β 及び σ^2 の最尤推定量を考えよう．まず σ^2 を固定した上で β について尤度を最大にしよう．σ^2 が固定されているから，尤度を最大にするには

$$Q(\beta) = (y - X\beta)^\top (y - X\beta) = y^\top y - 2\beta^\top X^\top y + \beta^\top X^\top X\beta \tag{11.15}$$

を最小にすればよい．$Q(\beta)$ を β の要素に関して偏微分し 0 とおくと

$$0 = \begin{pmatrix} \dfrac{\partial}{\partial \beta_0} \\ \vdots \\ \dfrac{\partial}{\partial \beta_p} \end{pmatrix} Q(\beta) = 2X^\top X\beta - 2X^\top y \tag{11.16}$$

となることがわかる (問 11.3)．従って $Q(\beta)$ の最小化の一次条件は

$$X^\top X\beta = X^\top y \tag{11.17}$$

で与えられる．線形モデルでは (11.17) 式を**正規方程式** (normal equation) とよんでいる．ところで前節末で述べたように，回帰分析では通常 X の各列は一次独立であると仮定する．このとき $X^\top X$ は正定値行列 (問 11.4) であり非特異である．従って (11.17) 式より β の最尤推定量は

$$\hat{\beta} = (X^\top X)^{-1} X^\top y \tag{11.18}$$

となる．ここで $Q(\beta)$ のヘッセ行列 (2 階偏微係数行列) は $2X^\top X$ であるから，(11.18) 式の $\hat{\beta}$ が $Q(\beta)$ の最小値を与えることが確かめられる．

$\hat{\beta}$ が $Q(\beta)$ を最小化することは次のように直接に確かめることもできる．いま任意の $\widetilde{\beta}$ について $Q(\widetilde{\beta}) \geq Q(\hat{\beta})$ を示せばよい．実際

$$
\begin{aligned}
Q(\widetilde{\beta}) &= (y - X\widetilde{\beta})^\top (y - X\widetilde{\beta}) \\
&= (y - X\hat{\beta} - X(\widetilde{\beta} - \hat{\beta}))^\top (y - X\hat{\beta} - X(\widetilde{\beta} - \hat{\beta})) \\
&= (y - X\hat{\beta})^\top (y - X\hat{\beta}) + (\widetilde{\beta} - \hat{\beta})^\top X^\top X(\widetilde{\beta} - \hat{\beta}) \\
&\qquad\qquad - 2(\widetilde{\beta} - \hat{\beta})^\top X^\top (y - X\hat{\beta}) \\
&= Q(\hat{\beta}) + (\widetilde{\beta} - \hat{\beta})^\top X^\top X(\widetilde{\beta} - \hat{\beta}) \\
&\geq Q(\hat{\beta})
\end{aligned}
\tag{11.19}
$$

である．ここで最後の等式は

$$
X^\top (y - X\hat{\beta}) = X^\top y - X^\top X(X^\top X)^{-1} X^\top y = X^\top y - X^\top y = 0
$$

となることよりわかる．

以上では $\hat{\beta}$ を最尤推定量として導いたが，$\hat{\beta}$ は $y - X\beta$ の要素の二乗和を最小にすることから，通常は**最小二乗推定量** (least square estimator) とよばれている．また

$$
\begin{aligned}
\hat{y} &= X\hat{\beta} = X(X^\top X)^{-1} X^\top y = P_X y \\
e &= y - \hat{y} = (I - X(X^\top X)^{-1} X^\top) y = (I - P_X) y \\
&\text{ただし } P_X = X(X^\top X)^{-1} X^\top
\end{aligned}
\tag{11.20}
$$

はそれぞれ**理論値ベクトル** (あるいは**予測値ベクトル**) 及び**残差ベクトル**とよばれる．これらの用語の意味は明らかであろう．(11.20) 式で

$$
P_X = X(X^\top X)^{-1} X^\top \tag{11.21}
$$

とおいたが，この形の行列は次節で説明するように直交射影を表す行列であり，今後しばしば用いられる．P_X については

$$
{P_X}^\top = P_X, \quad {P_X}^2 = P_X, \quad P_X X = X \tag{11.22}
$$

となることが容易に確かめられる．

次に σ^2 の最尤推定量を求めよう．$\hat{\beta}$ を (11.13) 式に代入した集約尤度関数を σ^2 について最大化すれば，σ^2 の最尤推定量が

$$\hat{\sigma}^2_{\mathrm{ML}} = \frac{(y - X\hat{\beta})^\top (y - X\hat{\beta})}{n} = \frac{e^\top e}{n} \tag{11.23}$$

で与えられることがわかる (問 11.5).

ここで以上の最尤推定量を不偏推定の観点から眺めてみよう．まず

$$E\big[\hat{\beta}\big] = (X^\top X)^{-1} X^\top E[y] = (X^\top X)^{-1} X^\top X\beta = \beta \tag{11.24}$$

が成り立つから最小二乗推定量 $\hat{\beta}$ は β の不偏推定量である．さらに $\hat{\beta}$ は完備十分統計量の関数であるから UMVU である．また $\hat{\beta}$ の分散共分散行列を求めてみると

$$\begin{aligned}\mathrm{Var}\big[\hat{\beta}\big] &= \mathrm{Var}\big[(X^\top X)^{-1} X^\top y\big] = (X^\top X)^{-1} X^\top \mathrm{Var}[y]\, X (X^\top X)^{-1} \\ &= \sigma^2 (X^\top X)^{-1}\end{aligned} \tag{11.25}$$

となることがわかる．

次に σ^2 の不偏推定量について考える．

$$e = y - \hat{y} = (I - P_X)y = (I - P_X)(X\beta + \varepsilon) = (I - P_X)\varepsilon$$

と表されることを用いて，$e^\top e$ の期待値を求めると

$$\begin{aligned}E\big[e^\top e\big] &= E\big[\varepsilon^\top (I - P_X)^\top (I - P_X)\varepsilon\big] = E\big[\varepsilon^\top (I - P_X)\varepsilon\big] \\ &= E\big[\varepsilon^\top \varepsilon\big] - E\big[\varepsilon^\top P_X \varepsilon\big] = n\sigma^2 - \sigma^2 \,\mathrm{tr}\, P_X \\ &= n\sigma^2 - \sigma^2\,\mathrm{tr}(X^\top X)^{-1} X^\top X = n\sigma^2 - \sigma^2\,\mathrm{tr}\, I_{p+1} \\ &= (n - p - 1)\sigma^2\end{aligned} \tag{11.26}$$

となることがわかる (問 11.6)．ただし $\mathrm{tr}\, A$ は行列 A のトレースを表し，I_k は k 次元の単位行列を表す．また行列 A, B について $\mathrm{tr}\, AB = \mathrm{tr}\, BA$ となることを用いた．(11.26) 式より

$$\hat{\sigma}^2 = \frac{e^\top e}{n - p - 1} \tag{11.27}$$

が σ^2 の不偏推定量であることがわかる．また容易にわかるように $\hat{\sigma}^2$ は完備十分統計量 $T(y) = (y^\top y, X^\top y)$ の関数であるから UMVU 推定量である．さらに

$e^\top e/\sigma^2$ が自由度 $n-p-1$ のカイ二乗分布に従い，$\hat{\beta}$ と独立であることが以下の 11.6 節で示されている．以上の結果を整理して次の定理にまとめておこう．

定理 11.1 (11.11) 式の線形回帰モデルを考える．ただし X の各列は一次独立とする．このとき β の UMVU 推定量は $\hat{\beta} = (X^\top X)^{-1}X^\top y$ で与えられる．また σ^2 の UMVU 推定量は $\hat{\sigma}^2 = e^\top e/(n-p-1)$ で与えられ，最尤推定量は $\hat{\sigma}^2_{\mathrm{ML}} = e^\top e/n$ で与えられる．ただし $e = (I - P_X)y$ は (11.20) 式に与えられている残差ベクトルである．$\hat{\beta}$ と $\hat{\sigma}^2$ は互いに独立に分布し，それらの標本分布は

$$\begin{aligned} &\hat{\beta} \sim \mathrm{N}_{p+1}(\beta, \sigma^2(X^\top X)^{-1}) \\ &\frac{(n-p-1)\hat{\sigma}^2}{\sigma^2} \sim \chi^2(n-p-1) \end{aligned} \tag{11.28}$$

である．

以上では線形回帰モデルの推定についての結果を述べた．線形回帰モデルの検定については，11.6 節で述べる．

11.3　1 元配置分散分析モデル

この節では 1 元配置分散分析モデルについて説明する．2 元配置分散分析モデルについては次節で扱う．

1 元配置分散分析モデルは，すでに正規分布の平均に関する k 標本問題として前章でふれた．前章と同様に $Y_{ij}, i = 1, \ldots, k, j = 1, \ldots, n_i$ は互いに独立な確率変数で

$$Y_{ij} \sim \mathrm{N}(\mu_i, \sigma^2) \tag{11.29}$$

とする．すなわち分散が共通の k 個の正規母集団があり，i 番目の母集団から大きさ n_i の標本を抽出したという状況を考える．このモデルが **1 元配置分散分析モデル** (One Way Analysis of Variance model, One Way ANOVA model) である．いま $\varepsilon_{ij} = Y_{ij} - \mu_i$ とおくと，ε_{ij} はすべて互いに独立に正規分布 $\mathrm{N}(0, \sigma^2)$ に従う．従って ε_{ij} は回帰モデルの誤差項に対応していることがわかる．回帰モデルとの関係をさらにはっきりさせるために分散分析モデルを行列表示してみよう．まず Y_{ij} をすべて 1 列に並べたベクトルを Y とする．すなわち

$$Y = (Y_{11}, Y_{12}, \ldots, Y_{1n_1}, Y_{21}, \ldots, Y_{kn_k})^\top \tag{11.30}$$

とする．同様に $\varepsilon = (\varepsilon_{11}, \ldots, \varepsilon_{kn_k})^\top$ とする．$n = n_1 + \cdots + n_k$ を全標本サイズとすれば Y 及び ε は n 次元のベクトルである．次に $\beta = (\mu_1, \ldots, \mu_k)^\top$ とおく．さらに 0 と 1 からなる $n \times k$ 行列 X を最初の n_1 行では第 1 列が 1，次の n_2 行では第 2 列が $1, \cdots$ となるような次の形の行列

$$X = \begin{pmatrix} 1 & 0 & \cdots & 0 \\ \vdots & \vdots & \vdots & \vdots \\ 1 & 0 & \cdots & 0 \\ 0 & 1 & \cdots & 0 \\ \vdots & \vdots & \vdots & \vdots \\ 0 & 1 & \cdots & 0 \\ 0 & 0 & \cdots & 0 \\ \vdots & \vdots & \vdots & \vdots \\ 0 & 0 & \cdots & 0 \\ 0 & 0 & \cdots & 1 \\ \vdots & \vdots & \vdots & \vdots \\ 0 & 0 & \cdots & 1 \end{pmatrix} \tag{11.31}$$

とおく．このとき 1 元配置分散分析モデルは

$$Y = X\beta + \varepsilon, \quad \varepsilon \sim \mathrm{N}_n(0, \sigma^2 I) \tag{11.32}$$

と表される．従って 1 元配置分散分析モデルは X として 0 と 1 からなる特殊な行列を用いた線形回帰モデルと考えることができる．β の UMVU 推定量は

$$\hat{\beta} = (X^\top X)^{-1} X^\top Y = \begin{pmatrix} \bar{Y}_1 \\ \vdots \\ \bar{Y}_k \end{pmatrix}, \quad \bar{Y}_i = \frac{1}{n_i} \sum_{j=1}^{n_i} Y_{ij}, \quad i = 1, \ldots, k \tag{11.33}$$

となることがわかる (問 11.7)．これは直観的にも明らかな結果である．

ところで，分散分析モデルには分散分析モデルに特有の考え方があり必ずしも回帰モデルの特殊ケースだと言い切れない面がある．1 つには分散分析で用いられる用語の特殊性があげられる．分散分析では k 個の母集団 $i = 1, \ldots, k$ のそれぞれを**水準** (level) という用語で表す．例えばある製品を作るために用いられる原料の品質のグレードが k 種類あり，i 番目のグレードの原料を用いたとき

の製品の平均的な品質が μ_i であるとする．この場合，原料のグレードを原料の“水準”とよぶのは自然であろう．またこの場合の原料を**要因** (factor) とよんでいる．すなわち各母集団の母平均 μ_i を異ならせる原因を要因とよぶ．

回帰モデルとのより重要な相違は，分散分析におけるパラメータの解釈に起因する．分散分析モデルでは μ_i を通常

$$\mu_i = \mu + \alpha_i, \quad i = 1, \ldots, k \tag{11.34}$$

の形に表す．ここで μ は**一般平均** (general mean) とよばれ，母集団ごとの相違が存在しない場合の全体的な平均と考えられる．例えば上の例で原料のグレードが製品の品質に影響を及ぼさないと仮定する．このときの製品の平均的な品質が μ であると考えられる．そして α_i は水準 i の一般平均からの乖離を表すと考える．$\alpha_i, i = 1, \ldots, k$ を**主効果** (main effect) という．ところで (11.34) 式の表現は一意的ではない．すなわち c を任意の定数とし μ を $\mu + c$ で置き換え，α_i を $\alpha_i - c$ で置き換えても μ_i の値は変わらない．このことを**母数のムダ**という用語で表すことが多い．

母数のムダは，分散分析モデルを行列表現したときに，説明変数行列の列が一次従属になることに対応している．いま (11.31) 式の X の左側に 1 のみからなるベクトル 1_n を補ったものを $\widetilde{X}$ とする．また $\widetilde{\beta} = (\mu, \alpha_1, \ldots, \alpha_k)$ とする．(11.34) 式を用いて分散分析モデルを行列表現すれば

$$Y = \widetilde{X}\widetilde{\beta} + \varepsilon, \quad \varepsilon \sim \mathrm{N}_n(0, \sigma^2 I) \tag{11.35}$$

と表すことができる．1_n は X の各列を加えたものに一致するから $\widetilde{X}$ の列は一次従属となる．従って $\widetilde{X}^\top \widetilde{X}$ は逆行列を持たず，$\widetilde{\beta}$ の推定を (11.18) 式の形でおこなうことはできない．いずれにしても，モデルの母数は $\mu_1, \ldots, \mu_k$ の k 個だけであるから，(11.34) 式のように k 個の母数を $k+1$ 個の新たな母数で表してもこれらの新たな母数を推定できないことは直観的にも明らかである．

以上のように (11.34) 式の表現はそのままでは一意性がないので α_i，$i = 1, \ldots, k$, に制約をもうけて (11.34) 式の表現を一意的にすることがおこなわれる．通常の制約は

$$\alpha_1 + \cdots + \alpha_k = 0 \tag{11.36}$$

という制約である．この制約は一般平均からの乖離の和は 0 であることを示し

ており，自然な制約である．(11.36) 式の制約のもとでは

$$\mu = \frac{\mu_1 + \cdots + \mu_k}{k} = \bar{\mu}, \quad \alpha_i = \mu_i - \bar{\mu}, \quad i = 1, \ldots, k \tag{11.37}$$

と表すことができる．このことから (11.36) 式の制約のもとで $(\mu_1, \ldots, \mu_k)$ と $(\mu, \alpha_1, \ldots, \alpha_k)$ が 1 対 1 に対応していることがわかる (問 11.8)．$\mu, \alpha_1, \ldots, \alpha_k$ の推定については $\hat{\mu}_i = \bar{Y}_i$ を (11.37) 式の右辺に代入して

$$\hat{\mu} = \frac{1}{k} \sum_{i=1}^{k} \bar{Y}_i, \quad \hat{\alpha}_i = \bar{Y}_i - \hat{\mu} \tag{11.38}$$

とすればよい．$\hat{\mu}_i = \bar{Y}_i$ が μ_i の不偏推定量であることから，これらの推定量も不偏推定量であることがわかる．またこれらの推定量は完備十分統計量の関数となっているから UMVU である．

(11.36) 式の制約は自然なものに思われるが，実はこの制約は母数の一意性を保証するために，いわば分散分析モデルの外から人為的に与えたものであり，ほかの制約も考え得る．(11.36) 式のかわりに

$$0 = n_1\alpha_1 + \cdots + n_k\alpha_k = \sum_{i=1}^{k} n_i\alpha_i \tag{11.39}$$

という制約を考えよう．n_i がすべて互いに等しいという場合を除けば，この制約は (11.36) 式の制約とは異なるものになる．このとき

$$\mu = \frac{1}{n}(n_1\mu_1 + \cdots + n_k\mu_k), \quad \alpha_i = \mu_i - \frac{1}{n}(n_1\mu_1 + \cdots + n_k\mu_k) \tag{11.40}$$

と表される．従って上と同様の議論で，この場合の μ, α_i の UMVU は

$$\hat{\mu} = \frac{1}{n}(n_1\bar{Y}_1 + \cdots + n_k\bar{Y}_k) = \frac{1}{n}\sum_{i,j} Y_{ij} = \bar{\bar{Y}}, \quad \hat{\alpha}_i = \bar{Y}_i - \bar{\bar{Y}} \tag{11.41}$$

となる．

ここで注意しなければならないのは，(11.37) 式と (11.40) 式では，同じ記号を用いてはいるが，μ, α_i の定義が異なっており，従って (11.38) 式と (11.41) 式に与えられた UMVU も異なるという点である．この点は誤解を招きやすいので，より一般的に以下の 11.7 節で説明してある．以上の 2 つの制約の入れ方からわかることは，どちらの制約のもとでも $\hat{\mu}_i = \bar{Y}_i$ は変わらないということである．各水準の母平均 $\mu_1, \ldots, \mu_k$ はもともとの k 標本問題の母数であり，これらは母数を表現しなおすための制約条件とは無関係である．11.7 節の用語を

用いれば $\mu_1, \ldots, \mu_k$ は推定可能な母数である．それに対して μ, α_i は制約の入れ方によって定義が変わってしまう母数である．

(11.36) 式と (11.39) 式の 2 つの制約式のうち，通常は (11.36) 式が用いられる．(11.39) 式の制約条件では制約式に標本の大きさ n_i を用いており，母数の定義が標本の大きさに依存するのは不自然であると思われるからである．しかしながら (11.39) 式にも便利な点がある．それは (11.39) 式の制約のもとでは一般平均の推定量が $\hat{\mu} = \bar{\bar{Y}}$ となるが，これは $\alpha_1 = \cdots = \alpha_k = 0$ という帰無仮説のもとでの μ の推定量と一致するという点である．

もし n_i がすべて互いに等しければ (11.36) 式と (11.39) 式の制約は一致する．この場合には以上で見たような混乱は生じない．分散分析では n_i を**繰り返し数** (replication) とよぶ．また，繰り返し数が等しい場合を**釣合型** (balanced case) とよぶこともある．

1 元配置分散分析モデルにおいては，推定よりも検定のほうが基本的な問題である．すでに前章で述べたように帰無仮説は

$$H_0 : \mu_1 = \cdots = \mu_k \tag{11.42}$$

である．(11.42) 式は

$$H_0 : \alpha_1 = \cdots = \alpha_k = 0 \tag{11.43}$$

と同値である．(11.43) 式の帰無仮説は α_i を (11.36) 式で定義しても (11.39) 式で定義しても同じであることに注意しよう．従って，制約条件の入れ方にかかわらず検定問題は一意的に定められることに注意する．(11.42) 式に対する F 検定はすでに前章で述べたが，ここでは F 検定の考え方をもう一度説明しよう．一般性のためにここでは繰り返し数が必ずしも等しくない場合について考える．

群内平方和 W_{E} (within group sum of squares，級内平方和，級内変動などともいう)，**群間平方和** W_{H} (between group sum of squares，級間平方和，級間変動)，**全平方和** W_{T} (total sum of squares，全平方和，全変動) を前章と同様に

$$\begin{aligned} &W_{\mathrm{E}} = \sum_{i=1}^{k} \sum_{j=1}^{n_i} (Y_{ij} - \bar{Y}_i)^2, \quad W_{\mathrm{H}} = \sum_{i=1}^{k} n_i (\bar{Y}_i - \bar{\bar{Y}})^2 \\ &W_{\mathrm{T}} = \sum_{i,j} (Y_{ij} - \bar{\bar{Y}})^2, \quad \bar{\bar{Y}} = \frac{1}{n} \sum_{i,j} Y_{ij} \end{aligned} \tag{11.44}$$

と定義する．W_{E} は各群内での平均からの偏差の平方和を足しあわせたもので2標本問題における“プールされた平方和”に対応している．W_{H} は各群の標本平均が互いにどのくらいばらついているかを表している．W_{T} は各群の母平均が等しいとした場合の標本分散に対応している．

ここで平方和の分解という次の公式が成り立つ．

$$W_{\mathrm{T}} = W_{\mathrm{H}} + W_{\mathrm{E}} \tag{11.45}$$

証明は次のようである．

$$\begin{aligned} W_{\mathrm{T}} &= \sum_{i,j}(Y_{ij} - \bar{\bar{Y}})^2 = \sum_{i,j}(Y_{ij} - \bar{Y}_i + \bar{Y}_i - \bar{\bar{Y}})^2 \\ &= \sum_{i,j}(Y_{ij} - \bar{Y}_i)^2 + \sum_{i,j}(\bar{Y}_i - \bar{\bar{Y}})^2 + 2\sum_{i,j}(Y_{ij} - \bar{Y}_i)(\bar{Y}_i - \bar{\bar{Y}}) \\ &= \sum_{i,j}(Y_{ij} - \bar{Y}_i)^2 + \sum_{i=1}^{k} n_i(\bar{Y}_i - \bar{\bar{Y}})^2 + 2\sum_{i=1}^{k}(\bar{Y}_i - \bar{\bar{Y}})\left(\sum_{j=1}^{n_i}(Y_{ij} - \bar{Y}_i)\right) \\ &= W_{\mathrm{E}} + W_{\mathrm{H}} \end{aligned} \tag{11.46}$$

また11.6節で示すように，帰無仮説のもとで W_{H} と W_{E} は互いに独立で

$$\frac{W_{\mathrm{H}}}{\sigma^2} \sim \chi^2(k-1), \quad \frac{W_{\mathrm{E}}}{\sigma^2} \sim \chi^2(n-k) \tag{11.47}$$

が成り立つ．従って(11.45)式より $W_{\mathrm{T}}/\sigma^2 \sim \chi^2(n-1)$ となることもわかる．

平方和の分解はしばしば次の“分散分析表”の形にまとめられる．

要因	平方和	自由度	平均平方和
群間	W_{H}	$k-1$	$\dfrac{W_{\mathrm{H}}}{k-1}$
群内	W_{E}	$n-k$	$\dfrac{W_{\mathrm{E}}}{n-k}$
計	W_{T}	$n-1$	

(11.48)

前章の(10.75)式より F 統計量は $F = (W_{\mathrm{H}}/(k-1))/(W_{\mathrm{E}}/(n-k))$ と定義されるから，F は分散分析表の平均平方和の比として計算することができる．検定方式としては(10.76)式にあるように

$$F > F_{\alpha}(k-1, n-k) \ \Rightarrow \ \text{reject} \tag{11.49}$$

とすれば，有意水準 α の検定が得られる．

対立仮説のもと，すなわち μ_i が互いに等しくない場合でも実は W_{H} と W_{E} は互いに独立である．W_{H} は自由度 $k-1$，非心度

$$\psi = \frac{\sum_{i=1}^{k} n_i(\mu_i - \bar{\bar{\mu}})^2}{\sigma^2}, \quad \bar{\bar{\mu}} = \frac{1}{n}(n_1\mu_1 + \cdots + n_k\mu_k) \tag{11.50}$$

の非心カイ二乗分布に従う (11.6 節参照)．W_{E} の分布は帰無仮説の場合と同様である．従って対立仮説のもとでは F は自由度 $(k-1, n-k)$，非心度 ψ の非心 F 分布に従う．このことから F 検定の検出力関数が (10.77) 式で与えられることがわかる．

ところで，11.5 節での線形モデルの一般論の準備のために (11.32) 式の 1 元配置分散分析の行列表現を，一般平均と主効果の定義に沿ったものに変えてみよう．まず $\mu_i = \mu + \alpha_i$ を用いて (11.35) 式を書き換えれば

$$Y = 1_n\mu + X\alpha + \varepsilon \tag{11.51}$$

となることがわかる．ここで $\alpha = (\alpha_1, \ldots, \alpha_k)^\top$ である．ここでさらに主効果 α に対する制約を考慮しよう．制約としては，ここでは (11.39) 式の制約を考えることとする．いま $\widetilde{\alpha}_1, \ldots, \widetilde{\alpha}_k$ を自由なパラメータとし

$$\alpha_i = \widetilde{\alpha}_i - \frac{1}{n}\sum_{j=1}^{k} n_j\widetilde{\alpha}_j$$

とおけば，α_i が (11.39) 式の制約を自動的に満たすことがわかる．$\widetilde{\alpha} = (\widetilde{\alpha}_1, \ldots, \widetilde{\alpha}_k)^\top$ を用いて (11.51) 式を書き直せば

$$Y = 1_n\mu + \left(X - \frac{1}{n}1_n(n_1, \ldots, n_k)\right)\widetilde{\alpha} + \varepsilon \tag{11.52}$$

となることがわかる．(11.52) 式において，$\widetilde{\alpha}$ は一意的ではないが自由に動けるパラメータである点が重要である．

11.4　2 元配置分散分析モデル

この節では 2 元配置分散分析モデルについて説明する．ここでの記述は，3 元以上の多元配置分散分析モデルへの拡張を意識した一般的な記述となっているので，ややとっつきにくいかもしれない．読者はこの節をとばして次節にすすんでもよい．まず次のような例を考える．ある製品を作るのに原料のグレー

ドが a 種類，機械のグレードが b 種類あるとしよう．i 番目の原料と j 番目の機械の組合せを用いて n_{ij} 個の製品を作るとする．このときの各製品の品質を $Y_{ijk}, k=1,\ldots,n_{ij}$ と表すことにする．ここで Y_{ijk} はすべて互いに独立で

$$Y_{ijk} \sim \mathrm{N}(\mu_{ij}, \sigma^2) \tag{11.53}$$

と仮定するのが **2 元配置分散分析モデル** (Two Way Analysis of Variance model, Two Way ANOVA model) である．1 元配置の場合と同様，この例の場合の原料及び機械を "要因" という．また特定の原料や機械を水準とよぶ．以下では原料を要因 A，機械を要因 B とよぶ．

2 元配置分散分析モデルも行列表現を用いて回帰分析と同様の形に書ける．とくに μ_{ij} の UMVU は

$$\hat{\mu}_{ij} = \bar{Y}_{ij} = \frac{1}{n_{ij}} \sum_{k=1}^{n_{ij}} Y_{ijk} \tag{11.54}$$

で与えられることがわかる．

ところで (11.53) 式のままでは 1 元配置の添え字 i が 2 次元の添え字 ij になっただけで，1 元配置の考え方と 2 元配置の考え方の違いがわかりにくい．2 元配置の考え方の特徴は μ_{ij} を新しい母数を用いて次の形に表すところにある．

$$\mu_{ij} = \mu + \alpha_i + \beta_j + \gamma_{ij}, \quad i=1,\ldots,a,\ j=1,\ldots,b \tag{11.55}$$

ここで μ は一般平均である．α_i は要因 A の水準を i としたときの母平均の変化を表す量であり，$\alpha_1,\ldots,\alpha_a$ は要因 A の主効果である．同様に $\beta_1,\ldots,\beta_b$ は要因 B の主効果である．γ_{ij} は**交互作用** (interaction) とよばれる項である．もし $\gamma_{ij} \equiv 0$ ならば (11.55) 式は

$$\mu_{ij} = \mu + \alpha_i + \beta_j \tag{11.56}$$

となり μ_{ij} は要因 A と要因 B の主効果の単純な和になっている．交互作用項は，主効果の和だけでは説明できない μ_{ij} の変化を表す項である．(11.56) 式のモデルを**加法モデル** (additive model) とよぶことがある．

さて，2 元配置においても新しい母数にはムダがあるので制約条件をおかなければ母数を一意的に決めることはできない．通常の制約条件は

$$
\begin{aligned}
0 &= \sum_{i=1}^{a} \alpha_i = \sum_{j=1}^{b} \beta_j, \\
0 &= \sum_{i=1}^{a} \gamma_{ij}, \quad j = 1, \ldots, b \\
0 &= \sum_{j=1}^{b} \gamma_{ij}, \quad i = 1, \ldots, a
\end{aligned}
\tag{11.57}
$$

という制約条件である．この制約条件のもとで

$$
\begin{aligned}
\mu &= \frac{1}{ab} \sum_{i,j} \mu_{ij} = \bar{\bar{\mu}} \\
\alpha_i &= \frac{1}{b} \sum_{j} \mu_{ij} - \bar{\bar{\mu}} = \bar{\mu}_{i\bullet} - \bar{\bar{\mu}} \\
\beta_j &= \frac{1}{a} \sum_{i} \mu_{ij} - \bar{\bar{\mu}} = \bar{\mu}_{\bullet j} - \bar{\bar{\mu}} \\
\gamma_{ij} &= \mu_{ij} - \bar{\mu}_{i\bullet} - \bar{\mu}_{\bullet j} + \bar{\bar{\mu}}
\end{aligned}
\tag{11.58}
$$

と表される (問 11.9)．μ_{ij} の UMVU は $\bar{Y}_{ij}$ で与えられるから，1元配置の場合と同様の議論によって，$\mu, \alpha_i, \beta_j, \gamma_{ij}$ の UMVU は (11.58) の各式の右辺において μ_{ij} を $\bar{Y}_{ij}$ でおきかえたもので与えられる．

2元配置の場合には (11.57) 式以外の制約は理解しにくいために，あまり用いられない．1元配置の場合を考慮すれば，繰り返し数 n_{ij} が異なるときに (11.57) 式の制約でいいのかという疑問が残る．純粋に数学的な観点から言えば，制約条件は母数を一意的に定められるものであればどのようなものを用いてもよいのであるが，問題は母数の意味が明確かどうかという点である．この点で (11.57) 式の制約は最もわかりやすいものである．

どのような制約条件を置いたにしても，$\bar{Y}_{ij}$ の線形結合で不偏なものが UMVU となるから，推定問題は単純である．

次に2元配置分散分析モデルの検定について述べる．通常，検定においては繰り返し数が等しい釣合型のモデルを仮定し $n_{ij} = r$ とする．以下でも釣合型を仮定する．次節の線形モデルに関する検定の一般論を応用するならば，繰り返し数が必ずしも等しい必要はないが，繰り返し数が等しくない場合には，F 検定が簡明な形にならない．

2元配置分散分析モデルにおいては，主効果や交互作用に関して i) 要因 A の

主効果がないとする帰無仮説，ii) 要因 B の主効果がないとする帰無仮説，iii) 交互作用がないとする帰無仮説，の 3 つの重要な帰無仮説が考えられる．これらをそれぞれ

$$\begin{aligned} H_{\mathrm{A}} &: 0 = \alpha_1 = \cdots = \alpha_a \\ H_{\mathrm{B}} &: 0 = \beta_1 = \cdots = \beta_b \\ H_{\mathrm{AB}} &: 0 = \gamma_{11} = \cdots = \gamma_{ab} \end{aligned} \tag{11.59}$$

と表す．これらの仮説の検定は，1 元配置と同様分散分析表を用いると見通しがよくなる．$\bar{Y}_{ij}, \bar{Y}_{i\bullet}, \bar{Y}_{\bullet j}, \bar{Y}_{\bullet\bullet}$ をそれぞれ

$$\bar{Y}_{ij} = \frac{1}{r}\sum_{k=1}^{r} Y_{ijk}, \quad \bar{Y}_{i\bullet} = \frac{1}{b}\sum_{j=1}^{b} \bar{Y}_{ij}, \quad \bar{Y}_{\bullet j} = \frac{1}{a}\sum_{i=1}^{a} \bar{Y}_{ij}, \quad \bar{Y}_{\bullet\bullet} = \frac{1}{ab}\sum_{i,j} \bar{Y}_{ij} \tag{11.60}$$

とおく．また

$$\begin{aligned} W_{\mathrm{T}} &= \sum_{i,j,k} (Y_{ijk} - \bar{Y}_{\bullet\bullet})^2 \\ W_{\mathrm{A}} &= br\sum_{i=1}^{a} (\bar{Y}_{i\bullet} - \bar{Y}_{\bullet\bullet})^2, \quad W_{\mathrm{B}} = ar\sum_{j=1}^{b} (\bar{Y}_{\bullet j} - \bar{Y}_{\bullet\bullet})^2 \\ W_{\mathrm{AB}} &= r\sum_{i,j} (\bar{Y}_{ij} - \bar{Y}_{i\bullet} - \bar{Y}_{\bullet j} + \bar{Y}_{\bullet\bullet})^2, \quad W_{\mathrm{E}} = \sum_{i,j,k} (Y_{ijk} - \bar{Y}_{ij})^2 \end{aligned} \tag{11.61}$$

とおく．ただし $r = 1$ の場合には W_{E} は恒等的に 0 である．このとき，分散分析表は

要因	平方和	自由度	平均平方和
A の主効果	W_{A}	$a-1$	$\dfrac{W_{\mathrm{A}}}{a-1}$
B の主効果	W_{B}	$b-1$	$\dfrac{W_{\mathrm{B}}}{b-1}$
AB の交互作用	W_{AB}	$(a-1)(b-1)$	$\dfrac{W_{\mathrm{AB}}}{(a-1)(b-1)}$
誤差	W_{E}	$ab(r-1)$	$\dfrac{W_{\mathrm{E}}}{ab(r-1)}$
計	W_{T}	$abr-1$	$\dfrac{W_{\mathrm{T}}}{abr-1}$

(11.62)

で与えられる．ただし $r = 1$ の場合には W_{E} に対応する行はない．

この分散分析表の意味するところは次のようである．2元配置分散分析のモデルの仮定のもとで，繰り返し数 n_{ij} が等しい $(\equiv r)$ ならば，$W_{\mathrm{A}}, W_{\mathrm{B}}, W_{\mathrm{AB}}, W_{\mathrm{E}}$ は互いに独立に非心カイ二乗分布に従う．それぞれの自由度は分散分析表に与えられている通りである．またそれぞれの非心度は，$\bar{\mu}_{i\bullet}, \bar{\mu}_{\bullet j}, \bar{\mu}_{\bullet\bullet}$ を (11.60) 式と同様に定義するとき

$$\psi_{\mathrm{A}} = \frac{br\sum_{i=1}^{a}(\bar{\mu}_{i\bullet} - \bar{\mu}_{\bullet\bullet})^2}{\sigma^2} = \frac{br\sum_{i=1}^{a}{\alpha_i}^2}{\sigma^2}, \quad \psi_{\mathrm{B}} = \frac{ar\sum_{j=1}^{b}{\beta_j}^2}{\sigma^2}$$
$$\psi_{\mathrm{AB}} = \frac{r\sum_{i,j}(\bar{\mu}_{ij} - \bar{\mu}_{i\bullet} - \bar{\mu}_{\bullet j} + \bar{\mu}_{\bullet\bullet})^2}{\sigma^2} = \frac{r\sum_{i,j}{\gamma_{ij}}^2}{\sigma^2}, \quad \psi_{\mathrm{E}} = 0 \tag{11.63}$$

で与えられる．2元配置分散分析においては，帰無仮説が (11.59) 式のようにいくつか考えられるので，以上では非心カイ二乗分布を用いて対立仮説のもとでの一般的な結果を述べておいた．以上の非心度の導出は 11.6 節に与えられている．なお，$\psi_{\mathrm{E}} = 0$ であるから，W_{E} は常にカイ二乗分布に従う．

以上の結果から (11.59) 式の帰無仮説に関する検定は次のようにすればよい．交互作用に対する仮説 H_{AB} の F 検定は

$$F = \frac{W_{\mathrm{AB}}/((a-1)(b-1))}{W_{\mathrm{E}}/(ab(r-1))} > F_{\alpha}((a-1)(b-1), ab(r-1)) \ \Rightarrow \ \text{reject} \tag{11.64}$$

で与えられる．(11.64) 式の形より $r = 1$ の場合には H_{AB} の検定を F 検定を用いておこなうことはできないことに注意しよう．要因 A の主効果の検定については，交互作用が存在しないという仮定のもとで，

$$F = \frac{W_{\mathrm{A}}/(a-1)}{(W_{\mathrm{AB}} + W_{\mathrm{E}})/[(a-1)(b-1) + ab(r-1)]}$$
$$> F_{\alpha}(a-1, (a-1)(b-1) + ab(r-1)) \quad \Rightarrow \quad \text{reject} \tag{11.65}$$

とすればよい．要因 B の主効果の検定についても同様である．

ここで主効果や交互作用の定義に沿う形で2元配置分散分析モデルを行列表現してみよう．以下の行列表現は不必要に複雑であると思われるかもしれないが，以下の表現は3個以上の要因を持つ“多元配置分散分析モデル”への拡張が容易であり一般的な表現としてすぐれたものである．

議論の簡便のためここでは $r = 1$ の場合を考えることとする．2元配置分散

分析モデルを行列表現するためには，ベクトルや行列の“クロネッカー積”を用いると便利である．いま $m \times n$ の行列 A と $k \times l$ の行列 B の**クロネッカー積** $A \otimes B$ を次の形の $mk \times nl$ 行列と定義する．

$$A \otimes B = (a_{ij}B) = \begin{pmatrix} a_{11}B & \dots & a_{1n}B \\ \vdots & \dots & \vdots \\ a_{m1}B & \dots & a_{mn}B \end{pmatrix} \tag{11.66}$$

すなわち，$A \otimes B$ は $m \times n$ 個のブロックからなる分割行列であり，各ブロックは A の各要素 a_{ij} を B にかけたものである．A 及び B の列数が1ならば，ベクトル同士のクロネッカー積となる．

いま y_{ij} を1列に並べて

$$y = (y_{11}, y_{12}, \dots, y_{1b}, y_{21}, \dots, y_{ab})^\top$$

とおく．また $\varepsilon_{ij} = y_{ij} - \mu_{ij}$ 及び γ_{ij} を同様に並べたベクトルをそれぞれ ε 及び γ とする．このとき，クロネッカー積の記法を用いれば (11.55) 式は

$$y = (1_a \otimes 1_b)\mu + (I_a \otimes 1_b)\alpha + (1_a \otimes I_b)\beta + (I_a \otimes I_b)\gamma + \varepsilon \tag{11.67}$$

と表すことができる (問 11.10)．ただし $\alpha = (\alpha_1, \dots, \alpha_a)^\top$, $\beta = (\beta_1, \dots, \beta_b)^\top$ であり，I_k は $k \times k$ の単位行列である．

このように，クロネッカー積を用いれば2元配置分散分析のモデルが簡明に表されることがわかったが，(11.67) 式の形では母数に対する制約がうまく表されていない．そこで2元配置分散分析についても1元配置の場合と同様の操作をおこなうこととする．例えば主効果の制約については，いま $\widetilde{\alpha}_1, \dots, \widetilde{\alpha}_a$ を自由なパラメータとし $\alpha_i = \widetilde{\alpha}_i - \bar{\widetilde{\alpha}}$ とおく．このとき $\sum_{i=1}^{a} \alpha_i = 0$ の制約が自動的に満たされる．ただし $\bar{\widetilde{\alpha}} = \sum_{i=1}^{a} \widetilde{\alpha}_i / a$ である．$\widetilde{\alpha} = (\widetilde{\alpha}_1, \dots, \widetilde{\alpha}_a)^\top$ とおけば，α と $\widetilde{\alpha}$ の関係は

$$\alpha = \left(I_a - \frac{1}{a}J_a\right)\widetilde{\alpha} \tag{11.68}$$

と表される．ただし J_a はすべての要素が1の $a \times a$ 行列を表す．同様に b 次元及び ab 次元の自由なベクトルを $\widetilde{\beta}, \widetilde{\gamma}$ とおき

$$\beta = \left(I_b - \frac{1}{b}J_b\right)\widetilde{\beta}, \quad \gamma = \left(I_a - \frac{1}{a}J_a\right) \otimes \left(I_b - \frac{1}{b}J_b\right)\widetilde{\gamma} \tag{11.69}$$

とおけば，β, γ が (11.57) 式の制約を自動的に満たすことがわかる (問 11.11).
(11.68), (11.69) 式を (11.67) 式に代入すれば

$$
\begin{aligned}
y = (1_a \otimes 1_b)\mu &+ \left(\left(I_a - \frac{1}{a}J_a\right) \otimes 1_b\right)\widetilde{\alpha} + \left(1_a \otimes \left(I_b - \frac{1}{b}J_b\right)\right)\widetilde{\beta} \\
&+ \left(\left(I_a - \frac{1}{a}J_a\right) \otimes \left(I_b - \frac{1}{b}J_b\right)\right)\widetilde{\gamma} + \varepsilon
\end{aligned}
\tag{11.70}
$$

となることがわかる (問 11.12). 1 元配置の (11.52) 式と同様，(11.70) 式ではすべての母数が自由であるという点が利点である.

11.5　線形モデルにおける正準形と最小二乗法

ここまでで述べてきた回帰モデルや分散分析モデルは (正規) 線形モデルとして一般的に扱うことができる. n 次元空間 $\mathbb{R}^n$ の特定の既知の p 次元部分空間を M とするとき，n 次元の確率ベクトル y の分布が

$$
y \sim \mathrm{N}_n(\mu, \sigma^2 I_n), \quad \mu \in M \tag{11.71}
$$

あるいは

$$
y = \mu + \varepsilon, \quad \varepsilon \sim \mathrm{N}_n(0, \sigma^2 I_n), \quad \mu \in M \tag{11.72}
$$

であるとするモデルが**正規線形モデル**である. ここで未知母数はベクトル μ の要素と σ^2 である. ただし，μ は M に属するという制約があるから μ の要素は完全に自由な母数ではない.

いま p 本の n 次元ベクトル $\{x_1, \ldots, x_p\}$ が M の基底をなすとし，X を $x_1, \ldots, x_p$ からなる $n \times p$ 行列とする. このとき M は $\mu = X\beta$ の形のベクトルの全体である. ただし β は p 次元の自由な母数ベクトルである. 従って回帰モデルは線形モデルの 1 つの例となっていることがわかる.

回帰モデルでは X の列が一次独立であり，従って X の列が M の基底をなす場合を考えるが，X の列は必ずしも一次独立である必要はない. いま X を $n \times q$ 行列 $(q > p)$ とし X の列はすべて M に属するとする. さらに X のランクは p であるとする. このとき，q 次元の自由なパラメータ $\widetilde{\beta}$ を用いて $\mu = X\widetilde{\beta}$ と表すことができる. ただし $\widetilde{\beta}$ は一意的に決めることはできない. 1 元配置分散分析モデルの (11.52) 式及び 2 元配置分散分析モデルの (11.70) 式はこの場合

に対応している．従って，分散分析モデルも線形モデルの1つの例となっていることがわかる．

さて，線形モデルは**正準形** (canonical form) を用いて議論すると非常に簡明となる．簡単に言えば，正準形とは M に適当な正規直交底をとることを意味している．いま，M の適当な正規直交底を $\{g_1, \ldots, g_p\}$ とする．また M の直交補空間 $M^\perp$ にも適当な正規直交底をとり $\{g_{p+1}, \ldots, g_n\}$ とする．このとき $\{g_1, \ldots, g_n\}$ は $\mathbb{R}^n$ の正規直交底となる．$G_1 = (g_1, \ldots, g_p), G_2 = (g_{p+1}, \ldots, g_n)$ とし，また $G = (g_1, \ldots, g_n) = (G_1, G_2)$ とおけば $G^\top G = I_n$ であり，G は直交行列となる．以上の正規直交底のとり方はもちろん一意的ではないが，そのことは本質的ではない．いずれにしてもデータ y と無関係に $g_1, \ldots, g_n$ を決めてしまえばよい．さて，ここで y を G により変換して確率ベクトル z を

$$z = G^\top y \tag{11.73}$$

と定義しよう．実はこのような操作は，正規分布の標本平均と標本分散の独立性を証明するために，すでに4.3節でおこなったことである．

4.3節と同様の議論をすれば，z の分布が

$$z \sim \mathrm{N}_n(\widetilde{\eta}, \sigma^2 I_n), \quad \widetilde{\eta} = G^\top \mu \tag{11.74}$$

であることがわかる．さて ${g_i}^\top \mu = 0,\ i = p+1, \ldots, n$ であることから $\widetilde{\eta}$ の要素について $\widetilde{\eta}_i = 0,\ i = p+1, \ldots, n$ となる．以下では $\widetilde{\eta}_i, i = 1, \ldots, p$ をあらためて $\eta_i, i = 1, \ldots, p$ とおき，η を p 次元ベクトル $\eta = (\eta_1, \ldots, \eta_p)^\top$ とおく．ところで μ を $g_1, \ldots, g_p$ を用いて表せば，

$$\mu = G\widetilde{\eta} = G_1 \eta = \eta_1 g_1 + \cdots + \eta_p g_p \tag{11.75}$$

となる．μ は M に属するということ以外には制約はないから，$\eta_1, \ldots, \eta_p$ は自由な母数であることがわかる．さらに $z_i,\ i = 1, \ldots, n$ は互いに独立な正規変量である．

以上をまとめると，正規線形モデルは，適当な直交行列を用いた変換により，

$$\begin{gathered} z_i \sim \mathrm{N}(\eta_i, \sigma^2),\ i = 1, \ldots, p, \quad z_i \sim \mathrm{N}(0, \sigma^2),\ i = p+1, \ldots, n, \\ z_i \text{ はすべて互いに独立} \end{gathered} \tag{11.76}$$

の形に表すことができる．(11.76) 式を正規線形モデルの**正準形** (canonical form)

という．正規線形モデルを正準形を用いて表したときの母数は $\eta = (\eta_1, \ldots, \eta_p)^\top$ 及び σ^2 である．$z_1, \ldots, z_n$ の同時密度からわかるように，正準形を用いて表した正規線形モデルの完備十分統計量は $\left(z_1, \ldots, z_p, \sum_{i=1}^{n} {z_i}^2\right)$ である．あるいは，これと 1 対 1 の関係にある $\left(z_1, \ldots, z_p, \sum_{i=p+1}^{n} {z_i}^2\right)$ を完備十分統計量として用いることもできる．

さて正準形を用いて最小二乗法の考え方をもう一度考察してみよう．回帰モデルにおける β の最小二乗推定量は $Q(\beta) = \|y - X\beta\|^2$ を最小にするものであった．β を自由に動かせば $\mu = X\beta$ は M 全体を動くことになる．従って $Q(\beta)$ を最小化することは

$$\min_{\mu \in M} \|y - \mu\|^2 \tag{11.77}$$

と同値である．さて

$$\begin{aligned}\|y - \mu\|^2 &= (y - \mu)^\top (y - \mu) = (y - \mu)^\top G G^\top (y - \mu) \\ &= (z - \widetilde{\eta})^\top (z - \widetilde{\eta}) = \sum_{i=1}^{p} (z_i - \eta_i)^2 + \sum_{i=p+1}^{n} {z_i}^2\end{aligned} \tag{11.78}$$

と表される．(11.78) 式の右辺を最小にする $\eta_1, \ldots, \eta_p$ は明らかに $\hat{\eta}_i = z_i$, $i = 1, \ldots, p$ で与えられる．従って (11.77) 式の最小値を与える μ を $\hat{\mu}$ とおけば，(11.75) 式より

$$\hat{\mu} = G_1 \hat{\eta} = \hat{\eta}_1 g_1 + \cdots + \hat{\eta}_p g_p = z_1 g_1 + \cdots + z_p g_p \tag{11.79}$$

となり，(11.77) 式の最小値は

$$\min_{\mu \in M} \|y - \mu\|^2 = \|y - \hat{\mu}\|^2 = \sum_{i=p+1}^{n} {z_i}^2 \tag{11.80}$$

で与えられる．$\hat{\mu}$ を μ の最小二乗推定量とよぶ．回帰モデルで用いた記法を用いれば

$$\hat{\mu} = \hat{y}, \quad y - \hat{\mu} = e \tag{11.81}$$

と表されることに注意する．

さて，$\hat{\mu} = \hat{y}$ は

$$\hat{y} = g_1 z_1 + \cdots + g_p z_p = (g_1 {g_1}^\top + \cdots + g_p {g_p}^\top) y = G_1 {G_1}^\top y = P_M y$$

と表すことができる．ただし

$$P_M = g_1 g_1^\top + \cdots + g_p g_p^\top = G_1 G_1^\top \tag{11.82}$$

とおいた．ところで $\hat{y}$ は M のなかで y に最も近いベクトルであるから，y から M におろした垂線の足と考えることができる．また，P_M は y を $\hat{y}$ に写す行列であるから，y を部分空間 M に射影するはたらきをする行列と考えることができる．この意味で P_M を **M への直交射影行列**とよぶ．もちろん，P_M は M の直交基底のとり方 (G_1 のとり方) には依存しない (問 11.13).

同様に残差ベクトル e について考えると $e = y - \hat{y} = z_{p+1}g_{p+1} + \cdots + z_n g_n$ であり，$\{g_{p+1}, \ldots, g_n\}$ は M の直交補空間 $M^\perp$ の正規直交底であるから，$e = P_{M^\perp} y$ と表されることがわかる．また $e = y - \hat{y} = (I - P_M)y$ と書けることに注意すれば

$$P_{M^\perp} = I - P_M \tag{11.83}$$

が成り立つこともわかる．

回帰モデルにおいては $\hat{y} = P_X y = X(X^\top X)^{-1} X^\top y$ と表されていた．従って $P_M = P_X$ でなければならない．このことは直接に証明することもできる．いま X の列及び G_1 の列はそれぞれ M の基底をなすから，ある $p \times p$ の正則行列 A を用いて $X = G_1 A$ と表される．これを P_X に代入し，A が正方行列であること及び $G_1^\top G_1 = I_p$ を用いれば容易に $P_X = P_M$ となることが確かめられる (問 11.14).

ここで直交射影行列の性質をいくつかあげておこう．$P_M = G_1 G_1^\top$ より，P_M は i) ベキ等性，ii) 対称性の 2 つの性質

$$P_M{}^2 = P_M, \quad P_M = P_M{}^\top \tag{11.84}$$

を満たすことがわかる．逆に $n \times n$ 行列 B が $B^2 = B$, $B^\top = B$ を満たすならば，B は B の列ベクトルのはる空間 M への直交射影行列であることを示すことができる (問 11.15)．従って (11.84) 式の 2 つの条件は直交射影行列であるための必要十分条件である．また，直交射影行列 P_M が与えられたとき，M の次元 p は，$\operatorname{tr} P_M = \operatorname{tr} G_1 G_1^\top = \operatorname{tr} G_1^\top G_1 = \operatorname{tr} I_p = p$ となることから，

$$\dim M = \operatorname{tr} P_M \tag{11.85}$$

と表されることがわかる．

11.6 正準形に基づく線形モデルの推定と検定

前節の正準形の定義と最小二乗法との関連についての議論に基づいて，ここでは線形モデルの推定及び検定を正準形を用いて考えよう．

まず推定について述べる．$\left(z_1, \ldots, z_p, \sum_{i=p+1}^{n} {z_i}^2\right)$ が (η, σ^2) の完備十分統計量であり，$E[z_i] = \eta_i, i = 1, \ldots, p$ となることから $z_i, i = 1, \ldots, p$ は $\eta_1, \ldots, \eta_p$ の UMVU 推定量である．また $\sum_{i=p+1}^{n} {z_i}^2/(n-p)$ が σ^2 の UMVU 推定量である．さらに，$z_i, i = 1, \ldots, p$ の線形結合について

$$E\left[\sum_{i=1}^{p} a_i z_i\right] = \sum_{i=1}^{p} a_i \eta_i$$

であるから，$\sum_{i=1}^{p} a_i \eta_i$ の UMVU が $\sum_{i=1}^{p} a_i z_i$ で与えられることがわかる．また $c^\top \mu = c^\top G_1 \eta$ は $\eta_1, \ldots, \eta_p$ の線形結合であるから，(11.79) 式により $c^\top \mu$ の UMVU が $c^\top G_1 \hat{\eta} = c^\top \hat{\mu}$ で与えられることがわかる．

以上の応用として，回帰分析における $\hat{\beta} = (X^\top X)^{-1} X^\top y$ を正準形を用いて表し，$\hat{\beta}$ が β の UMVU であることを再確認するとともに，定理 11.1 の証明を完成しよう．前節で述べたように説明変数行列 X は $X = G_1 A$ と表される．ただし A は $p \times p$ の正則行列である．また (11.75) 式より $\mu = G_1 \eta$ である．これを $\mu = X\beta = G_1 A \beta$ と比較すれば，$\eta = A\beta$ あるいは $\beta = A^{-1}\eta$ を得る．従って β の UMVU は

$$\hat{\beta} = A^{-1}(z_1, \ldots, z_p)^\top \tag{11.86}$$

で与えられる．一方

$$\begin{aligned}(X^\top X)^{-1} X^\top y &= (A^\top {G_1}^\top G_1 A)^{-1} A^\top {G_1}^\top y = A^{-1}\left(A^\top\right)^{-1} A^\top {G_1}^\top y \\ &= A^{-1}(z_1, \ldots, z_p)^\top\end{aligned} \tag{11.87}$$

となるから $(X^\top X)^{-1} X^\top y$ は β の UMVU であることが確認された．また $e^\top e = {z_{p+1}}^2 + \cdots + {z_n}^2$ であるから $e^\top e/\sigma^2 \sim \chi^2(n-p)$ である．さらに $\hat{\beta}$ は $z_1, \ldots, z_p$ の関数であるから $e^\top e$ と独立である．以上で定理 11.1 が確認された．

ここで，線形モデルの推定に関するガウス・マルコフの定理についてふれておこう．ガウス・マルコフの定理は，正規分布を仮定しない“広い意味での線形モ

デル” のパラメータの推定についての定理である．しかしながらガウス・マルコフの定理は正規線形モデルの UMVU 推定の結果から容易に導くことができる．いま y を n 次元確率ベクトルとし，M を $\mathbb{R}^n$ の既知の p 次元線形部分空間とする．広い意味での線形モデルは，y の平均ベクトルと分散共分散行列について

$$E[y] = \mu \in M, \quad \mathrm{Var}[y] = \sigma^2 I_n \tag{11.88}$$

のみを仮定するモデルである．つまり，広い意味での線形モデルでは 1 次及び 2 次のモーメントだけを規定しており，y の分布を特定の分布族に規定することはしない．さて，広い意味での線形モデルにおいて μ の要素の一次結合 $c^\top \mu$ を推定する問題を考えよう．また推定量としては y の要素の線形結合 $a^\top y$ のみを考えることとする．$a^\top y$ の形の推定量をここでは**線形推定量** (linear estimator) とよぶことにする．以上の準備のもとでガウス・マルコフの定理は次のように述べられる．

定理 11.2 (ガウス・マルコフの定理)　μ の最小二乗推定量を $\hat{\mu}$ とする．

$$\min_{\mu \in M} \|y - \mu\|^2 = \|y - \hat{\mu}\|^2$$

このとき $c^\top \hat{\mu}$ は $c^\top \mu$ の不偏な線形推定量であり，また不偏な線形推定量のなかで分散を最小にする．

証明　まず $c^\top \hat{\mu} = c^\top P_M y$ は線形不偏推定量である．いま線形不偏推定量 $b^\top y$ で，ある μ_0 につき

$$\mathrm{Var}_{\mu_0}\left[b^\top y\right] < \mathrm{Var}_{\mu_0}\left[c^\top \hat{\mu}\right] \tag{11.89}$$

となるものが存在したとしよう．ところで線形な推定量に限れば，平均及び分散の計算は正規分布の仮定いかんにかかわらず全く同じである．従って正規性のもとでも $b^\top y$ は不偏推定量であり，また (11.89) 式が成り立つ．しかしながら，この節の始めに述べたように正規性のもとでは $c^\top \hat{\mu}$ は $c^\top \mu$ の UMVU であるから (11.89) 式は矛盾である．以上より定理は証明された．∎

不偏な線形推定量のなかで分散を最小にするものは，最小分散線形不偏推定量あるいは**最良線形不偏推定量** (Best Linear Unbiased Estimator, BLUE) とよばれる．

次に検定問題を考えよう．正準形による表現は推定においてよりもむしろ検定において，その有用性を発揮する．正準形を用いて表した正規線形モデルの検定問題は次のように定式化される．いま M_0 を M の s 次元部分空間とする．ここで考える検定問題は

$$H_0 : \mu \in M_0 \;\; \text{vs.} \;\; H_1 : \mu \notin M_0 \tag{11.90}$$

である．ただし，対立仮説のもとでも $\mu \in M$ は前提としている．この検定問題を扱うには，$\{g_1, \ldots, g_p\}$ の最初の s 本のベクトル $\{g_1, \ldots, g_s\}$ が M_0 の正規直交底となるように M の正規直交底 $\{g_1, \ldots, g_p\}$ をとるのが便利である．このように正規直交底をとり，検定問題を正準形で表せば，(11.90) 式は

$$H_0 : \eta_{s+1} = \cdots = \eta_p = 0 \;\; \text{vs.} \;\; H_1 : \eta_i \neq 0, \; s < \exists i \leq p \tag{11.91}$$

と表すことができる．(11.91) 式の検定問題に対する F 検定を

$$F = \frac{({z_{s+1}}^2 + \cdots + {z_p}^2)/(p-s)}{({z_{p+1}}^2 + \cdots + {z_n}^2)/(n-p)} \geq F_\alpha(p-s, n-p) \;\Rightarrow\; \text{reject} \tag{11.92}$$

とすればよいことはほぼ自明であろう．いま ${M_0}^\perp$ を M のなかでの M_0 の直交補空間，すなわち $g_{s+1}, \ldots, g_p$ ではられる空間，とすれば

$${z_{s+1}}^2 + \cdots + {z_p}^2 = y^\top (P_{{M_0}^\perp})^\top P_{{M_0}^\perp} y = y^\top P_{{M_0}^\perp} y \tag{11.93}$$

と表されることにも注意する．さらに (11.83) 式と同様

$$P_{{M_0}^\perp} = P_M - P_{M_0} \tag{11.94}$$

が成り立つから

$${z_{s+1}}^2 + \cdots + {z_p}^2 = y^\top P_{{M_0}^\perp} y = y^\top P_M y - y^\top P_{M_0} y \tag{11.95}$$

と表されることも重要である．

正準形で表してしまえば，帰無仮説のもとで F が自由度 $(p-s, n-p)$ の F 分布に従うことも明らかである．また対立仮説のもとでも非心 F 分布の定義により F は自由度 $(p-s, n-p)$，非心度

$$\psi = \frac{{\eta_{s+1}}^2 + \cdots + {\eta_p}^2}{\sigma^2} \tag{11.96}$$

の非心 F 分布に従うことがわかる．この非心度の分子は (11.93) 式と同様の考察によって

$$\eta_{s+1}{}^2 + \cdots + \eta_p{}^2 = \mu^\top P_{M_0{}^\perp}\mu \tag{11.97}$$

と表される．すなわち，非心度の分子は $\mu = E[y]$ について F 統計量の分子と全く同じ形の 2 次形式をつくれば求められることがわかる．このことの例として，2 元配置の分散分析における (11.61) 式と (11.63) 式を比較されたい．

ここで，正準形で表した線形モデルの検定を回帰分析の枠組みに書き直してみよう．いま説明変数行列 X の列を 2 つにわけ $X = (X_{(1)}, X_{(2)})$ とおく．ただし $X_{(1)}$ は $n \times s$ である．またこれに応じて β を $\beta^\top = (\beta_{(1)}{}^\top, \beta_{(2)}{}^\top)$ と分割する．回帰分析で考える検定問題は

$$H_0 : \beta_{(2)} = 0 \ \text{ vs. } \ H_1 : \beta_{(2)} \neq 0 \tag{11.98}$$

である．いま M_0 を $X_{(1)}$ の列ベクトルではられる部分空間とすれば，(11.98) 式が (11.90) 式に一致することがわかる．ここで (11.92) 式の F 検定がどのように表されるかを考えてみよう．β に制約をおかずに最小二乗法で回帰モデルを推定したときの残差ベクトルを $e = (I - P_X)y$ とすれば，(11.92) 式の分母は $e^\top e = y^\top (I - P_X)y$ と書ける．次に $X_{(1)}$ のみを説明変数行列として回帰モデルを推定したときの残差ベクトルを $\widetilde{e} = (I - P_{X_{(1)}})y$ とおけば，p が s にかわるだけであるから，

$$\widetilde{e}^\top \widetilde{e} = z_{s+1}{}^2 + \cdots + z_n{}^2 = y^\top (I - P_{X_{(1)}})y \tag{11.99}$$

と表されることがわかる．従って，(11.92) 式の分子は残差平方和の差

$$z_{s+1}{}^2 + \cdots + z_p{}^2 = \widetilde{e}^\top \widetilde{e} - e^\top e = y^\top P_X y - y^\top P_{X_{(1)}} y$$

と書ける．これより F 統計量は

$$F = \frac{(\widetilde{e}^\top \widetilde{e} - e^\top e)/(p-s)}{e^\top e/(n-p)} = \frac{(y^\top P_X y - y^\top P_{X_{(1)}} y)/(p-s)}{y^\top (I - P_X) y/(n-p)} \tag{11.100}$$

と書くことができる．回帰分析における係数ベクトルの F 検定はさまざまの同値な形に表すことができるが，(11.100) 式の形で理解するのが最も簡明である．また $p = s + 1$ のときは F 検定は個別の回帰係数に関する t 検定に帰着する．これらの点について詳しくはすでにあげた回帰分析に関する書物を参照されたい．

次に分散分析モデルの検定について考えよう．まず 1 元配置分散分析モデルを考える．ここでは 1 元配置分散分析モデル (11.52) 式を用いて考えるとわかりやすい．1 元配置分散分析の帰無仮説は

$$H : \widetilde{\alpha}_1 = \cdots = \widetilde{\alpha}_k$$

となり，(11.52) 式の右辺第 2 項が消えるという帰無仮説である．従って M_0 は 1_n の定数倍のなす 1 次元空間であることがわかる．M は X の列のはる空間である．従って (11.95) 式より F 統計量の分子の平方和は

$$y^\top(P_M - P_{M_0})y = \sum_{i=1}^{k} n_i\bar{y}_i{}^2 - n\bar{\bar{y}}^2 = \sum_{i=1}^{k} n_i(\bar{y}_i - \bar{\bar{y}})^2 \tag{11.101}$$

で与えられることがわかる (問 11.16)．このことから 1 元配置分散分析に関する F 検定が容易に導かれる．また，(11.96) 式より対立仮説のもとでの非心度が $\psi = \sum_{i=1}^{k} n_i(\mu_i - \bar{\bar{\mu}})^2/\sigma^2$ で与えられることもわかる ((10.77) 式参照).

次に 2 元配置分散分析モデルについてふれよう．ここでの記述は非常に簡潔なものとなっている．読者は次節あるいは次章にすすんでもよい．ここでは (11.70) 式の表現を用いることにする．(11.70) 式における 4 つの計画行列 $X_\mu = 1_a \otimes 1_b, X_\alpha = (I_a - J_a/a) \otimes 1_b, X_\beta = 1_a \otimes (I_b - J_b/b), X_\gamma = (I_a - J_a/a) \otimes (I_b - J_b/b)$ に注目しよう．容易に示されるように，この 4 つの計画行列の列ベクトルは，計画行列が異なればすべて互いに直交することがわかる．すなわち

$$X_\mu{}^\top X_\alpha = 0\,, \ \ldots\,, \ X_\beta{}^\top X_\gamma = 0 \tag{11.102}$$

が成り立つ．従って，これらの計画行列の列のはる空間をそれぞれ M_μ, M_α, M_β, M_γ とおけばこれらは互いに直交する部分空間をなすことがわかる．またそれぞれの空間への直交射影行列が

$$\begin{aligned}
P_{M_\mu} &= \frac{1}{ab}J_{ab} \\
P_{M_\alpha} &= \left(I_a - \frac{1}{a}J_a\right) \otimes \left(\frac{1}{b}J_b\right), \quad P_{M_\beta} = \left(\frac{1}{a}J_a\right) \otimes \left(I_b - \frac{1}{b}J_b\right), \\
P_{M_\gamma} &= \left(I_a - \frac{1}{a}J_a\right) \otimes \left(I_b - \frac{1}{b}J_b\right)
\end{aligned} \tag{11.103}$$

で与えられることもわかる (問 11.17)．また，容易にわかるように

$$W_{\mathrm{A}} = y^\top P_{M_\alpha} y, \quad W_{\mathrm{B}} = y^\top P_{M_\beta} y, \quad W_{\mathrm{AB}} = y^\top P_{M_\gamma} y \tag{11.104}$$

となる．さらに

$$P_{M_\alpha} + P_{M_\beta} + P_{M_\gamma} = I_a \otimes I_b - \frac{1}{ab}J_{ab}$$

であり $y^\top(I_a \otimes I_b - J_{ab}/ab)y = W_\mathrm{T}$ となることもわかる．以上より，2 元配置の分散分析表に要約される諸結果が証明される．

11.7　母数のムダと線形推定可能性

ここでは，分散分析モデルにおけるように計画行列 X の列が一次独立でなく母数のムダがある場合について，線形推定可能性とよばれる概念を説明し，ガウス・マルコフの定理をこの場合に拡張することとする．この節の話題はやや特殊なので，読者はこの節をとばして次章へすすんでもよい．

いま X を $n \times q$ の計画行列とし，$\mathrm{rank}\, X = p\ (p < q)$ とする．また X の列のはる空間を $\mathrm{Im}\, X = M$ とし，広い意味での線形モデル $y = X\beta + \varepsilon, E[\varepsilon] = 0$, $\mathrm{Var}[\varepsilon] = \sigma^2 I_n$ を考える．X の列ベクトルが一次従属であるから，$\mu \in M$ が与えられても $\mu = X\beta$ となる β は一意には決まらない．従って β を一意に決めるためには，新たな制約式をおく必要がある．

制約式は，もちろん直観的に意味のある必要があるが，しかしながら線形モデルから自動的に決まるものではなく，いわば恣意的に決めることができる．例えば繰り返し数のそろっていない 1 元配置分散分析モデルで，主効果に対する制約式として $\sum_{i=1}^{k} \alpha_i = 0$ と $\sum_{i=1}^{k} n_i\alpha_i = 0$ の 2 つを論じたが，これらのどちらが“正しい”かについては数学的には何も言えない (問 11.18，11.19 参照)．

以下では制約式として β の要素に対する線形制約

$$d_i^\top \beta = 0, \quad i = 1, \ldots, q-p \tag{11.105}$$

のみを考えることとする．ただし，線形制約にムダがあっては無意味であるので，$d_1, \ldots, d_{q-p}$ は一次独立であるとする．

さて β 自体は一意に決まらないのであるが，実は β の要素の一次結合 $a^\top\beta$ のなかには，β を一意に決めるための制約式に依存しないものがある．例えば 1 元配置分散分析モデルにおいて，主効果の差 $\alpha_i - \alpha_j$ は $\mu_i - \mu_j$ に等しく，後者は μ, α を一意に決めるための制約のおき方によらないから，$\alpha_i - \alpha_j$ は制約のおき方によらず一意に決まる．

以上の考察から，次のような定義が意味を持つこととなる．

定義 11.3 β の要素の一次結合 $a^\top\beta$ が β を一意に定義するための制約 ((11.105) 式) によらないとき，$a^\top\beta$ は**線形推定可能**あるいは**推定可能** (estimable) であるという．

推定可能という用語はあまり適切なものではなく，識別可能あるいは同定可能 (identifiable) という用語のほうが適切と思われるが，分散分析の文脈では推定可能という用語が用いられている．

さて，推定可能性の条件を線形代数を用いてより詳しく考えてみよう．いま X の零化空間あるいは核 (kernel) を

$$\mathrm{Ker}\, X = \{\beta \mid X\beta = 0\}$$

とおく．線形代数でよく知られているように，$\dim(\mathrm{Ker}\, X) = q - p$ である．いま $\mu \in M$ とし，β^* を $\mu = X\beta^*$ を満たす任意のベクトルとすれば，$\mu = X\beta$ を満たす任意の β は

$$\beta = \beta^* + \widetilde{\beta}, \quad \widetilde{\beta} \in \mathrm{Ker}\, X \tag{11.106}$$

と表される．β に対する制約式は $\mathrm{Ker}\, X$ のなかのどのベクトル $\widetilde{\beta}$ をとるかを決めるために必要であり，容易にわかるように制約式のおき方により (11.106) 式の形のどの β でも指定できる．従って，$a^\top\beta$ が制約に依存しないための必要十分条件は

$$a^\top\widetilde{\beta} = 0, \quad \forall\widetilde{\beta} \in \mathrm{Ker}\, X$$

と表される．つまり，$a^\top\beta$ が推定可能であるための必要十分条件は a が $\mathrm{Ker}\, X$ の直交補空間に属することである．さらに，線形代数でよく知られているように

$$(\mathrm{Ker}\, X)^\perp = \mathrm{Im}\, X^\top$$

である．ただし $\mathrm{Im}\, X^\top$ は X の行のはる $\mathbb{R}^q$ の部分空間を表す．従って $a^\top\beta$ が推定可能であるための必要十分条件は a が X の行ベクトルの一次結合として表されることであることがわかる．

次に，y の要素の一次結合 $c^\top y$ の期待値 $c^\top\mu = c^\top X\beta$ を考えてみよう．c を $\mathbb{R}^n$ で自由に動かせば $c^\top X$ は明らかに X の行ベクトルの一次結合全体 $\mathrm{Im}\, X^\top$ を動く．いま $a^\top \in \mathrm{Im}\, X^\top$ ならば $a^\top = c^\top X$ と表されるから $a^\top\beta = c^\top\mu$ である．逆

に $a^\top\beta = c^\top\mu = c^\top X\beta$ がすべての β について成り立てば $a^\top = c^\top X \in \operatorname{Im} X^\top$ である．従って，次の補題が成り立つ．

補題 11.4 $a^\top\beta$ が推定可能であるための必要十分条件はある c を用いて $a^\top\beta = c^\top\mu$ と表されることである．

ここで，ガウス・マルコフの定理を補題11.4に適用すれば次の形の定理が得られる．

定理 11.5 (母数にムダがある場合のガウス・マルコフの定理) $a^\top\beta$ が推定可能であるとする．このとき $a^\top\beta$ の最良線形不偏推定量は $c^\top\hat{\mu}$ で与えられる．ただし $\hat{\mu}$ は μ の最小二乗推定量である．

さて $\hat{\mu} \in M$ は $\|y-\mu\|^2$ を最小にするベクトルであるが，$\|y-\mu\|^2 = \|y-X\beta\|^2 = Q(\beta)$ であるから，$\hat{\beta}$ を $\hat{\mu} = X\hat{\beta}$ を満たす任意のベクトルとすれば $\hat{\beta}$ は $Q(\beta)$ を最小にするはずである．従ってこのような任意の $\hat{\beta}$ は $\dfrac{\partial}{\partial\beta}Q(\beta) = 0$ すなわち正規方程式

$$(X^\top X)\hat{\beta} = X^\top y \tag{11.107}$$

を満たす．(このことから，正規方程式は常に解を持つこともわかる．) 逆に，$\operatorname{Ker}(X^\top X) = \operatorname{Ker} X$ となることを用いれば，この正規方程式を満たす任意の $\hat{\beta}$ について $X\hat{\beta}$ は $\hat{\mu}$ に一致することを示すことができる (問11.19)．従って定理の系として次の結果を得る．

系 11.6 $a^\top\beta$ を推定可能な母数とする．$\hat{\beta}$ を正規方程式 (11.107) の任意の解とするとき，$a^\top\hat{\beta}$ は解 $\hat{\beta}$ のとり方に依存しない．さらに $a^\top\hat{\beta}$ は $a^\top\beta$ の最良線形不偏推定量である．

この節では，β の推定可能な一次結合に限って議論してきた．そのことは必ずしも，推定可能な一次結合以外の母数を推定することを否定しているわけではない．しかしながら，推定可能な一次結合以外の母数は推定値が制約のおき方に依存してしまうから，その場合には制約式の意味について慎重な考察が必要であると思われる．例えば，繰り返し数のそろわない1元配置分散分析モデ

ルにおいて個々の主効果 α_i の推定値は α_i をどう定義するかに依存してしまう．従ってこの場合個々の主効果の定義をよく理解したうえで推定をおこなう必要があろう．

問

11.1　(11.13) 式を指数型分布族の形に書くことによって，$T(y) = (y^\top y, X^\top y)$ が完備十分統計量であることを確認せよ．

11.2　a, b をともに q 次元の (列) ベクトル，$C = (c_{ij})$ を $q \times q$ の対称行列とする．$\dfrac{\partial}{\partial a_i} a^\top b = b_i$ 及び $\dfrac{\partial}{\partial a_i} a^\top Ca = 2\sum_{j=1}^{q} c_{ij} a_j$ を示せ．これらを行列表示すれば

$$\begin{pmatrix} \dfrac{\partial}{\partial a_1} \\ \vdots \\ \dfrac{\partial}{\partial a_q} \end{pmatrix} a^\top b = b, \qquad \begin{pmatrix} \dfrac{\partial}{\partial a_1} \\ \vdots \\ \dfrac{\partial}{\partial a_q} \end{pmatrix} a^\top Ca = 2Ca$$

となることを示せ．

11.3　問 11.2 の結果を用いて (11.16) 式を示せ．

11.4　X の列が一次独立であるための必要十分条件は $X^\top X$ が正定値行列であることを示せ．［ヒント：$X^\top X$ が正定値行列でない，すなわち $a^\top X^\top Xa = 0$ となるベクトル a が存在するとして矛盾を導け．］

11.5　(11.23) 式を確かめよ．

11.6　(11.26) 式を確かめよ．

11.7　(11.33) 式を確かめよ．

11.8　1 元配置分散分析において, (11.36) 式の制約のもとで $(\mu_1, \dots, \mu_k)$ と $(\mu, \alpha_1, \dots, \alpha_k)$ は 1 対 1 に対応することを示せ．同じことを (11.39) 式の制約についても示せ．

11.9　(11.58) 式を確かめよ．

11.10　2 元配置分散分析モデルについて (11.67) 式を確かめよ．

11.11　(11.68) 式及び (11.69) 式の α, β, γ が (11.57) 式の制約を満たすことを示せ．

11.12　$(A \otimes B)(C \otimes D) = (AC) \otimes (BD)$ となることを用いて (11.70) 式を示せ．

11.13　(11.82) 式で定義した M への直交射影行列は M の正規直交基底のとり方には依存しないことを示せ．

11.14　$P_X = P_M$ となることを示し，P_X が X の列のはる空間 M への直交射影行列であることを確かめよ．

11.15　$n \times n$ 行列 B が，$B^2 = B$，$B^\top = B$ を満たすならば，B は B の列ベクトルのはる空間への直交射影行列に一致することを示せ．

11.16　(11.101) 式を確かめよ．

11.17　(11.102), (11.103) 式を確かめよ．

11.18　$\mu_i = \mu + \alpha_i, i = 1, \ldots, k$ と表す際の制約条件として $0 = c_1\alpha_1 + \cdots + c_k\alpha_k$ を考える．$\mu, \alpha_1, \ldots, \alpha_k$ がこの制約式で一意的に定められるための必要十分条件は $0 \neq c_1 + \cdots + c_k$ であることを示せ．

11.19　母数のムダがある場合について，正規方程式を満たす任意の $\hat{\beta}$ について，$X\hat{\beta} = \hat{\mu}$ となることを示せ．ただし $\hat{\mu}$ は μ の (一意的な) 最小二乗推定量である．

11.20　2 つのボールの重さをそれぞれ μ_1, μ_2 とし，これらは未知であるとする．はかりでボールの重さを測ることによって，μ_1, μ_2 を推定したい．はかりには，それぞれのボールを単独で載せることもできるし，2 つとも載せて重さの合計を測ることもできるとする．どの場合も，測定誤差は一定の分散 σ^2 の正規分布に従うとする．3 回の計測をおこない，最小二乗法による推定値を $\hat{\mu}_1$, $\hat{\mu}_2$ と表す．3 回の計測で，例えば片方のボールの重さだけを測ると他方のボールの重さについては何もわからないし，2 つとも載せることのみを繰り返すと重さの和は推定できるが個別の重さが推定できない．3 回の計測をどのようにするのがよいか，平均二乗誤差 $E\left[(\hat{\mu}_1 - \mu_1)^2 + (\hat{\mu}_2 - \mu_2)^2\right]$ に基づいて考察せよ．

11.21　非線形最小二乗法を考える．すなわち $f(x, \theta)$ を説明変数ベクトル x とパラメータベクトル θ の滑らかな関数とし，$x_1, \ldots, x_n$ を既知の説明変数ベクトルとし，Y_i が独立に正規分布 $\mathrm{N}(f(x_i, \theta), \sigma^2)$ に従うとする．θ を

$$\sum_{i=1}^{n} (Y_i - f(x_i, \theta))^2$$

の最小化によって推定する．n が十分大きく，推定値 $\hat{\theta}$ が真値 θ_0 に近いとして，デルタ法 (補論 A.1 を参照) と同様の考え方で f の線形近似を用いることにより，$\hat{\theta}$ の標本分布が近似的に

$$\mathrm{N}\left(\theta_0, \sigma^2 \left(\sum_{i=1}^{n} \dot{f}(x_i, \theta_0)\dot{f}(x_i, \theta_0)^\top\right)^{-1}\right)$$

であることを示せ．ただし $\dot{f}$ は，θ の各要素での f の偏微分からなる列ベクトルである．

Chapter 12

ノンパラメトリック法

この章では，ノンパラメトリック検定とそれに基づく信頼区間，及び並べかえ検定の考え方について説明する．

12.1 ノンパラメトリック法の考え方

前章までは，母集団分布として正規分布など特定の分布形を仮定した上で，その分布の未知パラメータに関する推測を議論してきた．しかしながら，母集団分布が正規分布に厳密に一致していることは実際上はほとんどないであろう．もちろん，母集団分布が正規分布に近い分布であるならば，正規分布に基づいた手法を用いることによりほぼ妥当な結論を得ることができる．

しかしながら，標本中にほかの観測値からとび離れた値 (“異常値” あるいは “はずれ値”) が数多く含まれるなど，正規分布のもとでは考えにくい標本の場合には，正規分布に基づく方法をそのまま用いることはできない．例えば，人間の生理的な諸反応に関するデータなどでは，個人差が非常に大きく現れ正規分布を仮定できないことが多い．このような場合に有用なのが**ノンパラメトリック法**である．ノンパラメトリック法は，母集団分布に関して特定の分布形を仮定せずに統計的推測 (とくに検定) をおこなおうとする方法である．例えば母集団分布が対称な連続分布であると仮定してみよう．このとき，分布の中心 ξ は分布形にかかわらず定義できる．そして検定問題として例えば $H_0 : \xi = \xi_0$ という検定問題を考えることができる．ノンパラメトリック法の考え方を用いればこの検定問題に対して，母集団の分布にかかわらず有意水準が α となるような検定を構成することができる．

ノンパラメトリック検定は，このように母集団分布に依存せず正しい有意水準を持つような汎用性のある検定を与える．他方このようなノンパラメトリック検定は，当然ながら，特定の分布形を仮定したときの最良の検定 (一様最強力検定，一様最強力不偏検定) とは一致しない．すなわち，分布形が既知の場合にはその情報を用いることにより，検出力のより大きな検定を構成できる．このような観点から考えれば，ノンパラメトリック検定を用いた場合に，特定の分布のもとでの最良の検定と比べて検出力がどの程度低下するかという問題が理論的に興味のある問題となる．

この章で説明するノンパラメトリック法の手法は主に検定に限られる．推定においてノンパラメトリック法に対応する手法は，**ロバスト推定**とよばれるものである．本書ではロバスト推定に関する詳しい議論は省略するが，ノンパラメトリック検定から自然に得られる推定量については簡単にふれる．

ノンパラメトリック検定と同様に，母集団の分布形によらずに正しい有意水準を与える検定法として並べかえ検定の考え方がある．実はノンパラメトリック検定も1つの並べかえ検定と考えることができるが，通常ノンパラメトリック検定はデータの順位に基づく検定をさすものと理解されており，並べかえ検定とは区別されて考えられている．並べかえ検定については12.5節で説明する．

12.2　ノンパラメトリック検定

この節では，ノンパラメトリック検定の代表的なものとして，1標本問題における符号検定と1標本問題及び2標本問題におけるウィルコクソン検定について説明する．

まず1標本問題を考えよう．$X_1, \ldots, X_n \sim F$, *i.i.d.*, とする．ここで累積分布関数は連続であるとする．さらに簡単のために，$0 < F(x) < 1$ となるすべての x において F は正の密度関数 $f(x) = F'(x)$ を持つとする．この場合 F のメディアン ξ は $F(\xi) = 1/2$ によって一意的に定められる．符号検定においては F は必ずしも対称な分布である必要はない．ここで，両側検定問題

$$H_0 : \xi = \xi_0 \quad \text{vs.} \quad H_1 : \xi \neq \xi_0 \tag{12.1}$$

及び片側検定問題

$$H_0 : \xi \leq \xi_0 \ \text{ vs. } \ H_1 : \xi > \xi_0 \tag{12.2}$$

を考えよう.

(12.1), (12.2) 式の検定問題に対する**符号検定** (sign test) は非常に単純なものである. いま $X_1, \ldots, X_n$ のうち ξ_0 以上の個数を T としよう. 帰無仮説のもとでは, F の形にかかわらず, T は 2 項分布 $\mathrm{Bin}(n, 1/2)$ に従うはずである. 従って (12.1) 式の検定問題に対して

$$\left| T - \frac{n}{2} \right| > c \ \Rightarrow \ \text{reject} \tag{12.3}$$

は F にかかわらず有意水準が一定の検定方式となる. c は 2 項分布表から正確に求めることができるが, n が大ならば中心極限定理を用いて $c = \sqrt{n} z_{\alpha/2}/2$ とおけば, 有意水準はほぼ α となる. また (12.3) 式において棄却域を片側にとれば片側検定が得られる.

符号検定という名前の由来は, この検定が $X_i - \xi_0$, $i = 1, \ldots, n$ の符号を数えることにあたるからである. 以上のように符号検定はもとの観測値についてその符号だけを用いることによって F に依存しない有意水準を持つ検定となっている. しかしながら観測値の値自体を無視してその符号だけを用いることは, 観測値の情報を無駄にしているように感じられる. この点を改善しようとするのが**ウィルコクソン検定**あるいは**ウィルコクソン符号つき順位和検定** (Wilcoxon signed rank sum test) である.

ウィルコクソン検定においては, F に関する仮定をきつくして, F が対称な分布であるという仮定をおく. この仮定のもとではメディアン ξ は対称の中心であり, 分布の位置の尺度として明確な解釈を持つ量となる. もちろん母平均も ξ に一致する. ここで (12.1) 式の検定問題を考えよう. ここでは一般性を失うことなく $\xi_0 = 0$ とする. $\xi_0 \neq 0$ の場合には, X_i のかわりに $X_i - \xi_0$ を考えればよい. さて F が 0 のまわりの対称な分布であれば, $x_i > 0$ となるような x_i のばらつき方, すなわち経験分布と, $x_i < 0$ となる x_i について符号を変え $|x_i|$ としたものの経験分布は, 似たものになるはずである. そこで正の観測値と負の観測値について, それぞれの絶対値を比較することが考えられる. またウィルコクソン検定では絶対値そのものではなく, 絶対値の大きさの順位を考える.

いま $|x_1|, \ldots, |x_n|$ を小さい順に並べ 1 から n までの順位をつけたときの

$|x_i|$ の順位あるいはランク (rank) を R_i とおくことにする．例えば $n=3$ で $x_1=-2.5, x_2=4.1, x_3=0.5$ ならば $R_1=2, R_2=3, R_3=1$ である．また，ε_i を，

$$\varepsilon_i = \begin{cases} 1, & \text{if} \quad x_i > 0 \\ 0, & \text{if} \quad x_i \le 0 \end{cases} \tag{12.4}$$

とおく．分布関数 F は密度関数 f を持つ連続分布と仮定しているから $|X_i|, i=1,\dots,n$ は (確率 1 で) すべて互いに異なる値をとる．従って順位 R_i は一意的に定まる．この点については次節で詳しく説明する．

ここで次の形の検定統計量 W を考える．

$$W = \sum_{i=1}^{n} \varepsilon_i R_i \tag{12.5}$$

すなわち W は正の観測値について，それらの順位を加えたものである．ところで，ξ が 0 より小さいとすると，正の観測値は少なくなる傾向がある．また正の観測値の順位も小さくなると考えられる．従って ξ が小さければ W は小さい値をとりやすくなる．同様に考えれば ξ が大きいとき W は大きい値をとりやすくなる．従って (12.1) 式の両側検定問題及び (12.2) 式の片側検定問題について，それぞれ

$$\begin{aligned} &W < c_1 \quad \text{or} \quad W > c_2 \;\Rightarrow\; \text{reject} \\ &W > c_3 \;\Rightarrow\; \text{reject} \end{aligned} \tag{12.6}$$

を検定方式とすればよい．

ここで棄却限界 c_1, c_2, c_3 をどう決めればよいかについて考えよう．それには帰無仮説のもとでの W の分布を求めればよい．帰無仮説のもとで X_i の分布は原点に対して対称であるから X_i と $-X_i$ の分布は同じである．従って $|X_i|$ が与えられたとき X_i が正であるか負であるかは同様に確からしい．すなわち

$$P(\varepsilon_i = 1 \mid |X_i|) = P(\varepsilon_i = 0 \mid |X_i|) = \frac{1}{2} \tag{12.7}$$

である．このことから $|X_1|, \dots, |X_n|$ を任意に固定した条件つきで，$\varepsilon_1, \dots, \varepsilon_n$ は互いに独立な成功確率 1/2 のベルヌーイ変数である．ここで $|X_1|, \dots, |X_n|$ を固定したときの W の条件つき分布を考えてみよう．$|X_1|, \dots, |X_n|$ を固定すれば $R_1, \dots, R_n$ は 1 から n までの n 個の整数の並べかえの 1 つである．いま

ε_i も同様に並べかえて考えれば，W の条件つき分布は

$$\widetilde{W} = \varepsilon_1 + 2\varepsilon_2 + \cdots + n\varepsilon_n \tag{12.8}$$

の分布と同じである．この条件つき分布は $|X_1|, \ldots, |X_n|$ に依存しないから，W の (周辺) 分布も (12.8) 式の $\widetilde{W}$ の分布に一致することがわかる (問 12.1).

(12.8) 式の $\widetilde{W}$ の表現は簡明ではあるが，$\widetilde{W}$ あるいは W の確率関数を明示的に表すことは困難である．小さい n に対しては W の確率関数に基づく有意点の表が入手可能であるので，表に基づいて検定をおこなえばよい．W の分布の表は例えば『簡約統計数値表』(日本規格協会刊) に与えられている．

ここでは (12.8) 式の表現を用いて W の期待値と分散を求めてみよう．ε_i が互いに独立であることを用いれば

$$\begin{aligned} E[W] &= \sum_{i=1}^{n} \frac{i}{2} = \frac{n(n+1)}{4} \\ \mathrm{Var}[W] &= \sum_{i=1}^{n} \mathrm{Var}[i\varepsilon_i] = \sum_{i=1}^{n} \frac{i^2}{4} = \frac{n(n+1)(2n+1)}{24} \end{aligned} \tag{12.9}$$

となる．また W の分布について n が大ならば中心極限定理が適用できることが知られている．従って n が大きいときには

$$W \mathrel{\dot{\sim}} \mathrm{N}(\mu_n, {\sigma_n}^2), \quad \mu_n = \frac{n(n+1)}{4}, \quad {\sigma_n}^2 = \frac{n(n+1)(2n+1)}{24}$$

と W の分布を正規分布で近似できる．このことから n が大きいときには (12.6) 式において

$$c_1 = \mu_n - z_{\alpha/2}\sigma_n, \quad c_2 = \mu_n + z_{\alpha/2}\sigma_n, \quad c_3 = \mu_n + z_\alpha\sigma_n \tag{12.10}$$

とおけば近似的に有意水準 α の検定が得られる．

2 標本問題でも対標本の場合には，すでに 10 章で述べたように 1 標本の検定を用いればよい．いま $(X_i, Y_i), i = 1, \ldots, n$ を対をなす標本とする．10.1.1 節の正規分布の場合をやや一般化し，ある連続な分布関数 F を用いて X_i 及び Y_i の分布関数が

$$P(X_i \le t) = F(t - c_i), \quad P(Y_i \le t) = F(t - c_i - \Delta) \tag{12.11}$$

と表されるとする．対標本に関する (両側検定の) 帰無仮説は

$$H_0 : \Delta = 0 \tag{12.12}$$

と表される．この場合 $Z_i = Y_i - X_i, i = 1, \ldots, n$ とおき，Z_i について1標本の検定を用いればよい．(12.11) 式のモデルのもとでは $X_i - c_i$ と $Y_i - c_i - \Delta$ の分布関数はともに F であるから，$Z_i - \Delta = (Y_i - c_i - \Delta) - (X_i - c_i)$ と $-(Z_i - \Delta) = (X_i - c_i) - (Y_i - c_i - \Delta)$ の分布は同じである．従って $Z_i - \Delta$ の分布は原点について対称であり，(12.12) 式の検定問題に対してウィルコクソン符号つき順位和検定を用いることができる．

次に一般の2標本問題に対するウィルコクソン検定あるいは**ウィルコクソン順位和検定** (Wilcoxon rank sum test) について説明する．ウィルコクソン検定はマンとウィットニーによって提案された検定と同値であるので，**ウィルコクソン・マン・ウィットニー検定**ともよばれる．いま $X_1, \ldots, X_m$ は互いに独立で連続な分布関数 $F(x)$ を持ち，また $Y_1, \ldots, Y_n$ は互いに独立で分布関数 $F(y - \Delta)$ を持つとする．帰無仮説はこの場合も (12.12) 式である．さて $Y_1, \ldots, Y_n, X_1, \ldots, X_m$ をまとめたものを $Z_i, i = 1, \ldots, m + n$ と表そう．すなわち

$$Z_i = Y_i,\ i = 1, \ldots, n, \qquad Z_{i+n} = X_i,\ i = 1, \ldots, m$$

である．

ここで $Z_i, i = 1, \ldots, m + n$ を小さい順に並べて1から $m + n$ まで順位をつけたときの Z_i の順位を R_i とおく．そして検定統計量 W を

$$W = \sum_{i=1}^{n} R_i \tag{12.13}$$

とおく．すなわち W は $Y_1, \ldots, Y_n$ の順位の和である．例えば，$Y_1 = 1.0, Y_2 = 2.1, X_1 = 0.5, X_2 = 1.2, X_3 = 2.5$ とすると $(R_1, R_2, R_3, R_4, R_5) = (2, 4, 1, 3, 5)$ であり，$W = 2 + 4$ である．さて，モデルの仮定より Y_i の分布は $X_j + \Delta$ の分布と等しい．従って $\Delta > 0$ ならば Y_i は X_j よりも大きくなる傾向があり，これより W も大きくなる傾向のあることがわかる．同様に $\Delta < 0$ ならば W は小さくなる傾向がある．従って検定方式としては，両側検定問題及び片側検定問題に応じて (12.6) 式のように棄却域をとればよい．

ここで W の帰無仮説のもとでの分布について考えよう．いま1から $m + n$ までの $m + n$ 個の整数のなかから n 個の整数の組 $\{r_1, \ldots, r_n\}$ を選ぶ選び方

は $\binom{m+n}{n}$ 個ある．ただし $\binom{m+n}{n}$ は 2 項係数である．いま Y の順位の組 $\{R_1,\dots,R_n\}$ (ここではこれらの n 個の値を集合として考え，n 個の値の順序は無視している) を考えると，帰無仮説のもとでは $\{R_1,\dots,R_n\}$ がどの $\{r_1,\dots,r_n\}$ に一致するかはすべて同様に確からしいことがわかる (問 12.3). 従って帰無仮説のもとでの W の分布は 1 から $m+n$ までの $m+n$ 個の整数から n 個の整数を無作為に抽出したときの，これらの整数の和の分布に等しい．

以上のように理解すれば W の分布は概念的には簡明であるが，W の確率関数を明示的に求めることは容易ではない．1 標本のウィルコクソン検定と同様に m,n がいずれも小さいときには有意点の数表が入手可能であるから，表に基づいて検定をおこなえばよい．さて 1 標本と同様にここでも W の期待値と分散を評価してみよう．ここで $a_i=i,\ i=1,\dots,m+n$ とし，これらの $m+n$ 個の数の書かれたボールのはいった壺から n 個のボールを無作為非復元抽出したときの値を $X_1,\dots,X_n$ としよう．このとき帰無仮説の下での W の分布は $n\bar{X}=X_1+\cdots+X_n$ の分布と同じである．従って 4.8 節の結果を用いることができる．$N=m+n$ とおくと (4.58) 式の μ と σ^2 は

$$
\begin{aligned}
\mu &= \bar{a} = \frac{1}{N}\sum_{i=1}^{N} i = \frac{N+1}{2} \\
\sigma^2 &= \frac{1}{N}\sum_{i=1}^{N}(i-\bar{a})^2 = \frac{1}{N}\sum_{i=1}^{N} i^2 - \bar{a}^2 \\
&= \frac{(N+1)(2N+1)}{6} - \frac{(N+1)^2}{4} = \frac{N^2-1}{12}
\end{aligned}
\tag{12.14}
$$

で与えられることがわかる．従って (4.59) 式より W の期待値と分散は

$$
\begin{aligned}
E[W] &= \mu_{m,n} = nE[\bar{X}] = \frac{n(N+1)}{2} = \frac{n(m+n+1)}{2} \\
\mathrm{Var}[W] &= {\sigma_{m,n}}^2 = n^2\mathrm{Var}[\bar{X}] = n^2\frac{N-n}{N-1}\frac{N^2-1}{12n} \\
&= \frac{mn(m+n+1)}{12}
\end{aligned}
\tag{12.15}
$$

で与えられることがわかる．

さて，m と n がともに大きい場合には，やはり W の分布は正規分布で近似されることが証明できるので，(12.6) 式の c_1,c_2,c_3 を

$$c_1 = \mu_{m,n} - z_{\alpha/2}\sigma_{m,n}, \quad c_2 = \mu_{m,n} + z_{\alpha/2}\sigma_{m,n}, \qquad (12.16)$$
$$c_3 = \mu_{m,n} + z_{\alpha}\sigma_{m,n}$$

とおけばよい．ただし $\mu_{m,n}, {\sigma_{m,n}}^2$ は (12.15) 式に与えられている．

12.3　タイのある場合のとり扱い

さてここまでは母集団分布 F が連続分布と仮定し，観測値が確率 1 ですべて互いに異なり，順位が一意的に定まる場合を考えてきた．これは，例えば 1 標本問題で母集団分布 F が離散分布であるとすると，メディアンが一意的に定まらない可能性があり解釈が困難となる可能性があるからである．しかしながら，実際のデータは適当なケタ数に丸めて記録されるために，観測値のなかに同じ値が含まれることがある．このような場合を**タイ** (tie, **同順位**) のある場合という．タイがある場合には，順位をどのように与えるか，及び棄却域をどう設定するかという問題が生じる．

タイがある場合の順位の与え方は**中間順位** (midrank) という考え方を用いるのが普通である．これは観測値が等しく同順位を与えなければならないときに，これらの観測値の順位となり得る整数の平均 (小数となり得る) を順位とするものである．例えば $n = 3$ として 1.2, 1.2, 2.7 を 3 つの観測値とするとき，これらの順位を 1.5, 1.5, 3 とするのである．日常的には "1 位が 2 人，3 位が 1 人" と表現するところを "1.5 位が 2 人，3 位が 1 人" ということにするわけである．より正確には $x_1, \ldots, x_n$ のなかの x_i の順位あるいはランク R_i を

$$R_i = \frac{1}{2} + \sum_{j=1}^{n} \left(I_{[x_j < x_i]} + \frac{1}{2} I_{[x_j = x_i]} \right) \qquad (12.17)$$

と定義する．ここで I_A は事象 A の定義関数である．(12.17) 式で定義される "中間順位" の便利な点は，タイがあるかないかにかかわらず $\sum_{i=1}^{n} R_i = n(n+1)/2$ となることである (問 12.4)．

さて以上でタイのある場合の中間順位 R_i の定義が与えられたので，ウィルコクソン検定のための統計量 W はこれらの順位を用いればよい．ここで問題は棄却域 c_i の設定である．まず 1 標本問題について考えよう．$W = \sum_{i=1}^{n} \varepsilon_i R_i$ において $R_1, \ldots, R_n$ を固定したときの W の条件つき分布を考えてみよう．帰無

仮説のもとで X_i の分布 F が原点に関して対称であることを用いれば，実はタイのある場合でもタイがない場合と全く同様に考えることができる．すなわち，帰無仮説のもとでは $(R_1,\ldots,R_n)$ を与えた条件つきで $\varepsilon_i, i=1,\ldots,n$ は互いに独立な成功確率 1/2 のベルヌーイ変数である．この議論は X_i の対称性のみを用いているので，F が離散分布でも成り立つことに注意しよう．このように $(R_1,\ldots,R_n)$ を与えたときの W の条件つき分布はタイのある場合でも簡明であり，この分布に基づいて棄却域を求めればよい．ここで $(R_1,\ldots,R_n)$ を与えたときの W の条件つき期待値と条件つき分散は

$$
\begin{aligned}
E[W\,|\,R_1,\ldots,R_n] &= \frac{1}{2}\sum_{i=1}^{n} R_i = \frac{n(n+1)}{4} \\
\mathrm{Var}[W\,|\,R_1,\ldots,R_n] &= \frac{1}{4}\sum_{i=1}^{n} {R_i}^2
\end{aligned}
\tag{12.18}
$$

で与えられる．n が大でかつタイの数があまり多くないならば，$(R_1,\ldots,R_n)$ を与えたときの W の条件つき分布は正規分布で近似できるので，例えば両側検定の棄却域は

$$
\frac{|W-n(n+1)/4|}{\sqrt{\dfrac{1}{4}\displaystyle\sum_{i=1}^{n} {R_i}^2}} > z_{\alpha/2} \ \Rightarrow\ \text{reject} \tag{12.19}
$$

とおけばよい．

タイのある場合の 2 標本問題でも同様に考えることができる．いま $(R_1,\ldots,R_N)$ を与えた条件つきで考えると，帰無仮説のもとで $W=\sum_{i=1}^{n} R_i$ の条件つき分布は $N=m+n$ 個の数 $R_1,\ldots,R_N$ から無作為に n 個をとり出したときの n 個の値の和の分布に等しい．従って，この場合も有限母集団からの非復元抽出に関する結果より

$$
\begin{aligned}
E[W\,|\,R_1,\ldots,R_{m+n}] &= \frac{n(m+n+1)}{2} \\
\mathrm{Var}[W\,|\,R_1,\ldots,R_{m+n}] &= \frac{mn}{(m+n)(m+n-1)}\sum_{i=1}^{m+n}(R_i-\bar{R})^2 \\
\bar{R} &= \frac{1}{m+n}\sum_{i=1}^{m+n} R_i = \frac{m+n+1}{2}
\end{aligned}
\tag{12.20}
$$

となることが示される (問 12.5)．2 標本問題の場合でも m,n がともに大きく，

タイの数があまり多くないならば，W の条件つき分布は正規分布で近似されるので，例えば両側検定については

$$\frac{|W-n(m+n+1)/2|}{\sqrt{\frac{nm}{(m+n)(m+n-1)}\sum_{i=1}^{m+n}(R_i-\bar{R})^2}} > z_{\alpha/2} \ \Rightarrow \ \text{reject} \tag{12.21}$$

を棄却域とすればよい．以上での正規近似についての詳しい議論はLehmann(1975)を参照のこと．

ところで，以上のウィルコクソン検定は順位 $R_1,\ldots,R_n$ あるいは $R_1,\ldots,R_N$ を与えたときの W の条件つき分布に基づくものであった．この意味でウィルコクソン検定は**条件つき検定** (conditional test) とよばれる．条件つき検定では，条件つき分布に基づいて有意水準を一定値に定める．条件つきの有意水準が一定であるから全体で考えたときの有意水準も条件つき検定の有意水準に一致することがわかる．タイがない場合には W の条件つき分布は $R_1,\ldots,R_n$ あるいは $R_1,\ldots,R_{m+n}$ に依存しないので，条件つき検定と考える必要もないが，タイのある場合を含めて考えればウィルコクソン検定を条件つき検定と理解するのがよい．

以上でタイのある場合の説明を終えるが，タイのある場合には条件つき検定の考え方を用いて有意水準を設定することができた．実はこのような考え方は12.5節の並べかえ検定の考え方そのものである．従ってタイのある場合を含めて考えればノンパラメトリック検定は並べかえ検定の特殊な場合と考えることもできるのである．

12.4　ノンパラメトリック検定から得られる区間推定

ここまでで議論してきたノンパラメトリック検定に基づき，検定と信頼区間の関係を用いて母数の信頼区間を構成することができる．この節では簡便のためにタイのない場合について信頼区間を構成する．しかしながらタイのない場合について構成された信頼区間は，タイのある場合でも用いることができる．

まず1標本の符号検定について見ていこう．12.2節と同様 ξ を母集団のメディアンとする．任意の ξ_0 について $H:\xi=\xi_0$ に対する両側検定の棄却域は(12.3)式で与えられている．すなわち $T(\xi_0)=\sum_{i=1}^{n} I_{[X_i\geq\xi_0]}$ とおくとき，両側検

定の受容域は

$$A(\xi_0) = \left\{ X \;\middle|\; \frac{n}{2} - c \le T(\xi_0) \le \frac{n}{2} + c \right\} \tag{12.22}$$

と表される．ただしここでは確率化検定は考えないこととし，また簡便のためにcは$n/2+c$が整数となるようにとる．容易にわかるようにこのとき$n/2-c$も整数である．検定のサイズαは2項確率を用いて

$$1 - \alpha = \sum_{x=n/2-c}^{n/2+c} \binom{n}{x} \frac{1}{2^n} \tag{12.23}$$

で与えられる．さて9.2節の議論よりξに対する信頼区間は$S(X) = \{\xi \mid X \in A(\xi)\}$によって与えられる．

ところで$S(X)$を明示的に与えるために$X_1, \ldots, X_n$の順序統計量を$X_{(1)} < \cdots < X_{(n)}$としよう．いま$\xi$が$X_{(k)} < \xi < X_{(k+1)}$の範囲にあるとする．このとき$\xi$以上の$X_i$の数は$n-k$個であるから$T(\xi) = n-k$である．

$$\frac{n}{2} - c \le n - k \le \frac{n}{2} + c \iff \frac{n}{2} - c \le k \le \frac{n}{2} + c$$

に注意すれば$S(X)$が

$$S(X) = (X_{(n/2-c)}, X_{(n/2+c+1)}) \tag{12.24}$$

で与えられることがわかる．信頼係数は(12.23)式で与えられている．以上より符号検定から導かれる信頼区間は，小さいほうからm番目の観測値と大きいほうからm番目の観測値までの区間，という簡明な形になることがわかる．

次に1標本ウィルコクソン符号つき順位和検定から導かれる信頼区間を求めよう．Wを(12.5)式のように定義すると(12.9)式により両側検定の受容域は

$$A(\xi_0) = \left\{ X \;\middle|\; \left| W - \frac{n(n+1)}{4} \right| \le c \right\} \tag{12.25}$$

と表される．ただし(12.5)式においてR_iは$|X_i - \xi_0|$の$|X_1 - \xi_0|, \ldots, |X_n - \xi_0|$のなかでの順位すなわち

$$R_i = \sum_{j=1}^{n} I_{[|X_i - \xi_0| \ge |X_j - \xi_0|]} \tag{12.26}$$

である．$A(\xi)$をξに関して解いて信頼区間$S(X)$を得るために，次の形の$n(n+1)/2$個の補助的な量U_{ij}, $1 \le i \le j \le n$, を導入しよう．

$$U_{ij} = \frac{X_i + X_j}{2}$$

さらに $V_{(1)} < \cdots < V_{(n(n+1)/2)}$ を U_{ij} を小さい順に並べたときの順序統計量とする．このとき ξ の信頼区間は

$$S(X) = (V_{(n(n+1)/4-c)}, V_{(n(n+1)/4+c+1)}) \tag{12.27}$$

の形で与えられることが示される．

(12.27) 式を示すには次のように考えればよい．まず $A(\xi)$ 及び $S(X)$ は $X_1, \ldots, X_n$ の並べかえに関して不変だから $X_1 < \cdots < X_n$ として一般性を失わない．また $X_k < \xi < X_{k+1}$ とおく．このとき $W = \sum_{j=k+1}^{n} R_j$ と書ける．ところで $U_{ij} = (X_i + X_j)/2,\ i \le j,$ において $U_{ij} \ge \xi$ となるものの数を考えてみよう．いま $i \le j \le k$ とすれば，$X_i, X_j < \xi$ であるから $U_{ij} < \xi$ である．$j = k+1$ のときには，$i \le k$ について

$$U_{i,k+1} \ge \xi \iff X_i + X_{k+1} \ge 2\xi \iff X_{k+1} - \xi \ge \xi - X_i$$

が成り立つ．従って

$$U_{i,k+1} \ge \xi \iff X_{k+1} - \xi \ge |X_i - \xi|, \quad i = 1, \ldots, k$$

となることがわかる．また，$X_{k+1} > \xi$ より $U_{k+1,k+1} > \xi$ である．これより $U_{1,k+1}, \ldots, U_{k+1,k+1}$ のなかで ξ 以上となる $i = 1, \ldots, k+1$ の個数は，$X_{k+1} - \xi \ge |X_i - \xi|$ となる i の個数，すなわち R_{k+1} に等しいことがわかる．また $k+1 \le i \le j$ ならば $U_{ij} > \xi$ は常に成り立つから，$j \ge k+2$ についても

$$R_j = \sum_{i=1}^{j} I_{[U_{ij} \ge \xi]} = (U_{1j}, \ldots, U_{jj} \text{のなかで}\ \xi\ \text{以上のものの数})$$

となることが確かめられる．従って

$$W = \sum_{j=k+1}^{n} R_j = \sum_{i \le j} I_{[U_{ij} \ge \xi]} = (U_{ij} \ge \xi\ \text{となる}\ U_{ij}\ \text{の数}) \tag{12.28}$$

が成り立つ．

この後の議論は符号検定から信頼区間を導いたときの議論と全く同様である．すなわち，符号検定では $X_i \ge \xi$ となる X_i の数が T であったのに対し，ここでは $U_{ij} \ge \xi$ となる U_{ij} の数が W である．このことから信頼区間が (12.27) 式で与えられることが導かれる．

2標本問題に対するウィルコクソン検定についても同様に考えることができる．$X_1, \ldots, X_m \sim F(x)$, $Y_1, \ldots, Y_n \sim F(y - \Delta)$ とするとき，ウィルコクソン

検定に基づく Δ の信頼区間は

$$(V_{(k)}, V_{(mn-k+1)}) \tag{12.29}$$

の形で与えられる．ただし $V_{(1)} \le \cdots \le V_{(mn)}$ は $U_{ij} = Y_j - X_i, i = 1,\ldots,m,\ j = 1,\ldots,n$ の mn 個の値の順序統計量である (問 12.6).

以上で信頼区間の構成に関する議論を終えるが，ここで信頼区間から自然に導かれる位置母数の推定量について説明しよう．ここでは 1 標本問題を考える．符号検定あるいはウィルコクソン検定において信頼係数を 0 に近づけることによって信頼区間を狭めていこう．この場合，信頼区間が 1 点に縮まったときの値を点推定値とするのは自然な考え方である．この考え方を用いれば，符号検定から導かれる推定量は標本メディアン $\operatorname{med}_i X_i$ である．またウィルコクソン検定から導かれる推定量は $U_{ij} = (X_i + X_j)/2$ のメディアン

$$\hat{\xi} = \operatorname*{med}_{i \le j} U_{ij} \tag{12.30}$$

である．(12.30) 式の推定量を**ホッジス・レーマン推定量** (Hodges-Lehmann estimator) という．標本メディアンやホッジス・レーマン推定量は，異常値を多く含むようなデータについても有意水準が一定となる検定から導かれた推定量であるから，推定量としても異常値の影響を受けにくい推定量となっている．このような推定量は**ロバスト**な (robust, 頑健) 推定量とよばれている．より正確には，これらの推定量はロバスト推定論における R 推定量の例となっている．ここではロバスト推定についてはこれ以上ふれないこととする．

12.5　並べかえ検定

並べかえ検定は分布形によらずに有意水準が一定となるような検定を構成するための非常に一般的な方法である．すでにタイのある場合の順位検定について述べたように，順位検定も並べかえ検定の特別の場合とみなすことができる．並べかえ検定の欠点は，サンプルサイズが大きいと，棄却域を厳密に構成するための標本の並べかえの総数が莫大となるという点である．しかしながら，コンピュータを用いて十分多くの並べかえを無作為に抽出して近似的な棄却域を構成することにより，このような欠点を克服することができる．

並べかえ検定の考え方は次のような簡単な 2 標本問題の例で説明することが

できる．いま，ある肥料が植物の成長を促進するかどうかを調べるために，3つの鉢に肥料を与え，ほかの3つの鉢には肥料をやらずに植物を育てたとしよう．いま肥料を与えた鉢の植物の背の高さを y_1, y_2, y_3 とし，肥料をやらない鉢の植物の背の高さを x_1, x_2, x_3 とする．ここで $y_1 > y_2 > y_3 > x_1 > x_2 > x_3$ という結果が得られたとしてみよう．つまり肥料を与えた3鉢の植物はいずれも肥料を与えなかった鉢の植物より背が高くなったとする．このとき肥料は効果があったと言えるだろうか．ここでは x_i, y_j の分布に何も仮定をおかずに検定をおこないたいものとする．いま6鉢の植物の背の高さを $z_1 < \cdots < z_6$ とおく．そしてこれらの背の高さを固定した条件つきで考えることとする．いま肥料に効果が全くなかったとすれば，$z_1, \ldots, z_6$ のなかで y_1, y_2, y_3 がどの3個の値をとるかはすべて同様に確からしいはずである．そのような組合せの数は $\binom{6}{3} = 20$ 通りある．従って y_1, y_2, y_3 が上位を独占する確率 (すなわち p-値) は $1/20 = 0.05$ である．このことから，肥料の効果が全くないとする帰無仮説は，有意水準5％で丁度棄却されることがわかる．

ここで2標本問題の例をもう1つ考えてみよう．$m, n = 5$ とし，いま10個の観測値を

$$\begin{aligned} &x_1 = 2.8, \quad x_2 = 3.8, \quad y_1 = 4.0, \quad x_3 = 4.2, \quad x_4 = 5.1, \\ &y_2 = 5.2, \quad y_3 = 5.9, \quad y_4 = 6.3, \quad x_5 = 7.2, \quad y_5 = 8.5 \end{aligned} \tag{12.31}$$

とおく．ここでは片側検定を考え，また検定方式としてはメディアンの差

$$T = \operatorname*{med}_j y_j - \operatorname*{med}_i x_i > c \ \Rightarrow \ \text{reject} \tag{12.32}$$

という形の検定を用いるとする．(12.31) 式のデータについては

$$T = 5.9 - 4.2 = 1.7$$

である．さて並べかえ検定の考え方を用いて，帰無仮説のもとでは (12.31) 式の10個の値のうちどの5個が x_i となるかはすべて同様に確からしいと考える．組合せの総数は $\binom{10}{5} = 252$ 個ある．このうち T が1.7以上のものをコンピュータを用いて数えてみると，それは42個あることがわかる．従ってこの場合 p-値は $1/6 \doteqdot 16.7\,\%$ となり，通常の有意水準では帰無仮説は棄却されないことがわかる．

以上のように2標本問題の並べかえ検定においては $m+n$ 個の観測値の値を固定し，帰無仮説のもとで(母集団分布にかかわらず)これらの $m+n$ 個のうちどの m 個が $x_i, i=1,\dots,m$ に一致するかという条件つき確率がどの組合せについても等しい，という点に注目して棄却域を構成する．そして検定統計量 T の値をそれぞれの組合せについて求めることにより T の条件つき分布が求まる．この条件つき分布を T の**並べかえ分布** (permutation distribution) という．T の並べかえ分布に基づいて T に関する棄却域を定めればよい．また，1標本問題については，観測値の符号がどの組合せも同様に確からしいということを用いて並べかえ検定を構成すればよい．

以上の議論から，並べかえ検定により母集団分布によらず一定の有意水準を持つ検定が構成できることがわかる．また任意の検定統計量 T を用いた検定方式でよいという点も並べかえ検定の利点である．例えば(12.32)式のメディアンの差を用いた検定方式は直観的にもわかりやすい検定方式であるが，通常の統計学の教科書では見かけない．もっともこの利点は，検出力を考えた上で最適な検定を求めるという最適性の観点からは，必ずしも望ましいものではないという点に注意しなければならない．

なお，並べかえ検定についても，条件つき分布に関してネイマン・ピアソンの補題を応用することにより並べかえ検定の最適性の議論を展開することもできるが，ここでは省略する．

さて，並べかえ検定の考え方から導かれる1つの重要な結論として t 検定の頑健性がある．これは t 検定が母集団の分布が正規分布でなくても近似的に正しい有意水準を持つという結論である．このことはすでに4.6節でも説明したが，ここでは並べかえ検定の応用としてこの結果を証明しよう．この章のここまでの議論の主旨は，t 検定などの正規分布を前提とした検定方式は母集団分布の正規性が成り立たない場合には誤った結論を導く危険性があるのでノンパラメトリック検定などを用いるほうがよいというものであった．しかしながら以下で示すように，実は t 検定は並べかえ検定の近似としても理解でき，従って t 検定が正規分布以外の母集団分布についても近似的に正しい有意水準を持つことがわかるのである．ここでは2標本問題についてこのことを示す．

$x_1,\dots,x_m,y_1,\dots,y_n$ を標本とし，検定統計量としては

$$U = \bar{y} - \bar{x} \tag{12.33}$$

を用いるものとする．すでに述べたようにこの U を用いても並べかえ検定により母集団の分布によらず有意水準が一定の検定を構成できる．さて $m+n$ 個の値をまとめて $z_1, \ldots, z_{n+m}$ と表すことにする．並べかえ検定においては $(m+n)\bar{z} = \sum_{i=1}^{m+n} z_i = m\bar{x} + n\bar{y}$ は固定されているから $U = \bar{y} - \bar{x} = (1/n + 1/m) \sum_{j=1}^{n} y_j - \bar{z}(m+n)/m$ を用いた検定は $U' = \sum_{j=1}^{n} y_j$ を用いた検定と同値である．

ところで帰無仮説のもとで U' の条件つき分布は $z_1, \ldots, z_{m+n}$ から無作為に n 個をとり出して和をとったものの分布と同じであるから，やはり有限母集団からの非復元抽出の結果より

$$\begin{aligned} E[U' \,|\, z_1, \ldots, z_{m+n}] &= n\bar{z} \\ \mathrm{Var}[U' \,|\, z_1, \ldots, z_{m+n}] &= \frac{nm}{(m+n)(m+n-1)} \sum_{i=1}^{m+n} (z_i - \bar{z})^2 \end{aligned} \tag{12.34}$$

となることがわかる ((12.20) 式参照)．これを U について書きかえれば U の条件つき期待値と条件つき分散が

$$\begin{aligned} E[U \,|\, z_1, \ldots, z_{m+n}] &= 0 \\ \mathrm{Var}[U \,|\, z_1, \ldots, z_{m+n}] &= \frac{m+n}{mn(m+n-1)} \sum_{i=1}^{m+n} (z_i - \bar{z})^2 \end{aligned} \tag{12.35}$$

となる．

ここで 1 元配置分散分析の群間分散と群内分散の関係と同様にして

$$\begin{aligned} \sum_{i=1}^{m+n} (z_i - \bar{z})^2 &= \sum_{i=1}^{m} (x_i - \bar{x})^2 + \sum_{j=1}^{n} (y_j - \bar{y})^2 + \frac{nm}{m+n} (\bar{y} - \bar{x})^2 \\ &= (n+m-2)s^2 + \frac{nm}{m+n} U^2 \end{aligned} \tag{12.36}$$

となることが示される．ただし s^2 は (10.16) 式のプールされた分散である．さらに m, n がともに大きく，また帰無仮説のもとで z の 3 次のモーメントが有限 $(E\left[|z|^3\right] < \infty)$ であるならば，U の条件つき分布は正規分布で近似できることが証明される (Lehmann(1986), 5.11 節参照)．従って並べかえ検定の近似的な両側検定の棄却域は

$$\frac{|U|}{\sqrt{\frac{(m+n)(n+m-2)}{mn(m+n-1)}s^2+\frac{1}{m+n-1}U^2}} > z_{\alpha/2} \ \Rightarrow \ \text{reject} \qquad (12.37)$$

の形で与えられる．ここで (12.37) 式を 2 標本問題の t 統計量 $T=\sqrt{\frac{mn}{m+n}}\frac{U}{s}$ で表せば

$$|T| > z_{\alpha/2}\sqrt{\frac{m+n-2}{m+n-1-{z_{\alpha/2}}^2}} \doteqdot z_{\alpha/2} \ \Rightarrow \ \text{reject} \qquad (12.38)$$

となることがわかる (問 12.7)．従って (12.33) 式の U を用いた並べかえ検定は t 統計量を用いた検定となることがわかる．そして，$E\left[|z|^3\right] < \infty$ の条件のもとで，並べかえ検定の棄却限界は (12.38) 式のように正規分布のパーセント点で近似される．

一方自由度の大きな t 分布のパーセント点も正規分布のパーセント点で近似されるから (12.38) 式の右辺で t 分布のパーセント点を用いても有意水準は近似的に α となる．以上により，自由度が大きければ t 検定は正規分布以外の分布についても近似的に正しい有意水準を持つことが示されたことになる．

12.6　ノンパラメトリック検定の漸近相対効率

以上では，ノンパラメトリック検定や並べかえ検定を用いることにより分布形によらず正しい有意水準が達成されることを述べてきた．このような意味でノンパラメトリック検定は汎用性を持つ検定である．一方，母集団分布が特定の分布であることがわかっていれば，その分布について最適な検定が構成できる．ここでいう最適性とは検出力を最大化するという意味である．このような場合，ノンパラメトリック検定を用いることにより，最適な検定と比較してどの程度の検出力を失うかが興味ある問題となる．ここでは漸近相対効率という概念を用いて，検出力の比較を考えよう．

いま F を 0 に関して対称な連続分布の累積分布関数とし，

$$X_1,\ldots,X_n \sim F(x-\xi),\ i.i.d.,$$

とする．すなわち ξ は $X_1,\ldots,X_n$ の分布の対称の中心である．ここでは議論の簡単のため F の分散 σ^2 が既知であるとする．分散が未知であっても同様な

議論が可能である．考える検定問題は

$$H_0 : \xi = \xi_0 \ \text{ vs. } \ H_1 : \xi = \xi_1\,, \quad (\xi_1 > \xi_0) \tag{12.39}$$

とする．ここで $S_n = S_n(X_1, \ldots, X_n)$ 及び $T_n = T_n(X_1, \ldots, X_n)$ を 2 つの検定統計量とし，それぞれ $S_n > c$, $T_n > d$ を棄却域とする 2 つの検定方式を考える．漸近的相対効率とは，標本サイズ n が $n \to \infty$ のときに正規近似を用いてこれらの検定の検出力を比較しようとするものである．

ところで ξ_1 及び有意水準を固定して $n \to \infty$ とすれば，通常 H_1 のもとでの検出力は 1 に収束する．このことは，例えば ξ の一致推定量を用いることにより $n \to \infty$ のとき ξ の値を正確に推定することができることからも明らかである．そこで検出力の意味のある比較のためには $\xi_1 = \xi_{1,n}$ の値を n に応じて ξ_0 に近づけなければならない．正規近似を考えれば，対立仮説として

$$H_1 : \xi = \xi_{1,n} = \xi_0 + \frac{\tau}{\sqrt{n}} \quad (\tau > 0) \tag{12.40}$$

の形の対立仮説を考えるのがよい．すなわち $n^{-1/2}$ のオーダーで帰無仮説の ξ_0 に収束するような対立仮説の系列を考えるのがよい．(12.40) 式の形の対立仮説の系列を**隣接対立仮説** (contiguous alternatives) とよぶことが多い．

例えば $T_n = \bar{X}$ の場合を考えよう．一般性を失うことなく $\sigma^2 = 1$ とおく．このとき中心極限定理を応用すれば，近似的に有意水準 α の検定は

$$\sqrt{n}(T_n - \xi_0) > z_\alpha \ \Rightarrow \ \text{reject} \tag{12.41}$$

で与えられる．また (12.40) 式の隣接対立仮説のもとで

$$\sqrt{n}(T_n - \xi_0) = \sqrt{n}(T_n - \xi_{1,n} + \xi_{1,n} - \xi_0) = \sqrt{n}(T_n - \xi_{1,n}) + \tau$$

は $n \to \infty$ のとき $\mathrm{N}(\tau, 1)$ に分布収束する．従って (12.41) 式の検定の検出力の極限は

$$\alpha < 1 - \Phi(z_\alpha - \tau) < 1 \tag{12.42}$$

となり意味のある検出力が得られる．

さて，ここで S_n として符号検定の統計量を考えよう．後の便宜のためにここでは標本サイズを m とし S_m を考える．ただし隣接対立仮説は (12.40) 式の形のままとし，m と n の関係は正定数 c を用いて $m = cn$ と書けるとしよう．S_m

は $X_1, \ldots, X_m$ のなかで ξ_0 より大きい観測値の数である．近似的に有意水準 α の検定は

$$\frac{2(S_m - m/2)}{\sqrt{m}} > z_\alpha \ \Rightarrow \ \text{reject}$$

で与えられる．

$$p_n = 1 - F(\xi_0 - \xi_{1,n}) = F(\xi_{1,n} - \xi_0) = F(\tau/\sqrt{n})$$

とおくと，隣接対立仮説のもとで S_m は 2 項分布 $\mathrm{Bin}(m, p_n)$ に従う．

ここで

$$2\frac{(S_m - m/2)}{\sqrt{m}} = 2\sqrt{p_n(1-p_n)}\frac{S_m - mp_n}{\sqrt{mp_n(1-p_n)}} + 2\sqrt{m}\left(p_n - \frac{1}{2}\right) \tag{12.43}$$

と書き，$m = cn \to \infty$ の極限を考える．このとき $\lim_{n\to\infty} p_n = F(0) = 1/2$ より $\lim_{n\to\infty} 2\sqrt{p_n(1-p_n)} = 1$ となる．これより (12.43) 式の右辺第 1 項は $(S_m - mp_n)/\sqrt{mp_n(1-p_n)}$ と同じく $\mathrm{N}(0,1)$ に分布収束する (補論 (A.9) 式参照)．(12.43) 式の第 2 項は

$$2\sqrt{cn}\int_0^{\tau/\sqrt{n}} f(x)\,dx \doteq 2\sqrt{cn}\frac{\tau}{\sqrt{n}}f(0) = 2c^{1/2}\tau f(0)$$

と近似される．ただし $f = F'$ である．従って隣接対立仮説のもとでの検出力は

$$P_{\xi_{1,n}}\left(\frac{2(S_m - m/2)}{\sqrt{m}} > z_\alpha\right) \doteq 1 - \Phi(z_\alpha - 2c^{1/2}\tau f(0)) \tag{12.44}$$

と近似できることがわかる．(12.44) 式は $m = cn$ 個の観測値を用いたときの符号検定の検出力である．いまこの検出力を $\bar{X}$ に基づく検定の検出力と比較しよう．とくに (12.42) 式と (12.44) 式が等しくなるように c の値を定めてみれば

$$z_\alpha - 2c^{1/2}\tau f(0) = z_\alpha - \tau$$

より

$$c = \frac{1}{4f(0)^2} \tag{12.45}$$

を得る．

とくに F として標準正規分布を考えれば，$f(0) = 1/\sqrt{2\pi}$ であるから，$c = \pi/2 \doteq 1.57$ となる．ここでこの c の意味を考えてみよう．正規分布のもとでは $\bar{X}$ に基づく z 検定が UMP 検定である．$c = 1.57$ ということは，符号検定を用いて UMP 検定と同じ検出力を得るには，UMP 検定を用いるときに比して

約 1.57 倍のサンプルサイズを必要とする，ということを意味している．逆に言えば，$1/c \doteq 0.637$ であるから，1000 個の観測値に基づく符号検定と 637 個の観測値に基づく UMP 検定が，ほぼ同じ検出力を持つことになる．従って，正規分布のもとでは符号検定を用いることは非効率的であることがわかる．そこでこの場合の $1/c \doteq 0.637$ の値を $\bar{X}$ を用いる検定に対する符号検定の**漸近相対効率** (Asymptotic Relative Efficiency, ARE) とよぶ．

漸近相対効率のより一般的な定義は以下のようになる．(12.40) 式の隣接対立仮説のもとで T_n を用いた検定の検出力と S_{cn} を用いたときの検定の検出力が $n \to \infty$ のときに等しくなるように c を決めたとき，S_n の T_n に対する ARE を

$$\mathrm{ARE} = \frac{1}{c} \tag{12.46}$$

と定義する．ただし c が (12.40) 式の τ に依存せずに定まることを前提としている．

以上では正規分布のもとで符号検定の $\bar{X}$ を用いた検定に対する ARE が 0.637 であることを見たが，この ARE はもちろん母集団分布 F に依存する．これを正規分布以外の母集団分布についても計算してみると表 12.1 のようになる．

表 12.1　符号検定の $\bar{X}$ に対する ARE

F	正規	logistic	$t(5)$	$t(3)$
ARE	0.637	0.822	0.96	1.62

ただし，$t(f)$ は自由度 f の t 分布．logistic 分布の累積分布関数は $F(x) = 1/(1+e^{-x})$．

従って，符号検定は正規分布のもとでは $\bar{X}$ よりかなり効率が低いものの，よりスソが重く異常値の出やすい母集団分布のもとでは，$\bar{X}$ よりも効率が高くなり得ることがわかる．

以上と同様の議論をウィルコクソン検定についてもおこなうとウィルコクソン検定の $\bar{X}$ を用いた検定に対する ARE は表 12.2 のようになることが示される．

とくに正規分布のもとでもウィルコクソン検定の ARE は $\mathrm{ARE} = 3/\pi \doteq 0.955$ となり効率はかなりよい．さらに，よりスソの重い母集団分布の場合には ARE が 1 を越えるから，ウィルコクソン検定はその意味でもよい性質を持った検定ということができる．

表 12.2 ウィルコクソン検定の $\bar{X}$ に対する ARE

F	正規	logistic	$t(5)$	$t(3)$
ARE	0.955	1.097	1.24	1.90

以上では，片側検定で分散が既知の場合についてノンパラメトリック検定の $\bar{X}$ に基づく検定に対する ARE を求めた．両側検定の場合でも，また分散が未知で $\bar{X}$ のかわりに t 検定を用いる場合でも，これらの ARE の値は同じであることが示される．

問

12.1 Y を与えたときの X の条件つき分布 $P(X \leq x\,|\,Y)$ が Y に依存せず $P(X \leq x\,|\,Y) = F(x)$ と書けるとする．このとき $F(x)$ は X の周辺分布関数であることを示せ．［ヒント：$I_{[X\leq x]}$ を $X \leq x$ という事象の定義関数とする．$P(X \leq x) = E[I_{[X\leq x]}]$ となること及び期待値の繰り返しの公式を用いる．］

12.2 問 12.1 を用いて 1 標本のウィルコクソン検定統計量に関して，帰無仮説のもとで $\varepsilon_1, \ldots, \varepsilon_n$ は互いに独立な成功確率 1/2 のベルヌーイ変数であり，$(R_1, \ldots, R_n)$ と独立であることを示せ．また $(\pi_1, \ldots, \pi_n)$ を $(1, \ldots, n)$ の任意の並べかえとするとき，

$$P((R_1, \ldots, R_n) = (\pi_1, \ldots, \pi_n)) = \frac{1}{n!}$$

が成り立つことを示せ．

12.3 2 標本問題における帰無仮説のもとで $(1, \ldots, m+n)$ の任意の並べかえ $(\pi_1, \ldots, \pi_{m+n})$ について

$$P(R_1 = \pi_1, \ldots, R_{n+m} = \pi_{m+n}) = \frac{1}{(m+n)!}$$

となることを示せ．このことから $\{r_1, \ldots, r_n\}$ を $\{1, \ldots, m+n\}$ の部分集合とするとき

$$P(\{R_1, \ldots, R_n\} = \{r_1, \ldots, r_n\}) = \frac{1}{\binom{m+n}{n}}$$

となることを示せ．

12.4　(12.17) 式で定義される中間順位がタイがある場合にとり得る順位の平均になっていることを確かめよ．また $\sum_{i=1}^{n} R_i = n(n+1)/2$ を示せ．

12.5　(12.20) 式を確かめよ．またタイがない場合に (12.20) 式が (12.15) 式に帰着することを示せ．

12.6　2標本ウィルコクソン検定から得られる信頼区間が (12.29) 式の形になることを示せ．

12.7　(12.38) 式を確かめよ．

12.8　2標本問題に対するウィルコクソン順位和検定の状況を考える．$X_1, \ldots, X_m$ の経験分布関数を F_m, $Y_1, \ldots, Y_n$ の経験分布関数を G_n と表す．点 $(F_m(c), G_n(c))$ を $-\infty < c < \infty$ の範囲で動かして階段関数状につないだ折れ線を「経験 ROC 曲線」とよぶ．経験 ROC 曲線の AUC とウィルコクソン順位和検定統計量の同値性を示せ．

Chapter 13

漸近理論

この章では**漸近理論** (asymptotic theory) について説明する．とくに，最尤推定量の漸近有効性と尤度比検定統計量の漸近分布について述べるのがこの章の主な目的である．漸近理論に関する確率論の準備的な事項についてはすでに 4.5 節に述べてある．また漸近理論の厳密な証明のために必要なより高度な確率論の結果については補論にまとめてある．

"漸近" あるいは "漸近的" という用語は必ずしもわかりやすい用語ではないが，数理統計学ではサンプルサイズ n が $n \to \infty$ となる場合をさす用語として用いられる．

13.1 最尤推定量の漸近有効性

最尤推定量の漸近有効性の概念についてはすでに 7 章で説明した．漸近有効性の証明を示すことがここでの目的である．以下では結果を保証するために必要なさまざまな条件 (正則条件，regularity condition) をあらかじめ数多く前提とした上で証明の概要を示すこととする．漸近有効性はより一般的な枠組みで証明されるが，一般的でかつ厳密な証明はかなり面倒なものとなる．

いま $X_1, \ldots, X_n$ を独立同一分布に従う確率変数とし，確率関数あるいは密度関数を $f(x, \theta)$ とする．ここでは未知母数 θ を推定する問題を考える．また，簡便のために θ は 1 次元のパラメータであるとする．以下の議論は θ が k 次元のパラメータの場合に容易に拡張できる．さて，$f(x, \theta)$ が正規分布などのいくつかの分布の場合には，7 章で述べたように UMVU 推定量などのよい性質を持つ推定量が存在する．$f(x, \theta)$ がより一般の分布の場合には UMVU のような最適性を持つ推定量は必ずしも存在しない．従ってそのような場合にどのような推定量を用いたらよいかが問題となる．しかしながら，多くの推定量の標本分布は漸近的には正規分布に収束し，そのことに基づいて推定量の推定精度を比較することができる．

いま $\hat{\theta} = \hat{\theta}_n$ を θ のある推定量とする．ここで，特定の推定量はサンプルサイズ n にも依存しているので，より正確には推定量の系列 $\left\{\hat{\theta}_n\right\}_{n=1,2,\ldots}$ として考えなければならないことに注意する．ところで合理的な推定量は一致性を持つのが通常である．すなわち任意の θ について

$$\hat{\theta}_n \xrightarrow{p} \theta \quad (n \to \infty) \tag{13.1}$$

が成り立つ．ここでは一致性を保証するための条件として次の2つの条件を仮定しよう．まず $\hat{\theta}_n$ のバイアス $b_n(\theta) = E_\theta\left[\hat{\theta}_n\right] - \theta$ について，$b_n(\theta) = o(n^{-1/2})$ であり，かつ $b_n(\theta)$ の導関数 ${b_n}'(\theta)$ が $o(1)$ と仮定する．すなわち

$$\sqrt{n}b_n(\theta),\ {b_n}'(\theta) \to 0 \quad (n \to \infty) \tag{13.2}$$

とする．$\sqrt{n}b_n(\theta) \to 0$ の条件は漸近的に $\hat{\theta}_n$ が不偏推定量であると解釈すればよい．次に $\hat{\theta}_n$ の分散 $\mathrm{Var}\left[\hat{\theta}_n\right] = {\sigma_n}^2(\theta)$ が $1/n$ のオーダー $O(1/n)$ であり

$$n{\sigma_n}^2(\theta) \to \tau(\theta) \quad (n \to \infty) \tag{13.3}$$

と仮定する．$\tau(\theta)$ を $\sqrt{n}\hat{\theta}_n$ の**漸近分散** (asymptotic variance) とよぶ．(13.2), (13.3) 式の仮定のもとで $\hat{\theta}_n$ の平均二乗誤差は $E\left[(\hat{\theta}_n - \theta)^2\right] = {\sigma_n}^2(\theta) + b_n(\theta)^2 \to 0$ であるから，マルコフの不等式により $\hat{\theta}_n$ が一致性を持つことがわかる．以上で $O(\,), o(\,)$ の記法については補論 A.3 を参照されたい．

ここでは (13.2), (13.3) 式の2つの条件に加えて，さらに $\hat{\theta}_n$ の分布が正規分布に分布収束することを仮定しよう．より正確には

$$\sqrt{n}(\hat{\theta}_n - \theta) \xrightarrow{d} \mathrm{N}(0, \tau(\theta)) \tag{13.4}$$

を仮定する．

ところで，クラメル・ラオの不等式により任意の n 及び θ について

$$n{\sigma_n}^2(\theta) \geq \frac{(1 + {b_n}'(\theta))^2}{I(\theta)}$$

が成り立つから，$n \to \infty$ とすることにより

$$\tau(\theta) \geq \frac{1}{I(\theta)} \tag{13.5}$$

の関係を得る．ただし $I(\theta)$ はフィッシャー情報量である．

以上より (13.2), (13.3), (13.4) 式の条件を満たす任意の推定量の漸近分散 $\tau(\theta)$ について，(13.5) 式の不等式の成立することがわかった．従ってすべての θ において漸近分散 $\tau(\theta)$ が $1/I(\theta)$ に一致するような推定量は漸近的に分散を最小にする推定量である．このような推定量は**漸近有効** (asymptotically efficient) な推定量とよばれる．最尤推定量の漸近有効性とは，適当な正則条件のもとで最尤推定量が漸近有効な推定量であるという事実を表している．

ここで，議論の厳密さのために，モーメントの極限と漸近モーメントの違いについてふれておこう．(13.4) 式では漸近正規分布の平均と分散が，(13.2) 式及び (13.3) 式で与えられている極限と一致することを仮定しているが，厳密に言うと，漸近分布のモーメントとモーメントの極限が一致する保証はない．(13.3) 式では分散の極限として漸近分散を定義したが，より正確には漸近分布である正規分布の分散を漸近分散と定義する．漸近分布のモーメントとモーメントの極限が一致しない可能性を考えるならば，漸近有効な推定量の定義を

$$\sqrt{n}(\hat{\theta}_n - \theta) \xrightarrow{d} \mathrm{N}\left(0, \frac{1}{I(\theta)}\right) \tag{13.6}$$

が成り立つ推定量とすればよい．この場合，漸近有効な推定量自体について (13.2), (13.3) 式を証明する必要はない．以下の最尤推定量の漸近有効性の証明においても，(13.6) 式のみを証明することとする．

さて，いよいよ最尤推定量の漸近有効性の証明にはいっていこう．まず，その第 1 段階として最尤推定量の一致性を示す必要がある．このための道具として用いるのが**カルバック・ライブラー情報量** (Kullback-Leibler information) の概念である．いま $f(x), g(x)$ を 2 つの密度関数とする．このときカルバック・ライブラー情報量 $I(f,g)$ を

$$\begin{aligned} I(f,g) &= \int_{-\infty}^{\infty} \log\left(\frac{f(x)}{g(x)}\right) f(x)\, dx \\ &= E_f\left[\log\left(\frac{f(X)}{g(X)}\right)\right] \end{aligned} \tag{13.7}$$

で定義する．f, g が確率関数のときでも同様である．ただし $0 \log 0 = 0$ と

する．また $f(x) > 0$ かつ $g(x) = 0$ のときは $\log(f(x)/g(x)) = \infty$ とする．$f(x) = g(x) = 0$ となる x は積分範囲から除く．さて密度関数の場合でも確率関数の場合でも議論は同じであるから以下では密度関数を用いて議論をすすめていくこととする．ここで $I(f,g)$ について次の補題を示そう．

補題 13.1

$$I(f,g) \geq 0 \tag{13.8}$$

であり，等号の成立は (ほとんど) すべての x に対して $f(x) = g(x)$ となる場合に限る．

証明　$y = \log x$ のグラフから容易にわかるように $\log x \leq x - 1$, $\forall x > 0$, であり等号は $x = 1$ に限る．従って

$$\log\left(\frac{f(x)}{g(x)}\right) = -\log\left(\frac{g(x)}{f(x)}\right) \geq 1 - \frac{g(x)}{f(x)}$$

となる．この両辺に $f(x)$ をかけて x について積分すれば

$$\begin{aligned} I(f,g) &\geq \int_{x:f(x)>0} \left(1 - \frac{g(x)}{f(x)}\right) f(x)\,dx = \int_{-\infty}^{\infty} f(x)\,dx - \int_{x:f(x)>0} g(x)\,dx \\ &\geq \int_{-\infty}^{\infty} f(x)\,dx - \int_{-\infty}^{\infty} g(x)\,dx = 1 - 1 = 0 \end{aligned}$$

を得る．ここで等式が成立するには $f(x) > 0$ となる任意の x について $g(x)/f(x) = 1$ が成り立たなければならないことがわかる．また $0 = \displaystyle\int_{x:f(x)=0} g(x)\,dx$ も成り立たなければならないが，このことは $f(x) = 0$ ならば $g(x) = 0$ でなければならないことを示している．従って $I(f,g) = 0$ となるのはすべての x について $f(x) = g(x)$ となる場合に限る．∎

カルバック・ライブラー情報量の定義は必ずしも直観的に解釈しやすいものではないが，$I(f,g)$ は分布 f から測った分布 g までの距離の二乗と考えることができる．ここで分布の間の距離というのは2つの分布の相違の大きさあるいは区別のしやすさと考えればよい．ただし一般に $I(f,g) \neq I(g,f)$ であるから，f からみた g までの距離と g からみた f までの距離は同じではないことに注意する．また $\log(f(x)/g(x)) = \log f(x) - \log g(x)$ を用いて (13.8) 式を書き直せば

$$\int_{-\infty}^{\infty} \log(f(x))f(x)\,dx \geq \int_{-\infty}^{\infty} \log(g(x))f(x)\,dx \tag{13.9}$$

となる．

ここで (13.9) 式の不等式を密度関数の族 $f(x,\theta)$ に応用しよう．これまでと同様，議論の簡便のために，θ は 1 次元パラメータであるとする．またここからは真のパラメータの値は θ_0 と表し，θ は真の値とは限らないパラメータの値とする．ここで

$$\eta(\theta_0,\theta) = \int_{-\infty}^{\infty} \log(f(x,\theta))f(x,\theta_0)\,dx \tag{13.10}$$

と定義すれば，(13.9) 式より

$$\eta(\theta_0,\theta) \leq \eta(\theta_0,\theta_0) \tag{13.11}$$

が成り立つことがわかる．従って，$\eta(\theta_0,\theta)$ を (θ_0 を固定し) θ の関数とみれば $\eta(\theta_0,\theta)$ の最大値が $\theta=\theta_0$ で達成されることがわかる．ちなみに $-\eta(\theta,\theta)$ は密度関数 $f(x,\theta)$ の**エントロピー** (entropy) とよばれる量である．また $\eta(\theta_0,\theta)$ を θ の関数としてみるということは，$f(x,\theta_0)$ で与えられる分布を起点として，さまざまな θ に対し $f(x,\theta)$ までの距離に注目しているものと解釈することができる．

このような観点からカルバック・ライブラー情報量とフィッシャー情報量の関係について述べておこう．記法の簡単のため $I(\theta_0,\theta) = I(f(x,\theta_0), f(x,\theta)) = \eta(\theta_0,\theta_0) - \eta(\theta_0,\theta)$ とおく．微分と積分を交換して考えれば容易にわかるように

$$\begin{aligned} &I(\theta_0,\theta_0)=0, \quad \frac{\partial}{\partial\theta} I(\theta_0,\theta)\Big|_{\theta=\theta_0} = 0, \\ &\frac{\partial^2}{\partial\theta^2} I(\theta_0,\theta)\Big|_{\theta=\theta_0} = I(\theta_0) \end{aligned} \tag{13.12}$$

が成り立つ (問 13.1)．ただし，$I(\theta_0)$ はフィッシャー情報量である．従ってテーラー展開を用いれば，$|\Delta\theta|$ が小さいとき

$$I(f(x,\theta_0), f(x,\theta_0+\Delta\theta)) \doteq \frac{1}{2}(\Delta\theta)^2 I(\theta_0) \tag{13.13}$$

の関係が成り立つ．カルバック・ライブラー情報量は分布の間の距離を表すと解釈されるから，フィッシャー情報量は互いに近い分布間の距離を表すものと

考えることができる．θ が精度よく推定できるということは分布が互いに区別しやすい，すなわち分布間の距離が大きい，ということを意味するから，推定量の分散が $1/I(\theta)$ に対応するのは自然である．

$X = (X_1, \ldots, X_n)$ を観測したときの対数尤度関数を $\ell(\theta) = \ell(\theta, X) = \sum_{i=1}^{n} \log f(X_i, \theta)$ とする．最尤推定量 $\hat{\theta}_n^{\mathrm{ML}}$ は $\ell(\theta)$ を最大化する．

$$\ell(\hat{\theta}_n^{\mathrm{ML}}) = \max_{\theta} \ell(\theta)$$

さて対数尤度関数の $1/n$ を平均対数尤度関数とよべば，平均対数尤度関数の (真のパラメータ θ_0 のもとでの) 期待値は

$$\begin{aligned} E_{\theta_0}\left[\frac{1}{n}\ell(\theta)\right] &= \frac{1}{n}\sum_{i=1}^{n} E_{\theta_0}[\log f(X_i, \theta)] \\ &= \int \log(f(x, \theta)) f(x, \theta_0)\, dx \\ &= \eta(\theta_0, \theta) \end{aligned} \tag{13.14}$$

となり $\eta(\theta_0, \theta)$ に一致することがわかる．いま各 θ について $\ell(\theta)/n$ は $\log f(X_i, \theta)$, $i = 1, \ldots, n$, の標本平均であるから，大数の法則により

$$\frac{1}{n}\ell(\theta) \xrightarrow{p} \eta(\theta_0, \theta) \quad (n \to \infty) \tag{13.15}$$

が成り立つ．すなわち $\ell(\theta)/n$ は各 θ について $\eta(\theta_0, \theta)$ に確率収束する．いま $\ell(\theta)/n$ の最大値を与えるのが最尤推定量であり，$\eta(\theta_0, \theta)$ の最大値を与えるのが $\theta = \theta_0$ であるから，(13.15) 式より適当な正則条件のもとで

$$\hat{\theta}_n^{\mathrm{ML}} \xrightarrow{p} \theta_0 \quad (n \to \infty) \tag{13.16}$$

となることがわかる (図 13.1 参照)．すなわち最尤推定量 $\hat{\theta}_n^{\mathrm{ML}}$ は一致推定量である．

図 13.1 より最尤推定量の一致性は直観的には明らかであるが，縦方向の収束，すなわち各 θ における $\ell(\theta)/n$ の $\eta(\theta_0, \theta)$ への収束，が最大値を与える位置の横方向の収束 ($\hat{\theta}_n^{\mathrm{ML}} \to \theta_0$) を保証することを示す必要がある．ここでは明示的な正則条件 (の一例) を仮定した上で最尤推定量の一致性を証明しよう．

まず母数空間は $\Theta = \mathbb{R} = (-\infty, \infty)$ であるとする．Θ が開区間であれば議論は同様である．もし Θ が有界閉区間であれば以下の (13.19) 式の条件は不要となり証明はより容易となるが，ここでは一般性のために母数空間を開集合とし

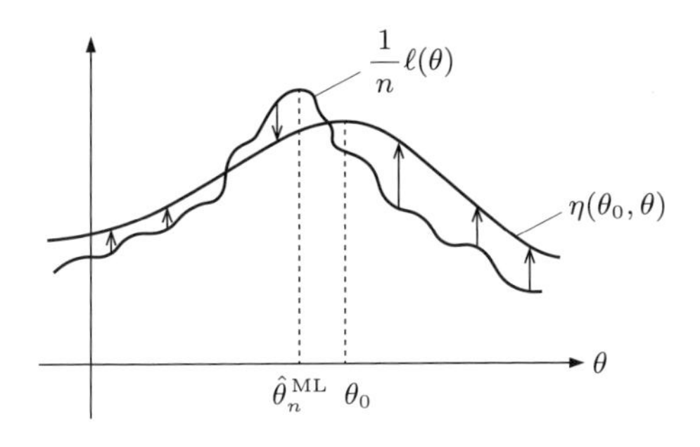

図 13.1

ておく．またここからの一致性の証明では，記法の簡便のため一般性を失うことなく $\theta_0 = 0$ とおく．ここで $\eta(0, \theta)$ について次の条件を仮定する．

$$\eta(0, \theta) \text{ は } \theta > 0 \text{ で単調強減少，} \theta < 0 \text{ で単調強増加である} \tag{13.17}$$

(13.17) 式は，パラメータの値が離れるほど分布の距離も大きくなるという仮定であり自然な仮定である．

さらに正の実数 M に対して

$$g_M(x) = \sup_{|\theta| > M} \log f(x, \theta) \tag{13.18}$$

とおくと，十分大きな M について

$$E_0[g_M(X)] = c_g < \eta(0, 0) \tag{13.19}$$

となることを仮定する．ここで E_0 は真のパラメータ $\theta_0 = 0$ のもとでの期待値を表している．$E_0[g_M(X)]$ が M の単調減少関数であることに注意すれば，(13.19) 式は (13.17) 式と整合的な仮定であることがわかる．

最後に，$f(x, \theta)$ は各 x において θ で偏微分可能であり，(13.19) 式が成り立つように選ばれた M に対して

$$h_M(x) = \sup_{|\theta| \le M} \left| \frac{\partial}{\partial \theta} \log f(x, \theta) \right| \tag{13.20}$$

とおくとき

$$E_0[h_M(X)] = c_h < \infty \tag{13.21}$$

と仮定する．(13.21) 式は積分の存在を仮定する条件であり不自然な仮定ではない．以上の (13.17), (13.19), (13.21) 式の仮定のもとで最尤推定量は一致推定量

となる．このことを補題としてまとめておこう．

補題 13.2　$X_1, \ldots, X_n$ を密度関数あるいは確率関数 $f(x, \theta)$ を持つ *i.i.d.* 確率変数とする．母数空間を $\Theta = (-\infty, \infty)$ とし一般性を失うことなく真のパラメータを $\theta_0 = 0$ とする．以上の (13.17), (13.19), (13.21) 式の仮定のもとで最尤推定量 $\hat{\theta}_n^{\mathrm{ML}}$ は $\theta_0 = 0$ に確率収束し，一致推定量である．

証明　まず

$$\frac{1}{n}\ell(0) \xrightarrow{p} \eta(0, 0) \tag{13.22}$$

に注意する．また

$$\frac{1}{n} \sup_{|\theta|>M} \ell(\theta) < \frac{1}{n}\sum_{i=1}^{n} g_M(X_i) \xrightarrow{p} c_g \tag{13.23}$$

である．$c_g < \eta(0, 0)$ に注意すれば (13.23) 式より

$$P_0(|\hat{\theta}_n^{\mathrm{ML}}| > M) \to 0 \quad (n \to \infty) \tag{13.24}$$

となることがわかる (問 13.2)．これで $[-M, M]$ の区間の外に $\hat{\theta}_n^{\mathrm{ML}}$ が落ちる確率をおさえることができた．

次に $\varepsilon > 0$ を任意に (小さく) 固定し

$$\delta = \min\{\eta(0, 0) - \eta(0, -\varepsilon),\ \eta(0, 0) - \eta(0, \varepsilon)\} > 0 \tag{13.25}$$

とおく．ここで正整数 K を

$$K > \frac{2Mc_h}{\delta} \tag{13.26}$$

ととる．そして $[-M, -\varepsilon]$ 及び $[\varepsilon, M]$ の区間をそれぞれ K 等分して，$\theta_1 = -M$, $\theta_2 = -M + (M - \varepsilon)/K, \ldots, \theta_{K+1} = -\varepsilon$ 及び $\theta_{K+2} = \varepsilon, \ldots, \theta_{2K+2} = M$ とおく．まず各 $i = 1, \ldots, 2K+2$ において

$$\frac{1}{n}\ell(\theta_i) \xrightarrow{p} \eta(0, \theta_i) < \eta(0, 0) \tag{13.27}$$

となることに注意しよう．

さらに (13.21) 式より，$j \neq K+1$ として，

$$
\begin{aligned}
\sup_{\theta \in [\theta_j, \theta_{j+1}]} & \frac{1}{n} |\ell(\theta) - \ell(\theta_j)| \\
&= \sup_{\theta \in [\theta_j, \theta_{j+1}]} \frac{1}{n} (\theta - \theta_j) \left| \frac{\partial}{\partial \theta} \ell(\theta^*) \right| \quad (\theta_j \le \theta^* \le \theta) \\
&\le (\theta_{j+1} - \theta_j) \frac{1}{n} \sum_{i=1}^{n} h_M(X_i) < \frac{M}{K} \frac{1}{n} \sum_{i=1}^{n} h_M(X_i) \\
&< \frac{\delta}{2c_h} \frac{1}{n} \sum_{i=1}^{n} h_M(X_i)
\end{aligned}
\tag{13.28}
$$

となる．大数の法則より $\frac{1}{n} \sum_{i=1}^{n} h_M(X_i)$ は c_h に確率収束するから (13.28) 式より

$$
P_0\left(\sup_{\theta \in [\theta_j, \theta_{j+1}]} \frac{1}{n} |\ell(\theta) - \ell(\theta_j)| < \frac{\delta}{2} \right) \to 1 \quad (n \to \infty) \tag{13.29}
$$

を得る．(13.22), (13.27) 及び (13.29) 式より各 $j \neq K+1$ について

$$
P_0(\hat{\theta}_n^{\mathrm{ML}} \in [\theta_j, \theta_{j+1}]) \to 0 \quad (n \to \infty) \tag{13.30}
$$

となる (問 13.3)．(13.24) 式及び (13.30) 式を用いれば

$$
P_0(|\hat{\theta}_n^{\mathrm{ML}}| \ge \varepsilon) \to 0 \quad (n \to \infty) \tag{13.31}
$$

を得る (問 13.4)．従って $\hat{\theta}_n^{\mathrm{ML}}$ は $\theta_0 = 0$ に確率収束し一致推定量である．∎

以上で最尤推定量の一致性の証明を与えたが (13.17), (13.19), (13.21) 式の 3 つの仮定は最尤推定量の一致性を保証する 1 つの条件の組にすぎない．例えば (13.17) 式において $\eta(0, \theta)$ は必ずしも単調関数である必要はなく，$0 = \theta_0$ から離れた θ について $\eta(0, \theta)$ が $\eta(0, 0)$ に近づかなければよい．また母数空間 Θ が有界閉集合すなわちコンパクトな集合ならば (13.19) 式の条件は必要ない．最尤推定量の一致性に関するより一般的な取扱いについては，Wald(1949), Perlman(1972) を参照されたい．

以上の最尤推定量の一致性の結果に基づいて，次に最尤推定量の漸近分布が

$$
\sqrt{n}(\hat{\theta}_n^{\mathrm{ML}} - \theta_0) \xrightarrow{d} \mathrm{N}\left(0, \frac{1}{I(\theta_0)}\right) \tag{13.32}
$$

となることを示そう．これにより最尤推定量の漸近有効性が示される．まず厳密性にこだわらずに証明の概要を与えよう．いま最尤推定量 $\hat{\theta}_n^{\mathrm{ML}}$ は

$$\ell'(\hat{\theta}) = 0 \tag{13.33}$$

の解 (の1つ) である．(13.33) 式は対数尤度関数の最大値の必要条件であり，**尤度方程式** (likelihood equation) とよばれる．ここで $\hat{\theta}_n^{\mathrm{ML}}$ が θ_0 に近いことを用いて (13.33) 式を θ_0 のまわりでテーラー展開すれば

$$0 = \ell'(\hat{\theta}_n^{\mathrm{ML}}) = \ell'(\theta_0) + (\hat{\theta}_n^{\mathrm{ML}} - \theta_0)\ell''(\theta^*) \tag{13.34}$$

を得る．ただし θ^* は θ_0 と $\hat{\theta}_n^{\mathrm{ML}}$ の間の値である．(13.34) 式を変形すれば

$$\begin{aligned}\sqrt{n}(\hat{\theta}_n^{\mathrm{ML}} - \theta_0) &= -\sqrt{n}\frac{\ell'(\theta_0)}{\ell''(\theta^*)} = \frac{\dfrac{1}{\sqrt{n}}\ell'(\theta_0)}{-\dfrac{1}{n}\ell''(\theta^*)} \\ &= \frac{\dfrac{1}{\sqrt{n}}\displaystyle\sum_{i=1}^{n}\frac{\partial}{\partial\theta}\log f(X_i, \theta_0)}{-\dfrac{1}{n}\displaystyle\sum_{i=1}^{n}\frac{\partial^2}{\partial\theta^2}\log f(X_i, \theta^*)}\end{aligned} \tag{13.35}$$

を得る．ところで (13.35) 式の右辺の分子は中心極限定理を応用できる形になっていることがわかる．すなわち分子は $i.i.d.$ 確率変数の和を $\sqrt{n}$ で割っており，

$$E_{\theta_0}\left[\frac{\partial}{\partial\theta}\log f(X_i, \theta_0)\right] = 0, \quad E_{\theta_0}\left[\left(\frac{\partial}{\partial\theta}\log f(X_i, \theta_0)\right)^2\right] = I(\theta_0) \tag{13.36}$$

に注意すれば

$$\frac{1}{\sqrt{n}}\ell'(\theta_0) \xrightarrow{d} \mathrm{N}(0, I(\theta_0))$$

となることがわかる．

一方 (13.35) 式の分母は n で割っているから大数の法則を応用できる形になっている．$\hat{\theta}_n^{\mathrm{ML}} \xrightarrow{p} \theta_0$ より $\theta^* \xrightarrow{p} \theta_0$ となり，ℓ'' の連続性を仮定すれば

$$-\operatorname*{plim}_{n\to\infty}\frac{1}{n}\ell''(\theta^*) = -\operatorname*{plim}_{n\to\infty}\frac{1}{n}\ell''(\theta_0) = E_{\theta_0}\left[-\frac{\partial^2}{\partial\theta^2}\log f(X_i, \theta_0)\right] = I(\theta_0) \tag{13.37}$$

を得る ((7.26) 式参照)．これより $\sqrt{n}(\hat{\theta}_n^{\mathrm{ML}} - \theta_0)$ は漸近的に平均0の正規分布に従い，その漸近分散は

$$\tau(\theta_0) = \frac{I(\theta_0)}{(I(\theta_0))^2} = \frac{1}{I(\theta_0)}$$

となる．これより (13.32) 式が示された．

(13.32) 式は以上のように中心極限定理と大数の法則を応用することによってきわめて容易に証明された．ただし，以上の議論の各ステップを厳密にするためには，一致性のための正則条件に加えて以下のような正則条件がさらに必要である．まず (13.36), (13.37) 式において，フィッシャー情報量につき

$$0 < I(\theta) = E_\theta[(\ell'(\theta))^2] = E_\theta[-\ell''(\theta)] < \infty \tag{13.38}$$

の仮定が必要である．また (13.37) 式の第 1 の等式を保証するには，$\ell(\theta)$ が 3 回微分可能であり，かつある $c > 0$ が存在して

$$\sup_{|\theta-\theta_0|<c} \left| \frac{\partial^3}{\partial\theta^3} \log f(x,\theta) \right| = M(x) \tag{13.39}$$

とおくとき

$$E_{\theta_0}[M(X)] < \infty \tag{13.40}$$

を仮定すればよい．実際 (13.40) 式の仮定のもとで，$\lim_{n\to\infty} P(|\hat\theta_n^{\mathrm{ML}} - \theta_0| < c) = 1$ に注意すれば，1 に近付く確率で

$$\left| \frac{1}{n}\ell''(\theta^*) - \frac{1}{n}\ell''(\theta_0) \right| \le |\hat\theta_n^{\mathrm{ML}} - \theta_0| \, \frac{1}{n}\sum_{i=1}^n M(X_i) \tag{13.41}$$

となる．$\hat\theta_n^{\mathrm{ML}} - \theta_0 \xrightarrow{p} 0$ であり，また $\frac{1}{n}\sum_{i=1}^n M(X_i) \xrightarrow{p} E_{\theta_0}[M(X)]$ であるから (13.41) 式の右辺は 0 に確率収束する．従って (13.41) 式の左辺も 0 に確率収束し (13.37) 式の第 1 の等式が成り立つことがわかる．以上の結果を定理にまとめておこう．

定理 13.3 いま $X_1, \ldots, X_n$ を独立同一分布に従う確率変数とし確率関数あるいは密度関数を $f(x,\theta)$ とする．母数 θ は 1 次元のパラメータとする．(13.17), (13.19), (13.21), (13.38), (13.40) 式の正則条件のもとで，最尤推定量は漸近有効な推定量である．

以上では θ が 1 次元パラメータの場合を扱った．θ が多次元のパラメータの場合でも同様の結果が成り立つ．ここでは，正則条件などは省略して多次元の最尤推定量の漸近分布の形を確認しよう．θ を p 次元母数 $\theta = (\theta_1, \ldots, \theta_p)$ とおく．また $\theta_0 = (\theta_{01}, \ldots, \theta_{0p})$ を真のパラメータとする．この場合尤度方程式は p 元の連立方程式

$$\frac{\partial}{\partial \theta_i}\ell(\hat{\theta}) = 0, \quad i = 1, \ldots, p \tag{13.42}$$

となる．ここで (13.34) 式と同様に (13.42) 式を θ_0 のまわりでテーラー展開すれば

$$0 = \frac{\partial}{\partial \theta_i}\ell(\theta_0) + \sum_{j=1}^{p}(\hat{\theta}_j - \theta_{0j})\frac{\partial^2}{\partial \theta_i \partial \theta_j}\ell(\theta^*) \tag{13.43}$$

と表される．ただし厳密には θ^* は i に依存する．ここで $\frac{\partial}{\partial \theta_i}\ell(\theta_0)$ を第 i 要素とするベクトルを $\dot{\ell}(\theta_0)$，また $-\frac{\partial^2}{\partial \theta_i \partial \theta_j}\ell(\theta^*)$ を (i,j) 要素とする行列を $n\hat{I}(\theta^*)$ と表せば (13.43) 式は

$$\sqrt{n}(\hat{\theta} - \theta_0) = \hat{I}(\theta^*)^{-1}\frac{1}{\sqrt{n}}\dot{\ell}(\theta_0) \tag{13.44}$$

と表される．大数の法則より $\hat{I}(\theta^*)$ はフィッシャー情報行列 $I(\theta_0)$ に確率収束する．ただし

$$I(\theta_0)_{ij} = E_{\theta_0}\left[-\frac{\partial^2}{\partial \theta_i \partial \theta_j}\log f(X, \theta_0)\right]$$

となることを用いた．また多次元の中心極限定理 (補論 A.1 参照) により

$$\frac{1}{\sqrt{n}}\dot{\ell}(\theta_0) \xrightarrow{d} \mathrm{N}_p(0, I(\theta_0)) \tag{13.45}$$

である．

以上より多次元の場合には

$$\sqrt{n}(\hat{\theta} - \theta_0) \xrightarrow{d} \mathrm{N}_p(0, I(\theta_0)^{-1}I(\theta_0)(I(\theta_0)^{-1})^\top) = \mathrm{N}_p(0, I(\theta_0)^{-1}) \tag{13.46}$$

となることがわかる．ただし $I(\theta_0)$ が対称行列であり $(I(\theta_0)^{-1})^\top = (I(\theta_0)^\top)^{-1} = I(\theta_0)^{-1}$ であることを用いた．7.6 節の多次元の場合のクラメル・ラオの不等式により，多次元の場合にも最尤推定量の漸近有効性が成立することがわかる．以上の議論を厳密にするためには 1 変量の場合の正則条件を適当な形で多変量に拡張すればよい．ここではこれらの正則条件は省略する．

13.2　尤度比検定の漸近分布

この節では尤度比検定の漸近分布の導出をおこなう．尤度比検定及びその漸近分布については 8 章ですでに説明したが，ここでは尤度比検定の一般的な設

定をもう一度述べておこう．

いま $X_1,\ldots,X_n$ を密度関数あるいは確率関数 $f(x,\theta)$ を持つ $i.i.d.$ 確率変数とする．ここで θ は $p+q$ 次元パラメータ $\theta=(\theta_1,\ldots,\theta_{p+q})$ とする．さらに $\theta_{p+1},\ldots,\theta_{p+q}$ の q 個のパラメータは局外母数であり，仮説検定問題は最初の p 個のパラメータについて

$$H_0:\theta_i=\theta_{0i},\ i=1,\ldots,p,\quad \text{vs.}\quad H_1:\theta_i\neq\theta_{0i},\ \exists i \tag{13.47}$$

となっている場合を考えよう．ここで無条件の最尤推定量，すなわち $p+q$ 個のすべての母数を未知母数としたときの最尤推定量を $\hat{\theta}=(\hat{\theta}_1,\ldots,\hat{\theta}_{p+q})$ と表そう．また帰無仮説のもとでの最尤推定量を

$$\widetilde{\theta}=(\theta_{01},\ldots,\theta_{0p},\widetilde{\theta}_{p+1},\ldots,\widetilde{\theta}_{p+q}) \tag{13.48}$$

と表そう．$\widetilde{\theta}_{p+1},\ldots,\widetilde{\theta}_{p+q}$ は

$$\prod_{t=1}^{n} f(x_t,\theta_{01},\ldots,\theta_{0p},\theta_{p+1},\ldots,\theta_{p+q})$$

を $\theta_{p+1},\ldots,\theta_{p+q}$ の q 個のパラメータについて最大化して得られる．このとき尤度比検定統計量は

$$L=\frac{\prod_{t=1}^{n} f(x_t,\hat{\theta})}{\prod_{t=1}^{n} f(x_t,\widetilde{\theta})} \tag{13.49}$$

と表される．また対数尤度比統計量は

$$\log L=\sum_{t=1}^{n}\log f(x_t,\hat{\theta})-\sum_{t=1}^{n}\log f(x_t,\widetilde{\theta})=\ell(\hat{\theta})-\ell(\widetilde{\theta}) \tag{13.50}$$

と表される．ただし $\ell(\theta)=\sum_{t=1}^{n}\log f(x_t,\theta)$ は対数尤度関数である．

正則条件を仮定すれば，帰無仮説のもとで

$$2\log L\xrightarrow{d}\chi^2(p)\quad (n\to\infty) \tag{13.51}$$

となることが証明される．ここで $\chi^2(p)$ は自由度 p のカイ二乗分布を表す．p は帰無仮説及び対立仮説のもとで自由に動けるパラメータ数の差であることに注意しよう．(13.51) 式より $\chi^2_\alpha(p)$ をカイ二乗分布の上側 α 点とすれば

$$2\log L>\chi^2_\alpha(p)\ \Rightarrow\ \text{reject} \tag{13.52}$$

とすることにより，漸近的に有意水準 α の検定が得られることとなる．このように，尤度比検定統計量の帰無仮説のもとでの漸近分布は一般的に求められ，非常に有用である．

以上の結果の証明を与えよう．そのためには多変量正規分布に関する以下の補題 13.4 及び補題 13.5 の 2 つの補題が必要となる．

補題 13.4　$X \sim \mathrm{N}_p(0, \Sigma)$ とする．このとき $X^\top \Sigma^{-1} X \sim \chi^2(p)$ である．

証明　ここでは積率母関数を用いた証明を与える．

$$
\begin{aligned}
E\left[e^{tX^\top \Sigma^{-1} X}\right] &= \int e^{tx^\top \Sigma^{-1} x} \frac{1}{(2\pi)^{p/2}(\det \Sigma)^{1/2}} e^{-x^\top \Sigma^{-1} x/2}\, dx \\
&= (1-2t)^{-p/2} \int \frac{(1-2t)^{p/2}}{(2\pi)^{p/2}(\det \Sigma)^{1/2}} e^{-(1-2t)x^\top \Sigma^{-1} x/2}\, dx \\
&= (1-2t)^{-p/2} \qquad (13.53)
\end{aligned}
$$

となる．$(1-2t)^{-p/2}$ は自由度 p のカイ二乗分布の積率母関数であるから補題は証明された． ∎

補題 13.4 は 3 章における多変量正規分布の導出に戻って $\Sigma = BB^\top$ と表しても容易に証明される (問 13.6)．

次に $p+q$ 次元の多変量正規分布に従う確率ベクトル X を最初の p 個の要素と残りの q 個の要素にわけ

$$
X = \begin{pmatrix} X_{(1)} \\ X_{(2)} \end{pmatrix} \qquad (13.54)
$$

とおく．この分割に応じて X の分散共分散行列 Σ を

$$
\Sigma = \begin{pmatrix} \Sigma_{11} & \Sigma_{12} \\ \Sigma_{21} & \Sigma_{22} \end{pmatrix} \qquad (13.55)
$$

と分割する．以上の分割は (3.76) 式の分割と同じである．ここで次の補題が成り立つ．

補題 13.5 $X \sim \mathrm{N}_{p+q}(0, \Sigma)$ とし X 及び Σ が (13.54), (13.55) 式のように分割されているとする．このとき

$$X^\top \Sigma^{-1} X - X_{(2)}{}^\top \Sigma_{22}{}^{-1} X_{(2)} \sim \chi^2(p) \tag{13.56}$$

である．

証明 容易にわかるように

$$\begin{pmatrix} \Sigma_{11} & \Sigma_{12} \\ \Sigma_{21} & \Sigma_{22} \end{pmatrix} = \begin{pmatrix} I_p & \Sigma_{12}\Sigma_{22}{}^{-1} \\ 0 & I_q \end{pmatrix} \begin{pmatrix} \Sigma_{11} - \Sigma_{12}\Sigma_{22}{}^{-1}\Sigma_{21} & 0 \\ 0 & \Sigma_{22} \end{pmatrix} \begin{pmatrix} I_p & 0 \\ \Sigma_{22}{}^{-1}\Sigma_{21} & I_q \end{pmatrix} \tag{13.57}$$

が成り立つ．ここで，以下の記法の簡便のために

$$\Sigma_{11\cdot 2} = \Sigma_{11} - \Sigma_{12}\Sigma_{22}{}^{-1}\Sigma_{21} \tag{13.58}$$

とおく．

$$\begin{aligned} \begin{pmatrix} I_p & \Sigma_{12}\Sigma_{22}{}^{-1} \\ 0 & I_q \end{pmatrix}^{-1} &= \begin{pmatrix} I_p & -\Sigma_{12}\Sigma_{22}{}^{-1} \\ 0 & I_q \end{pmatrix} \\ \begin{pmatrix} I_p & 0 \\ \Sigma_{22}{}^{-1}\Sigma_{21} & I_q \end{pmatrix}^{-1} &= \begin{pmatrix} I_p & 0 \\ -\Sigma_{22}{}^{-1}\Sigma_{21} & I_q \end{pmatrix} \\ \begin{pmatrix} \Sigma_{11\cdot 2} & 0 \\ 0 & \Sigma_{22} \end{pmatrix}^{-1} &= \begin{pmatrix} \Sigma_{11\cdot 2}{}^{-1} & 0 \\ 0 & \Sigma_{22}{}^{-1} \end{pmatrix} \end{aligned} \tag{13.59}$$

に注意し，$Y = X_{(1)} - \Sigma_{12}\Sigma_{22}{}^{-1}X_{(2)}$ とおくと

$$\begin{aligned} X^\top \Sigma^{-1} X &= (X_{(1)}{}^\top, X_{(2)}{}^\top) \begin{pmatrix} I_p & 0 \\ -\Sigma_{22}{}^{-1}\Sigma_{21} & I_q \end{pmatrix} \begin{pmatrix} \Sigma_{11\cdot 2}{}^{-1} & 0 \\ 0 & \Sigma_{22}{}^{-1} \end{pmatrix} \\ &\quad \times \begin{pmatrix} I_p & -\Sigma_{12}\Sigma_{22}{}^{-1} \\ 0 & I_q \end{pmatrix} \begin{pmatrix} X_{(1)} \\ X_{(2)} \end{pmatrix} \\ &= (Y^\top, X_{(2)}{}^\top) \begin{pmatrix} \Sigma_{11\cdot 2}{}^{-1} & 0 \\ 0 & \Sigma_{22}{}^{-1} \end{pmatrix} \begin{pmatrix} Y \\ X_{(2)} \end{pmatrix} \\ &= Y^\top \Sigma_{11\cdot 2}{}^{-1} Y + X_{(2)}{}^\top \Sigma_{22}{}^{-1} X_{(2)} \end{aligned} \tag{13.60}$$

が成り立つ (問 13.7)．これより

$$X^\top \Sigma^{-1} X - X_{(2)}{}^\top \Sigma_{22}{}^{-1} X_{(2)} = Y^\top \Sigma_{11\cdot 2}{}^{-1} Y \tag{13.61}$$

となることがわかる．ところで Y は X から線形変換によって得られるからやはり多変量正規分布に従う．$E[Y]=0$ であり分散共分散行列は，(3.79) 式と同様に，

$$\begin{aligned}\mathrm{Var}[Y] &= \mathrm{Var}\left[X_{(1)} - \Sigma_{12}\Sigma_{22}{}^{-1}X_{(2)}\right]\\ &= E\left[(X_{(1)} - \Sigma_{12}\Sigma_{22}{}^{-1}X_{(2)})(X_{(1)} - \Sigma_{12}\Sigma_{22}{}^{-1}X_{(2)})^\top\right]\\ &= \Sigma_{11} - 2\Sigma_{12}\Sigma_{22}{}^{-1}\Sigma_{21} + \Sigma_{12}\Sigma_{22}{}^{-1}\Sigma_{21}\\ &= \Sigma_{11} - \Sigma_{12}\Sigma_{22}{}^{-1}\Sigma_{21} = \Sigma_{11\cdot 2}\end{aligned} \tag{13.62}$$

で与えられることがわかる．Y は p 次元の正規確率ベクトルであり，その分散共分散が $\Sigma_{11\cdot 2}$ で与えられることから，補題 13.4 と (13.61) 式により補題 13.5 が成り立つことがわかる． ∎

さて以上の補題を用いて尤度比検定統計量の漸近分布を導出しよう．まず簡便のために $q=0$ として帰無仮説が単純仮説の場合を考える．このとき

$$2\log L = 2\sum_{t=0}^{n} \log f(x_t, \hat\theta) - 2\sum_{t=0}^{n} \log f(x_t, \theta_0) = 2\ell(\hat\theta) - 2\ell(\theta_0)$$

である．ここで $\ell(\theta_0)$ を $\theta=\hat\theta$ のまわりでテーラー展開することを考える．最尤推定量の場合には θ_0 のまわりの展開を考えたが，この場合には $\hat\theta$ のまわりで展開するほうが簡単である．テーラー展開は

$$\begin{aligned}2\log L &= 2\ell(\hat\theta) - 2\ell(\hat\theta) - 2\sum_{i=1}^{p}(\theta_{0i} - \hat\theta_i)\frac{\partial}{\partial\theta_i}\ell(\hat\theta)\\ &\qquad - \sum_{i=1}^{p}\sum_{j=1}^{p}(\theta_{0i} - \hat\theta_i)(\theta_{0j} - \hat\theta_j)\frac{\partial^2}{\partial\theta_i\partial\theta_j}\ell(\theta^{**})\\ &= \sum_{i=1}^{p}\sum_{j=1}^{p}\sqrt{n}(\theta_{0i} - \hat\theta_i)\sqrt{n}(\theta_{0j} - \hat\theta_j)\frac{1}{n}\left(-\frac{\partial^2}{\partial\theta_i\partial\theta_j}\ell(\theta^{**})\right)\end{aligned} \tag{13.63}$$

となる．ただし θ^{**} は θ_0 と $\hat\theta$ を結ぶ線分上の点である．ここで前節末と同様の行列記法を用いれば

$$2\log L = \sqrt{n}(\hat\theta - \theta_0)^\top \hat I(\theta^{**})\sqrt{n}(\hat\theta - \theta_0) \tag{13.64}$$

と表されることがわかる．ここで前節末と同様に $\hat{I}(\theta^{**}) \xrightarrow{p} I(\theta_0)$ 及び $\sqrt{n}(\hat{\theta} - \theta_0) \xrightarrow{d} \mathrm{N}_p(0, I(\theta_0)^{-1})$ となることを用いれば，補題 13.4 より

$$2 \log L \xrightarrow{d} \chi^2(p) \tag{13.65}$$

となることがわかる．

以上の導出を厳密なものにするには，多次元の場合の最尤推定量の漸近有効性のために必要な正則条件のみで十分であり，それ以上の正則条件を仮定する必要はない．

次に $q > 0$ であり，帰無仮説が複合仮説である場合の結果を導出しよう．そのためには (13.64) 式を次のように書き直しておくと便利である．いま (13.44) 式を (13.64) 式に代入すれば

$$2 \log L = \frac{1}{\sqrt{n}} \dot{\ell}(\theta_0)^\top \hat{I}(\theta^*)^{-1} \hat{I}(\theta^{**}) \hat{I}(\theta^*)^{-1} \frac{1}{\sqrt{n}} \dot{\ell}(\theta_0) \tag{13.66}$$

と表されることがわかる．

$$\hat{I}(\theta^*)^{-1} \hat{I}(\theta^{**}) \hat{I}(\theta^*)^{-1} \xrightarrow{p} I(\theta_0)^{-1} \tag{13.67}$$

であり，$\mathrm{Var}\left[n^{-1/2} \dot{\ell}(\theta_0)\right] = I(\theta_0)$ であるから (13.66) 式と補題 13.4 からも単純仮説の場合に $2 \log L \xrightarrow{d} \chi^2(p)$ となることがわかる．

さて，帰無仮説が複合仮説の場合には，“帰無仮説のもとで” と言ったときに帰無仮説に属するどの母数ベクトルが真なのかを考えなければならない．帰無仮説のもとで $2 \log L$ が自由度 p のカイ二乗分布に分布収束するという結果は，帰無仮説に属するどの母数ベクトルが真であっても成り立つ結果なのである．そこで帰無仮説に属する任意の母数ベクトルの 1 つを固定し $\theta_0 = (\theta_{01}, \ldots, \theta_{0,p+q})$ とおこう．そして $2 \log L = 2\ell(\hat{\theta}) - 2\ell(\widetilde{\theta})$ を

$$2 \log L = \left(2\ell(\hat{\theta}) - 2\ell(\theta_0)\right) - \left(2\ell(\widetilde{\theta}) - 2\ell(\theta_0)\right) \tag{13.68}$$

と書き直しておく．(13.68) 式の右辺の第 1 項は単純帰無仮説の場合と全く同様であり，$2\ell(\hat{\theta}) - 2\ell(\theta_0)$ は (13.66) 式のように表される．

次に $2\ell(\widetilde{\theta})$ について考えよう．$(\theta_1, \ldots, \theta_p)$ を $(\theta_{01}, \ldots, \theta_{0p})$ に固定してしまえば，$\theta_{p+1}, \ldots, \theta_{p+q}$ の q 個のパラメータのみが未知母数である分布族を考えることと同様である．いまこの分布族において単純帰無仮説

$$H : \theta_{p+1} = \theta_{0,p+1}, \ldots, \theta_{p+q} = \theta_{0,p+q}$$

を検定する尤度比検定統計量を $\widetilde{L}$ とおけば (13.68) 式の右辺第 2 項は

$$2\log\widetilde{L} = 2\ell(\widetilde{\theta}) - 2\ell(\theta_0) \tag{13.69}$$

と表される．従って (13.66) 式をこの場合にも応用することができる．すなわち $\dot{\ell}(\theta_0) = \left(\frac{\partial}{\partial\theta_1}\ell(\theta_0), \ldots, \frac{\partial}{\partial\theta_{p+q}}\ell(\theta_0)\right)^\top$ を p 個の要素と残りの q 個の要素にわけ，またフィッシャー情報行列 $I(\theta)$ も同様に分割し

$$\dot{\ell}(\theta_0) = \begin{pmatrix} \dot{\ell}_{(1)}(\theta_0) \\ \dot{\ell}_{(2)}(\theta_0) \end{pmatrix}, \quad I(\theta) = \begin{pmatrix} I_{11}(\theta) & I_{12}(\theta) \\ I_{21}(\theta) & I_{22}(\theta) \end{pmatrix} \tag{13.70}$$

と表せば，(13.66) 式と同様の記法を用いて

$$2\ell(\widetilde{\theta}) - 2\ell(\theta_0) = \frac{1}{\sqrt{n}}\dot{\ell}_{(2)}(\theta_0)^\top \hat{I}_{22}(\widetilde{\theta}^*)^{-1}\hat{I}_{22}(\widetilde{\theta}^{**})\hat{I}_{22}(\widetilde{\theta}^*)^{-1}\frac{1}{\sqrt{n}}\dot{\ell}_{(2)}(\theta_0) \tag{13.71}$$

と書ける．ここで $\hat{I}_{22}(\widetilde{\theta}^*)^{-1}\hat{I}_{22}(\widetilde{\theta}^{**})\hat{I}_{22}(\widetilde{\theta}^*)^{-1} \xrightarrow{p} I_{22}(\theta_0)^{-1}$ であり，$I_{22}(\theta_0) = \mathrm{Var}\left[n^{-1/2}\dot{\ell}_{(2)}(\theta_0)\right]$ である．

以上の結果を組みあわせれば $2\log L$ の漸近分布が

$$\frac{1}{n}\dot{\ell}(\theta_0)^\top I(\theta_0)^{-1}\dot{\ell}(\theta_0) - \frac{1}{n}\dot{\ell}_{(2)}(\theta_0)^\top I_{22}(\theta_0)^{-1}\dot{\ell}_{(2)}(\theta_0) \tag{13.72}$$

の漸近分布と同じであることがわかる．補題 13.5 より (13.72) 式の漸近分布は自由度 p のカイ二乗分布となるから，複合帰無仮説の場合に

$$2\log L \xrightarrow{d} \chi^2(p)$$

となることが示された．以上でわかるように複合帰無仮説のもとでの漸近分布の結果の導出は単純帰無仮説の場合の導出を応用したものにすぎないから，導出を厳密なものにするための正則条件は単純帰無仮説の場合と全く同様である．すなわち帰無仮説の各点において単純帰無仮説の場合の正則条件が成り立つと仮定すればよい．

問

13.1　カルバック・ライブラー情報量とフィッシャー情報量の関係 (13.12) 式を示せ．

13.2　(13.22) 式及び (13.23) 式より (13.24) 式を示せ．

13.3　(13.30) 式を確かめよ．

13.4　$P(A_n) \to 1$, $P(B_n) \to 1$ のとき $P(A_n \cap B_n) \to 1$ を示せ．同様に $\lim_{n\to\infty} P(A_{i,n}) = 1$, $i = 1, \ldots, k$ のとき $P(A_{1,n} \cap \cdots \cap A_{k,n}) \to 1$ を示せ．このことを用いて (13.31) 式を示せ．

13.5　補題 13.2 を用いて位置母数 θ を含むコーシー分布族

$$f(x,\theta) = \frac{1}{\pi(1+(x-\theta)^2)}$$

において θ の最尤推定量が一致性を持つことを示せ．

13.6　3.4 節におけるように X が p 次元標準正規分布に従い $Y = BX$ と表されるとする．B が $p \times p$ の正則行列であるとき $Y^\top \Sigma^{-1} Y = X^\top X$ となることを示せ．このことを用いて補題 13.4 を示せ．

13.7　(13.57), (13.59), (13.60) 式を確かめよ．

13.8　2 変量正規分布 $\mathrm{N}_2(\mu, \Sigma)$ からの観測値 $(X_1, Y_1), \ldots, (X_n, Y_n)$ に基づく標本分散及び共分散 (s_{xx}, s_{yy}, s_{xy}) について，$n \to \infty$ のときの $\sqrt{n}(s_{xx} - \sigma_{xx}, s_{yy} - \sigma_{yy}, s_{xy} - \sigma_{xy})$ の漸近分布を求めよ．問 3.21 も参照のこと．

13.9　問 13.8 より，デルタ法 (補論 A.1 参照) を用い，標本相関係数 r の漸近分布について，$\sqrt{n}(r - \rho)$ が $\mathrm{N}(0, (1-\rho^2)^2)$ に分布収束することを示せ．

13.10　問 13.9 で，さらに「z 変換」によって

$$z = \frac{1}{2}\log\frac{1+r}{1-r}, \quad \zeta = \frac{1}{2}\log\frac{1+\rho}{1-\rho}$$

と変換するとき，$\sqrt{n}(z - \zeta)$ が標準正規分布に分布収束することを示せ．

13.11　$0 < a < b, 0 < p < 1$ とし，独立なベルヌーイ変数 X_i, $i = 1, 2, \ldots$ の分布を

$$P(X_i = a) = 1 - p, \quad P(X_i = b) = p$$

とする．$Z_n = X_1 \times \cdots \times X_n$ を適切に基準化することにより，Z_n の極限分布が対数正規分布となることを示せ．

13.12　分散共分散行列 Σ が特異の場合に，$\Sigma\Sigma^+\Sigma = \Sigma$ を満たす Σ^+ を Σ の一般化逆行列とよぶ．$X \sim \mathrm{N}_p(0, \Sigma)$ で Σ のランクが r $(< p)$ のとき，$X^\top \Sigma^+ X$ が自由度 r のカイ二乗分布に従うことを示せ．

13.13　X が多項分布 $\mathrm{Mn}(n, p_1, \ldots, p_k)$ に従うとする．対角行列 $\mathrm{diag}(1/p_1, \ldots, 1/p_k)$ が多項分布の $k \times k$ の分散共分散の一般化逆行列 (の 1 つ) であることを示せ．これにより，(10.93) 式のカイ二乗統計量の漸近分布が (10.94) 式で与えられることを示せ．

Chapter 14

ベイズ法

この章ではベイズ統計学の考え方と方法について説明する．ベイズ法については統計的決定理論との関連ですでに 5.3 節で論じた．この章ではまず事前分布の意味及び事後分布の導出を中心としてベイズ法の考え方と使い方を 14.1 節から 14.3 節で説明し，その後 5.3 節の議論を展開する形で統計的決定理論の枠組みでのベイズ法について説明する．また 14.5 節ではミニマックス基準についてベイズ法と関連づけて説明する．

14.1　ベイズ統計学と古典的統計学

まずベイズ統計学と古典的統計学の考え方の相違について簡単に説明しよう．

ベイズ統計学の手法はベイズ法，ベイズ的方法，ベイジアン (Bayesian) などとよばれる．ベイズ統計学の名前の由来はトーマス・ベイズ (Thomas Bayes, 1701 または 02-61) にちなむものであるが，ベイズ統計学が 1 つの整合的な体系として展開されるようになったのはサベッジ (Savage, 1954) 以来であり，ベイズ統計学の考え方は比較的新しい考え方である．これに対して，例えば本書の 8 章の検定論に代表される考え方は，ネイマン (J. Neyman) 及びピアソン (E.S. Pearson) により 1930 年代に定式化された考え方である．この意味で，ベイズ統計学と対比する用語として，本書でここまで扱ってきた考え方は “古典的な” 統計学とよばれる．また，古典的な統計学では統計的方法を評価するのに統計量の標本分布を重視するため，**標本理論** (sampling theory) とよぶこともある．

方法論の観点から見れば，ベイズ統計学と古典的な統計学の相違は分布のパラメータの取扱いの違いとしてとらえることができる．すなわち，古典的統計学では分布のパラメータを未知の定数と考えるのに対し，ベイズ統計学ではパラメータを確率変数と考えるのである．パラメータを確率変数と考えるとき，その分布を**事前分布** (prior distribution, a priori distribution) とよぶ．以下でより詳しく説明するが，事前分布は未知の母数に対して，観測値を得る以前に利用可能な情報を表すものとされる．従って，ベイズ法においては事前の情報を明示的に考慮した統計的推測をおこなうことができる．さらにベイズ法では，観測値を得た後で観測値の実現値を固定したもとでのパラメータの条件つき分布を考慮する．この条件つき分布を**事後分布** (posterior distribution, a posteriori distribution) という．事後分布は，観測値を得ることによる追加的な情報によって，事前分布がどのように変更されたかを表す．ベイズ法においてはこの事後分布を求めることが本質的であり，いったん事後分布が求められれば推定・検定などの統計的推測問題の最適解が容易に求められる．このように事後分布を求めることにより，統計的推測の問題が一般的かつ明示的に解けることがベイズ統計学の利点である．また最近では事後分布を数値的に扱うさまざまな方法が開発され，ベイズ統計学の手法が大規模な統計モデルにも適用可能となってきており，ベイズ統計学の重要性が増している．

一方，ベイズ統計学の問題点は事前分布をどう設定するかという点である．パラメータが確率変数であるといっても，パラメータは直接観測できるものではないしまた繰り返し観測できるものでもないから，例えばサイコロの目のようないわば客観的な確率変数とは異なった性質のものである．従って，事前分布が何を意味するかについての解釈は容易ではない．例えば，**主観的ベイジアン** (subjective Bayesian) とよばれる極端な立場にたてば，事前分布はデータを解析する統計家の純粋に主観的な判断を表すものとされる．このような考え方は確かに一貫性をもったものではあるが，ベイズ法では事前分布を操作することによって統計的推測の結果をいかようにも変えることができるから，このような考え方では統計的推論の客観性が失われてしまう．もちろん確率的誤差を含む統計的データに関する統計的推論は多かれ少なかれ主観的とならざるを得ないのであるが，ベイズ法における事前分布の選び方については，実際的かつ広く受け入れられた標準的な方法がない．

14.2　事前分布と事後分布

ここではまず，2項分布の例を用いて事前分布の考え方を説明する．財布からとり出したある硬貨を投げたときに表の出る確率を p としよう．一方，あるメーカーの特定の種類の電球をとりつけたとき，その種類の電球が100時間以内に切れる確率を r としよう．ここでは p 及び r を推定する問題を考える．硬貨の場合にはその硬貨を n 回投げて表の数 X を数えるとする．また電球の場合には同じ種類の電球を n 個購入して，それぞれ100時間以内に切れたかどうかを記録し，切れた電球の数 Y を数えるものとする．古典的な統計学の立場からは，これらの2つの問題はいずれも2項分布の成功確率の推定の問題であり，その意味では全く同等の問題である．例えば $n=5$ とし $X=Y=0$ であったとする．古典的な立場からはこの場合 p の推定値と r の推定値は一致しなければならない．もしUMVU推定量を用いるならば $\hat{p}=\hat{r}=0$ である．

ところで，硬貨の場合には p はおそらく1/2に近い値だろうし，電球の場合には100時間以内に切れる確率はかなり低いと思われる．このように p 及び r の値について事前の情報がある場合にはその事前の情報を考慮して推定をおこなうのが合理的であると考えられる．このような事前の情報を明示的に考慮するのがベイズ統計学の考え方である．上の例では，硬貨の場合には仮に5回のうち表が1回も出なくても，それはたまたまであると考えて p の推定値は1/2に近い値とするのが自然であろう．また電球の場合には，100時間のうちに切れた電球がなかったことをあわせれば，推定値は0に近い値とするのが自然であろう．

さて，ベイズ法においてはパラメータに関する事前の情報を事前分布の形で表す．例えば硬貨の例の場合には，p が1/2に近い値であろうということと硬貨の表と裏の対称性を考慮すれば，p の分布として平均を1/2とする対称な密度関数を考えればよいと考えられる．また p がどのくらい1/2から離れ得るかについては p の標準偏差を用いて考えればよいであろう．そこで p の事前分布の密度関数 $\pi(p)$ として次の形のベータ分布 $\mathrm{Be}(\alpha,\beta)$ を用いることとする．

$$\pi(p)=\frac{1}{B(\alpha,\alpha)}p^{\alpha-1}(1-p)^{\alpha-1} \tag{14.1}$$

(14.1) 式の分散は $1/(8\alpha+4)$ となるから，α を調節することにより p の分散を任意の値に決めることができる．

一般に，2 項分布の成功確率を p とし p の事前密度関数を

$$\pi(p) = \frac{1}{B(\alpha,\beta)} p^{\alpha-1}(1-p)^{\beta-1} \tag{14.2}$$

とおく．そして (p を与えたとき) X を 2 項分布 $\mathrm{Bin}(n,p)$ に従う確率変数とする．いま $X=x$ を観測したときの p の条件つき分布を考えよう．p と X の同時密度関数 (ただし p については密度関数であるが X については確率関数) は

$$\pi(p) \times f(x\,|\,p) = \frac{1}{B(\alpha,\beta)} p^{\alpha-1}(1-p)^{\beta-1} \binom{n}{x} p^x (1-p)^{n-x} \tag{14.3}$$

である．ここで $f(x\,|\,p)$ は 2 項分布の確率関数であるが p を固定したもとでの X の条件つき分布という意味を明確にするために $f(x\,|\,p)$ と書いた．(14.3) 式を p について積分することにより，X の周辺分布は

$$\begin{aligned} P(X=x) &= \int_0^1 \frac{1}{B(\alpha,\beta)} p^{\alpha-1}(1-p)^{\beta-1} \binom{n}{x} p^x (1-p)^{n-x}\, dp \\ &= \binom{n}{x} \frac{B(\alpha+x,\beta+n-x)}{B(\alpha,\beta)} \end{aligned} \tag{14.4}$$

となる．従って $X=x$ を観測したもとでの p の条件つき密度関数，すなわち事後分布は

$$\begin{aligned} \pi(p\,|\,x) &= \frac{\pi(p) \times f(x\,|\,p)}{P(X=x)} \\ &= \frac{1}{B(\alpha+x,\beta+n-x)} p^{\alpha+x-1}(1-p)^{\beta+n-x-1} \end{aligned} \tag{14.5}$$

となる．これはパラメータの異なるベータ分布 $\mathrm{Be}(\alpha+x,\beta+n-x)$ である．

(14.5) 式でわかるように，事後密度関数の分子は事前密度 $\pi(p)$ と尤度関数 $f(x\,|\,p)$ の積であり，この意味で事前分布に含まれる p の情報と尤度関数に含まれる p に関する情報が組みあわされていることがわかる．また事後密度関数の分母の X の周辺確率関数 $P(X=x)$ は，条件つき密度関数の基準化定数の役割をはたしているだけであるから，事後密度関数の形はその分子 $\pi(p)f(x\,|\,p)$ のみから決まってくることがわかる．このことを

$$\pi(p\,|\,x) \propto \pi(p)f(x\,|\,p)$$

と表す．ここで $\propto$ は比例的であることを表す記号である．なお，条件つき密度が $\pi(p\,|\,x) = \pi(p)f(x\,|\,p)/P(X=x)$ の形に表されることを**ベイズの定理** (Bayes theorem) とよぶが，これは単に条件つき密度を表す公式である．

事後分布が求められたので，事後分布に基づく p の推定は次のように考えればよい．まず，点推定値としては 14.4 節で見るように事後分布の期待値を推定値とすればよい．すなわち，p のベイズ推定量 $\widetilde{p}$ は

$$\begin{aligned}\widetilde{p} = E[p|x] &= \int_0^1 p\pi(p|x)\,dp = \frac{\alpha+x}{\alpha+\beta+n} \\ &= \frac{\alpha+\beta}{\alpha+\beta+n}\frac{\alpha}{\alpha+\beta} + \frac{n}{\alpha+\beta+n}\frac{x}{n} \\ &= \frac{\alpha+\beta}{\alpha+\beta+n}E_\pi[p] + \frac{n}{\alpha+\beta+n}\hat{p}\end{aligned} \tag{14.6}$$

である．ここで $E_\pi[p]$ は p の事前分布に関する期待値であり，$\hat{p} = x/n$ は通常の UMVU である．このようにベイズ推定量は事前分布の情報と観測値 X の持つ情報を組みあわせたものになっていることがわかる．

事後分布の期待値ではなく，事後分布のモード (最頻値, 事後密度関数を最大にする点) を推定値とすることも多い．この推定法を最大事後確率推定あるいは **MAP 推定** (maximum a posteriori) とよぶ．尤度を最大化する最尤推定と比較すると，MAP 推定は尤度と事前密度の積を最大化する推定法である．MAP 推定の利点は X の周辺分布を求める必要がないということである．X の周辺分布はパラメータを含まないから，事後密度関数を最大化するかわりに，事後密度関数の分子を最大化すればよい．

次に区間推定について考えよう．古典的な理論では区間推定は検定から得られ，点推定とは論理を異にするものであったが，ベイズ推定では区間推定も事後分布から得られる．すなわち，p の事後分布において例えば 95% の確率を含む区間を選びそれを信頼区間とすればよい．通常ベイズ法においては，事後密度関数が一定値 c 以上

$$\pi(p|x) \geq c \tag{14.7}$$

という形の区間を用いる (図 14.1)．(14.7) 式の形の信頼区間を**高事後密度区間** (highest posterior density interval) とよんでいる (問 14.1)．(14.7) 式の両辺に x の周辺確率をかけると，高事後密度区間は事後分布の分子が一定値以上の区間としても求められる．

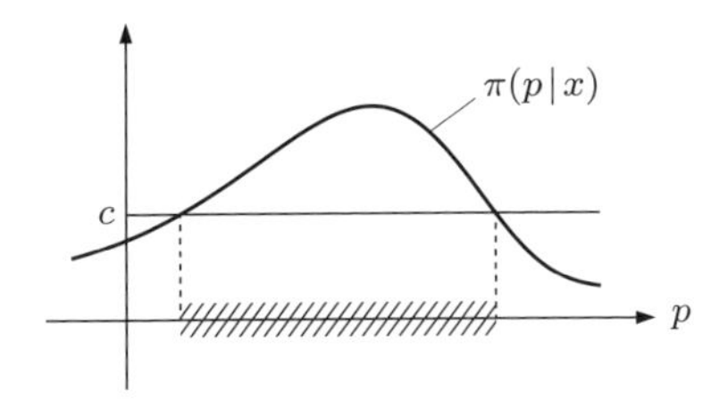

図 14.1

信頼区間について注意すべき点は，ベイズ信頼区間においては母数 p は確率変数であるから，$X = x$ を観測した条件のもとで信頼区間が母数 p を含む確率を文字通りに解釈できるという点である．これに対して，古典的な信頼区間においては，すでに 9.3 節で述べたように，信頼区間の信頼係数を事後的な確率と解釈することはできない．このようにベイズ法においては概念的に矛盾のない信頼区間を構成することができる．

以上の 2 項分布の例を一般化してベイズ法の枠組みを与えよう．いま母数を θ とし母数空間を Θ とする．Θ 上の確率分布 π を事前分布とする．事前分布が密度関数を持つ場合にはその密度関数を事前密度関数という．混乱のおそれがない場合には事前密度関数自体を π で表すこととする．次に θ が与えられたときの観測値 X の密度関数あるいは確率関数を $f(x|\theta)$ で表す．実現値 $X = x$ が与えられたもとでの θ の条件つき分布を事後分布といい $\pi(\theta|x)$ で表す．例えば，$\pi(\theta)$ が密度関数の場合には事後密度関数は

$$\pi(\theta|x) = \frac{\pi(\theta)f(x|\theta)}{\displaystyle\int \pi(\theta)f(x|\theta)\,d\theta} \propto \pi(\theta)f(x|\theta) \tag{14.8}$$

である．θ の推定値は事後分布の期待値 (ベイズ推定値)

$$\widetilde{\theta} = E[\theta|x] = \int \theta\pi(\theta|x)\,d\theta$$

とするか，MAP 推定 $\max_{\theta} \pi(\theta|x)$ をおこなえばよい．また θ の信頼区間は

$$\pi(\theta|x) \geq c$$

の形の高事後密度区間を用い，c を調整することにより区間の確率をあわせればよい．ベイズ法による推定は以上のように非常に簡明である．

次に検定について考えよう．再び2項分布の例をとりあげる．まず簡便のために単純帰無仮説対単純対立仮説の場合を考え

$$H_0 : p = p_0 \quad \text{vs.} \quad H_1 : p = p_1 \tag{14.9}$$

としよう．この検定問題では考えている母数空間は2点からなる集合 $\{p_0, p_1\}$ であるから，事前分布を考えることはそれぞれの点の確率 $\pi_0 = \pi(p_0)$, $\pi_1 = \pi(p_1)$ を与えることである．さて2項分布 $\mathrm{Bin}(n, p)$ からの観測値 $X = x$ を得たときの p_0 及び p_1 の条件つき確率はそれぞれ

$$\pi(p_0 \,|\, x) = \frac{\pi_0 \binom{n}{x} {p_0}^x (1-p_0)^{n-x}}{\pi_0 \binom{n}{x} {p_0}^x (1-p_0)^{n-x} + \pi_1 \binom{n}{x} {p_1}^x (1-p_1)^{n-x}}, \tag{14.10}$$

$$\pi(p_1 \,|\, x) = 1 - \pi(p_0 \,|\, x)$$

と表される．ベイズ法においては14.4節で説明するように，事後確率のより大きい仮説を採用するのが自然である (問14.6参照)．すなわち

$$\pi(p_1 \,|\, x) > \pi(p_0 \,|\, x) \iff \frac{{p_1}^x (1-p_1)^{n-x}}{{p_0}^x (1-p_0)^{n-x}} > \frac{\pi_0}{\pi_1} \tag{14.11}$$

のとき，帰無仮説を棄却すればよい．この場合ベイズ法は自動的にネイマン・ピアソンの補題の形になっている．実はこれは14.4節で示すように当然の結果であり，ベイズ法の有効性を表すものである．また，古典的な考え方における有意水準 α は事前確率の比 π_0/π_1 に対応することがわかる．これは直観的にも納得のいくことである．古典的なアプローチにおいて有意水準 α を小さくとれば帰無仮説は棄却されにくくなる．これはいわば帰無仮説に強い信頼をおくということであり事前確率で考えれば π_0 を大きくとることに対応する．

次に複合仮説の場合を考えるために検定問題を

$$H_0 : p = p_0 \quad \text{vs.} \quad H_1 : p \neq p_0 \tag{14.12}$$

としよう．事前分布としては点 p_0 に確率 π_0 を与え，残りの $\pi_1 = 1 - \pi_0$ の確率を適当な密度関数 $\eta_1(p)$, $\int_0^1 \eta_1(p)\, dp = 1$ を用いて割り振ることとする．すなわち $[0,1]$ 区間の部分集合 A の事前確率を

$$\pi(A) = \pi_0 I_{[p_0 \in A]} + \pi_1 \int_A \eta_1(p)\, dp \tag{14.13}$$

とする．このとき (14.11) 式と同様の議論によりベイズ検定の棄却域は

$$\frac{\displaystyle\int_0^1 \eta_1(p)p^x(1-p)^{n-x}\,dp}{p_0{}^x(1-p_0)^{n-x}} > \frac{\pi_0}{\pi_1} \tag{14.14}$$

と表される (問 14.2)．この場合ベイズ検定の分子は積分で表されるためにベイズ検定は尤度比検定と同等にはならない．

以上の例を一般化して複合帰無仮説対複合対立仮説の場合のベイズ検定を与えよう．検定問題を

$$H_0 : \theta \in \Theta_0 \ \text{ vs. } \ H_1 : \theta \in \Theta_1, \quad \Theta_0 \cup \Theta_1 = \Theta,\ \Theta_0 \cap \Theta_1 = \emptyset$$

とする．いま $0 \le \pi_0 = 1 - \pi_1 \le 1$ とし，また $\eta_0(\theta), \eta_1(\theta)$ をそれぞれ Θ_0, Θ_1 上の密度関数 $\left(\displaystyle\int_{\Theta_i} \eta_i(\theta)\,d\theta = 1,\ i = 0, 1\right)$ とする．そして Θ の部分集合の事前確率が

$$\pi(A) = \pi_0 \int_{A\cap\Theta_0} \eta_0(\theta)\,d\theta + \pi_1 \int_{A\cap\Theta_1} \eta_1(\theta)\,d\theta \tag{14.15}$$

で与えられるとする．またベイズ検定方式としては事後確率のより高い仮説を採用するものとする．このときベイズ検定方式の棄却域は

$$\frac{\displaystyle\int_{\Theta_1} \eta_1(\theta) f(x\,|\,\theta)\,d\theta}{\displaystyle\int_{\Theta_0} \eta_0(\theta) f(x\,|\,\theta)\,d\theta} > \frac{\pi_0}{\pi_1} \ \Rightarrow\ \text{reject} \tag{14.16}$$

で与えられる．(14.16) 式において H_0 あるいは H_1 が単純仮説のときは η_0 あるいは η_1 を 1 点分布とする．従って (14.16) 式を単純仮説の場合も含んだベイズ検定の一般形として用いることができる．

14.3 事前分布の選択

前節では事前分布が与えられたもとでのベイズ推定及びベイズ検定について説明した．ベイズ法においては，いったん事前分布が与えられれば，事後分布はいわば機械的に計算され，統計的推測は事後分布に基づいておこなえばよい．従ってベイズ法における主要な問題はどのようにして事前分布を決めるかということである．前節で述べたように，事前分布とは未知母数に関する事前の情

報を確率分布の形に表したものであるから，未知母数に関する情報がどのようなものであるかを考慮しながら事前分布を設定すればよい．しかしながら，具体的な事前分布の密度関数を書き下すことはなかなか難しい．そこで便利な事前分布のクラスがあれば都合がよい．ここでは，このような便利な事前分布のクラスとして“共役事前分布”と“情報のない事前分布”について説明する．情報のない事前分布はしばしば全積分が無限となり確率分布でなくなることが多い．このような“広義の事前分布”についても説明を加える．

前節の2項分布に関するベイズ推測の例では事前分布としてベータ分布を用いた．この場合，事後分布もパラメータの異なるベータ分布となった．従って，事後分布も事前分布と同じ分布族に属し計算が簡明である．また基準化定数も自動的に決められる．このような事前分布を**共役事前分布** (conjugate prior distribution) とよぶ．より正確には次のように定義すればよい．$\mathcal{F} = \{f(x|\theta) \mid \theta \in \Theta\}$ を密度関数あるいは確率関数の族とする．また ξ をパラメータとする事前分布の族を $\mathcal{P} = \{\pi(\theta;\xi) \mid \xi \in \Xi\}$ とする．$\mathcal{P}$ が $\mathcal{F}$ に対する共役事前分布族であるとは，任意の x に対して $\pi(\theta|x)$ が $\mathcal{P}$ に属することである．共役分布族のように事前分布の族を考えるときには，事前分布族のパラメータ (ここでは ξ) を**ハイパーパラメータ** (hyperparameter) とよんで通常のパラメータ θ と区別することが多い．

共役事前分布族は尤度関数を密度関数として含む分布族として得られることが多い．例えば2項分布の例では確率関数は $f(x|p) = cp^x(1-p)^{n-x}$ であるが，これを p の関数としてみればベータ分布の形をしている．このような形で得られる共役事前分布を**自然共役事前分布** (natural conjugate prior distribution) とよぶ．

自然共役事前分布の例として正規分布を考えてみよう．正規分布の場合には分散の逆数を用いると記法が簡単になるので，$\tau = 1/\sigma^2$ とおく．まず，τ が既知であり μ のみが未知母数である場合を考えよう．このとき同時密度関数は

$$
\begin{aligned}
f(x|\mu) &= \frac{\tau^{n/2}}{(2\pi)^{n/2}} \exp\left(-\frac{\tau}{2}\sum_{i=1}^{n}(x_i-\mu)^2\right) \\
&= c\tau^{n/2}\exp\left(-\frac{n\tau}{2}(\mu-\bar{x})^2 - \frac{\tau}{2}\sum_{i=1}^{n}(x_i-\bar{x})^2\right)
\end{aligned}
\tag{14.17}
$$

となる．これを μ の関数とみれば μ についても正規分布の密度関数の形になっていることがわかる．そこで μ の事前分布として正規分布 $\mathrm{N}(\eta, 1/\psi)$ を仮定してみよう．事前分布でも分散の逆数をパラメータ ψ とおいた．指数部分の平方完成により

$$\begin{aligned}\pi(\mu|x) &\propto \exp\left(-\frac{n\tau}{2}(\mu-\bar{x})^2 - \frac{\psi}{2}(\mu-\eta)^2\right) \\ &\propto \exp\left(-\frac{1}{2}(n\tau+\psi)\left(\mu - \frac{n\tau\bar{x}+\psi\eta}{n\tau+\psi}\right)^2\right)\end{aligned} \tag{14.18}$$

となる．これより μ の事後分布は

$$\mu|x \sim \mathrm{N}\left(\frac{n\tau\bar{x}+\psi\eta}{n\tau+\psi}, \frac{1}{n\tau+\psi}\right) \tag{14.19}$$

で与えられることがわかる．$E[\mu|x]$ は事前の期待値 η と $\bar{x}$ の加重平均となっており，その重みは分散の逆数に比例している．

次に $\tau = 1/\sigma^2$ も未知の場合を考えてみよう．いま (14.17) 式を μ 及び τ の 2 変数関数とみよう．$\tau^{n/2}\exp\left(-\frac{\tau}{2}\sum_{i=1}^{n}(x_i-\mu)^2\right)$ の部分に注目すればこれはガンマ分布の密度関数になっていることがわかる．そこで (μ, τ) の事前分布を次のように考えよう．まず τ の事前分布の周辺密度関数を $\mathrm{Ga}(\nu, \alpha)$ すなわち $\frac{1}{\Gamma(\nu)\alpha^\nu}\tau^{\nu-1}e^{-\tau/\alpha}$ とする．そして τ を与えた条件つきで μ の事前分布を $\mathrm{N}(\eta, 1/(\psi\tau))$ とする．このとき容易にわかるように，(μ, τ) の事後分布は，事前分布と同様の形で与えられ τ の周辺事後分布は

$$\begin{aligned}\tau|x &\sim \mathrm{Ga}\left(\nu+\frac{n}{2}, \left(\alpha^{-1}+\frac{1}{2}\sum_{i=1}^{n}(x_i-\bar{x})^2 + \frac{n\psi(\eta-\bar{x})^2}{2(n+\psi)}\right)^{-1}\right) \\ \mu|\tau, x &\sim \mathrm{N}\left(\frac{n\bar{x}+\psi\eta}{n+\psi}, \frac{1}{\tau(n+\psi)}\right)\end{aligned} \tag{14.20}$$

となることが示される (問 14.3)．従ってこの場合も以上の事前分布は自然共役事前分布族をなしている．

自然共役分布族は 2 項分布，正規分布以外の指数型分布族についても求められることが多い．これらの具体的な形は問として読者にまかせることとする (問 14.4)．

以上で説明した共役事前分布族の意義は，事後分布が容易に求められるという計算上の便宜であると言ってよい．例えば，母数についての事前の情報が母数

の期待値と分散についての目安程度のものである場合に，共役事前分布のなかで期待値と分散がこれに合ったものを選ぶというようなことが考えられる．しかしながら，母数に関する事前の情報がより詳しく(例えばヒストグラムのような形で)与えられているとき，共役事前分布のなかで事前の情報を適切に表すものがあるという保証はないことに注意しなければならない．

このような場合の1つの便法として，共役分布の混合を用いることが考えられる．いま $\pi(\theta, \xi_j), j = 1, \ldots, k$ を共役事前分布族からの k 個の密度関数とする．ここで事前密度関数として

$$\pi(\theta) = \sum_{j=1}^{k} \alpha_j \pi(\theta, \xi_j), \quad \alpha_j \geq 0, \ \sum_{j=1}^{k} \alpha_j = 1 \tag{14.21}$$

を考えよう．いま $\pi(\theta, \xi_j)$ を単独で事前分布に用いたときの事後分布が $\pi(\theta, \widetilde{\xi}_j(x))$ と表されるとすれば，(14.21) 式の事前分布を用いた場合の事後密度関数は

$$\pi(\theta \,|\, x) = \sum_{j=1}^{k} \widetilde{\alpha}_j \pi(\theta, \widetilde{\xi}_j(x)), \quad \widetilde{\alpha}_j = \frac{\alpha_j \displaystyle\int \pi(\theta, \xi_j) f(x \,|\, \theta)\, d\theta}{\displaystyle\sum_{j'=1}^{k} \alpha_{j'} \int \pi(\theta, \xi_{j'}) f(x \,|\, \theta)\, d\theta} \tag{14.22}$$

と表される (問 14.5)．従って事前分布として共役事前分布の混合を用いれば事後分布も (異なる重みを用いた) 共役事前分布の混合となり，事後分布が比較的容易に求められる．

事前分布の選び方でもう1つの重要な考え方は**情報のない事前分布** (noninformative prior) あるいは**漠然事前分布** (vague prior) という考え方である．これは事前の情報が全くないという状況を事前分布として表そうという考え方である．このような事前分布がとればベイズ法を用いた推測はデータの持つ情報のみに基づくものとなり，統計的推測として客観性を持つものになると考えられる．このように情報のない事前分布という考え方は魅力的な考え方ではある．しかしながら情報がないということをどのように定義したらよいかという点について概念的に困難な問題があり，必ずしも統一的な議論ができない．さらに，情報のない事前密度関数と考えられる密度関数は，しばしばその全積分が ∞ となり確率密度関数に基準化することができない．このような事前分布を**広義の事前分布** (improper prior) という．広義の事前分布がどのような意味で事前の情報を表すのかという問題も難しい問題である．

さて漠然事前分布の概念を正規分布の期待値の例を用いて説明しよう．共役事前分布と同様の設定に戻り，$X_1, \ldots, X_n \sim \mathrm{N}(\mu, 1/\tau), i.i.d.$, とし τ は既知とする．すでに述べたように，$\mathrm{N}(\eta, 1/\psi)$ を μ の事前分布とすれば事後分布は $\mathrm{N}((n\tau\bar{x} + \psi\eta)/(n\tau + \psi), 1/(n\tau + \psi))$ となる．ところで，μ に関する事前の情報が希薄であるということは事前分布の分散が大きい，すなわち ψ が 0 に近いことであると考えられる．従って漠然事前分布は $\psi \to 0$ としたときの極限と考えられる．このとき μ の事後分布は $\mathrm{N}(\bar{x}, 1/n\tau)$ となる．この事後分布を用いれば μ の点推定値は $\bar{x}$ となり，また信頼区間は $\bar{x} \pm z_{\alpha/2}/\sqrt{n\tau}$ となる．これらは古典的な標本理論に基づく推定と全く同じものであり，データの持つ情報のみに基づく推定という考え方にあったものとなる．

ところで，μ の事前分布 $\mathrm{N}(\eta, 1/\psi)$ で $\psi \to 0$ としたときの極限は確率分布ではない．いま ψ を小さくすればするほど事前密度は平坦なものとなるから，$\psi \to 0$ としたときの事前密度関数の極限は実数軸全域で一定 $\pi(\mu) = c > 0$ となるものではないかと考えられる．このとき事後密度関数を形式的に求めれば

$$
\begin{aligned}
\pi(\mu|x) &\propto \pi(\mu) \times f(x|\mu) \\
&= c\left(\frac{\tau}{2\pi}\right)^{n/2} \exp\left(-\frac{n\tau}{2}(\mu - \bar{x})^2 - \frac{\tau}{2}\sum_{i=1}^{n}(x_i - \bar{x})^2\right) \\
&\propto \exp\left(-\frac{n\tau}{2}(\mu - \bar{x})^2\right)
\end{aligned}
$$

となる．これは $\mathrm{N}(\bar{x}, 1/n\tau)$ の密度関数であるから共役事前分布において $\psi \to 0$ としたものと一致していることがわかる．従ってこの場合には $\pi(\mu) = c$ を漠然事前分布の事前密度関数と定義する．すなわち漠然事前分布はルベーグ測度の定数倍である．ところで，$\pi(\mu) = c$ を実数軸全体で積分すれば全積分は ∞ となるから，確率分布に基準化することができない．（もし $\int_{-\infty}^{\infty} \pi(\mu)\, d\mu = M < \infty$ であるならば $\pi(\mu)/M$ とすることにより事前密度関数を確率密度に基準化することができる．このような基準化によって事後密度は変わらない．）従ってこの場合の事前密度関数は広義の事前密度関数となっている．

以上では正規分布の期待値に関する漠然事前分布について述べたが，ほかの分布においても位置母数の漠然事前分布はルベーグ測度の定数倍と定義すればよい．この漠然事前分布の定義は自然なものに感じられる．

尺度母数の漠然事前分布は次のように定義すればよい．いま実確率変数 X の密度関数が $\tau > 0$ を尺度母数として $f(|x|/\tau)/\tau$ と表されているとする．このとき $Y = \log|X|$ とおくと $\log\tau$ は Y の位置母数である．従って位置母数の場合を考えれば $\log\tau$ の漠然事前分布としてルベーグ測度の定数倍を用いればよい．ヤコビアンを考えればこのことは τ の事前密度関数として

$$\pi(\tau) = c\frac{1}{\tau}, \quad 0 < \tau < \infty \tag{14.23}$$

をとることと同値である．(14.23) 式の事前密度関数が尺度母数の漠然事前分布として通常用いられる密度関数である．容易にわかるように (14.23) 式は広義の事前密度関数である (問 14.7).

以上の尺度母数の漠然事前分布の導出はやや不自然と思われるかもしれないが，母数の変換という観点から次のように説明することもできる．まず位置母数について考えよう．いま，μ を位置母数とすれば任意の実数 a について $\mu + a$ を位置母数として用いることもできる．漠然事前密度関数は位置母数をこのように再定義しても変わらないものであることが望ましい．このことは位置母数の事前密度関数 π に対して

$$\pi(\mu) = \pi(\mu + a), \quad \forall a$$

を要求することになる．従って π は定数でなければならない．同様に尺度母数について考えると，τ が尺度母数ならば任意の $b > 0$ について τb も尺度母数である．この場合の不変性は，ヤコビアン $\partial\tau/\partial(\tau b) = 1/b$ を考慮すれば

$$\pi(\tau) = \frac{\pi(\tau/b)}{b}, \quad \forall b > 0$$

を要求することになる．とくに $b = \tau$ とおくことにより

$$\pi(\tau) = \frac{\pi(1)}{\tau} = \frac{c}{\tau}$$

であることが導かれる．

位置母数及び尺度母数がともに未知母数の場合の漠然事前密度としては，位置母数の漠然事前密度と尺度母数の漠然事前密度をかけあわせて

$$\pi(\mu, \tau) \propto \frac{1}{\tau} \tag{14.24}$$

とするのが普通である．密度をかけあわせるということは，事前分布における位置母数と尺度母数の独立性を仮定していることに対応しているが，広義の事

前分布における独立性が何を意味するかは明らかではない.

位置母数及び尺度母数については以上で述べたような標準的な漠然事前分布が存在するが, 次に漠然事前分布としていくつかの候補が考えられる場合として2項分布の成功確率をとりあげよう. まず, 成功確率について情報がないということをどの成功確率も "同様に確からしい" というように解釈すれば, 成功確率 p の事前分布として一様分布

$$\pi(p) = 1, \quad 0 \le p \le 1 \tag{14.25}$$

とすることが考えられる. 一様分布はベータ分布の特殊ケース $\mathrm{Be}(1,1)$ である. 一様分布を漠然事前分布ととることはもっともらしいと思われるが, 次のように考えると概念的な困難があることがわかる. いま p に関する情報が全くなく p について何もわからないのであれば, 例えば p^2 に関する情報も全くないと考えられるのではないだろうか. しかしながら $\pi(p) = 1$ を p の事前密度関数とするとき, $r = p^2$ を新しい母数にとれば r の事前密度関数は $\pi(r) = 1/(2\sqrt{r})$ となることがわかる. 従って r に関する事前密度はもはや一様分布ではない.

このような母数の変換に関する不変性という要請から漠然事前分布を定義しようというのが**ジェフリーズの事前分布** (Jeffreys prior, Jeffreys(1961)) である. いま一般に多母数の場合を考え $I(\theta)$ をフィッシャー情報行列とする. ジェフリーズの事前分布は事前密度関数をフィッシャー情報行列の行列式の平方根に比例させ

$$\pi(\theta) \propto (\det I(\theta))^{1/2} \tag{14.26}$$

とするものである. いま $\gamma = \gamma(\theta)$ をパラメータの1対1変換とする. (14.26) の事前密度を γ についての密度に変換すれば, $(\det I(\theta))^{1/2} \det J$ となる. ただし $J = J(\partial\theta/\partial\gamma)$ はヤコビ行列である. 一方 (7.93) 式より γ についてのフィッシャー情報行列は $I(\gamma) = J^\top I(\theta) J$ となるから, γ についてジェフリーズの事前密度を適用したものも $(\det I(\theta))^{1/2} \det J$ に一致する. 従ってジェフリーズの事前分布の定義はパラメータの変換について不変であることが確かめられた. ジェフリーズの事前分布を2項分布の成功確率に適用すれば $I(p) = n/(p(1-p))$ であるから

$$\pi(p) \propto p^{-1/2}(1-p)^{-1/2} \tag{14.27}$$

となる．これはベータ分布 Be(1/2, 1/2) であるから狭義の事前分布である．

2 項分布についてはさらにもう 1 つの漠然事前分布の定義が用いられる．それは共役事前分布であるベータ分布のハイパーパラメータの考察に基づくものである．すでに述べたように p の事前分布を $\mathrm{Be}(\alpha, \beta)$ とすれば事後分布は $\mathrm{Be}(\alpha + x, \beta + n - x)$ となる．従って α が事前の成功総数に対応し，β が事前の失敗総数に対応していることがわかる．従って事前の情報がないということは $\alpha = \beta = 0$ ととることに対応していると考えられる．従ってベータ分布の密度関数から

$$\pi(p) \propto p^{-1}(1 - p)^{-1} \tag{14.28}$$

を漠然事前分布の密度関数と定義することが考えられる．(14.28) 式は広義の事前密度関数になっていることに注意しよう．(14.28) 式を事前密度関数とすれば，例えば p のベイズ推定量は $\widetilde{p} = x/n$ となり古典的な UMVU 推定量と一致する．

14.4　統計的決定理論から見たベイズ法

ここまで説明してきたベイズ法は統計的決定理論の枠組みにおいて非常に重要な役割を果たす．その意味では統計的決定理論によってベイズ法の重要性が確立されると言ってもよい．以下ではまず事後分布を用いたベイズ決定関数の明示的な構成について説明する．次いでベイズ決定関数と許容的な決定関数の関係について説明する．統計的決定理論におけるベイズ法の重要性は，ベイズ決定関数及びその極限が許容的な決定関数と 1 対 1 に対応するという一般的な事実に集約される．このことを一般的な枠組みで示すのは本書の範囲を越えるが，ここではやさしい場合に限ってこの重要な事実を説明しよう．

この節の内容は 5.3 節で扱ったベイズ基準の概念の展開であるので，5.3 節と同様の記法を用いる．また，8.3 節の議論も参照されたい．統計的決定問題におけるリスク関数を $R(\theta, \delta)$ とし，決定関数 δ の事前分布 π のもとでのベイズリスクを $r(\pi, \delta)$ とする．そして δ_π を π に関するベイズ決定関数とする．さてベイズ決定関数は事後分布を用いれば以下のように明示的に構成できる．いま実現値 x と決定 d について**事後の平均損失**を

$$E^{\theta|x}[L(\theta,d)] = \int_{\Theta} L(\theta,d)\,\pi(d\theta\,|\,x) \tag{14.29}$$

と表す．ただし，$\pi(\theta\,|\,x)$ は θ の事後分布を表し，$\pi(d\theta\,|\,x)$ は事後分布に関する積分を表す．また (14.29) 式を最小にする d の値を $d^* = d^*(x)$ と表す．ただしここでは最小値の存在を仮定している．

さてベイズ決定関数は各 x について

$$\delta_\pi(x) = d^*(x) \tag{14.30}$$

と求められる．すなわちベイズ決定関数を求めるには各 x について事後の平均損失を最小にすればよい．(14.30) 式は以下のように容易に証明される．いま $\delta(x)$ を任意の決定関数とする．積分の順序を交換して考えれば δ のベイズリスクは

$$\begin{aligned} r(\pi,\delta) &= \int_{\Theta} \left(\int_{x} L(\theta,\delta(x)) f(x\,|\,\theta)\,dx \right) \pi(d\theta) \\ &= \int_{x} \left(\int_{\Theta} L(\theta,\delta(x)) \pi(d\theta\,|\,x) \right) f(x)\,dx \end{aligned} \tag{14.31}$$

と表される．ただし

$$f(x) = \int_{\Theta} f(x\,|\,\theta)\,\pi(d\theta)$$

は X の周辺密度関数である．各 x について

$$\int_{\Theta} L(\theta,d^*(x))\,\pi(d\theta\,|\,x) \le \int_{\Theta} L(\theta,\delta(x))\,\pi(d\theta\,|\,x)$$

であるから (14.31) 式の右辺より

$$r(\pi,d^*) \le r(\pi,\delta)$$

を得る．従って $d^*(x)$ は確かにベイズ決定関数である．

以上のベイズ決定関数の構成法を点推定と検定に応用してみよう．点推定については二乗損失 $L(\theta,d) = (\theta - d)^2$ を考える．このとき事後の平均損失は $E^{\theta|x}[(\theta-d)^2]$ であり，これを最小にする d の値は事後分布の期待値 $d^* = E^{\theta|x}[\theta]$ となる (問 3.10)．従って点推定においては事後分布の期待値を推定値とすればよいことが確かめられた．また検定については 0-1 損失を考える．このとき容易にわかるように事後の平均損失を最小にするには帰無仮説と対立仮説のうち事後確率の大きい仮説をとればよい (問 14.6，また (8.30) 式も参照)．

さて以上で注意すべき点は，ベイズリスクという概念は事前の概念でありその意味では標本理論的であるという点である．しかしながらベイズ決定関数は事後分布のみを考えて決定をすることによって得られる．従ってベイズ法において事後分布のみを考えればよいことが，統計的決定理論の枠組みからも示されたことになる．

ここまでは狭義の事前分布に関するベイズ決定関数について述べた．広義の事前分布の場合にはベイズリスク $r(\pi,\delta)=\int_\Theta R(\theta,\delta)\pi(\theta)\,d\theta$ が無限大 $(r(\pi,\delta)=\infty)$ となってしまうことが多く，その場合ベイズリスクを最小とするものとしてのベイズ決定関数を考えることは意味がない．しかし広義の事前分布の場合にも，狭義の事前分布の場合と同様に考え

$$\int_\Theta L(\theta,d)f(x\,|\,\theta)\,\pi(d\theta)$$

を最小にする d の値を d^* とし $\delta_\pi(x)=d^*(x)$ と定義する．このように定義された δ_π を**一般化ベイズ決定関数** (generalized Bayes decision function) とよぶ．

次にベイズ決定関数と許容的な決定関数の重要な関係について述べよう．まず次の簡明な定理を証明する．

定理 14.1　狭義の事前分布 π に対するベイズ決定関数 δ_π が一意的であるとする．このとき δ_π は許容的である．

証明　いま δ を $R(\theta,\delta)\le R(\theta,\delta_\pi)$, $\forall\theta$, を満たす決定関数とする．このとき $r(\pi,\delta)=\int_\Theta R(\theta,\delta)\,\pi(d\theta)\le\int_\Theta R(\theta,\delta_\pi)\,\pi(d\theta)=r(\pi,\delta_\pi)$ が成り立つ．しかしながら δ_π はベイズ決定関数であるから $r(\pi,\delta_\pi)\le r(\pi,\delta)$ が成り立つはずである．従って $r(\pi,\delta_\pi)=r(\pi,\delta)$ となり δ もベイズ決定関数となる．ここで一意性の仮定より $\delta_\pi=\delta$ となる．しかしこのことは δ_π が許容的であることを示している．　■

以上により，一意的なベイズ決定関数は許容的であることが示された．一意性の条件は通常成立することに注意しよう．従ってベイズ決定関数は一般的に許容的であることが示された．

次に母数空間 Θ が有限集合の場合について，5.3 節で導入したリスクセット

の考え方を用いて，以上の逆が次の定理の形で成立することを示そう．

定理 14.2 母数空間 $\Theta = \{\theta_1, \ldots, \theta_k\}$ を有限集合とし S をリスクセットとする．S が閉集合ならば許容的な決定関数 δ はベイズ決定関数である．すなわち δ に対して Θ 上の分布 π が存在して $\delta = \delta_\pi$ となる．

証明 ここでは $k = 2$ の場合に限って証明する．しかしながら以下の証明は凸集合の支持超平面に関する定理を用いれば容易に $k \geq 3$ の場合にも拡張される．さて 5.3 節で示したようにリスクセット S は $\mathbb{R}^2$ の凸集合である．ところで，容易にわかるように許容的な決定関数のリスク点はリスクセットから原点にむかって張り出した境界上の点 (図 14.2 の太線で示した部分 A，図 5.5 も参照) である．ここで S が閉集合でありリスクセットの境界が S に含まれることを用いていることに注意する．

いま δ_0 を任意の許容的な決定関数とし $\mathrm{M} = (R(\theta_1, \delta_0), R(\theta_2, \delta_0)) \in A$ をそのリスク点とする．また M を通る S の接線 (の 1 つ) を ℓ とし ℓ の方程式を

$$aR_1 + bR_2 = c, \quad R_i = R(\theta_i, \delta),\ i = 1, 2 \tag{14.32}$$

とおこう．ところで ℓ は右下がりの直線であるから a, b は非負であり，かつ同時に 0 となることはない．従って $a + b > 0$ となる．ここで (14.32) 式の両辺を $a + b$ で割ることにより ℓ の方程式は

$$\pi_1 R_1 + \pi_2 R_2 = \widetilde{c}, \quad \pi_1 + \pi_2 = 1 \tag{14.33}$$

と書くことができる．ここで θ_i に確率 π_i，$i = 1, 2$ を持つ事前分布を π とおこ

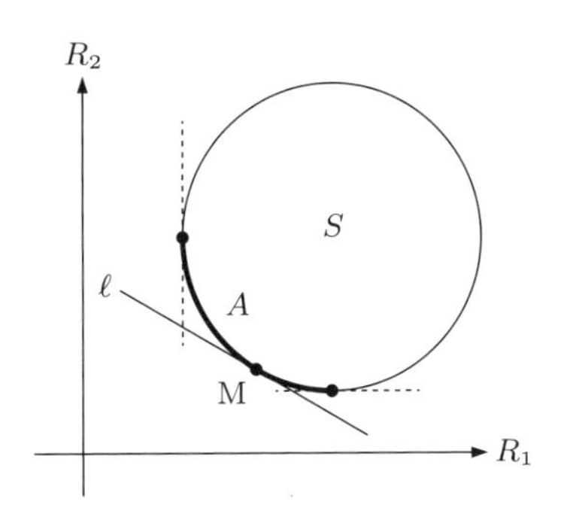

図 14.2

う．事前分布 π に対するベイズリスクは $r(\pi, \delta) = \pi_1 R_1 + \pi_2 R_2$ と表される．ところで図 14.2 において ℓ より右上に行けばいくほど $\pi_1 R_1 + \pi_2 R_2$ の値は大きくなるから $r(\pi, \delta)$ の最小値は図 14.2 の点 M で達成されていることがわかる．従って δ_0 は π に対するベイズ決定関数である． ■

定理 14.2 は Θ が有限集合の場合に正則条件のもとで許容的な決定関数がベイズ決定関数となることを示している．従って Θ が有限集合の場合には定理 14.1 と定理 14.2 によってベイズ決定関数と許容的な決定関数が基本的に 1 対 1 の関係にあることが示された．Θ が無限集合の場合には (定理 14.1 はもちろん成立するものの) 定理 14.2 はこのままの形では成り立たない．実は Θ が無限集合の場合には，許容的な決定関数が必ずしもベイズ決定関数となるとは限らない．しかしながら，一般的な枠組みのもとで，許容的な決定関数はベイズ決定関数もしくはベイズ決定関数の極限であることが証明される．例えば 1 次元の正規分布の期待値の推定において $\bar{X}$ は許容的であるがベイズ決定関数ではないことが容易に示される．しかし漠然事前分布の項において述べたように $\bar{X}$ はベイズ決定関数の極限である．

14.5　ミニマックス決定関数と最も不利な分布

ここでは**最も不利な分布** (least favorable distribution) の概念を通じてミニマックス決定関数をベイズ法の枠組みを使って説明する．5.3 節では，リスク関数全体を評価する方法としてミニマックス基準とベイズ基準の 2 つの考え方を説明した．これらは異なる考え方ではあるが，最も不利な分布という概念を用いることによりミニマックス決定関数はベイズ法の枠組みで論じることができる．

いま Θ の (狭義の) 事前分布 π_0 が最も不利な分布であることを

$$\inf_{\delta} r(\pi_0, \delta) = \sup_{\pi} \inf_{\delta} r(\pi, \delta) \tag{14.34}$$

と定義する．任意の事前分布 π に対してベイズ決定関数 δ_π が存在するとすれば (14.34) 式の inf は不要となり，最も不利な分布の定義を

$$r(\pi_0, \delta_{\pi_0}) = \sup_{\pi} r(\pi, \delta_\pi) \tag{14.35}$$

と表すことができる．すなわち最も不利な分布とは δ_π を用いたときのベイズリ

スクを最大にするような事前分布である．(14.35) 式の意味は次のように考えることができる．事前分布は θ に関する事前の情報を表すものである．事前の情報 π のもとでリスクを最小化したものが $r(\pi, \delta_\pi)$ である．さて事前の情報のなかで最も "役に立たない情報" とは，その情報のもとでベイズ法によりベイズリスクを最小化した値が，ほかの事前情報の場合と比べて，最も大きくなってしまう場合であると考えられる．従って，事前に知り得る情報のうち最も役に立たないものとして「最も不利な分布」を定義していることがわかる．

ここで Θ が有限集合の場合について，最も不利な分布とミニマックス決定関数の関係を次の定理の形で示そう．

定理 14.3　母数空間 $\Theta = \{\theta_1, \ldots, \theta_k\}$ を有限集合とする．リスクセット S が閉集合ならば，最も不利な分布 π_0 とミニマックス決定関数 δ_0 が存在し δ_0 は π_0 に対するベイズ決定関数となる．

証明　ここでも定理 14.2 と同様に $k = 2$ の場合について図を用いて証明する．凸集合に関する分離超平面の定理を用いれば以下の証明は $k \geq 3$ の場合に容易に拡張できる．図 14.3(a) においてミニマックス決定関数 δ_0 のリスク点は S と 45 度線の交点 M である．また図 14.3(b) のような場合にもミニマックス決定関数のリスク点は M で示してある．さて事前分布 $\pi = (\pi_1, \pi_2)$ に対するベイズリスク $\pi_1 R_1 + \pi_2 R_2$ の最小値 $r(\pi, \delta_\pi)$ は直線 $\pi_1 R_1 + \pi_2 R_2 = c$ が S に左下から接するときの c の値である．ここで $R_1 = R_2 = R$ とおけば $\pi_1 + \pi_2 = 1$ より $R = c$ となる．従って π に対するベイズリスクの最小値 $r(\pi, \delta_\pi)$ はこの接線が 45 度線と交わるときの R_1 座標 ($= R_2$ 座標) の値として表される．図 14.3(a), (b) のいずれの場合にも $r(\pi, \delta_\pi)$ の最大値は明らかに点 M の接線の場合に達成されることがわかる．従って最も不利な分布 π_0 に対応する直線はミニマックス決定関数 δ_0 のリスク点における接線である．このことから δ_0 が π_0 に対するベイズ決定関数となることが示された． ∎

以上から Θ が有限集合の場合には定理 14.2 と同じ条件のもとで最も不利な分布が存在しミニマックス決定関数は最も不利な分布に対するベイズ決定関数となることが示された．

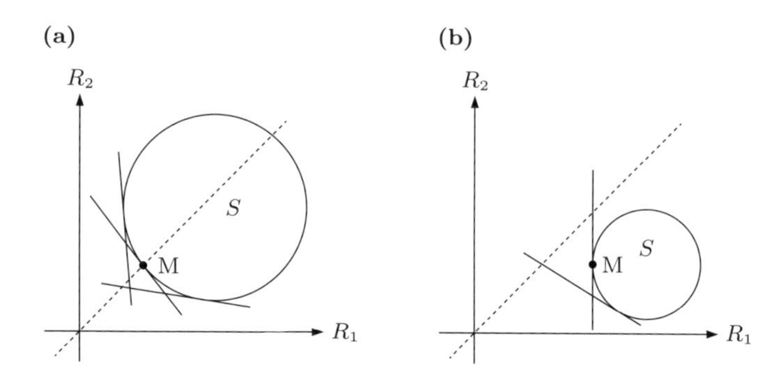

図 14.3

そこでミニマックス決定関数の求め方として，最も不利な分布を見つけそれに対するベイズ決定関数を求めるという方法を用いることができる．ただし最も不利な分布を見つけるための一般的な方法はなく，「最も不利である」ということの意味から見当をつけなければならない．

やや人工的な例ではあるが1つの例として $X \sim \mathrm{N}(\theta, 1)$ とし $\Theta = \{-1, 1\}$，すなわち θ のとり得る値は -1 か 1 のいずれかであるとしよう．ここで θ の二乗損失を用いた推定問題を考える．この場合最も不利な分布は -1 と 1 が同様に確からしく $\pi(\{-1\}) = \pi(\{1\}) = 1/2$ となっている場合ではないかと思われる (問 14.8)．このように見当をつけた事前分布が最も不利な分布になっていることを確かめるには次の補題を用いればよい．

補題 14.4　π^* を Θ 上の (狭義の) 事前分布とし，また π^* に対するベイズ決定関数 δ_{π^*} が存在するとする．もし

$$R(\theta, \delta_{\pi^*}) \le r(\pi^*, \delta_{\pi^*}), \quad \forall \theta \in \Theta \tag{14.36}$$

ならば，π^* は最も不利な分布であり δ_{π^*} はミニマックス決定関数である．

証明　π を任意の事前分布とする．このとき

$$r(\pi, \delta_\pi) \le r(\pi, \delta_{\pi^*}) \le r(\pi^*, \delta_{\pi^*}) \tag{14.37}$$

となる．ただし2番目の不等式は (14.36) 式の不等式を π について積分することによって導かれる．(14.37) 式により π^* が最も不利な分布であることがわかる．次に δ を任意の決定関数とする．このとき

$$\overline{R}(\delta) = \sup_\theta R(\theta,\delta) \geq r(\pi^*,\delta) \geq r(\pi^*,\delta_{\pi^*}) \geq \sup_\theta R(\theta,\delta_{\pi^*}) = \overline{R}(\delta_{\pi^*}) \tag{14.38}$$

となる．ただし最初の不等式は $\sup_\theta R(\theta,\delta) \geq R(\theta,\delta)$ を π^* に関して積分することによって得られ，最後の不等式は (14.36) 式において θ に関する上限をとることによって得られる．(14.38) 式と (5.7) 式により δ_{π^*} がミニマックス決定関数であることがわかる．■

さて，以上では最も不利な分布の見当をつけることによってミニマックス推定量を求める方法について説明した．しかしながら直観的には最も不利な分布がどのような形になるか見当がつかないことも多い．また Θ が無限集合の場合には最も不利な分布が (狭義の事前分布としては) 存在しないこともある．このような場合リスク関数が定数となるような決定関数を求めることによってミニマックス決定関数が見つかることがある．これは図 14.3(a) においてミニマックス決定関数が 45 度線上にあり，$R(\theta_1,\delta) = R(\theta_2,\delta)$ であることに注目し，一般の場合にもリスクが定数となることが多いと考えられるからである．実際次の補題が成り立つ．

補題 14.5　いま δ^* のリスク関数が定数 $R(\theta,\delta^*) \equiv c$ であるとする．また δ^* が事前分布 π^* に対するベイズ決定関数になっているとする．このとき δ^* はミニマックス決定関数であり π^* は最も不利な分布である．

証明　リスク関数が定数 c であることから $r(\pi^*,\delta^*) = c$ となることに注意する．いま δ を任意の決定関数とすれば

$$\sup_\theta R(\theta,\delta) \geq r(\pi^*,\delta) \geq r(\pi^*,\delta^*) = c = \sup_\theta R(\theta,\delta^*)$$

となる．従って δ^* はミニマックス決定関数である．次に π を任意の事前分布とすれば

$$r(\pi,\delta_\pi) \leq r(\pi,\delta^*) = c = r(\pi^*,\delta^*)$$

となる．従って π^* は最も不利な分布である．■

補題14.5を用いて2項分布の成功確率の推定におけるミニマックス推定量を求めよう．いまベータ分布 $\mathrm{Be}(\alpha,\beta)$ を事前分布 $\pi_{\alpha,\beta}$ とすると，ベイズ推定量 $\delta_{\alpha,\beta}=(X+\alpha)/(n+\alpha+\beta)$ のリスク関数が

$$
\begin{aligned}
R(p,\delta_{\alpha,\beta}) &= E_p[\delta_{\alpha,\beta}(X)-p]^2 \\
&= \frac{p^2\left((\alpha+\beta)^2-n\right)+p\left(n-2\alpha(\alpha+\beta)\right)+\alpha^2}{(n+\alpha+\beta)^2}
\end{aligned}
\tag{14.39}
$$

となることが示される (問14.9)．ここで分子の p^2 及び p の係数を0とおくことにより $\alpha=\beta=\sqrt{n}/2$ を得る．この場合リスクは定数 $1/\left(4(1+\sqrt{n})^2\right)$ となる．従って補題14.5より $\mathrm{Be}(\sqrt{n}/2,\sqrt{n}/2)$ が最も不利な分布であり，

$$
\delta^*(X)=\frac{X+\sqrt{n}/2}{n+\sqrt{n}}
\tag{14.40}
$$

がミニマックス推定量となることがわかる．この場合直観的な考察によって最も不利な分布の見当をつけることは困難に思われる．

ところで補題14.5は最も不利な分布が (狭義の事前分布の形では) 存在しない場合に次の形で拡張される．

補題 14.6　いま δ^* のリスク関数が定数 $R(\theta,\delta^*)\equiv c$ であるとする．また任意の $\varepsilon>0$ に対し，ある事前分布 π が存在して $r(\pi,\delta_\pi)>c-\varepsilon$ となるとする．このとき δ^* はミニマックス決定関数である．

証明は補題14.5の前半と同様であるから問とする (問14.10)．

この補題を用いて分散が既知の正規分布の母平均の推定に関して $\bar{X}$ がミニマックス推定量であることを示すことができる．簡単のために分散を1とする．このとき $R(\mu,\bar{X})=1/n$ となるから $\bar{X}$ のリスク関数は定数である．ところで $\mathrm{N}(0,1/\psi)$ を μ に関する事前分布 π_ψ とするとベイズ推定量 $\delta_\psi=n\bar{X}/(n+\psi)$ のベイズリスクが

$$
r(\pi_\psi,\delta_\psi)=\frac{1}{n+\psi}
\tag{14.41}
$$

となることがわかる (問14.11)．ここで $\psi\to 0$ の極限を考え補題14.6を応用することにより $\bar{X}$ がミニマックス推定量であることが示される．

問

14.1　$f(x), x \in \mathbb{R}$, を密度関数とする．$P(A) = \int_A f(x)\,dx$ が一定のとき，A の長さ (より正確にはルベーグ測度) を最小にする A は $A = \{x \mid f(x) > c\}$ の形となることを示せ．

14.2　(14.12) 式の検定問題において，(14.13) 式の事前分布を用いて事後確率のより大きな仮説を採用するものとする．このとき帰無仮説を棄却する棄却域は (14.14) 式で表されることを示せ．同様に一般の検定問題の棄却域が (14.16) 式で表されることを示せ．

14.3　(14.20) 式を示せ．また μ の事後の周辺密度関数を (小数自由度の) t 分布を用いて表せ．

14.4　ポアソン分布の期待値，負の 2 項分布における成功確率，ガンマ分布における尺度母数，をそれぞれ未知母数として自然共役事前分布及び事後分布を求めよ．

14.5　(14.22) 式を示せ．

14.6　0-1 損失を損失関数とする検定問題を考える．ベイズ決定関数は帰無仮説と対立仮説のうち事後確率のより大きい仮説をとるような決定関数であることを示せ．

14.7　(14.23) 式が広義の事前密度関数であることを示せ．また τ の事前密度を (14.23) とするとき，τ^2 の事前密度も同様の形に書けることを示せ．

14.8　$X \sim \mathrm{N}(\theta, 1)$ とし $\Theta = \{-1, 1\}$ とする．ここで θ の二乗損失を用いた推定問題において $\pi(\{-1\}) = \pi(\{1\}) = 1/2$ が最も不利な分布であることを補題 14.4 を用いて示せ．また最も不利な分布に対するベイズ推定量を求めることによってミニマックス推定量を求めよ．

14.9　(14.39) 式を示せ．

14.10　補題 14.6 を示せ．

14.11　(14.41) 式を示せ．これと補題 14.6 を用いて正規分布 $\mathrm{N}(\mu, 1)$ の μ の推定において $\bar{X}$ がミニマックス推定量であることを証明せよ．

14.12　(14.3) 式に基づいて，2 項分布の MAP 推定をおこなえ．

14.13　(11.12) 式の正規線形モデルのパラメータ β 及び $\sigma^2 = 1/\tau$ のベイズ推定を考える．(14.20) 式と同様に τ の事前分布を $\mathrm{Ga}(\nu, \alpha)$，τ を与えたもとでの β の事前分布を $\mathrm{N}_p(\eta, (1/\tau)I_p)$ とする．ただし I_p は $p \times p$ 単位行列である．このときの β 及び τ の事後分布を示せ．

Appendix

補　　論

A.1　多変量中心極限定理

多次元分布の分布収束は次のように定義される．$Z_n = (Z_{n1}, \ldots, Z_{np})$ を p 次元の確率ベクトルとし，

$$F_n(z_1, \ldots, z_p) = P(Z_{n1} \le z_1, \ldots, Z_{np} \le z_p) \tag{A.1}$$

を Z_n の累積分布関数とする．F を p 次元の連続な分布関数とするとき，F_n が F に分布収束するとは

$$\lim_{n\to\infty} F_n(z_1, \ldots, z_p) = F(z_1, \ldots, z_p)$$

がすべての $(z_1, \ldots, z_n)$ について成り立つことであると定義する．このとき 4.5 節の特性関数の連続定理がそのままの形で多次元分布についても成立する．

さて，$X_t = (X_{t1}, \ldots, X_{tp})^\top$，$t = 1, 2, \ldots$，を *i.i.d.* 確率ベクトルとし，$E[X_t] = \mu$，$\mathrm{Var}[X_t] = \Sigma$ とする．また

$$Z_n = \sqrt{n}(\bar{X} - \mu) = \frac{1}{\sqrt{n}} \sum_{t=1}^{n} (X_t - \mu) \tag{A.2}$$

とおく．多変量中心極限定理は

$$Z_n \xrightarrow{d} \mathrm{N}_p(0, \Sigma) \tag{A.3}$$

を主張するものである．証明は 1 次元の場合と同様に特性関数の連続定理を用いればよい．

中心極限定理の応用においてデルタ法とよばれる非線形関数の線形近似を用いた議論が有用である．いまある統計量 T_n について $\sqrt{n}(T_n - t_0) \xrightarrow{d} \mathrm{N}(0, \sigma^2)$ が成り立つとし，滑らかな関数 f により $f(T_n)$ と変換する．$f(T_n) \doteq f(t_0) + f'(t_0)(T_n - t_0)$ と線形近似すると $\sqrt{n}(f(T_n) - f(t_0)) \doteq f'(t_0)\sqrt{n}(T_n - t_0)$ と

なる．このことから

$$\sqrt{n}(f(T_n) - f(t_0)) \xrightarrow{d} \mathrm{N}(0, (f'(t_0))^2\sigma^2) \tag{A.4}$$

が成り立つ．

以上は T_n が p 次元確率ベクトル，f が $\mathbb{R}^p$ から $\mathbb{R}^q$ への滑らかな写像のときも，f' を $q \times p$ のヤコビ行列として次の形で成り立つ．

$$\sqrt{n}(T_n - t_0) \xrightarrow{d} \mathrm{N}(0, \Sigma) \ \ ならば \ \ \sqrt{n}(f(T_n) - f(t_0)) \xrightarrow{d} \mathrm{N}(0, f'(t_0)\Sigma f'(t_0)^\top) \tag{A.5}$$

A.2 確率収束と分布収束

ここでは確率収束及び分布収束についていくつかの結果を示す．証明は省略する．

$X_n \xrightarrow{p} a$ とし f が a で連続であるとする．このとき

$$f(X_n) \xrightarrow{p} f(a) \tag{A.6}$$

となる．

$X_n \xrightarrow{p} a, Y_n \xrightarrow{p} b$ とし $f(x, y)$ が (a, b) で連続であるとする．このとき

$$f(X_n, Y_n) \xrightarrow{p} f(a, b) \tag{A.7}$$

となる．とくに $f(x, y) = x + y, f(x, y) = xy$ などとおくことにより

$$\begin{aligned} \operatorname*{plim}_{n\to\infty}(X_n + Y_n) &= \operatorname*{plim}_{n\to\infty} X_n + \operatorname*{plim}_{n\to\infty} Y_n \\ \operatorname*{plim}_{n\to\infty}(X_n \times Y_n) &= \operatorname*{plim}_{n\to\infty} X_n \times \operatorname*{plim}_{n\to\infty} Y_n \end{aligned} \tag{A.8}$$

などが成り立つ．

$X_n \xrightarrow{d} F$ かつ $Y_n - X_n \xrightarrow{p} 0$ ならば

$$Y_n \xrightarrow{d} F \tag{A.9}$$

が成り立つ．とくに $U_n \xrightarrow{p} 0, V_n \xrightarrow{p} 1, Z_n \xrightarrow{d} F$ ならば

$$V_n Z_n + U_n \xrightarrow{d} F \tag{A.10}$$

が成り立つ．これらを**スルツキーの補題** (Slutsky's lemma) とよぶ．

$Z_n \xrightarrow{d} Z$ で f が連続関数ならば

$$f(Z_n) \xrightarrow{d} f(Z) \tag{A.11}$$

が成り立つ．これを**連続写像定理** (continuous mapping theorem) とよぶ．

A.3　数列のオーダーと $O(\,), o(\,), O_p(\,), o_p(\,)$ の記法

$\{a_n\}$ 及び $\{b_n\}$ を数列とする．$b_n = O(a_n)$ とは，ある M が存在して

$$|b_n| \leq M\,|a_n|, \quad \forall n \tag{A.12}$$

となることである．このとき $\{b_n\}$ は $\{a_n\}$ のオーダーであるという．また $b_n = o(a_n)$ とは

$$\lim_{n\to\infty} \frac{b_n}{a_n} = 0 \tag{A.13}$$

となることである．このとき $\{b_n\}$ は $\{a_n\}$ より小さいオーダーであるという．

また $\{X_n\}$ を確率変数列とするとき，$X_n = O_p(a_n)$ とは，任意の $\varepsilon > 0$ に対して (十分大きな) M が存在して

$$P(|X_n| < M\,|a_n|) > 1 - \varepsilon, \quad \forall n \tag{A.14}$$

となることである．また $X_n = o_p(a_n)$ とは

$$\frac{X_n}{a_n} \xrightarrow{p} 0 \quad (n \to \infty) \tag{A.15}$$

となることである．用語としては，数列における「オーダー」を「確率オーダー」で置き換えればよい．

A.4　ジェンセンの不等式

$f(x)$ を 1 変数の凸関数とする．このとき

$$f(E[X]) \leq E[f(X)] \tag{A.16}$$

が成り立つ．ただし，$E[X]$ は存在するものとする．(A.16) 式の証明は次の通りである．$\mu = E[X]$ とする．$(\mu, f(\mu))$ における $f(x)$ の接線 (の 1 つ) を $y = a + bx$ とする．$f(x)$ は凸関数であるから

$$f(x) \geq a + bx\,, \quad \forall x$$

が成り立つ．ここで両辺の期待値をとれば $E[f(X)] \geq a + b\mu = f(\mu) = f(E[X])$ を得る．もし f が厳密な凸関数であり，$P(X \neq \mu) > 0$ ならば (A.16) 式において強い不等式が成り立つ．

参考文献

ここでは，本文中でとりあげた文献，及びその他の関連した文献について解説する．

まず，数理統計学に関する日本語の教科書で本書と同レベルあるいはより高度な内容を扱ったものをあげる．

竹内啓 (1963)『数理統計学—データ解析の方法』東洋経済新報社

鈴木雪夫 (1975)『経済分析と確率・統計』東洋経済新報社

鍋谷清治 (1978)『数理統計学』共立出版

柳川堯 (1990)『統計数学』近代科学社

これらはそれぞれ特色のある教科書なので，本書と併用することにより数理統計学についてより深い理解を得ることができる．

英語で書かれた数理統計学の教科書は数多いが，ここでは本書で参考にしたもののみをあげる．

Lehmann, E. L., (1983), *Theory of Point Estimation*, Wiley.

Lehmann, E. L., (1986), *Testing Statistical Hypotheses*, 2nd ed., Wiley.

Ferguson, T. S., (1967), *Mathematical Statistics, A Decision Theoretic Approach*, Academic Press.

Kiefer, J. C., (1987), *Introduction to Statistical Inference*, Springer.

Lehman の 2 冊の教科書は標準的な大学院レベルの数理統計学の教科書である．Ferguson は統計的決定理論についての大学院レベルの教科書である．Kiefer は特色のある教科書で，本書の 6.4 節及び 11.7 節の記述もこの本を参考にした．

数理統計学は確率論にその基礎をおいている．確率を厳密に扱うためには測度論が必要である．測度論の立場から確率論を展開した日本語の教科書は多くないが

伊藤清 (1991)『確率論』岩波書店

梅垣壽春・大矢雅則・塚田真 (1987)『測度・積分・確率』共立出版

をあげておく．英語の教科書では 6.1 節で引用した

Billingsley, P., (1986), *Probability and Measure*, 2nd ed., Wiley.

をあげるにとどめる．

4.8 節の有限母集団からの抽出についてより詳しくは

津村善郎・築林昭明 (1986)『標本調査法』岩波書店

を参照されたい．5 章の統計的決定理論について歴史的に重要な文献は

Wald, A., (1950), *Statistical Decision Functions*, Wiley.

である．10.3 節で扱ったカイ二乗適合度検定についてより詳しくは

広津千尋 (1982)『離散データ解析』教育出版

柳川堯 (1986)『離散多変量データの解析』共立出版

を参照されたい．11 章の線形モデルについては，本書の記述はやや特殊である．より一般的な記述は

早川毅 (1986)『回帰分析の基礎』朝倉書店

佐和隆光 (1979)『回帰分析』朝倉書店 (2020 年に同社より新装版が刊行されている．)

広津千尋 (1976)『分散分析』教育出版

に与えられている．12 章のノンパラメトリック法については

Lehmann, E. L., (1975), *Nonparametrics*, Holden-Day. (鍋谷・刈屋・三浦訳『ノンパラメトリックス』森北出版，1978.)

が包括的な説明をしている．また

統計数値表編集委員会編 (1977)『簡約統計数値表』日本規格協会

にはノンパラメトリック法を含めてさまざまな数表が集められている．14 章のベイズ法については

Savage, L. J., (1954), *The foundation of statistics*, Wiley.

が歴史的に重要な文献であり，また漠然事前分布の考え方については

Jeffreys, H., (1961), *Theory of probability*, 3rd ed., University of California Press.

が重要である．

その他，本文中にあげた個別の論文は以下のものである．

James, W. and Stein, C., (1961), Estimation with quadratic loss, *Proceedings of the Fourth Berkeley Symposium on Mathematical Statistics and Probability*, **1**, 361–379, University of California Press.

Perlman, M. D., (1972), On the strong consistency of approximate maximum likelihood estimators, *Proceedings of the Sixth Berkeley Symposium on Mathematical Statistics and Probability*, **1**, 263–282.

Wald, A., (1949), Note on the consistency of the maximum likelihood estimate, *Ann. Math. Statist.*, **29**, 595–601.

初版以降の参考文献

本書の初版以降の和文の書籍，及び個別の論文を紹介する．数理統計学に関しては以下の教科書が出版されている．それぞれ特徴のある教科書である．

久保川達也 (2017)『現代数理統計学の基礎』共立出版

黒木学 (2020)『数理統計学—統計的推論の基礎』共立出版

吉田朋広 (2006)『数理統計学』朝倉書店

竹内啓 (2016)『数理統計学の考え方—推測理論の基礎』岩波書店

稲垣宣生 (2003)『数理統計学 (改訂版)』裳華房

国友直人 (2015)『応用をめざす数理統計学』朝倉書店

鈴木武・山田作太郎 (1996)『数理統計学—基礎から学ぶデータ解析』内田老鶴圃

測度論的確率論の教科書としては以下があげられる．

舟木直久 (2004)『確率論』朝倉書店

池田信行・小倉幸雄・高橋陽一郎・眞鍋昭治郎 (2006)『確率論入門 I』培風館

また以下の論文を参照した．

Agresti, A. and Caffo, B., (2000), Simple and effective confidence intervals for proportions and differences of proportions result from adding two successes and two failures, *The American Statistician*, **54**, 280–288.

索　引

あ

か

さ

た

な

は

ま

や

ら

本書のサポートサイト

https://www.gakujutsu.co.jp/text/isbn978-4-7806-0860-1/

問題の解答や正誤情報を掲載します.

◇ 本書は，1991年11月に創文社より刊行されたものを新たに組み直し増補改訂した新版です.

◇ 統計検定® は一般財団法人統計質保証推進協会の登録商標です.

新装改訂版(しんそうかいていばん)　現代数理統計学(げんだいすうりとうけいがく)

2020年11月10日　第1版　第1刷　発行
2024年 9 月10日　第1版　第9刷　発行

著　者　竹村彰通
発行者　発田和子
発行所　株式会社　学術図書出版社

〒113−0033　東京都文京区本郷5丁目4の6
TEL 03−3811−0889　振替　00110−4−28454
印刷　三美印刷（株）

定価はカバーに表示してあります.

ISBN978−4−7806−0860−1　C3041